普通高等教育高职高专“十二五”规划教材　电气类

电气控制与PLC

主　编　刘文贵
副主编　向　娈　李锡正　熊　巍
张雅洁　刘振方　岳　健
梁　杰

中国水利水电出版社
www.waterpub.com.cn

内 容 提 要

《电气控制与PLC》从高等工程职业教育要求和工程实际出发，本着“删繁就简、削支强干、精讲多练、学用结合”的原则，以教师为主导，以学生为主体，按照“教、学、做”一体化的模式编写。

本教材共分5篇15章。内容包括常用低压电器，电气控制系统的控制电路，可编程控制器概述，可编程控制器的结构和工作原理，西门子S7－200系列和三菱FX系列可编程控制器的编程工具、基本指令、功能指令、通信，以及可编程控制器控制系统设计等内容。

本教材可作为高职高专院校自动化类、电子信息类、机电类等相关专业的教材，也可供相关技术人员参考使用。

图书在版编目（CIP）数据

电气控制与PLC / 刘文贵主编. -- 北京 : 中国水利水电出版社, 2015.1
普通高等教育高职高专“十二五”规划教材. 电气类
ISBN 978-7-5170-2686-0

Ⅰ. ①电… Ⅱ. ①刘… Ⅲ. ①电气控制－高等职业教育－教材②plc技术－高等职业教育－教材 Ⅳ. ①TM571.2②TM571.6

中国版本图书馆CIP数据核字(2014)第271899号

书　　名	普通高等教育高职高专“十二五”规划教材　电气类 **电气控制与PLC**
作　　者	主　编　刘文贵 副主编　向娈　李锡正　熊巍　张雅洁　刘振方　岳健　梁杰
出版发行	中国水利水电出版社 （北京市海淀区玉渊潭南路1号D座　100038） 网址：www.waterpub.com.cn E－mail：sales@waterpub.com.cn 电话：（010）68367658（发行部）
经　　售	北京科水图书销售中心（零售） 电话：（010）88383994、63202643、68545874 全国各地新华书店和相关出版物销售网点
排　　版	中国水利水电出版社微机排版中心
印　　刷	北京纪元彩艺印刷有限公司
规　　格	184mm×260mm　16开本　19.25印张　456千字
版　　次	2015年1月第1版　2015年1月第1次印刷
印　　数	0001—4000册
定　　价	**38.00**元

前言

本教材介绍了常用低压电器及其构成的电气控制系统的组成和工作原理，以及西门子S7-200系列和三菱FX系列可编程控制器（PLC）的结构、工作原理、硬件组成、指令系统、通信功能、编程软件以及PLC控制系统的设计步骤和方法等。

本教材共分5篇15章。第1篇电气控制基础，包括常用低压电器和电气控制系统的控制电路2章内容；第2篇可编程控制器基础，包括可编程控制器概述和可编程控制器的结构和工作原理2章内容；第3篇西门子S7-200系列可编程控制器，包括西门子S7-200系列可编程控制器概述、编程工具、基本指令、功能指令、通信等5章内容；第4篇三菱FX系列可编程控制器，包括三菱FX系列可编程控制器概述、编程工具、基本指令、功能指令、通信等5章内容；第5篇系统设计，包括可编程控制器控制系统设计1章内容。

本教材的编写人员具有丰富的工程实践经验，完成过多个电气控制系统和PLC控制系统的设计、安装、调试任务，能够结合高等职业教育的特点，准确把握教材内容的重点和难点。本着"删繁就简、削支强干、精讲多练、学用结合"的原则，以教师为主导，以学生为主体，按照"教、学、做"一体化的模式编写。

本教材由河北工程技术高等专科学校刘文贵任主编，长江工程职业技术学院熊巍、湖北水利水电职业技术学院向娈、沧州职业技术学院岳健、重庆水利电力职业技术学院李锡正、安徽水利水电职业技术学院张雅洁、河北工程技术高等专科学校刘振方、梁杰任副主编。其中刘文贵编写第7章、第9章，张雅洁编写第5章、第15章，熊巍编写第10章、第11章，向娈编写12章、第13章，岳健编写第1章、第2章，李锡正编写第4章、第14章，刘振方编写第6章、第8章，梁杰编写第3章和附录。全书由刘文贵统稿。

在本教材的编写过程中得到了秦皇岛中港实业有限公司、沧州市永兴电气设备有限公司的大力支持，在此一并表示感谢。

由于编者水平有限，书中难免有不妥之处，欢迎广大读者批评指正。

编者

2014年9月

前言

前言

第1篇 电气控制基础

第1章 常用低压电器…………………………………………………… 3
1.1 低压电器概述 ………………………………………………… 4
1.2 电磁式低压电器的基础知识 ………………………………… 5
1.3 接触器 ………………………………………………………… 9
1.4 继电器…………………………………………………………… 13
1.5 熔断器…………………………………………………………… 18
1.6 低压断路器……………………………………………………… 19
1.7 刀开关…………………………………………………………… 21
1.8 主令电器………………………………………………………… 23
本章小结 …………………………………………………………… 27
习题 ………………………………………………………………… 28
第2章 电气控制系统的控制电路 ………………………………… 29
2.1 电气控制系统图………………………………………………… 29
2.2 电气控制系统中的基本控制电路……………………………… 32
2.3 三相异步电动机启动控制电路………………………………… 38
2.4 三相异步电动机制动控制电路………………………………… 41
2.5 三相异步电动机调速控制电路………………………………… 45
本章小结 …………………………………………………………… 47
习题 ………………………………………………………………… 47

第2篇 可编程控制器基础

第3章 可编程控制器概述 ………………………………………… 51
3.1 可编程控制器的产生及定义…………………………………… 51
3.2 可编程控制器的分类…………………………………………… 52
3.3 可编程控制器的特点、应用范围和发展方向………………… 55
本章小结 …………………………………………………………… 57
习题 ………………………………………………………………… 57
第4章 可编程控制器的结构和工作原理 ………………………… 58
4.1 可编程控制器的结构…………………………………………… 58
4.2 可编程控制器的工作原理及主要技术指标…………………… 62

本章小结 …… 64
习题 …… 64

第3篇　西门子S7-200系列可编程控制器

第5章　西门子S7-200系列可编程控制器概述 …… 67
5.1　S7-200系列PLC控制系统的组成 …… 67
5.2　S7-200系列PLC的基本组成 …… 68
5.3　S7-200系列PLC的编程元件及寻址方式 …… 79
本章小结 …… 87
习题 …… 88

第6章　西门子S7-200系列可编程控制器的编程工具 …… 89
6.1　STEP 7-Micro/WIN编程系统概述 …… 89
6.2　STEP 7-Micro/WIN软件介绍 …… 90
6.3　程序编辑、调试及运行 …… 96
6.4　西门子S7-200系列PLC仿真软件的应用 …… 100
本章小结 …… 103
习题 …… 104

第7章　西门子S7-200系列可编程控制器的基本指令 …… 105
7.1　位逻辑指令 …… 105
7.2　定时器指令 …… 110
7.3　计数器指令 …… 112
7.4　比较指令 …… 113
7.5　程序控制指令 …… 114
7.6　基本指令的应用 …… 118
本章小结 …… 124
习题 …… 124

第8章　西门子S7-200系列可编程控制器的功能指令 …… 125
8.1　功能指令概述 …… 125
8.2　数据处理指令 …… 127
8.3　运算类指令 …… 136
8.4　表功能指令 …… 144
8.5　中断处理指令 …… 148
8.6　高速处理指令 …… 154
本章小结 …… 161
习题 …… 161

第9章　西门子S7-200系列可编程控制器的通信及网络 …… 163
9.1　S7-200系列PLC通信的基本知识 …… 163

9.2 S7-200 系列 PLC 网络通信协议 …… 167
9.3 S7-200 系列 PLC 组网的硬件 …… 168
9.4 S7-200 系列 PLC 的编程通信 …… 172
9.5 S7-200 系列 PLC 的网络通信 …… 177
本章小结 …… 184
习题 …… 185

第4篇 三菱 FX 系列可编程控制器

第10章 三菱 FX 系列可编程控制器概述 …… 189
10.1 三菱 FX 系列 PLC 概述 …… 189
10.2 三菱 FX_{2N} 系列 PLC 的硬件资源 …… 191
10.3 三菱 FX_{2N} 系列 PLC 的编程元件 …… 199
本章小结 …… 208
习题 …… 208

第11章 三菱 FX 系列可编程控制器的编程工具 …… 210
11.1 FX-20P-E 简易编程器 …… 210
11.2 GX Developer 计算机编程软件 …… 217
本章小结 …… 230
习题 …… 230

第12章 三菱 FX 系列可编程控制器的基本指令 …… 232
12.1 FX 系列 PLC 梯形图与指令表 …… 232
12.2 LD、LDI、OUT 指令 …… 233
12.3 串联指令与并联指令 …… 234
12.4 置位复位指令 …… 236
12.5 堆栈指令 …… 236
12.6 边沿检测指令 …… 237
12.7 脉冲输出指令 …… 237
12.8 主控指令 …… 239
12.9 取反指令 …… 239
12.10 空操作指令 …… 240
12.11 程序结束指令 …… 240
本章小结 …… 240
习题 …… 240

第13章 三菱 FX 系列可编程控制器的功能指令 …… 243
13.1 FX 系列可编程控制器的功能指令概况 …… 243
13.2 程序流程控制指令 …… 245
13.3 数据传送指令和比较指令 …… 250

13.4 四则运算和逻辑运算指令…………………………………………………………………… 253
13.5 循环移位指令与移位指令…………………………………………………………………… 255
13.6 数据处理指令………………………………………………………………………………… 257
本章小结…………………………………………………………………………………………… 259
习题………………………………………………………………………………………………… 259
第14章 三菱FX系列可编程控制器的通信 ………………………………………………… 260
14.1 PLC通信基础 ………………………………………………………………………………… 260
14.2 PLC与计算机通信 …………………………………………………………………………… 263
14.3 PLC与PLC之间的通信 ……………………………………………………………………… 266
14.4 PLC网络技术 ………………………………………………………………………………… 268
本章小结…………………………………………………………………………………………… 270
习题………………………………………………………………………………………………… 270

第5篇 系 统 设 计

第15章 可编程控制器控制系统设计 ………………………………………………………… 273
15.1 PLC控制系统设计的基本原则 ……………………………………………………………… 273
15.2 PLC控制系统设计的步骤和方法 …………………………………………………………… 274
15.3 减少PLC输入和输出点数的方法 …………………………………………………………… 284
15.4 提高PLC控制系统可靠性的措施 …………………………………………………………… 286
本章小结…………………………………………………………………………………………… 290
习题………………………………………………………………………………………………… 290
附录 ………………………………………………………………………………………………… 291
附录A 电气控制系统图中常用的图形符号、文字符号 ……………………………………… 291
附录B 特殊继电器的功能 ……………………………………………………………………… 293
附录C S7-200CPU存储器有效地址范围及特性 ……………………………………………… 295
附录D S7-200CPU按位、字节、字、双字存取数据的编址范围 …………………………… 296
参考文献 …………………………………………………………………………………………… 298

第1篇

电气控制基础

第1章　常用低压电器

【知识要点】

知识要点	掌握程度	相关知识
低压电器的概念	掌握	工作在交流额定电压1200V以下，直流额定电压1500V以下，以实现对电路或用电设备的切换、控制、保护、检测、变换和调节作用的设备或元件
低压电器的分类	了解	按操作方式分类：手动电器和自动电器；按用途分类：配电电器，控制电器，保护电器，主令电器，执行电器；按工作原理分类：电磁式电器，非电量控制电器
低压电器的发展方向	了解	智能化与网络化，设计与开发手段的现代化，结构设计的模块化、组合化，材料和技术的环保化
电磁式低压电器的基础知识	熟悉	电磁机构的形式，电压线圈和电流线圈，直流电磁铁和交流电磁铁，触点系统及灭弧系统

【应用能力要点】

应用能力要点	掌握程度	应用方向
接触器	掌握	掌握接触器在电路中的作用、技术参数、选用原则、图形和文字符号以及故障及维修等，有助于看懂电气控制回路的原理以及在实际工程中正确选择接触器
电流、电压、中间、速度继电器	熟悉	熟悉各种继电器在电路中的作用以及图形和文字符号，有助于看懂电气控制回路的原理
时间继电器	掌握	掌握通电延时和断电延时继电器触点的动作过程，有助于看懂电气控制回路的原理
热继电器	掌握	掌握热继电器的作用和工作原理、技术参数、选用原则，以便在实际工程中正确选择热继电器
熔断器	掌握	掌握熔断器的型号、图形符号及文字符号，以便在实际工程中正确选择熔断器
低压断路器	掌握	掌握低压断路器的工作原理、主要技术参数、选用原则，以便在实际工程中正确选择低压断路器
刀开关	熟悉	熟悉刀开关的作用、外形、型号及图形符号、文字符号，以便在实际工程中正确选择低刀开关
主令电器	了解	了解主令电器：按钮、行程开关、接近开关、万能转换开关的结构原理，有助于看懂电气控制回路的原理

1.1 低压电器概述

低压电器是指工作在交流额定电压1200V以下，直流额定电压1500V以下，用于对电路进行接通、分断，对电路参数进行变换，以实现对电路或用电设备的切换、控制、保护、检测、变换和调节作用的设备或元件。

1.1.1 低压电器的分类

1. 按操作方式分类

(1) 手动电器。由人工直接操作才能完成任务的电器称为手动电器。如刀开关、按钮和转换开关等。

(2) 自动电器。不需人工直接操作，按照电的或非电的信号自动完成接通、分断电路任务的电器称为自动电器。如低压断路器、接触器和继电器等。

2. 按用途分类

(1) 配电电器。用于低压配电系统中，实现电能输送和分配的电器。如刀开关、熔断器和低压断路器等。

(2) 控制电器。用于各种控制电路或控制系统（如电力拖动控制系统）中的电器。如接触器、继电器、电机启动器等。

(3) 保护电器。用于保护电源、电路及用电设备，使它们不致在短路、过载等状态下运行而遭到损坏的电器。如熔断器、热继电器、各种保护继电器等。

(4) 主令电器。用于自动控制系统中发送动作指令的电器。如按钮、行程开关、接近开关、万能转换开关等。

(5) 执行电器。用于执行某种动作或传送功能的电器。如电磁铁、电磁离合器等。

3. 按工作原理分类

(1) 电磁式电器。根据电磁感应原理工作的电器。如接触器、电磁式继电器等。

(2) 非电量控制电器。依靠外力或非电物理量的变化而动作的电器。如刀开关、行程开关、按钮、速度继电器、压力继电器和温度继电器等。

1.1.2 低压电器的发展方向

近年来，随着电子技术、计算机技术、网络技术、制造技术以及材料科学的发展，使得低压电器产品向智能化、网络化、小体积、高性能、高可靠性等方向发展。

1. 智能化与网络化

微处理机和计算机技术引入低压电器，一方面使低压电器具有智能化（完善的保护功能、参数自动测量、故障记录与显示、内部故障自诊断等）的功能，另一方面使低压电器实现了与中央控制计算机的双向通信，易于实现管控一体化和信息化。智能化与网络化主要体现在以下几个方面：

(1) 实现中央计算机集中控制，提高了低压配电系统自动化程度，实现了信息化。

(2) 使低压配电、控制系统的调度和维护达到新的水平。

(3) 采用新的监控元件，使得开关柜屏面上提供的信息量大幅增加。

(4) 监控元件与传统的指示和主令电器相比，便于安装，提高了工作的可靠性。

(5) 可以实现数据共享，避免了信息的重复，减少了信息通道。

目前由智能化电器与中央计算机通过接口构成的自动化通信网络正从集中式控制向分布式控制发展。现场总线技术的出现，不但为构建分布式控制系统提供了条件，而且即插即用、扩充性好、维护方便，因而目前这种技术成为国内外关注的热点。

2. 设计与开发手段的现代化

由于市场竞争，目前国内外一些电器工厂正致力于产品开发手段的现代化，以缩短产品开发周期，提高产品质量，降低成本。产品开发手段的现代化主要体现在以下两个方面：

(1) 三维计算机辅助设计与制作软件系统的引进。

(2) 电器通断特性计算机仿真技术的发展。

随着计算机技术的发展，电器产品的计算机辅助设计正从二维转向三维，标志着辅助设计技术进入了一个新阶段。三维设计系统集设计、制造和分析于一体，实现了设计与制造的自动化和优化。

3. 结构设计的模块化、组合化

当前低压电器在结构设计上广泛采用模块化、组合化。模块化使电器制造过程大为简便，通过不同模块积木式的组合，使电器可获得不同的附加功能。例如在接触器的本体上加装辅助触头组件、延时组件、自锁组件、接口组件、机械连锁组件及浪涌电压组件等，可以适应不同场合的要求，从而扩大产品适用范围，简化生产工艺，方便用户安装、使用与维修。与此同时，还将进一步提高产品的可靠性和产品质量。

4. 材料和技术的环保化

低压电器中塑料常作为外壳使用，对这些材料来说，一方面要保证使用寿命和电器本身的工作可靠性，还应考虑环保要求，即无污染，所以不含 CFC（氯氟烃，是破坏臭氧层的物质）或卤素的阻燃塑料已得到推广和应用。

长期以来，由于 AgCdO（银氧化镉）有较好的耐电弧侵蚀能力，因而在低压电器中作为控制电器的触点材料得到了广泛的应用。但由于 AgCdO 材料有毒，从环保要求出发，以 $AgSnO_2$（银氧化锡）代替 AgCdO 材料已经得到推广。

采用真空技术与电力电子技术是解决环保电器的重要途径。真空中不存在气体，触头在开断故障电路时仅能产生能量较少的金属蒸汽电弧，其强度、燃弧时间和对触头的烧蚀都比空气中少，真空开关的触头系统是封闭在真空管壳中，触头开断时产生的电弧不会影响环境。新型电子器件如 GTO（可关断晶闸管），GTR（电力晶体管）及 IGBT（绝缘栅双极型晶体管）等第三代大功率半导体开关器件的出现，使固态无触点开关也得到很大的发展，一方面因为没有电弧，不会因为电弧引起触头材料和塑料气化而污染环境，另一方面也不会因为环境污染而使触头上产生氧化膜而影响接触可靠性。

1.2 电磁式低压电器的基础知识

由于电磁式低压电器在电气控制系统中使用量大，类型多，并且各类电磁式低压电器在结构和工作原理上基本相同，所以，本节将介绍电磁式低压电器的基础知识。

电磁式低压电器是根据电磁感应原理而动作，以完成电气电路或非电对象的控制、切换、检测、指示和保护等功能。电磁式低压电器由以下三部分组成：电磁机构、触点系统和灭弧系统。

1.2.1 电磁机构

电磁机构是电磁式低压电器的重要组成部分之一，其作用是将电磁能量转换成为机械能并带动触点的闭合或断开，完成通断电路的控制。

电磁机构主要由吸引线圈（电磁线圈）、铁芯（静铁芯）、衔铁（动铁芯）等组成。

1. 电磁机构的形式

电磁机构的形式按衔铁的运动方式可分为直动式和拍合式，如图 1-1 所示。吸引线圈的作用是将电能转换为磁场能量，即产生磁通，衔铁在电磁吸力作用下产生机械位移和铁芯吸合，带动触点动作，通断外电路。

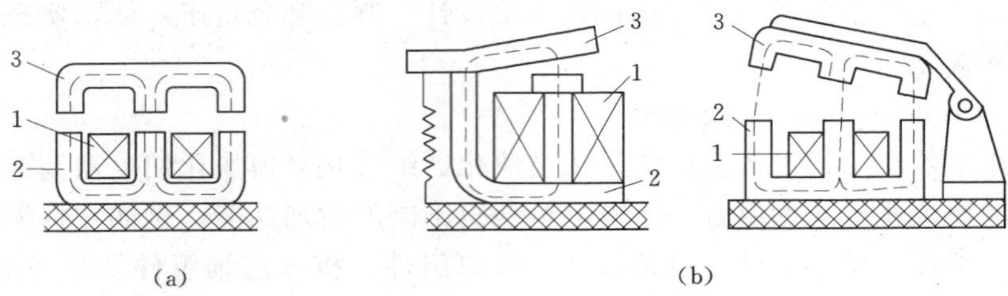

图 1-1 电磁机构的形式

(a) 直动式；(b) 拍合式

1—吸引线圈；2—铁芯；3—衔铁

2. 电压线圈和电流线圈

按吸引线圈接入电路的方式不同，可以分为电压线圈和电流线圈，如图 1-2 所示。

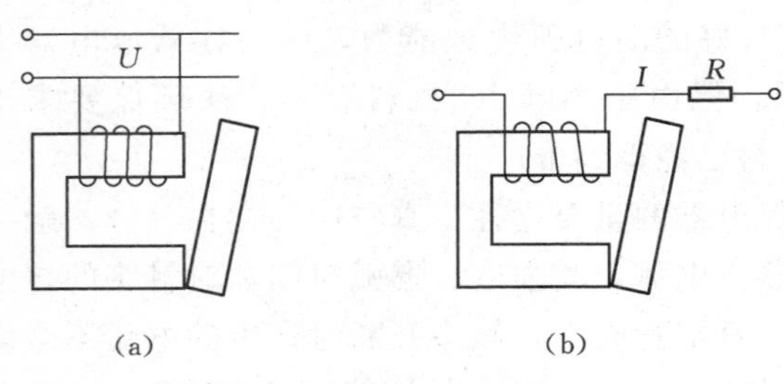

图 1-2 吸引线圈的连接方式

(a) 并联线圈；(b) 串联线圈

电压线圈并联在电源两端，线圈获得额定电压时衔铁吸合，其电流值由电路电压和线圈本身的阻抗决定，为减小分流，降低对原电路的影响，需要较大的阻抗，因此电压线圈匝数多、导线细、电流较小，但匝间电压高，所以一般用绝缘性能好的漆包线绕制。

电流线圈串联在主电路中，当主电路的电流超过其动作值时衔铁吸合，其电流值不取决于线圈的阻抗，而取决于电路的电流，为了减小对原电路的影响，所以电流线圈导线粗，匝数少，通常用紫铜条或粗的紫铜线绕制。

3. 直流电磁铁和交流电磁铁

按吸引线圈所通电流性质的不同，电磁铁可分为直流电磁铁和交流电磁铁。

直流电磁铁由于通入的是直流电，在稳定状态下，电磁铁中磁通恒定，铁芯中没有磁滞损耗和涡流损耗，其铁芯不发热，只有线圈发热，因此线圈做成无骨架、高而薄的瘦高

型，增加它和铁芯直接接触的面积，以利于线圈自身散热。铁芯和衔铁由软钢（铸钢）和工程纯铁（铸铁）制成。

交流电磁铁由于通入的是交流电，在稳定状态下，铁芯中存在磁滞损耗和涡流损耗，线圈和铁芯都发热，所以交流电磁铁的吸引线圈有骨架，使铁芯与线圈隔离并将线圈制成短而厚的矮胖型，以利于铁芯和线圈的散热。铁芯用硅钢片叠加而成，以减小涡流。

由于交流电磁铁的磁通是交变的，线圈磁场对衔铁的吸引也是交变的。当交流电过零时，线圈磁通为零，对衔铁的吸引力也为零，衔铁在复位弹簧作用下将产生释放趋势，这就使动、静铁芯之间的吸引力随着交流电的变化而变化，从而产生振动和噪声，加速动、静铁芯接触面磨损，引起结合不良，严重时还会使触点烧蚀。为了消除这一弊端，在铁芯的端面开一小槽，在槽内嵌入一只铜环，名为短路环，如图 1-3 所示。该短路环相当于变压器副边绕组，在线圈通入交流电时，不仅线圈产生磁通，短路环中的感应电流也将产生磁通。短路环相当于纯电感电路，从纯电感电路的相位关系可知，线圈电流磁通与短路环感应电流磁通不同时为零，即线圈输入的交流电过零时，短路环感应电流不为零，此时，它的磁场对衔铁起着吸引作用，从而克服了衔铁被释放的趋势，使衔铁在通电过程中总是处于吸合状态，明显减小了震动和噪声。所以短路环又叫减振环，它通常由康铜或镍铬合金制成。加短路环时的磁通情况，如图 1-4 所示。

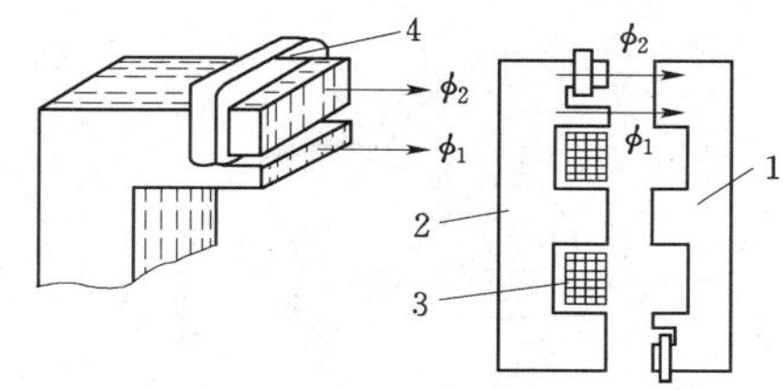

图 1-3 交流电磁铁和短路环

1—衔铁；2—铁芯；3—线圈；4—短路环

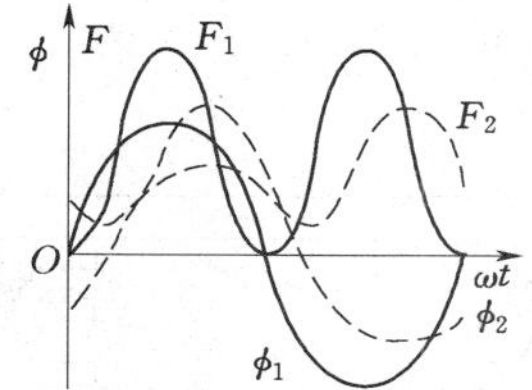

图 1-4 加短路环时的磁通情况

1.2.2 触点系统

触点的作用是接通或分断电路。因此，要求触点具有良好的接触性和导电性。触点一般采用铜材料制成，对于小容量电器常用银质材料制成，这是因为银质触点具有较低和较稳定的接触电阻，其氧化膜电阻率与纯银相似，可以避免触点表面氧化膜电阻率增加而造成的接触不良。

触点的结构有桥式触点和指形触点两种，其中桥式触点又包括点接触和面接触两种，如图 1-5 所示。点接触式适用于电流不大且触点压力小的场合，面接触式适用于大电流的场合，指形触点适合于分合频繁通断、电流大的场合，由于触点在接通与分断时产生滚动摩擦，可以去掉氧化膜，故其触点可以用紫铜制造。

1.2.3 灭弧系统

触点分断电路时，由于热电子发射和强电场的作用，使气体游离，从而在分断瞬间产生电弧。电弧的高温能将触点烧毁，缩短电器的使用寿命，同时又延长了电路的分断时间，因此应采取适当措施迅速熄灭电弧。低压控制电器常用的灭弧方法有以下几种。

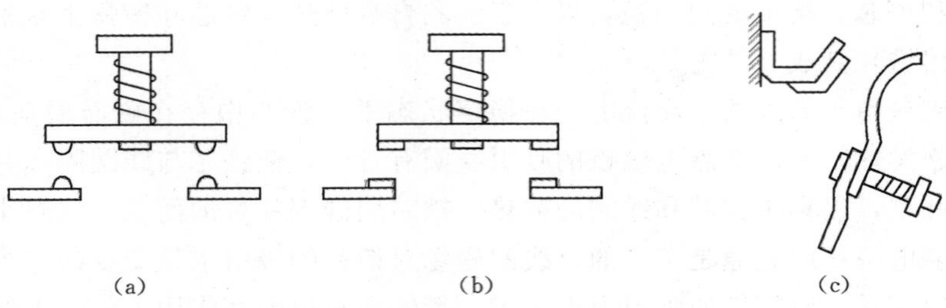

图 1-5 触点的结构形式
(a) 点接触桥式触点；(b) 面接触桥式触点；(c) 指形触点

1. 电动力灭弧

电动力灭弧原理示意图如图 1-6 所示。当触点分断时，在左右两个弧隙中产生两个彼此串联的电弧，每一段电弧在另一段电弧所产生的磁场作用下，受到向外的推力，电弧向两侧方向运动被拉长，在拉长过程中电弧遇到空气迅速冷却而很快熄灭。桥式触点在分断时本身具有电动力灭弧功能，不用任何附加装置，便可以使电弧迅速熄灭。这种灭弧方法多用于小容量交流接触器中。

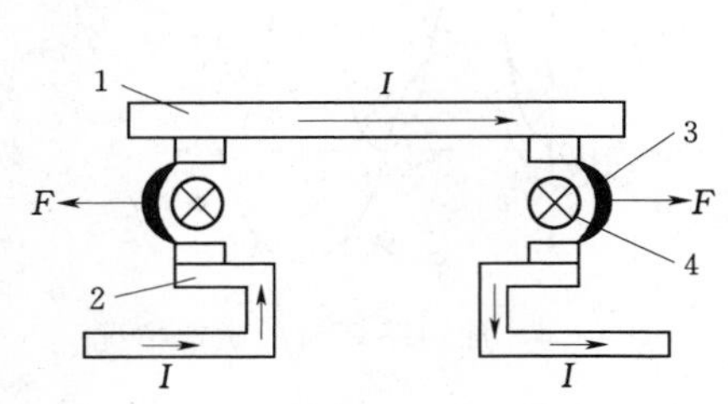

图 1-6 电动力灭弧原理示意图
1—动触点；2—静触点；3—电弧；4—弧区磁场方向

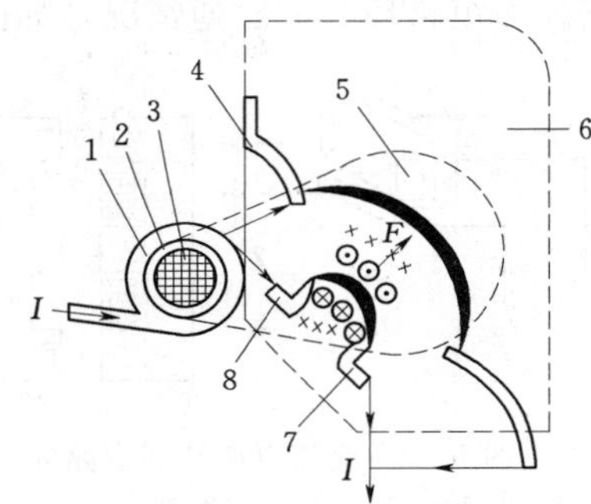

图 1-7 磁吹灭弧示意图
1—磁吹线圈；2—绝缘套；3—铁芯；4—引弧角；5—导磁夹板；6—灭弧罩；7—动触电；8—静触点

2. 磁吹灭弧

磁吹灭弧原理示意图如图 1-7 所示，在触点电路中串入一个具有铁芯的吹弧线圈，该线圈产生的磁场由导磁夹板引向触点周围，其方向由右手定则确定（如图 1-7 中×所示），触点间的电弧所产生的磁场方向如图中“⊙”和“⊗”所示。产生的电弧可看成是一个载流导体，电流方向由静触点流向动触点，这时，根据左手定则可确定出电弧在磁场中所受电磁力 F 的方向是向上的。由于电弧向上运动，经引弧角引入灭弧罩，它一方面被拉长，另一方面又被冷却，促使电弧很快熄灭。引弧角除了有引导电弧运动的作用外，还能把电弧从触点处引开，从而起到保护触点的作用。

由于磁吹线圈串联于主电路中，所以作用于电弧的磁场力随电弧电流的大小而改变，电弧电流越大，灭弧能力越强。而且磁吹力的方向与电流方向无关。所以，磁吹灭弧装置适用于交、直流控制电器中。

3. 栅片灭弧

灭弧栅片是一组镀铜薄钢片组成，彼此之间互相绝缘，片间距离为2～3mm，它们位于触点上方的灭弧室内，如图1-8所示。当触点分断电路时，在触点之间产生电弧，电弧在电动力作用下被推入灭弧栅内，电弧进入灭弧栅后被分割成一段段串联的短弧。这时每相邻两片灭弧栅片可以看作一对电极，且每对电极之间都有150～250V的绝缘强度，这样整个灭弧栅的绝缘强度大大加强，以至外电压无法维持，电弧迅速熄灭。此外，栅片还能吸收电弧的热量，使电弧迅速冷却。由于栅片灭弧装置的灭弧效果在交流时要比直流强得多（当交流电压过零点时电弧会自动熄灭），所以交流电器常采用栅片灭弧。

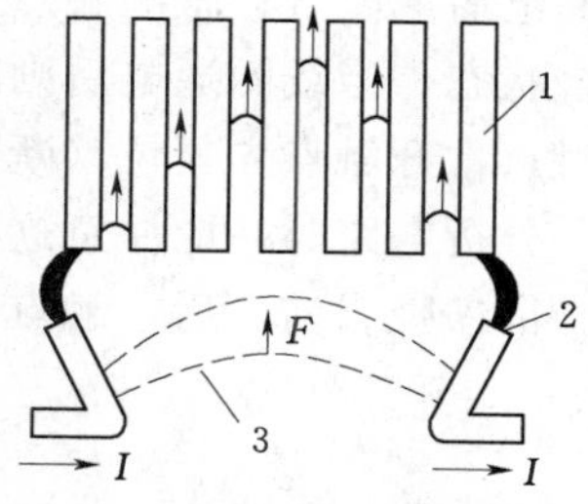

图1-8 栅片灭弧原理示意图

1—灭弧栅片；2—触点；3—电弧

1.3 接触器

接触器是一种适用于远距离、频繁接通或断开交、直流主电路及控制电路的自动控制电器。其主要控制对象是电动机，也可用于控制其他负载，如电热器、电焊机、电阻炉等。它具有欠电压释放保护及零电压保护功能，而且控制容量大，工作可靠，使用寿命长等优点，所以在电气控制系统中应用十分广泛。

根据接触器触点控制负载的不同，可分为交流接触器（用作接通和分断交流电路的接触器）和直流接触器（用作接通和分断直流电路的接触器）两种。下面以电磁式交流接触器为例简要介绍接触器的结构原理和主要技术参数等。

1.3.1 接触器的结构和工作原理

图1-9所示为交流接触器的结构示意图。交流接触器主要由电磁机构、触点系统、灭弧系统及其他部分四部分组成。简单地说，接触器的工作原理是利用电磁铁吸力及弹簧反作用力配合动作，使触头接通或断开。

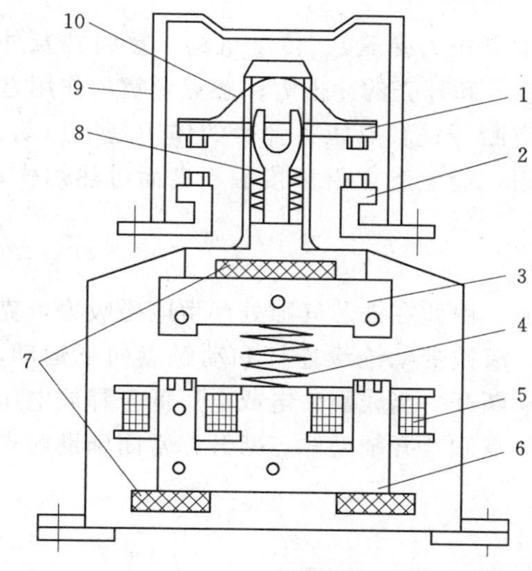

图1-9 交流接触器的结构示意图

1—动触桥；2—静触点；3—衔铁；4—缓冲弹簧；5—吸引线圈；6—铁芯；7—垫毡；8—触点弹簧；9—灭弧罩；10—触点压力弹簧

1. 电磁机构

由电磁线圈（吸引线圈）、铁芯和衔铁组成。其作用是将电磁能转换成机械能，产生电磁吸力带动触点动作。

2. 触点系统

触点系统包括主触点和辅助触点。主触点用在通断电流较大的主电路中，一般由三对“常开”触点组成，主触点的通断容量较大（体积较大）。辅助触点用于通断小电流的控制电路，触点容量较主触点小（体积较小），它有“常开”、“常闭”触点，一般常开、常闭辅助触点各两对。

常开触点（又称为动合触点）是指线圈未通电时，其动、静触点处于断开状态，当线圈通电后就闭合；常闭触点（又称为动断触点）是指在线圈未通电时，其动、静触点处于闭合状态，当线圈通电后则断开。线圈通电时常闭触点先断开，常开触点后闭合；线圈断电时，常开触点先复位（断开），常闭触点后复位（闭合），其中间存在一个很短的时间间隔。分析电路时，应注意这个时间间隔。

衔铁吸合前、后，触点系统的结构和状态示意图如图 1－10 所示。

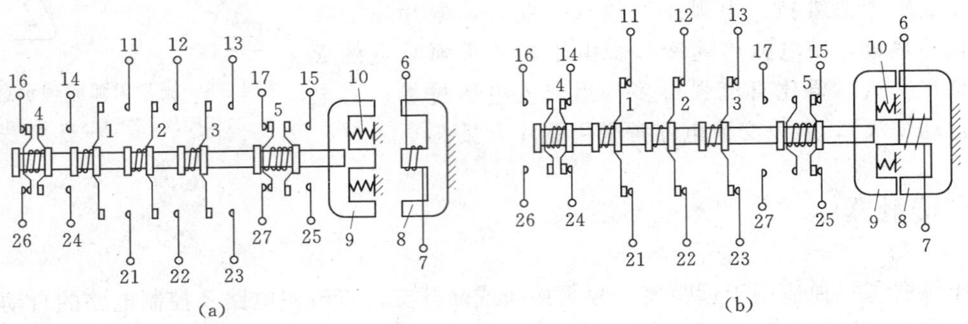

图 1－10　接触器触点系统的结构和状态示意图

(a) 衔铁吸合前触点的状态；(b) 衔铁吸合后触点的状态

3. 灭弧系统

容量在 10A 以上的接触器都有灭弧装置。对于小容量的接触器，常采用双断口桥形触头以利于灭弧；对于大容量的接触器，常采用纵缝灭弧罩及栅片灭弧结构。

4. 其他部件

其他部件包括弹簧（缓冲弹簧、触点弹簧和触点压力弹簧）、传动机构、接线柱及外壳等。缓冲弹簧的作用是缓冲衔铁在吸合时对静铁芯和外壳的冲击力；触点弹簧的作用是当吸引线圈断电时，迅速使主触点和常开辅助触点断开；触点压力弹簧的作用是增加动、静触点之间的压力，增大接触面积以降低接触电阻，避免触点由于接触不良而过热灼伤，并有减振作用。

5. 交流接触器工作原理

当交流接触器线圈通电后，在铁芯中产生磁通，由此在铁芯气隙处产生电磁吸力，克服弹簧反力，使衔铁向下运动（产生闭合作用），衔铁带动绝缘连杆和动触点向下运动，使常开主触点和常开辅助触点闭合，常闭辅助触点断开。当线圈失电或电压低于释放电压时，电磁力小于弹簧反力，衔铁释放，使常开主触点和常开辅助触点断开，常闭辅助触点闭合。

1.3.2　接触器的主要技术参数

接触器的主要技术参数包括以下几项内容。

（1）额定电压。额定电压指主触点的额定工作电压，应等于负载的额定电压。

（2）额定电流。额定电流指主触点的额定工作电流。

（3）吸引线圈额定电压。吸引线圈额定电压指接触器正常工作时，吸引线圈上所加的

电压值。一般该电压数值以及线圈的匝数、线径等数据均标于线包上，而不是标于接触器外壳铭牌上，使用时应加以注意。

表 1-1 列出了交流接触器的额定电压、额定电流及引线圈的额定电压等级。

表 1-1　　交流接触器的额定电压、额定电流及引线圈的额定电压等级

额定电压/V	额定电流/A	吸引线圈额定电压/V
220、380、500	5、10、20、40、60、100、150、250、400、600	36、110、127、220、380

(4) 接通和分断能力。接触器在规定条件下，能在给定电压下接通或分断的预期电流值，包括最大接通电流和最大分断电流。最大接通电流是指触点闭合时不会造成触点熔焊时的最大电流值；最大分断电流是指触点断开时能可靠灭弧的最大电流。一般通断能力是额定电流的 5～10 倍。

(5) 动作值。动作值可分为吸合电压和释放电压。吸合电压是指接触器触点吸合前，缓慢增加吸引线圈两端的电压，接触器触点可以吸合时线圈所加的最小电压；释放电压是指接触器触点吸合后，缓慢降低吸引线圈的电压，接触器触点释放时线圈所加的最大电压。一般规定，吸合电压不低于线圈额定电压的 85%，释放电压不高于线圈额定电压的 70%。

(6) 机械寿命和电气寿命。机械寿命是指需要维修或更换零、部件前所能承受的无载操作循环次数；电气寿命是指在规定的正常条件下，不需要修理或更换零、部件的有载操作循环次数。接触器是频繁操作电器，应有较高的机械和电气寿命，该指标是产品质量的重要指标之一。目前接触器的机械寿命已达 1000 万次以上，电气寿命约是机械寿命的 5%～20%。

(7) 操作频率。接触器的操作频率是指每小时允许的最大操作次数。接触器在吸合瞬间，吸引线圈需消耗比额定电流大 5～7 倍的电流，如果操作频率过高，则会使线圈严重发热，直接影响接触器的正常使用。为此，规定了接触器的允许操作频率一般为 300 次/h、600 次/h 和 1200 次/h。

1.3.3 接触器的选用原则

应根据以下原则来选择接触器。

(1) 根据被接通或分断电路中负载电流的种类选择接触器的类型。控制交流负载应选用交流接触器，控制直流负载则选用直流接触器。

(2) 根据被控电路中电流大小和使用类别选择接触器的额定电流。接触器主触点的额定工作电流应大于或等于被控主电路的电流。

对于电动机负载可按以下经验公式计算

$$I_N \geqslant I_C = \frac{P_N \times 10^3}{KU_N}$$

式中 I_N——接触器额定电流，A；

I_C——接触器主触点电流，A；

P_N——电动机的额定功率，W；

U_N——电动机的额定电压，V；

K——经验系数，一般取 1～1.4。

选择接触器的额定电流应大于 I_C，也可查手册根据其技术数据确定。

接触器如使用在频繁启动、制动和正反转的场合时，一般将主触头的额定电流降一个等级来使用。

对于持续运行的设备，接触器按额定电流的 67～75%使用。即 100A 的交流接触器，只能控制最大额定电流为 67～75A 以下持续运行的设备。

对于间断运行的设备，接触器按额定电流的 80%使用。即 100A 的交流接触器，只能控制最大额定电流为 80A 以下间断运行的设备。

对于反复短时工作的设备，接触器按额定电流的 116%～120%使用。即 100A 的交流接触器，只能控制最大额定电流为 116～120A 以下反复短时工作的设备。

(3) 根据被控电路电压等级选择接触器的额定电压。额定电压应大于或等于主电路工作电压。

(4) 根据控制电路的电压等级选择接触器吸引线圈的额定电压。接触器吸引线圈的额定电压应与控制回路电压相一致，一般应低一些为好，这样对接触器的绝缘要求可以降低。

(5) 接触器的触点数量和种类应满足主电路和控制电路的要求。

1.3.4 接触器的故障及维修

接触器的故障现象、故障原因及维修方法见表 1-2。

表 1-2 接触器的故障现象、故障原因及维修方法

故障现象	故障原因	维修方法
接触器不吸合或吸不牢	(1) 电源电压过低。 (2) 线圈断路。 (3) 线圈技术参数与使用条件不符。 (4) 铁芯机械卡阻	(1) 调高电源电压。 (2) 调换线圈。 (3) 调换线圈。 (4) 排除卡阻物
线圈断电，接触器不释放或释放缓慢	(1) 触点熔焊。 (2) 铁芯表面有油污。 (3) 触点弹簧压力过小或复位弹簧损坏。 (4) 机械卡阻	(1) 排除熔焊故障，修理或更换触点。 (2) 清理铁芯极面。 (3) 调整触点弹簧力或更换复位弹簧。 (4) 排除卡阻物
触点熔焊	(1) 操作频率过高或过负载使用。 (2) 负载侧短路。 (3) 触点弹簧压力过小。 (4) 触点表面有电弧灼伤。 (5) 机械卡阻	(1) 调换合适的接触器或减小负载。 (2) 排除短路故障更换触点。 (3) 调整触点弹簧压力。 (4) 清理触点表面。 (5) 排除卡阻物
铁芯噪声过大	(1) 电源电压过低。 (2) 短路环断裂。 (3) 铁芯机械卡阻。 (4) 铁芯极面有油垢或磨损不平。 (5) 触点弹簧压力过大	(1) 检查线路并提高电源电压。 (2) 调换铁芯或短路环。 (3) 排除卡阻物。 (4) 用汽油清洗极面或更换铁芯。 (5) 调整触点弹簧压力
线圈过热或烧毁	(1) 线圈匝间短路。 (2) 操作频率过高。 (3) 线圈参数与实际使用条件不符。 (4) 铁芯机械卡阻	(1) 更换线圈并找出故障原因。 (2) 调换合适的接触器。 (3) 调换线圈或接触器。 (4) 排除卡阻物

1.3.5 接触器的型号和图形、文字符号

接触器的型号如图1-11所示。接触器的图形符号和文字符号如图1-12所示。

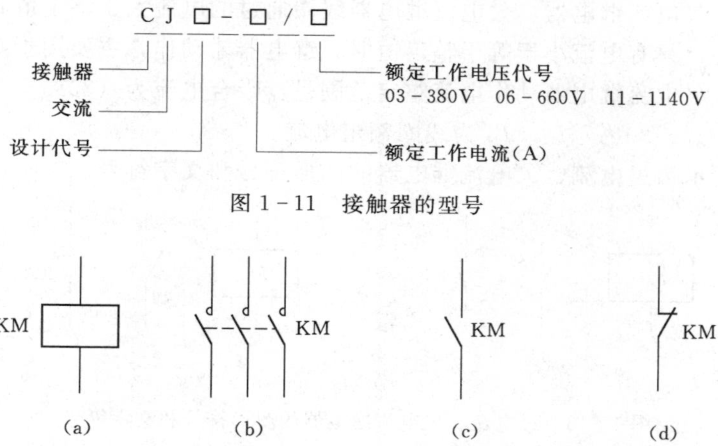

图1-11 接触器的型号

图1-12 接触器的图形符号和文字符号

(a) 线圈；(b) 主触点；(c) 常开辅助触点；(d) 常闭辅助触点

1.4 继电器

继电器是一种根据电气量（如电压、电流等）或非电气量（如温度、时间、压力、转速等）的变化使触点动作，接通或断开控制电路，以实现自动控制和保护的自动电器。

继电器一般由感测机构、中间机构和执行机构三个基本部分组成。感测机构把感测到的电气量或非电气量传递给中间机构，将它与预定值（整定值）进行比较，当达到整定值时，中间机构便使执行机构动作，从而接通或断开被控电路。

继电器的种类很多，常用的有电流继电器、电压继电器、中间继电器、时间继电器、热继电器、速度继电器、压力继电器等。

继电器一般用于控制电路中，控制小电流电路，触点额定电流不大于5A（有的中间继电器触点额定电流大于5A），所以不加灭弧装置。而接触器一般用于主电路中，控制大电流电路，主触点额定电流不小于5A，需加灭弧装置。接触器一般只能对电压的变化作出反应，而各种继电器可以在相应的各种电量或非电量作用下动作。

1.4.1 电磁式电流继电器

根据线圈中电流的大小而接通和断开电路的继电器称为电流继电器。使用时电流继电器的线圈与负载串联，其线圈的匝数少、线径粗、阻抗小。电流继电器有过电流继电器和欠电流继电器之分。

当线圈电流高于整定值（使过电流继电器动作的最小电流值）而动作（衔铁吸合）的电流继电器称为过电流继电器。过电流继电器的线圈通过的电流小于整定值时继电器不动作，只有超过整定值时，继电器才动作，主要用于对电路或设备进行过电流保护。过电流继电器的动作电流的整定范围是：交流过电流继电器为（110%～400%）I_N，直流过电流

继电器为（70%～300%）I_N。I_N 为线圈额定电流。

当线圈电流低于整定值（使欠电流继电器动作的最大电流值）而动作（衔铁释放）的电流继电器称为欠电流继电器。欠电流继电器线圈通过的电流大于整定值时，继电器的衔铁处于吸合状态，只有电流小于等于整定值时，继电器才动作，主要用于对电路或设备进行欠电流保护。欠电流继电器动作电流整定范围是：吸合电流为（30%～65%）I_N，动作释放电流为（10%～20%）I_N。I_N 为线圈额定电流。

图 1－13 所示为过电流、欠电流继电器的图形符号和文字符号。

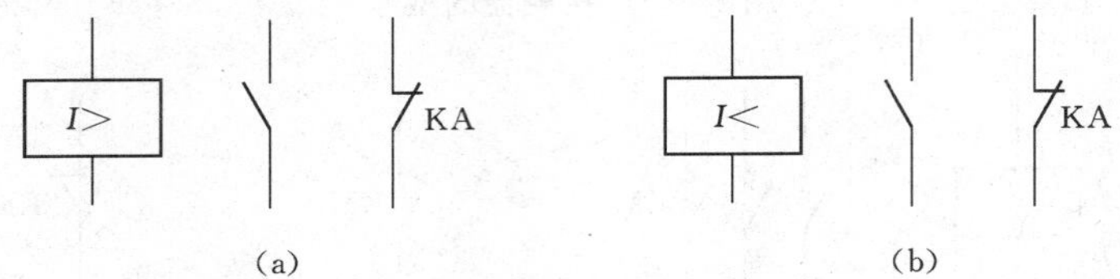

图 1－13 过电流、欠电流继电器的图形符号和文字符号

(a) 过电流继电器；(b) 欠电流继电器

1.4.2 电磁式电压继电器

根据线圈两端电压大小而接通或断开电路的继电器称为电压继电器。使用时电压继电器的线圈与负载并联，其线圈导线细、匝数多、阻抗大。电压继电器有过电压、欠电压和零电压继电器之分。

当线圈电压大于其整定值时而动作的电压继电器称为过电压继电器，主要用于对电路或设备进行过电压保护，其整定值为（105%～120%）U_N。

当线圈电压低于其整定值时而动作的电压继电器称为欠电压继电器。零电压继电器是欠电压继电器的一种特殊形式，是当继电器的线圈电压降至或接近消失时才动作的电压继电器。欠电压继电器和零电压继电器在线路正常工作时，铁芯与衔铁是吸合的，当电压降至低于整定值时，衔铁释放，带动触点动作，对电路或设备进行欠电压或零电压保护。欠电压继电器的整定值为（40%～70%）U_N，零电压继电器整定值为（10%～35%）U_N。U_N 为线圈额定电压。

图 1－14 所示为过电压、欠电压继电器的图形符号和文字符号。

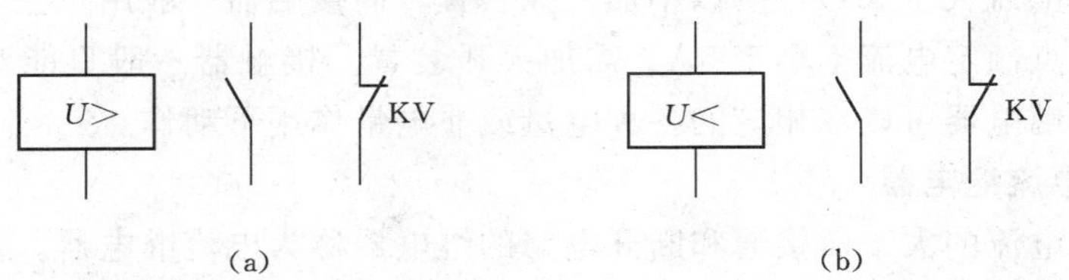

图 1－14 过电压、欠电压继电器的图形符号和文字符号

(a) 过电压继电器；(b) 欠电压继电器

1.4.3 中间继电器

中间继电器在控制电路中主要用来传递信号、扩大信号功率以及将一个输入信号变成多个输出信号等。中间继电器的基本结构及工作原理与接触器完全相同，但中间继电器的

触点对数多，且没有主辅之分，各对触点允许通过的电流大小相同，多数为5A。因此，对工作电流小于5A的电气控制线路，可用中间继电器代替接触器实施控制。

中间继电器的图形符号和文字符号，如图1-15所示。

图1-15 中间继电器的图形符号和文字符号

1.4.4 时间继电器

从得到输入信号（线圈的通电或断电）开始，经过一定的延时后才输出信号（触点的闭合或断开）的继电器，称为时间继电器。

常用的时间继电器有电磁式、电动式、空气阻尼式、晶体管式4类。目前在电力拖动控制电路中，应用较多的是空气阻尼式时间继电器。

空气阻尼式时间继电器由电磁机构、延时机构和触点组成。

空气阻尼式时间继电器的电磁机构有直流和交流两种，延时方式有通电延时和断电延时两种。当衔铁位于静铁芯和延时机构之间位置时为通电延时型；当静铁芯位于衔铁和延时机构之间时为断电延时型。空气阻尼式时间继电器的结构原理，如图1-16所示。

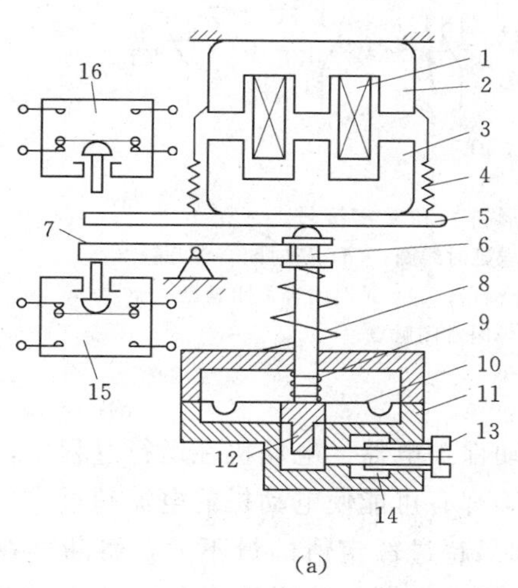

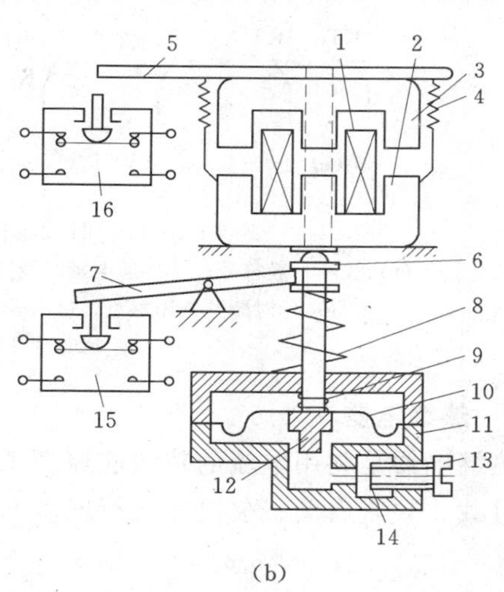

图1-16 空气阻尼式时间继电器结构原理图

(a) 通电延时型；(b) 断电延时型

1—线圈；2—铁芯；3—衔铁；4—复位弹簧；5—推板；6—活塞杆；7—杠杆；8—塔形弹簧；9—弱弹簧；10—橡皮膜；11—空气室壁；12—活塞；13—调节螺杆；14—进气孔；15、16—微动开关

图1-16(a)中通电延时型时间继电器为线圈不得电时的情况，当线圈1通电后，衔铁3吸合，带动推板5向上运动，使瞬动触点受压，其触点瞬时动作。活塞杆6在塔形弹簧8的作用下，带动橡皮膜10向上移动，弱弹簧9将橡皮膜压在活塞上，橡皮膜下方的空气不能进入气室，形成负压，只能通过进气孔14进气，因此活塞杆只能缓慢地向上移动，其移动的速度和进气孔的大小有关（通过延时调节螺丝调节进气孔的大小可改变延时时间）。经过一定的延时后，活塞杆移动到上端，通过杠杆压动微动开关（通电延时触点），使其常闭触点断开，常开触点闭合，起到通电延时作用。

当线圈断电时，电磁吸力消失，衔铁3在反力弹簧4的作用下释放，并通过活塞杆将活塞推向下端，这时气室内中的空气通过橡皮膜和活塞杆之间的缝隙排掉，瞬动接点和延时接点迅速复位，无延时。

断电延时型时间继电器的工作原理和通电延时型时间继电器相似。空气阻尼式时间继电器结构简单，价格低廉，延时范围0.4～180s，但是延时误差较大，难以精确地整定延时时间，常用于延时精度要求不高的交流控制电路中。在延时精度要求高的自动顺序控制及各种过程控制系统中，常采用延时范围宽、精度高、体积小、工作可靠的电子式时间继电器。

时间继电器的图形符号和文字符号如图1-17所示。

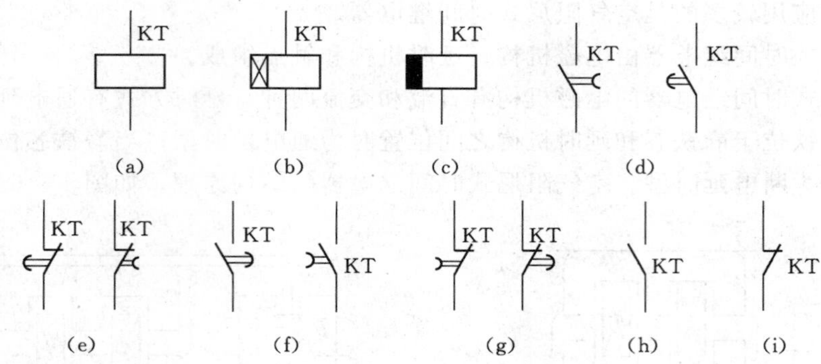

图1-17 时间继电器的图形符号和文字符号
(a) 线圈一般符号；(b) 通电延时线圈；(c) 断电延时线圈；(d) 延时闭合常开触点；
(e) 延时断开常闭触点；(f) 延时断开常开触点；(g) 延时闭合常闭触点；
(h) 瞬时常开触点；(i) 瞬时常闭触点

1.4.5 热继电器

热继电器是利用电流的热效应原理工作的自动保护电器。电动机在运行过程中，如果长期过载、频繁启动、欠电压运行或者断相运行等都有可能使电动机的电流超过它的额定值。如果超过额定值的量不大，熔断器在这种情况下不会熔断，这样将引起电动机过热，损坏绕组的绝缘，缩短电动机的使用寿命，严重时甚至烧坏电动机。因此，常采用热继电器作为电动机的过载保护以及断相保护。

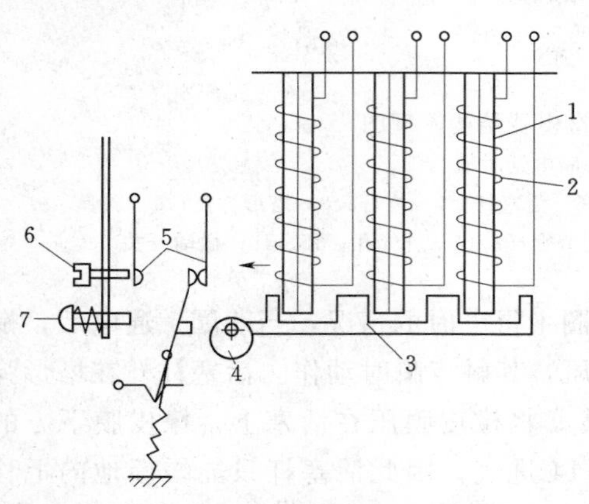

图1-18 热继电器工作原理示意图
1—双金属片；2—热元件；3—传动杆；4—调节旋钮；5—触点；6—复位调节螺丝；7—复位按钮

1. 热继电器的结构及工作原理

热继电器主要由热元件、双金属片、动作机构、触点、调整装置及手动复位装置等组成，热继电器的结构原理示意图，如图1-18所示。

热继电器的热元件和电动机定子绕组相串联，一对常闭触点串接在电动机的控制电路中。当电动机正常运行时，热元件中流过的电

流小，热元件产生的热量虽能使双金属片（双金属片由两种热膨胀系数不同的金属辗压而成，当双金属片受热时，会出现弯曲变形）弯曲，但不能使触点动作。当电动机过载时，流过热元件的电流加大，产生的热量增加，使双金属片产生的弯曲位移增大，经过一定时间后，通过导板推动热继电器的触点动作，使常闭触点断开，切断电动机控制电路，使电动机主电路失电，电动机得到保护。当故障排除后，手动按下复位按钮，使常闭触点重新闭合（复位），可以重新启动电动机。

由于热继电器有热惯性，当电路短路时不能立即动作将电路断开，因此不能作为短路保护。但也正是这个热惯性，保证了热继电器在电动机启动或短暂过载时不会动作，从而满足了电动机的运行要求。

2. 热继电器的型号和主要参数

热继电器的型号及含义如图 1-19 所示。

JR □-□/□ D

热继电器

设计代号

额定电流

极数

带断相保护

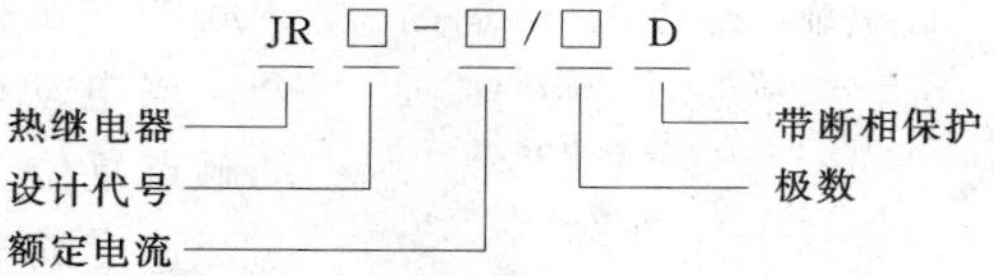

图 1-19 热继电器的型号及含义

热继电器的主要技术参数如下所述。

(1) 热继电器额定电流。热继电器中可以安装的热元件的最大整定电流。

(2) 热元件额定电流。热元件整定电流调节范围的最大值。

(3) 整定电流。热元件能够长期通过而不致引起热继电器动作的最大电流。通常热继电器的整定电流与电动机的额定电流相当，一般取 95%～105%额定电流。

3. 热继电器的选择

热继电器主要用于电动机的过载保护，使用中应考虑电动机的工作环境、启动情况、负载性质等因素，具体应按以下几个方面来选择。

(1) 热继电器结构形式的选择。一般情况下可选用两相结构的热继电器，星形接法的电动机可选用两相或三相结构热继电器，三角形接法的电动机应选用带断相保护装置的三相结构热继电器。

(2) 热元件的额定电流等级一般应略大于电动机的额定电流，一般为电动机额定电流的 1.05～1.1 倍。

(3) 双金属片式热继电器一般用于轻载、不频繁启动电动机的过载保护。

(4) 对于工作时间较短、间歇时间较长的电动机或出于安全考虑不允许设置过载保护的电动机（如消防泵），一般不设置过载保护。对于重复短时工作的电动机（如起重机电动机），由于电动机不断重复升温，热继电器双金属片的温升跟不上电动机绕组的温升，电动机将得不到可靠的过载保护，因此，不宜选用双金属片热继电器，而应选用过电流继电器或能反映绕组实际温度的温度继电器来进行保护。

热继电器的图形符号和文字符号，如图 1-20 所示。

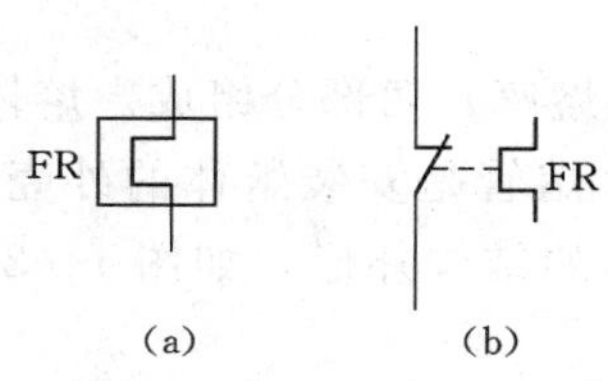

图 1-20 热继电器的图形符号和文字符号
(a) 热元件；(b) 常闭触点

1.4.6 速度继电器

速度继电器是当转速达到规定值时动作的继电器。其作用是与接触器配合实现对电动机的制动，常用于三相感应电

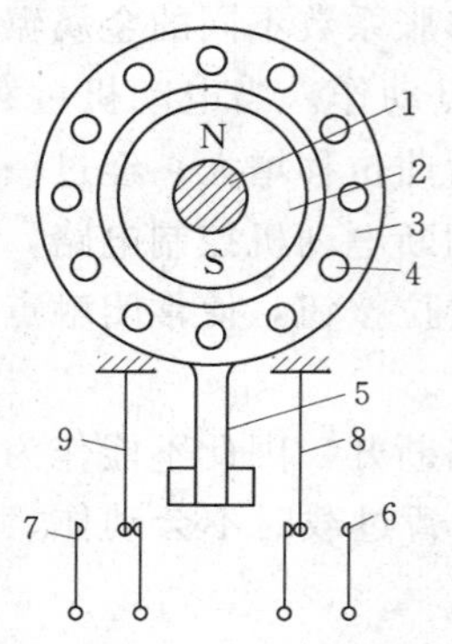

图 1-21 速度继电器结构原理示意图

1—转轴；2—转子；3—定子；4—绕组；5—摆锤；6，7—静触点；8，9—动触点

动机按速度原则控制的反接制动电路中，亦称反接制动继电器。

速度继电器主要由转子、定子和触点三部分组成。转子是一个圆柱形永久磁铁，定子是一个笼形空心圆环，由硅钢片叠成，并装有笼形绕组。速度继电器的结构原理，如图 1-21 所示。

速度继电器的转子通过转轴与电动机相连接，定子空套在转子上。当电动机转动时，速度继电器的转子（永久磁铁）随之转动，在空间产生旋转磁场，切割定子绕组，而在其中感应出电流。此电流又在旋转磁场作用下产生转矩，使定子随转子转动方向旋转一定的角度，与定子装在一起的摆锤推动触点动作，使常闭触点断开，常开触点闭合。当电动机转速低于某一值时，定子产生的转矩减小，动触点复位。

速度继电器的图形符号和文字符号，如图 1-22 所示。

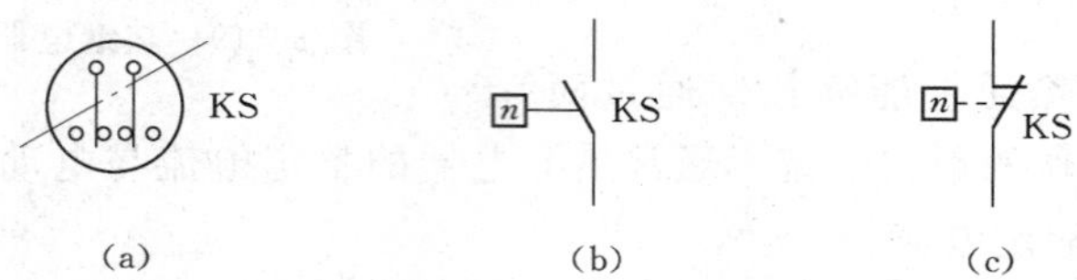

图 1-22 速度继电器的图形符号和文字符号

(a) 转子；(b) 常开触点；(c) 常闭触点

1.5 熔断器

熔断器是低压电路及电动机控制回路中主要起短路保护作用的电器。使用时串联在被保护的电路中，当电路发生短路故障，通过熔断器的电流达到或超过某一规定值，以其自身产生的热量使熔体熔断，从而自动切断电路，实现短路保护及过载保护。熔断器具有结构简单、体积小、重量轻、使用维护方便、价格低廉、分断能力较强、限流能力良好等优点，因此在电路中得到广泛应用。

1.5.1 熔断器的结构和工作原理

熔断器主要由熔体（俗称保险丝）和安装熔体的熔管（或熔座）两部分组成。熔体由铅、锡、银、铜及其合金制成，常做成丝状、片状或栅状。熔管是安装熔体的外壳，由陶瓷等绝缘材料制成，在熔体熔断时兼有灭弧作用。熔断器的结构外形，如图 1-23 所示。

熔断器的熔体与被保护的电路串联，当电路正常工作时，熔体允许通过一定大小的电流而不熔断。当电路发生短路或严重过载时，熔体中流过很大的故障电流，当电流产生的热量使熔体温度升高达到熔点时，熔体熔断并切断电路，从而达到保护的目的。

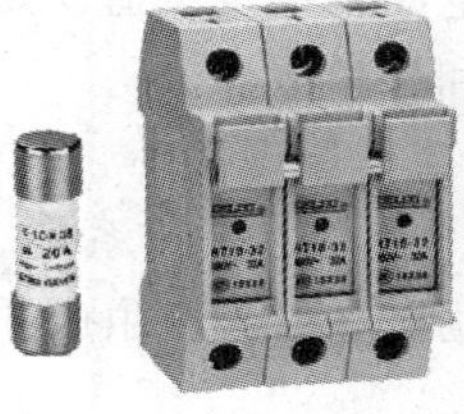

图 1-23 熔断器的结构外形

1.5.2 熔断器的主要性能参数

(1) 额定电压。保证熔断器能长期正常工作的电压。其值一般等于或大于电气设备的额定电压。

(2) 额定电流。保证熔断器能长期正常工作的电流，是由熔断器各部分长期工作时允许温升决定的。

(3) 熔体的额定电流。熔体的额定电流是指在规定的工作条件下，长时间通过熔体而熔体不熔断时的最大电流。它与熔断器的额定电流是两个不同的概念。通常一个额定电流等级的熔断器可以配用若干个额定电流等级的熔体，但熔体的额定电流不能大于熔断器的额定电流。

(4) 极限分断电流。极限分断电流是指熔断器在额定电压下所能断开的最大短路电流。

(5) 时间—电流特性。在规定工作条件下，表征流过熔体的电流与熔体熔断时间关系的函数曲线，也称保护特性或熔断特性，如图 1-24 所示。

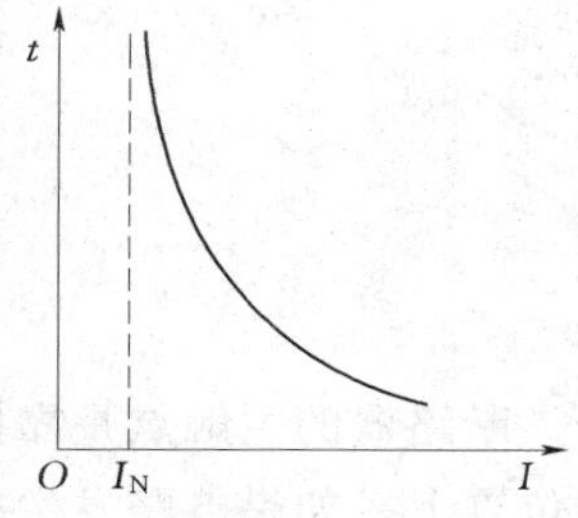

图 1-24 熔断器的时间—电流特性曲线

1.5.3 熔断器的型号、图形符号及文字符号

熔断器的型号及含义如图 1-25 所示。熔断器的图形符号和文字符号如图 1-26 所示。

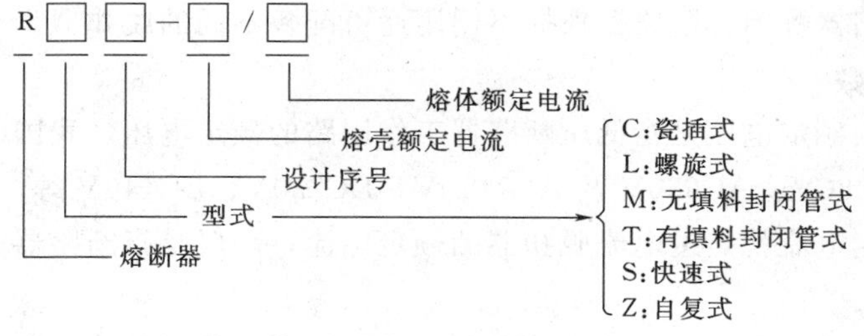

图 1-25 熔断器的型号

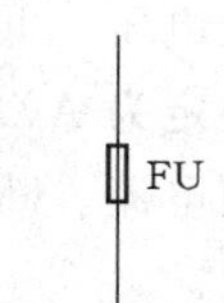

图 1-26 熔断器的图形符号和文字符号

1.6 低压断路器

低压断路器又称自动空气开关或自动空气断路器，适用于不频繁地接通和切断电路或

启动、停止电动机，并能在电路发生过负荷、短路和欠电压等情况下自动切断电路。它是低压配电系统中重要的控制和保护电器。

1.6.1 低压断路器的结构和工作原理

低压断路器由操作机构、触点、灭弧系统、保护装置［过电流脱扣器、欠电压（失压）脱扣器、热脱扣器、分励脱扣器和自由脱扣器］等组成。低压断路器的结构原理示意图，如图 1－27 所示。

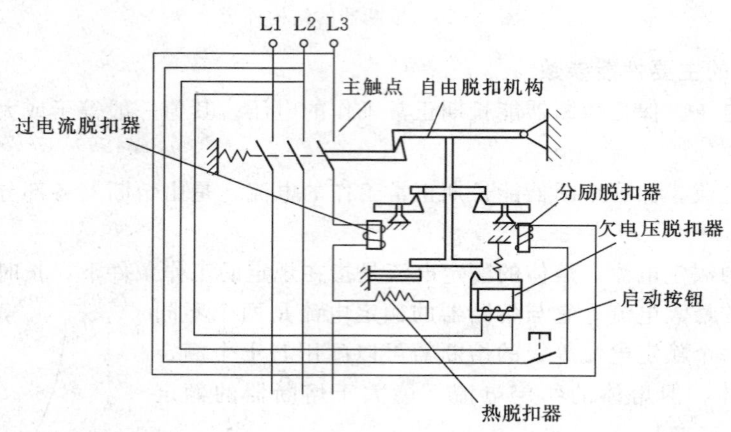

图 1－27 低压断路器的结构原理示意图

断路器的主触点是靠操作机构手动或电动合闸的，并由自动脱扣机构将主触点锁在合闸位置上。如果电路发生故障，自由脱扣机构在有关脱扣器的推动下动作，使钩子脱开，于是主触点在弹簧的作用下迅速分断。过电流脱扣器的线圈和热脱扣器的线圈与主电路串联，欠电压脱扣器的线圈与主电路并联。当电路发生短路时，过电流脱扣器的衔铁被吸合，使自由脱扣机构动作；当电路过载时，热脱扣器的热元件产生的热量增加，使双金属片向上弯曲，推动自由脱扣机构动作；当电路欠压或失压时，欠电压脱扣器的衔铁释放，也使自由脱扣机构动作。分励脱扣器则作为远距离分断电路使用，根据操作人员的命令或其他信号使线圈通电，从而使断路器跳闸。断路器根据不同用途可配备不同的脱扣器。

1.6.2 低压断路器的主要技术参数

（1）额定电压。低压断路器的额定电压是指低压断路器工作回路的额定电压。我国电网电压标准规定为 AC220V、AC380V、AC660V 及 AC1140V，DC220V、DC440V 等。

（2）额定电流。断路器的额定电流就是过电流脱扣器的额定电流，一般是指断路器的额定持续电流。

（3）通断能力。开关电器在规定的条件下，能在给定的电压下接通和分断的最大电流值，也称为额定短路通断能力。

（4）分断时间。分断时间指切断故障电流所需的时间，它包括固有的断开时间和燃弧时间。

1.6.3 低压断路器的选用原则

低压断路器的选择应从以下几方面考虑：

（1）断路器类型的选择：应根据使用场合和保护要求来选择。

一般情况下选用塑壳式；短路电流很大时选用限流型；额定电流比较大或有选择性保护要求时选用框架式等。

（2）断路器额定电压、额定电流应大于或等于电路、设备的正常工作电压、工作电流。

（3）断路器极限通断能力大于或等于电路最大短路电流。

（4）欠电压脱扣器额定电压等于电路额定电压。

（5）过电流脱扣器的额定电流大于或等于电路的最大负载电流。

1.6.4 低压断路器的外形、型号以及图形符号、文字符号

低压断路器的外形如图 1-28 所示。包括万能式（框架式）断路器、塑料外壳式（装置式）断路器、模块化小型断路器和智能化断路器。低压断路器的型号如图 1-29 所示。低压断路器的图形符号和文字符号如图 1-30 所示。

图 1-28 低压断路器外形图

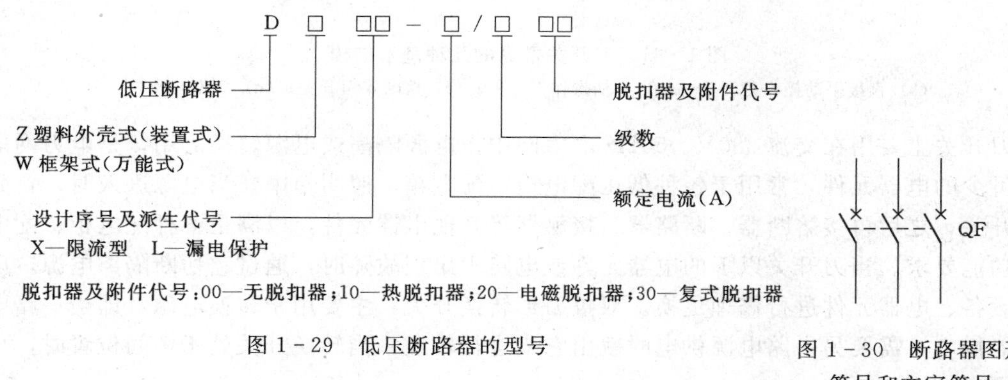

图 1-29 低压断路器的型号

图 1-30 断路器图形符号和文字符号

1.7 刀开关

刀开关是低压配电电器中结构最简单、应用最广泛的手动低压电器，主要用在低压成套配电装置中，用于不频繁地手动接通和分断交直流电路或作隔离开关用。

1.7.1 刀开关的基本结构

刀开关的基本结构主要包括动触头、静触头、操作手柄等。常用的刀开关型号有 HD（单投）和 HS（双投）等系列，刀开关按极数分为单极、双极和三极，接线时电源线接

上端，负载线接下端。图1-31是刀开关常见的几种基本结构。

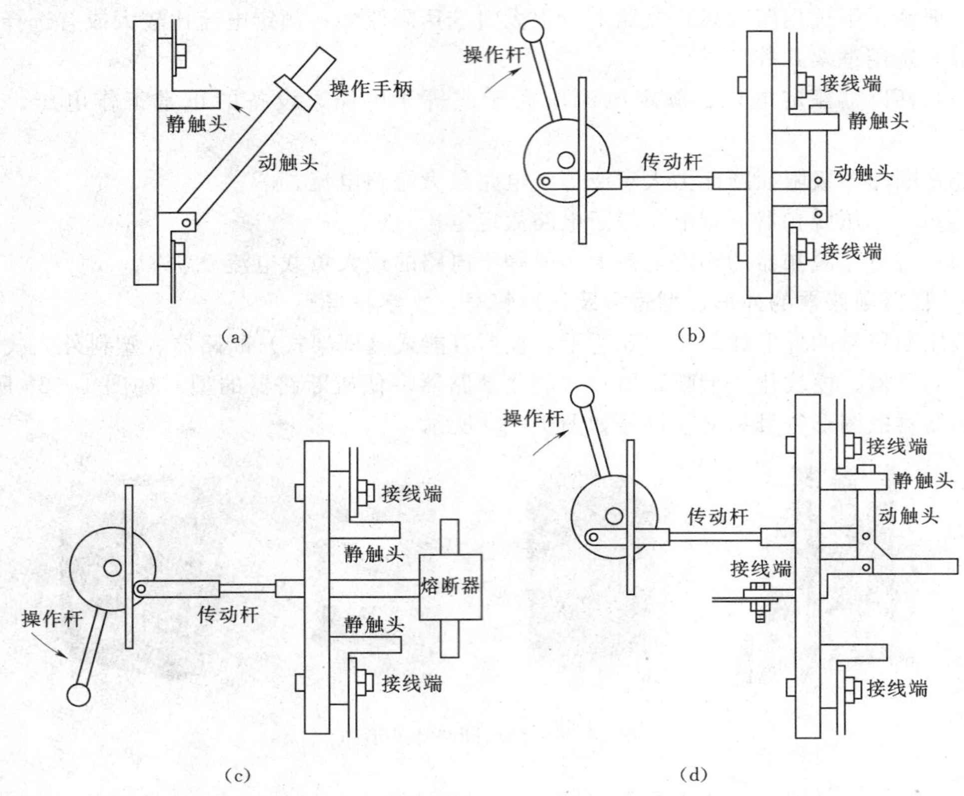

图1-31 刀开关常见的几种基本结构

(a) 直接手动操作刀开关；(b) 手柄操作刀开关；(c) 熔断式刀开关；(d) 双投刀开关

刀开关主要用在交流380V、50Hz电力网中作电源隔离或电源转换之用，是电力网中必不可少的电器元件，常用于各种低压配电柜、配电箱、照明箱中。当电源进入时，首先接刀开关，之后再接熔断器、断路器、接触器等其他电器元件，以满足各种配电柜、配电箱的功能要求。当刀开关以下的电器元件或电路中出现故障时，通过它切断隔离电源，以便对设备、电器元件进行修理更换。双投刀形转换开关，主要用于转换电源，即当一路电源不能供电，需要另一路电源供电时就由它来进行转换，当转换开关处于中间位置时，可以起隔离作用。

1.7.2 刀开关的选用

刀开关的额定电压应等于或大于电路额定电压。其额定电流应等于（在开启和通风良好的场合）或稍大于（在封闭的开关柜内或散热条件较差的工作场合，一般选1.15倍）电路工作电流。在开关柜内使用还应考虑操作方式，如杠杆操作机构、旋转式操作机构等。当用刀开关控制电动机时，其额定电流要大于电动机额定电流的3倍。

1.7.3 刀开关的外形、型号及图形符号、文字符号

刀开关的基本外形如图1-32所示，有带绝缘胶盖和不带带绝缘胶盖、中央手柄和侧面手柄、有板前接线和板后接线、有杠杆操作机构和旋转操作机构等多种形式。刀开关的

型号及其代表的含义，如图 1-33 所示。刀开关的图形符号和文字符号如图 1-34 所示。

图 1-32　刀开关的外形图

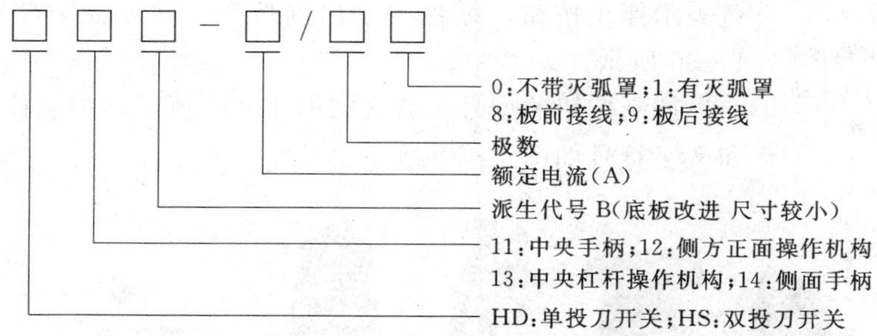

图 1-33　刀开关的型号及其代表的含义

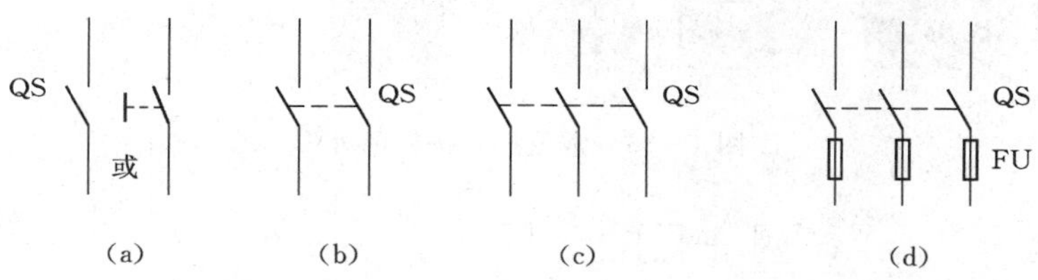

图 1-34　刀开关图形符号和文字符号

(a) 单极；(b) 双极；(c) 三极；(d) 三极刀熔开关

1.8　主令电器

在电气控制系统中，用于发送控制指令的电器称为主令电器。主令电器不能直接分合主电路，而是通过继电器、接触器和其他电器的动作，接通和分断被控制电路，以实现对电动机和其他生产机械的控制。主令电器应用广泛，种类繁多。常用的主令电器有控制按钮、行程开关、接近开关、万能转换开关、主令控制器等。

1.8.1　控制按钮

控制按钮是一种短时接通或断开小电流电路的手动电器，常用于控制电路中发出启动或停止等指令，以控制接触器、继电器等电器的线圈接通或断开，再由它们的触点去接通或断开主电路。

控制按钮的基本结构如图 1-35 所示，按钮由按钮帽、复位弹簧、动触点、静触点和外壳等组成。触点采用桥式触点，额定电流在 5A 以下。触点又分常开触点（动合触点）

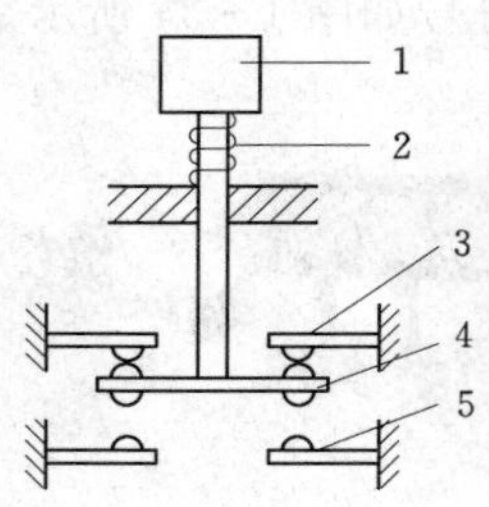

图 1-35 控制按钮的结构图

1—按钮帽；2—复位弹簧；3—常闭静触点；4—动触点；5—常开静触点

和常闭触点（动断触点）两种。

按钮的结构形式有多种，适用于不同的场合。按结构形式，主要分为点按式（用手进行点动操作）、旋钮式（用手进行旋转操作）、钥匙式（为使用安全插入钥匙才能旋转操作）、指示灯式（在按钮内装入信号指示灯）、蘑菇帽紧急式（点动操作外凸红色蘑菇帽）等。按使用场合，主要分为开启式、防水式、防腐式等。按控制回路的需要，分为单钮、双钮、三钮、多钮等。按工作状态指示和工作情况的要求，选择按钮及指示灯的颜色，一般以红色表示停止按钮，绿色表示启动按钮。常见控制按钮的外形如图 1-36 所示。

控制按钮的型号及含义如图 1-37 所示，控制按钮的图形符号和文字符号如图 1-38 所示。

图 1-36 常见控制按钮的外形

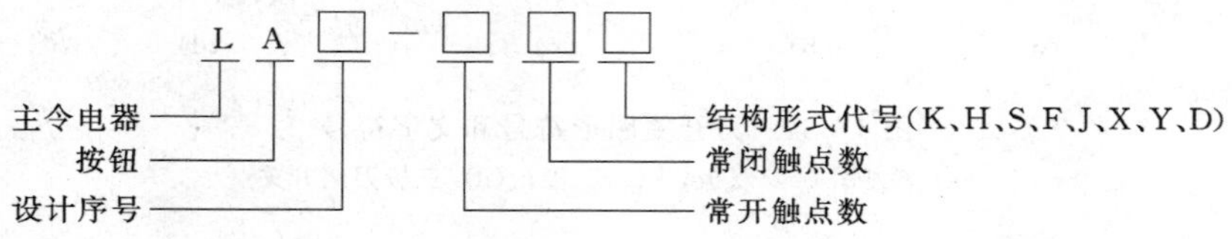

图 1-37 控制按钮的型号及含义

其中结构形式代号的含义：K—开启式，H—保护式，S—防水式，F—防腐式，J—紧急式，X—旋钮式，Y—钥匙式，D—带灯式

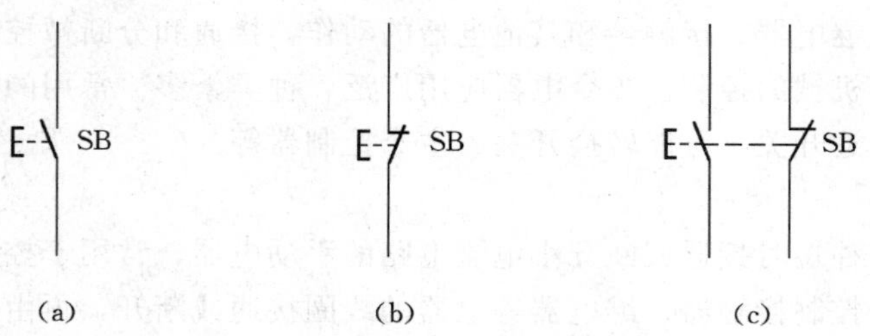

图 1-38 控制按钮图形符号和文字符号

(a) 常开触点；(b) 常闭触点；(c) 复合触点

1.8.2 行程开关

依据生产机械的行程发出命令以控制其运行方向或行程长短的主令电器，称为行程开关。若将行程开关安装于生产机械行程终点处，以限制其行程，则称为限位开关或终点开关。行程开关广泛用于各类机床和起重机械中，用于控制生产机械的运动方向、速度、行程大小或位置等。

行程开关的工作原理和按钮相同，区别在于它不是靠手的按压，而是利用生产机械运动的部件碰压而使触点动作来发出控制指令的主令电器。

行程开关的基本结构如图 1-39 所示。行程开关的种类很多，其主要变化在于传动操作方式和传动头形状的变化。操作方式有瞬动型和蠕动型，头部结构有直动、滚动直动、杠杆单轮、双轮、滚动摆杆可调式、杠杆可调式以及弹簧杆等。不同行程开关的外形如图 1-40 所示。

图 1-39 行程开关的基本结构

1—推杆；2—动触点；3—静触点

图 1-40 行程开关的外形

行程开关的型号及含义如图 1-41 所示，行程开关在选用时，主要根据机械位置对开关型式的要求和控制电路对触点的数量要求以及电流、电压等级来确定其型号。行程开关的图形符号和文字符号如图 1-42 所示。

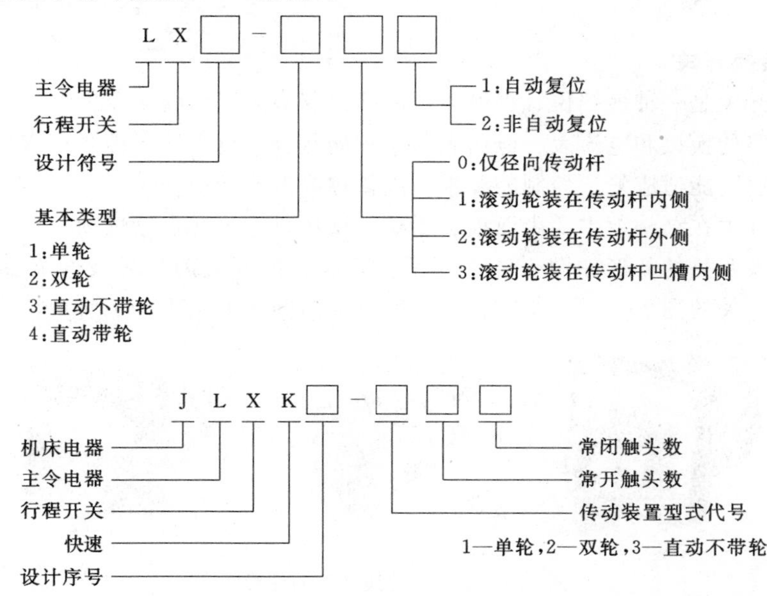

图 1-41 行程开关的型号及含义

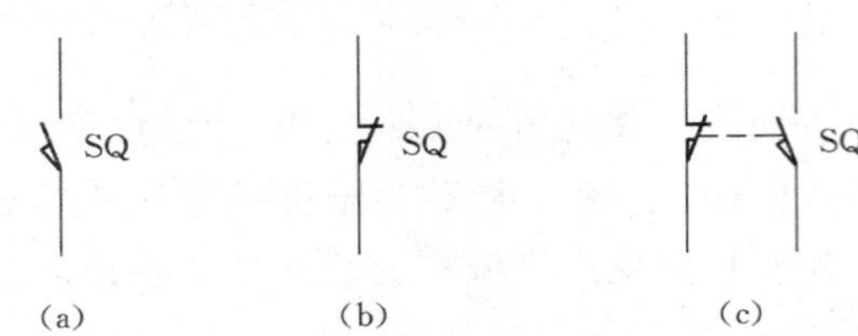

图 1-42 行程开关的图形符号和文字符号
(a) 常开触点；(b) 常闭触点；(c) 复合触点

1.8.3 接近开关

接近开关又称无触点行程开关，是当运动的金属与开关接近到一定距离时发出接近信号，以不直接接触的方式进行控制。它可以代替有触头行程开关来完成行程控制和限位保护，还可用于高频计数、测速、零件尺寸检测、液位控制、检测金属体的存在等。

由于它具有非接触式触发、动作速度快、可在不同的检测距离内动作、发出的信号稳定无脉动、工作稳定可靠、寿命长、重复定位精度高以及能适应恶劣的工作环境等特点，所以在机床、纺织、印刷、塑料等工业生产中应用广泛。

接近开关的种类很多，但不论何种类型的接近开关，其基本组成都由感测机构、振荡器、检波器、鉴幅器和输出电路等组成。感测机构的作用是将物理量变换成电量，实现由非电量向电量的转换。当运动部件与接近开关的感测机构接近时，就使其输出一个电信号。

接近开关的外形图如图 1-43 所示。接近开关的图形符号和文字符号如图 1-44 所示。

图 1-43 接近开关的外形图

图 1-44 接近开关的图形符号和文字符号
(a) 常开触点；(b) 常闭触点

1.8.4 万能转换开关

万能转换开关是一种多挡位、多触点、能够控制多个回路的主令电器。主要用于各种控制设备中电路的换接和电流表、电压表的换相测量等，也可用于控制小容量电动机的启动、换向、调速。能适应复杂控制的要求，故常称为万能转换开关。

万能转换开关在结构上主要由面板、手柄、操作机构、触点盒（动触点、静触点）等组成。万能转换开关的外形如图 1-45 所示。万能转换开关的型号及含义如图 1-46 所示。万能转换开关的图形符号、文字符号及触点通断图表如图 1-47 所示。

图 1-45 万能转换开关的外形图

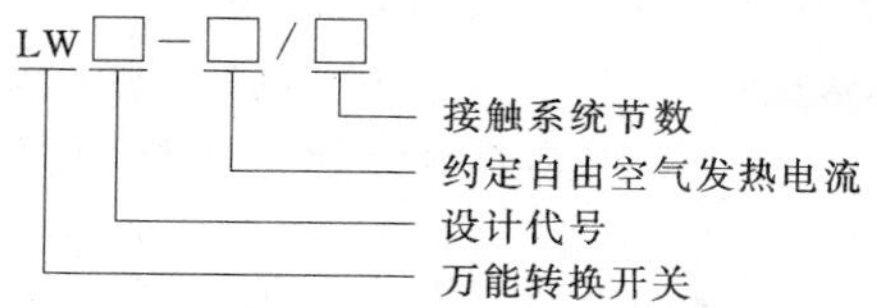

图 1-46　万能转换开关的型号及含义

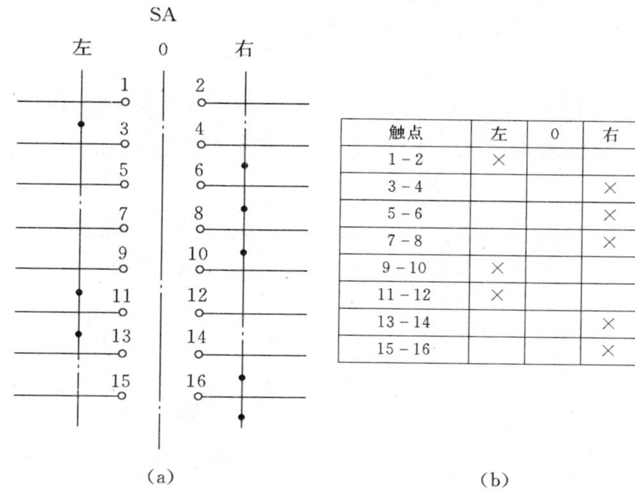

触点	左	0	右
1-2	×		
3-4			×
5-6			×
7-8			×
9-10	×		
11-12	×		
13-14			×
15-16			×

图 1-47　万能转换开关的图形符号、文字符号及触点通断图表

(a) 图形和文字符号；(b) 触点通断图表

关于电磁铁、电磁阀等执行电器，请参考相关资料，此处不再介绍。

本 章 小 结

1. 低压电器是指工作在交流额定电压 1200V 以下，直流额定电压 1500V 以下，用于对电路进行接通、分断，对电路参数进行变换，以实现对电路或用电设备的切换、控制、保护、检测、变换和调节作用的设备或元件。

2. 低压电器的分类

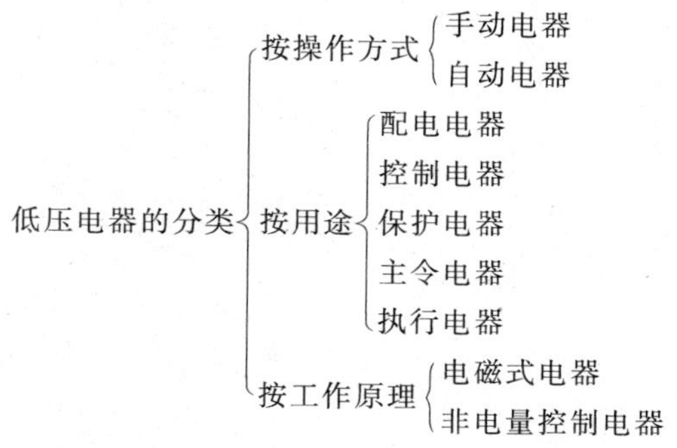

3. 电磁式低压电器的基本结构

电磁式低压电器的基本结构
- 电磁机构
  - 吸引线圈：电压线圈和电流线
  - 铁芯：直流电磁铁和交流电磁铁
  - 衔铁
- 触点系统：桥式触点、指形触点
- 灭弧系统：电动力灭弧、磁吹灭弧、栅片灭弧

4. 介绍了接触器、继电器（电流继电器、电压继电器、中间继电器、时间继电器、热继电器、速度继电器）的基本结构、工作原理、图形符号、文字符号以及参数型号和选用原则等。

5. 介绍了熔断器、低压断路器、刀开关、主令电器（控制按钮、行程开关、接近开关、万能转换开关）等的基本结构、工作原理、图形符号、文字符号以及参数型号和选用原则等。

本章介绍的这些内容是看懂继电器—接触器控制电路工作原理的基础，也是在实际工程中正确选择、使用和维修维护常用低压电器的基础，对后续 PLC 控制系统的设计也很重要。

习　题

1. 什么叫低压电器？

2. 低压电器是如何分类的？

3. 电磁式低压电器的电压线圈和电流线圈有什么不同？直流电磁铁和交流电磁铁有什么区别？

4. 电磁式低压电器常用的灭弧系统有哪几种？其工作原理如何？

5. 接触器的主触点和辅助触点有什么不同？什么叫常开触点（动合触点）、常闭触点（动断触点）？

6. 接触器的主要技术参数有哪些？如何正确选择接触器？

7. 接触器的故障现象有哪些？请分析故障原因及维修方法。

8. 试画出各种常用低压电器的图形和文字符号。

9. 简述电流继电器、电压继电器、中间继电器、时间继电器、热继电器、速度继电器、熔断器、低压断路器、刀开关以及主令电器的作用。

第2章　电气控制系统的控制电路

【知识要点】

知识要点	掌握程度	相关知识
电气控制系统图	熟悉	熟悉电气控制系统图的概念组成，电气原理图、电器布置图和安装接线图的作用及绘制原则

【应用能力要点】

应用能力要点	掌握程度	应用方向
电气控制系统中的基本控制电路	掌握	掌握点动控制、连续运行控制（自锁控制）、正反转控制（互锁控制）、多地控制、顺序控制以及循环控制（行程控制）电路的结构、各电器元件的作用及电路的工作原理。以便在实际工程应用中正确设计、运行、维护控制电路，保证生产机械的正常运行
三相异步电动机启动控制电路	掌握	掌握定子电路串电阻降压启动、星形—三角形降压启动以及自耦变压器降压启动控制电路的工作原理、启动、停止的工作过程，以便在实际工程应用中正确设计、运行、维护控制电路，保证生产机械的正常运行
三相异步电动机制动控制电路	掌握	掌握异步电动机能耗制动、反接制动控制电路工作原理、启动、停止的工作过程，以便在实际工程应用中正确设计、运行、维护控制电路，保证生产机械的正常运行
三相异步电动机调速控制电路	了解	了解鼠笼式多速异步电动机控制电路以及变频调速控制电路。为以后学习变频器控制电路奠定基础

电气控制系统主要是由主令电器、接触器、继电器和保护电器等按一定的生产工艺要求，相互连接而组成的控制系统，这种控制系统常称为继电器—接触器控制系统。具有结构简单、容易掌握、维护方便、价格低廉等优点。目前在工业企业中应用仍很广泛，而且是其他自动化控制系统（如可编程控制系统）的基础。各种生产机械和生产线中的设备大都是靠电动机来拖动的，因此如何通过常用低压电器的相互连接，实现对电动机的启停控制、正反转控制、降压启动控制、制动控制和调速控制是本章研究的主要内容。

2.1　电气控制系统图

用以描述电气控制系统中的各种电器元件、电气设备以及他们之间连接情况的图纸称为电气控制系统图。通过电气控制系统图可以熟悉电气控制系统的工作原理，便于系统的安装、调试、运行和维护。

电气控制系统图主要包括三部分：电气原理图、电器布置图和安装接线图。

2.1.1　电气控制系统图中常用的图形符号、文字符号和接线端子标记

电气控制系统图中，各种电器元件、电气设备图形符号和文字符号必须采用国家最新标准所规定的图形符号和文字符号。如《电气简图用图形符号》（GB/T 4728—1996～2000)、《电气技术中的文字符号制定通则》（GB/T 7159—1987)、《电气设备接线端子和特定导线线端识别及应用字母数字系统的通则》（GB/T 4026—1992）等，并按照《电气制图》（GB/T 6988—1997）要求来绘制电气控制系统图。电气控制系统图中常用的图形符号、文字符号见附录 A。

2.1.2　电气原理图

电气原理图是用图形和文字符号表示电路中各个电器元件的连接关系和电气工作原理的图纸，它并不反映电器元件的实际大小和安装位置。电气原理图也是绘制其他电气图纸的基础。

下面以图 2－1 所示的 CW6132 型车床电气原理图为例介绍电气原理图的绘制原则、方法以及注意事项。

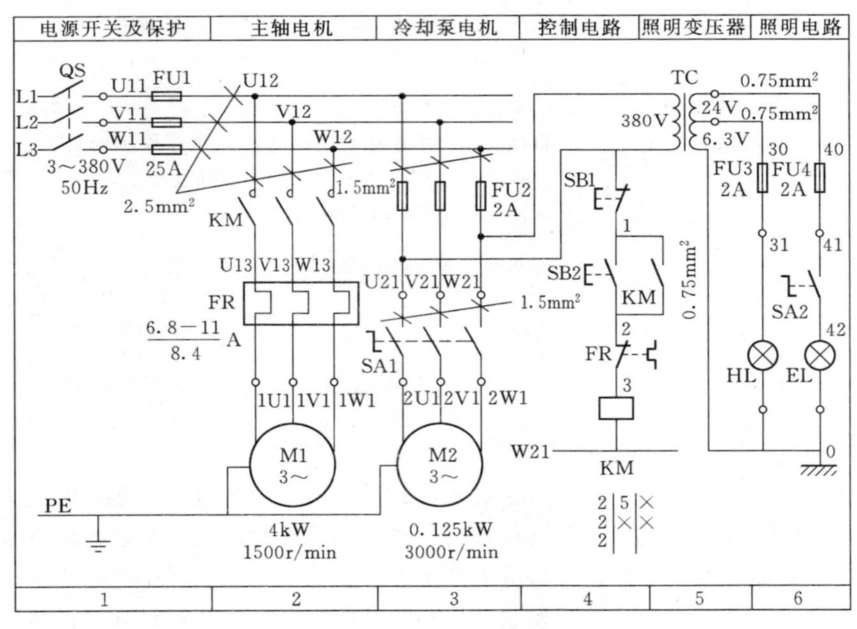

图 2－1　CW6132 型车床电气原理图

1. 电气原理图的绘制原则

（1）原理图中各个电器元件不画实际的外形图，而采用国家标准统一规定的图形符号和文字符号。

（2）原理图一般分主电路和辅助电路两部分：主电路就是从电源到电动机的大电流电路，其中有刀开关、熔断器、接触器主触头、热继电器的热元件与电动机等，用粗实线绘

制在图面的左侧或上方。辅助电路包括控制电路、照明电路、信号电路及保护电路等，由继电器和接触器的线圈、继电器的触点、接触器的辅助触点、控制按钮、控制开关、熔断器、照明灯、信号灯、控制变压器等电器元件组成，用细实线绘制在图面的右侧或下方。

（3）无论是主电路还是辅助电路，各电器元件一般按动作顺序从上到下、从左到右依次排列，可以水平布置，也可垂直布置。

（4）原理图中各个电器元件在电路中的位置，应根据便于阅读的原则安排。属于同一电器元件的线圈和触点常常不画在一起，但要用相同的文字符号标注。例如，接触器的主触点画在主电路，接触器的线圈和辅助触点画在辅助电路等。

（5）图中各个电器元件的触点都按正常状态表示。即接触器、继电器的触点按照接触器、继电器的线圈不带电时所处的状态表示，主令控制器、万能转换开关的触点按手柄处于零位时的状态表示，按钮、行程开关的触点按不受外力作用时的状态表示等。

（6）电气原理图中，有直接电联系的交叉导线连接点，要用黑圆点表示；无直电接联系的交叉导线连接点不画黑圆点。

2. 图幅分区及符号位置索引

为了便于确定图上的内容，也为了在用图时查找图中各项目的位置，往往需要将图幅分区。图幅分区的方法是：在图的边框处，竖边方向用大写拉丁字母，横边方向用阿拉伯数字，编号顺序应从左上角开始，分格数应是偶数，并应按照图的复杂程度选取分区个数，建议组成分区的长方形的任何边长都应不小于 25 mm、不大于 75 mm。图幅分区式例如图 2－2 所示。

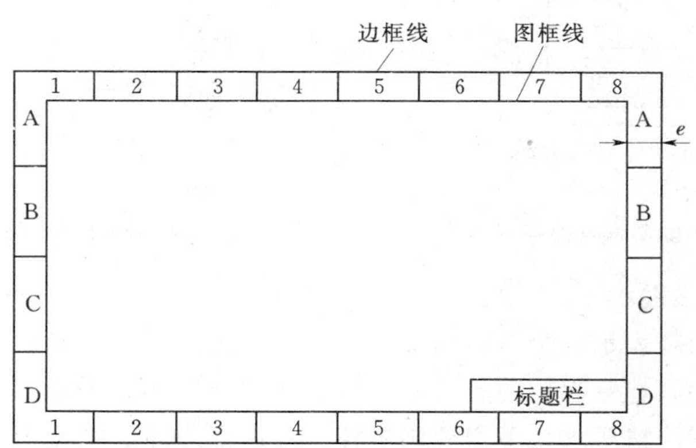

图 2－2　图幅分区示例

注：图中的 e 表示图框线与边框线的距离，A0、A1 号图纸为 20mm，A2～A4 号图纸为 10mm。

电气原理图中，接触器和继电器线圈与触点的从属关系应用附图表示，即在原理图中相应线圈的下方，给出触点的文字符号，并在其下面注明相应触点的索引代号，对未使用的触点用“×”表明，有时也可省略。

对接触器，上述表示法中各栏的含义如下：

左　栏	中　栏	右　栏
主触点所在图区号	常开辅助触点所在图区号	常闭辅助触点所在图区号

对继电器，这种表示方法中各栏的含义如下：

左　栏	右　栏
常开触点所在图区号	常闭触点所在图区号

3. 电器原理图中技术数据的标注

电器元件的数据和型号，一般用小号字体注在电器代号下面。例如图 2－1 中，FR 旁边的数据表示热继电器动作电流值的范围和整定值的标注；图中的 2.5mm²、1.5mm²、0.75 mm² 字样表明该导线的截面积。

2.1.3　电器布置图

电器布置图是表示各种电器元件在电气设备（电气控制柜）或机械设备上实际安装位置的图纸。为电气控制设备的制造、安装提供必要的资料。通常电器布置图与电气安装接线图组合在一起，既起到电气安装接线图的作用，又能清晰表示出电器的布置情况。CW6132 型车床电器布置图如图 2－3 所示。

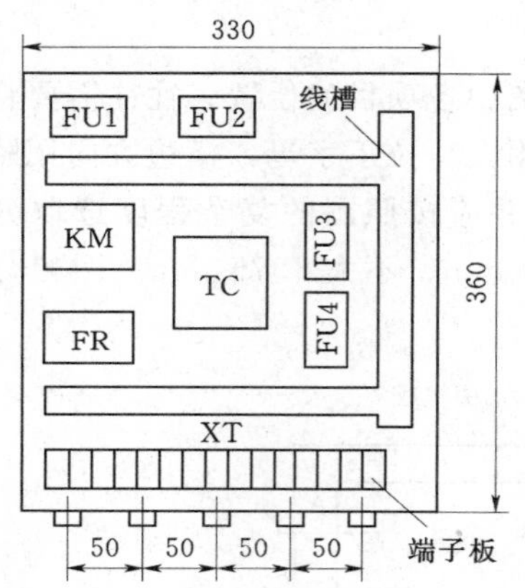

图 2－3　CW6132 型车床电器布置图

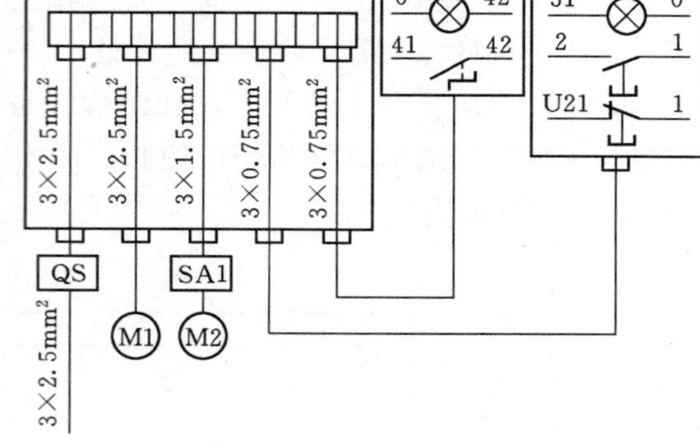

图 2－4　CW6132 型车床的电气安装接线图

2.1.4　电气安装接线图

电气安装接线图是表示各个电器元件实际连接情况的图纸。安装接线图不仅要把同一电器元件的各个部件画在一起，而且各个部件的布置要尽可能符合这个电器的实际情况，但对比例和尺寸没有严格要求。不但要画出控制柜内部之间的电器连接还要画出柜外电器的连接。电气安装接线图中的回路标号是电器元件之间、导线与导线之间的连接标记，它的文字符号和数字符号应与原理图中的标号一致。

电气安装接线图是用于安装接线、检查维修和施工的重要参考图纸。CW6132 型车床的电气安装接线图如图 2－4 所示。

2.2　电气控制系统中的基本控制电路

掌握电气控制系统中的基本控制电路有助于我们对复杂控制电路的分析和设计。下面以三相交流异步电动机直接启动为例介绍电气控制系统中的基本控制电路。基本控制电路

主要包括点动控制、连续运行控制（自锁控制）、正反转控制（互锁控制）、多地控制、顺序控制以及循环控制（行程控制）等几种。

2.2.1　点动控制

图 2-5 为点动控制电路。左侧为主电路，L1、L2、L3 为三相交流电源的引入端，然后经刀开关 QS、熔断器 FU1、接触器 KM 主触点接到电动机的定子绕组。右侧为控制电路，由熔断器 FU2、控制按钮 SB、接触器 KM 线圈相串联构成，控制电路的电源电压根据电路中的电器元件额定电压不同，可以接于线电压，也可以接于相电压。主电路中刀开关 QS 用于检修时断开电源，形成明显可见的断开点，以保证检修人员的安全，熔断器起短路保护作用，接触器 KM 的主触点用于通断主电路。控制电路中的熔断器 FU2 也是起短路保护作用，按钮 SB 用于控制接触器 KM 线圈的通断电。

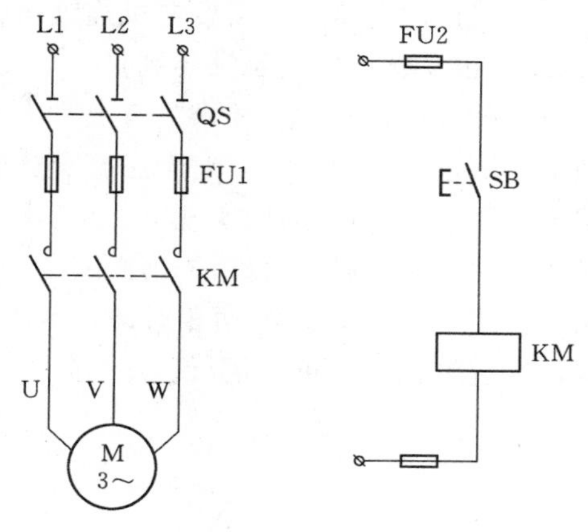

图 2-5　点动控制电路

当按下点动按钮 SB 时，接触器 KM 线圈通电，衔铁吸合，主触点闭合，接通电动机主回路电源，电动机启动。当手松开按钮 SB 时，接触器 KM 线圈断电，衔铁释放，主触点断开，电动机被切断电源而停止。电动机运行时间是由按钮按下的时间决定的。

点动控制电路常用于电机频繁短时启停控制，如电动葫芦等的点动控制等。

2.2.2　连续运转控制（自锁控制）

图 2-6 所示为连续运转控制电路或称自锁控制电路。左侧为主电路，和点动控制电路相比，在主电路中串入了热继电器 FR 的热元件。右侧为控制电路，SB2 为启动按钮（常开触点），SB1 为停止按钮（常闭触点），引入了热继电器 FR 的常闭触点，并且将接触器 KM 的常开辅助触点和启动按钮 SB2 并联。

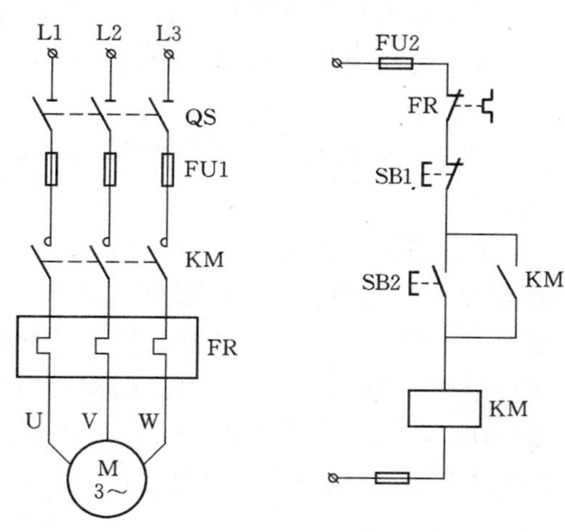

图 2-6　自锁控制电路

当按下启动按钮 SB2 时，接触器 KM 线圈通电，衔铁吸合，主触点闭合，接通电动机主回路电源，电机启动。同时接触器 KM 的常开辅助触点闭合，这时松开启动按钮 SB2 后，接触器 KM 通过自身的常开辅助触点仍能使线圈带电，电机就可以连续运行。这种依靠接触器自身辅助触点而使其线圈保持通电的现象，称为自锁或自保持。这个起自锁作用的辅助触点，称为自锁触点。

当按下停止按钮 SB1 时，接触器 KM 线圈断电，衔铁释放，主触点和实现自锁的常开辅助触点均恢复到断开状态，电动机被切断电源而停止。当手松开停止按钮 SB1 后，控制电路处于断开状态，只有再次按下启动按钮 SB2，电动机才能重新启动。

当电机运行过程中，出现过载或者堵转等故障，使定子绕组电流增大，热继电器 FR 的热元件就会发热，其常闭触点断开，解除接触器 KM 线圈的自锁回路，接触器 KM 线圈断电，就会断开主回路使电机停止，从而实现电动机的过载保护。

自锁控制电路用于需要电机连续运转的各种场合。

2.2.3 正反转控制（互锁控制）

各种生产机械常常要求具有上、下、左、右、前、后等相反方向的运动，这就要求电动机能够正、反向运转。对于三相交流电动机可借助正、反向接触器改变定子绕组相序来实现。图 2-7 为电动机实现正、反转的控制电路。图中，KM1、KM2 分别为正、反转接触器，它们的主触点接线的相序不同，KM1 按 U-V-W 相序接线，KM2 按 W-V-U 相序接线，即将 U、W 两相对调，所以两个接触器分别工作时，电动机的旋转方向不一样，实现电动机的可逆运行。

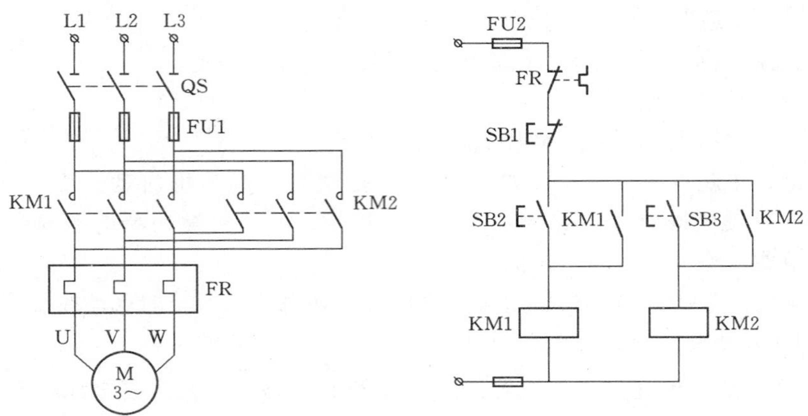

图 2-7 正反转控制电路（无互锁）

图 2-7 所示控制电路虽然可以完成正反转的控制任务，但这个电路是有缺点的，在按下正转按钮 SB2 时，KM1 线圈通电并且自锁，接通正序电源，电动机正转。若发生错误操作，在按下 SB2 的同时又按下反转按钮 SB3，KM2 线圈通电并自锁，此时在主电路中将发生 U、W 两相电源短路事故。

为了避免上述事故的发生，就要求保证两个接触器不能同时工作。这种在同一时间里两个接触器只允许一个工作的控制作用称为互锁或联锁。

图 2-8 所示为通过接触器常闭触点实现互锁保护的正、反转控制电路。在正、反两个接触器中互串一个对方的常闭触点，这对常闭触点称为互锁触点或联锁触点。这样当按下正转启动按钮 SB2 时，正转接触器 KM1 线圈通电，主触点闭合，电动机正转，与此同时，由于 KM1 的动断辅助触点断开而切断了反转接触器 KM2 的线圈电路。因此，即使按反转启动按钮 SB3，也不会使反转接触器的线圈通电工作。同理，在反转接触器 KM2 动作后，也保证了正转接触器 KM1 的线圈电路不能再工作。图 2-8 所示接触器互锁正反转控制电路也称为“正-停-反”控制电路。

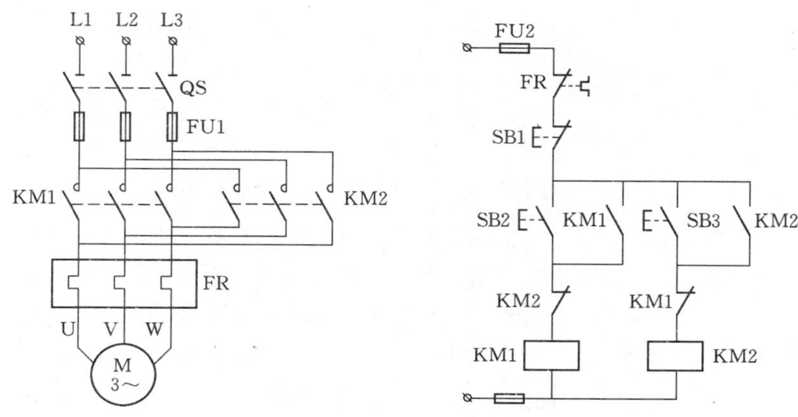

图 2－8　接触器互锁正反转控制电路

由以上的分析可以得出如下的规律。

(1) 当要求甲接触器工作时，乙接触器就不能工作，此时应在乙接触器的线圈电路中串入甲接触器的常闭触点。

(2) 当要求甲接触器工作时乙接触器不能工作，而乙接触器工作时甲接触器不能工作，此时要在两个接触器线圈电路中互串对方的常闭触点。

但是，图 2－8 所示的接触器互锁正、反转控制电路也有缺点，即在正转过程中要求反转时必须先按下停止按钮 SB1，让 KM1 线圈断电，互锁触点 KM1 闭合，这样才能按反转按钮 SB3 使电动机反转，这给操作带来了不方便。

为了解决这个问题，在生产上常采用复式按钮触点和接触器触点双重互锁的控制电路，如图 2－9 所示。图中保留了由接触器常闭触点组成的互锁电气联锁，并添加了由复合按钮 SB2 和 SB3 的常闭触点组成的机械联锁。这样，当电动机由正转变为反转时，只需按下反转按钮 SB3，便会通过 SB3 的常闭触点首先断开接触器 KM1 线圈电路，KM1 起互锁作用的常闭触点闭合，接通 KM2 线圈控制电路，实现电动机反转。图 2－9 所示双重互锁的正反转控制电路也称为“正-反-停”控制电路。

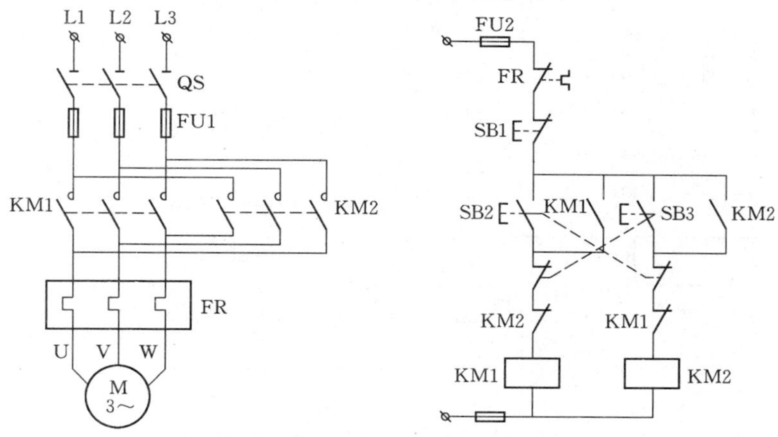

图 2－9　双重互锁的正反转控制电路

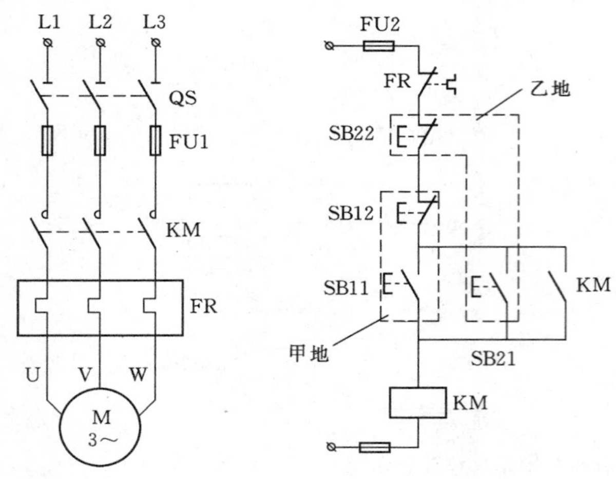

图 2-10 两地控制电路

2.2.4 多地控制

对于大型设备，为了操作方便，常常要求能在多个地点进行控制。图 2-10 所示为一台电动机的两地启、停控制电路。

在图 2-10 中，各启动按钮是并联的，即当在任一地按下启动按钮，接触器线圈都能通电并自锁；各停止按钮是串联的，即当在任一地按下停止按钮后，都能使接触器线圈断电，电动机停止。

由此可见，若使多个按钮都能控制接触器通电，则多个按钮的常开触点应并联接到接触器的线圈电路中；若使多个按钮都能控制接触器断电，则多个按钮的常闭触点应串联接到接触器的线圈电路中。

2.2.5 顺序控制

在多机拖动系统中，各电动机担负不同的工作任务，有时需要按一定的顺序启动，才能保证生产过程的正确合理和安全可靠。

图 2-11 为 2 台电动机的顺序启动、同时停止的控制电路。只有先按下启动按钮 SB2，接触器 KM1 线圈通电，电动机 M1 启动，同时接触器 KM1 的常开辅助触点闭合，准备好接触器 KM2 的线圈回路，这时，按下启动按钮 SB3，接触器 KM2 线圈通电，电动机 M2 才可以启动。如果接触器 KM1 尚未通电，其常开触点没有闭合之前，即使按下启动按钮 SB3，接触器 KM2 线圈回路也不会接通，电动机 M2 也不会启动。停止时，按下停止按钮 SB1，使 2 台电动机同时停止运行。

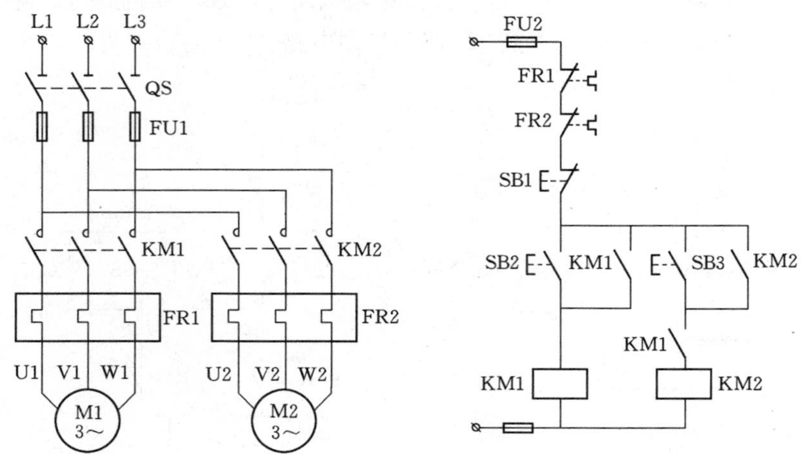

图 2-11 顺序启动、同时停止的控制电路

图 2－12 所示为 2 台电动机的顺序启动、逆序停止的控制电路。首先按下启动按钮 SB2，接触器 KM1 线圈通电，电动机 M1 启动，再按下启动按钮 SB4，接触器 KM2 线圈通电，电动机 M2 启动。这时接触器 KM2 的常开辅助触点将停止按钮 SB1 闭锁，停止时，只有先按下停止按钮 SB3，接触器 KM2 线圈断电，电动机 M2 停止，接触器 KM2 常开辅助触点断开，解除停止按钮 SB1 的闭锁后，才能按下停止按钮 SB1，使接触器 KM1 线圈断电，电动机 M1 停止。

图 2－13 所示为采用时间继电器实现的顺序启动、同时停止的控制电路。按下启动按钮 SB2，接触器 KM1 线圈通电，电动机 M1 启动，同时时间继电器 KT 线圈通电，时间继电器到达整定时间后，其延时闭合的常开触点闭合，接触器 KM2 线圈通电并自锁，电动机 M2 启动，同时接触器 KM2 的常闭触点断开，切断时间继电器 KT 线圈回路。停止时按下停止按钮 SB1，使 KM1、KM2 线圈断电，电动机 M1、M2 停止运行。

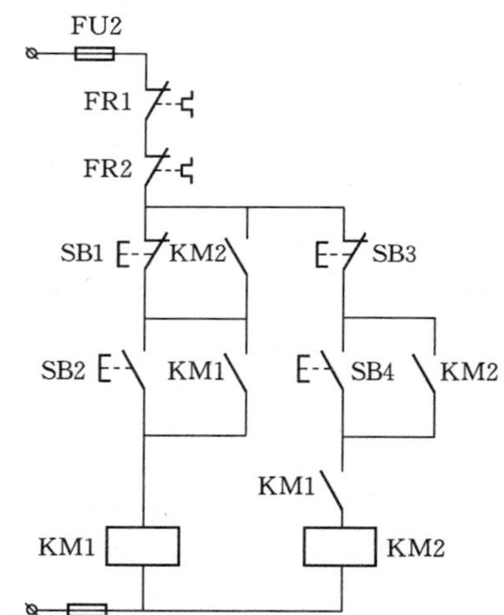

图 2－12　顺序启动、逆序停止控制电路

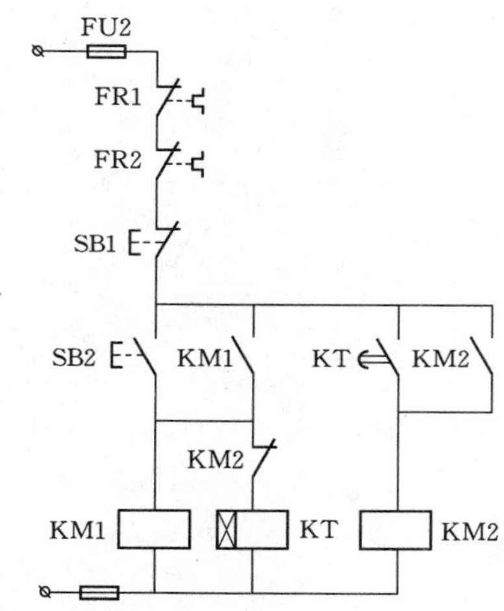

图 2－13　采用时间继电器顺序启动控制电路

总结上述关系，可以得到如下的控制规律。

（1）当要求甲接触器工作后方允许乙接触器工作，则在乙接触器线圈电路中串入甲接触器的常开触点。

（2）当要求乙接触器线圈断电后方允许甲接触器线圈断电，则将乙接触器的常开触点并联在甲接触器的停止按钮两端。

2.2.6　循环控制（行程控制）

有些生产机械，如龙门刨床、导轨磨床等，要求工作台在一定距离范围内自动往复运行，以完成对机械零件的加工。一般是通过行程开关来控制电动机的正反转，实现工作台在一定行程内的自动往复运行。

图 2－14 所示为工作台示意图及实现循环控制的电路。按下启动按钮 SB2，接触器 KM1 线圈通电并自锁，电动机 M 正转，通过机械传动装置拖动工作台向左移动，当工作台运动到一定位置时，挡铁碰撞行程开关 SQ1，使其常闭触点断开，接触器 KM1 线圈断电，主触点断开电动机电源，电动机正转停止，常开辅助触点解除自锁回路。随后行程开

关SQ1的常开触点闭合，接触器KM2线圈通电并自锁，电动机反转，拖动工作台向右移动，当工作台向右移动到一定位置时，另一挡铁碰撞行程开关SQ2，使其常闭触点断开，接触器KM2线圈断电，主触点断开电动机电源，电动机反转停止，常开辅助触点解除自锁回路。随后行程开关SQ2常开触点闭合，使接触器KM1线圈再次通电，电动机又正转运行，拖动工作台左移。如此循环往复，使工作台在预定行程内自动往复运动。

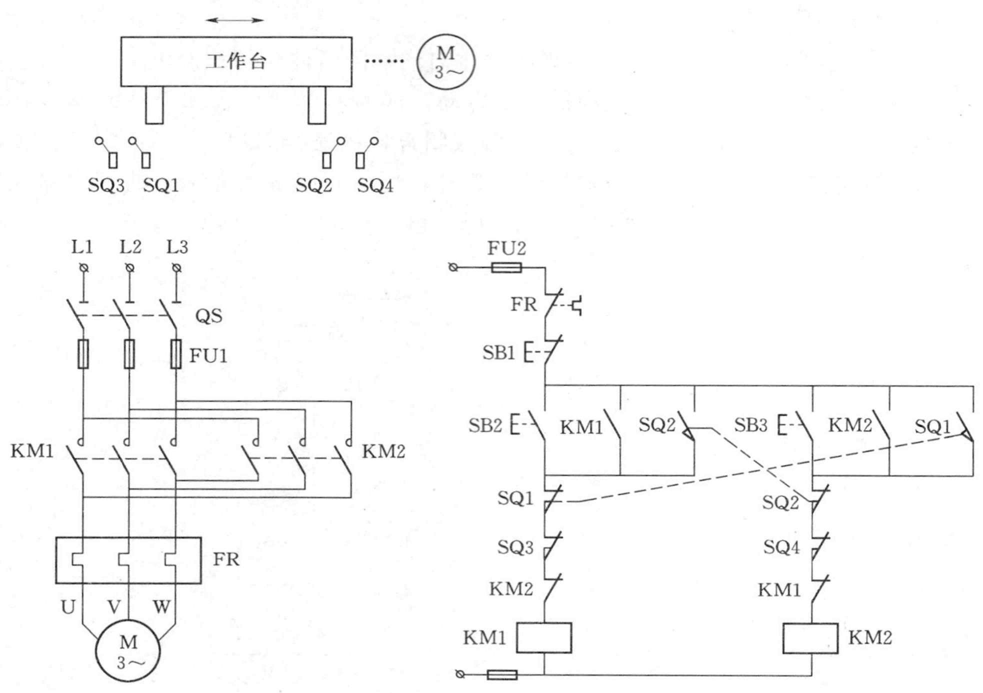

图2-14 工作台示意图及循环控制电路

图2-14中行程开关SQ3、SQ4分别为左、右行程起限位保护作用的限位开关。

本节所介绍电动机的控制电路都是采用直接启动，或者称为全压启动，它是通过开关或接触器，将额定电压直接加在定子绕组上使电动机启动的方法。这种方法的优点是启动设备简单、启动力矩较大、启动时间短。缺点是启动电流大（启动电流为额定电流的5～7倍），当电动机的容量很大时，过大的启动电流将会造成线路上很大的电压降落，这不仅影响到线路上其他设备的运行，同时，由于电压降落也会影响到启动转矩，严重时，会导致电动机无法启动。因此，直接启动只能用于电源容量较电动机容量大得多的情况。

2.3 三相异步电动机启动控制电路

对于大容量电动机，为了减小启动电流，在电动机启动时必须采取适当措施。一般情况是电动机启动时降低加在定子绕组上的电压，启动后再将电压恢复到额定值，使电动机定子绕组在全电压下运行。

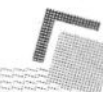

2.3.1　定子绕组串电阻降压启动控制电路

图 2－15 所示为鼠笼式异步电动机定子绕组串电阻降压启动控制电路。该电路是根据启动过程中时间的变化，利用时间继电器控制降压电阻的切除，时间继电器的延时时间按启动过程所需时间整定。按下启动按钮 SB2 时，接触器 KM1 线圈通电，其常开主触点闭合，使电动机定子绕组在串接电阻 R 的情况下启动，与此同时，时间继电器 KT 通电开始计时，当达到时间继电器的整定值时，其延时闭合的常开触点闭合，使接触器 KM2 线圈通电，KM2 的主触点闭合，将启动电阻短接，KM2 的常开辅助触点实现自锁，电动机在额定电压下运行。

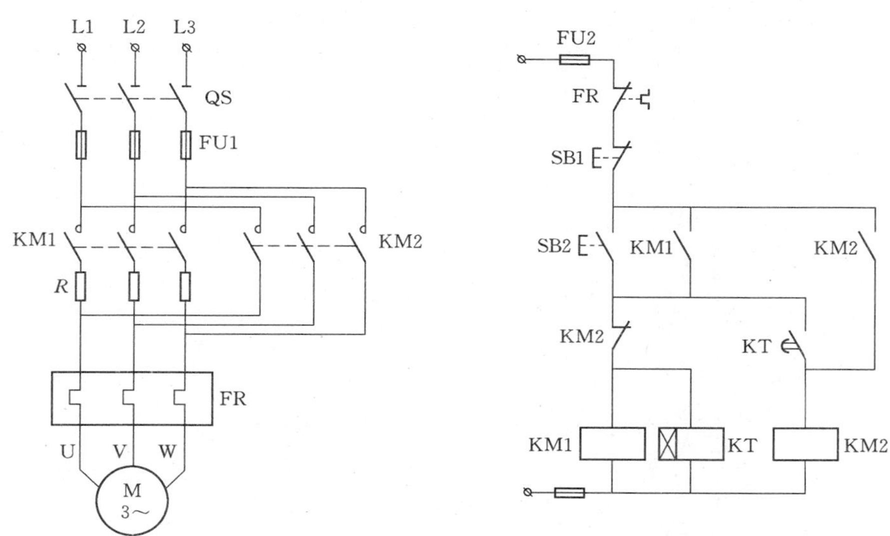

图 2－15　定子绕组串电阻降压启动控制电路

定子绕组串接的电阻一般采用由电阻丝绕制的板式电阻或铸铁电阻，可以通过较大的电流。定子绕组串电阻降压启动的方法由于不受电动机接线形式的限制，设备简单，所以在中小型生产机械上应用广泛。但是，定子绕组串电阻降压启动，功率损耗较大，为了降低损耗可采用电抗器代替电阻，但电抗器成本较高。

2.3.2　星形—三角形降压启动控制电路

凡是正常运行时定子绕组接成三角形的鼠笼式异步电动机，均可采用星形—三角形的降压启动方法来达到限制启动电流的目的。

如图 2－16 所示，电动机的定子绕组采用星形连接时，每相定子绕组上所加的电压为相电压，采用三角形连接时，每相定子绕组上所加的电压为线电压。很显然，相电压低于线电压，这样，在电动机启动时采用星形连接，加在电动机定子绕组上的电压低，启动电流就小，对电网造成影响就小，不至于影响到其他电气设备的正常工作。而当电动机转速接近额定转

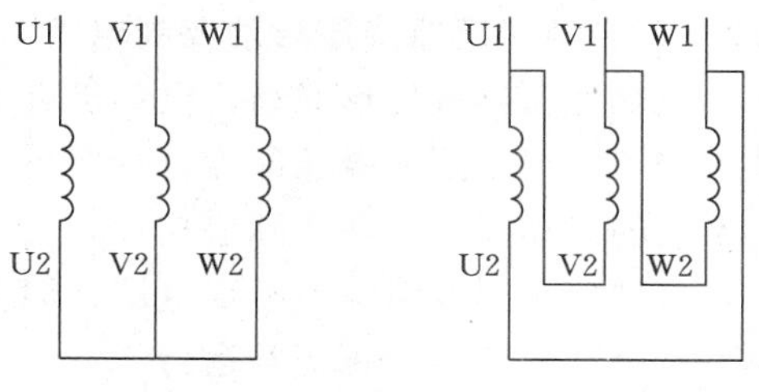

图 2－16　电动机定子绕组的星形、三角形连接方式

速时，再将电动机的定子绕组接成三角形，使电动机的定子绕组接到线电压下运行，以提高电动机的转矩。

图 2-17 所示为鼠笼式异步电动机星形—三角形降压启动的控制电路。按下启动按钮 SB2，接触器 KM1 线圈、KM3 线圈以及通电延时型时间继电器 KT 线圈通电，电动机接成星形启动，同时通过 KM1 的常开辅助触点自锁，时间继电器开始定时。当电动机接近于额定转速，即时间继电器 KT 延时时间已到，KT 的延时断开的常闭触点断开，切断 KM3 线圈回路，KM3 断电释放，其主触点和辅助触点复位；同时，KT 的延时闭合的常开触点闭合，使 KM2 线圈通电自锁，主触点闭合，电动机接成三角形运行。时间继电器 KT 线圈也因 KM2 常闭触点断开而失电，时间继电器的触点复位，为下一次启动做好准备。图中的 KM2、KM3 常闭触点是互锁控制，防止 KM2、KM3 线圈同时通电而造成电源短路。

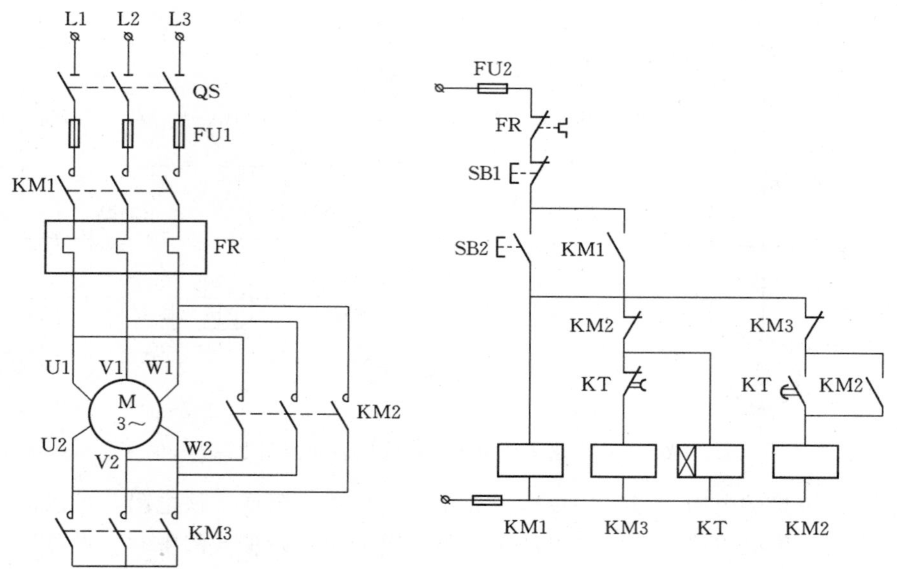

图 2-17 星形—三角形降压启动控制电路

三相笼形异步电动机星形—三角形降压启动具有投资少、电路简单的优点。但是，在限制启动电流的同时，启动转矩也为三角形直接启动时转矩的 1/3。因此，它只适用于空载或轻载启动的场合。

2.3.3 自耦变压器降压启动控制电路

自耦变压器按星形联结，电动机启动时将定子绕组接到自耦变压器二次侧，这样，电动机定子绕组得到的电压即为自耦变压器的二次电压，改变自耦变压器抽头的位置可以获得不同的启动电压。在实际应用中，自耦变压器一般有 65%、85%等抽头。当启动完毕时，自耦变压器被切除，额定电压（即自耦变压器的一次电压）直接加到电动机的定子绕组上，电动机进入全压正常运行。

图 2-18 所示为自耦变压器降压启动控制电路。KM1、KM2 为降压接触器，KM3 为正常运行接触器，KT 为时间继电器，KA 为中间继电器。

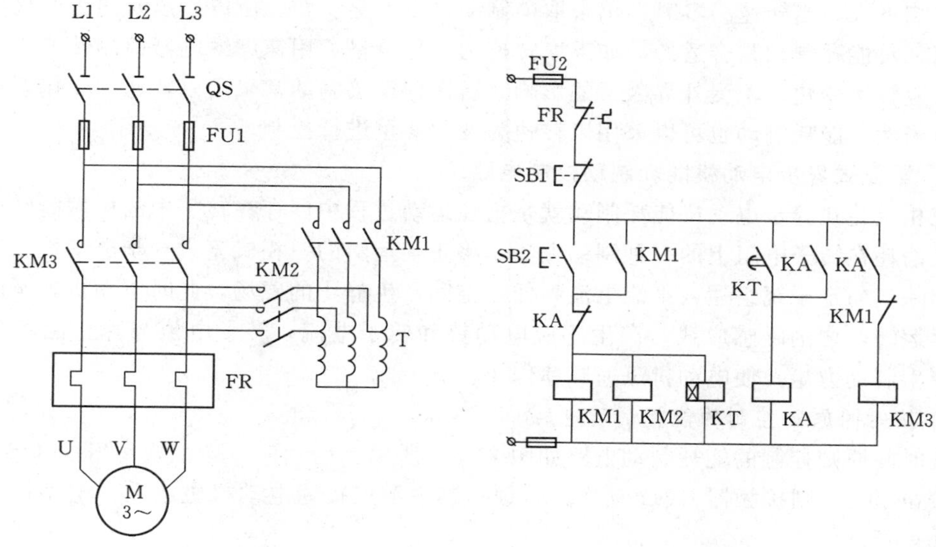

图 2－18 自耦变压器降压启动控制电路

按下启动按钮 SB2，接触器 KM1、KM2 的线圈及时间继电器 KT 的线圈通电，并通过 KM1 的常开辅助触点自锁，KM1、KM2 的主触点将自耦变压器接入，电动机定子绕组经自耦变压器供电做降压启动。同时，时间继电器 KT 开始延时。当电动机转速上升到接近额定转速时，对应的 KT 延时结束，其延时闭合的常开触点闭合，中间继电器 KA 通电动作并自锁，KA 的常闭触点断开，接触器 KM1、KM2，以及时间继电器 KT 的线圈均断电，将自耦变压器切除，KA 的常开触点闭合，使接触器 KM3 线圈通电，主触点接通电动机主电路，电动机在全压下运行。

自耦变压器降压启动方法适用于电动机容量较大、正常工作时接成星形或三角形的电动机。启动转矩可以通过改变抽头的连接位置得到改变。它的缺点是自耦变压器价格较贵，而且不允许频繁启动。

2.4 三相异步电动机制动控制电路

电动机断电后，由于惯性作用，停车时间较长。某些生产工艺要求电动机能迅速而准确地停车，这就要求对电动机进行强迫制动。制动停车的方式有机械制动和电气制动两种，机械制动是采用机械抱闸制动；电气制动是产生一个与原来转动方向相反的制动力矩。

鼠笼式异步电动机制动可采用反接制动和能耗制动。无论哪种制动方式，在制动过程中，电流、转速、时间三个参量都在变化，因此可以取某一变化参量作为控制信号，在制动结束时及时取消制动转矩。

以电流为变化参量进行制动控制，由于受负载变化和电网电压波动影响较大，所以一般不被采用。以时间为变化参量进行能耗制动时，在转速未到零时取消能耗制动，转矩很小，影响不大。当转速为零时，仍未取消制动，也不会反转。所以，以时间为变化参量进行控制，对能耗制动是合适的。如果取转速为变化参量，用速度继电器检测转速，能够正确地反应转速变化，不受外界因素的影响。所以，反接制动常采用以转速为变化参量进行控制。当然，能耗制动也可以采用以转速为变化参量进行控制。

2.4.1 鼠笼式异步电动机能耗制动控制电路

三相鼠笼式异步电动机能耗制动就是把在运动过程中储存在转子中的机械能转变为电能，又消耗在转子电阻上的一种制动方法。将正在运转的三相鼠笼式异步电动机从交流电源上切除，向定子绕组通入直流电流，便在空间产生静止的磁场，此时电动机转子因惯性而继续运转，切割磁感应线，产生感应电动势和转子电流，转子电流与静止磁场相互作用，产生制动力矩，使电动机迅速减速停车。

1. 按时间原则控制的能耗制动电路

按时间原则控制的能耗制动电路如图 2－19 所示。启动时，合上电源开关 QS，按下启动按钮 SB2，则接触器 KM1 动作并自锁，其主触点接通电动机主电路，电动机在全压下启动运行。

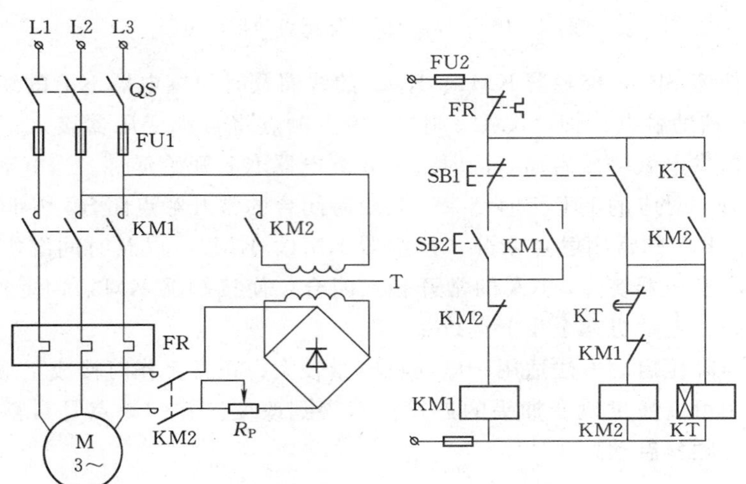

图 2－19 按时间原则控制的能耗制动控制电路

停车时，按下停止按钮 SB1，其常闭触点断开使 KM1 线圈断电，切断电动机电源，SB1 的常开触点闭合，接触器 KM2、时间继电器 KT 线圈通电并经 KM2 的常开辅助触点和 KT 的瞬动触点自锁；同时，KM2 的主触点闭合，给电动机两相定子绕组送入直流电流，进行能耗制动。经过一定时间后，KT 延时结束，其延时断开的常闭触点打开，KM2 线圈断电释放，切断直流电源，并且 KT 线圈断电，为下次制动做好准备。显然，时间继电器 KT 的整定值即为制动过程的时间。图中利用 KM1 和 KM2 的常闭触点进行互锁的目的是防止交流电和直流电同时加入电动机定子绕组。

2. 按速度原则控制的可逆运行能耗制动控制电路

图 2－20 所示为按速度原则控制的可逆运行能耗制动控制电路。图中 KM1、KM2 分别为正、反转接触器，KM3 为制动接触器，KS 为速度继电器，KS1、KS2 分别为正、反

转时对应的常开触点。

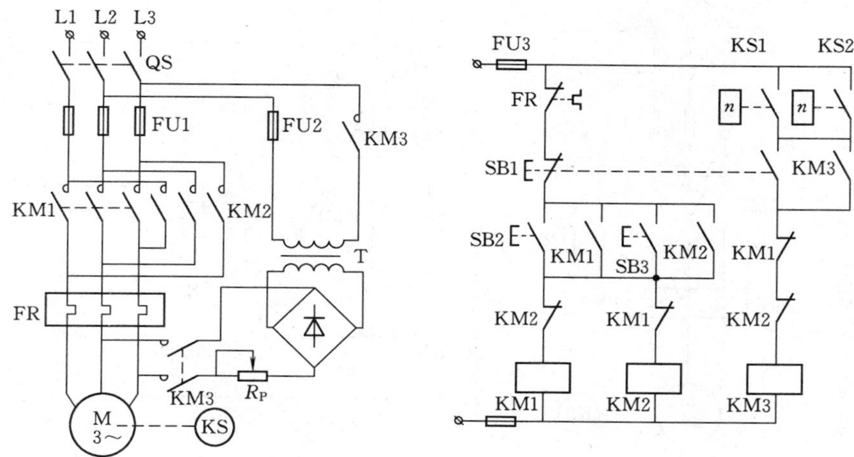

图 2－20　按速度原则控制的可逆能耗制动控制电路

启动时，合上电源开关 QS，根据需要按下正转按钮或反转按钮，相应的接触器 KM1 或 KM2 线圈通电并自锁，电动机正转或反转，此时速度继电器触点 KS1 或 KS2 闭合。

停车时，按下停车按钮 SB1，使 KM1 或 KM2 线圈断电，SB1 的常开触点闭合，接触器 KM3 线圈通电动作并自锁，电动机定子绕组接入直流电源进行能耗制动，转速迅速下降。当转速下降到 100r/min 时，速度继电器 KS 的常开触点 KS1 或 KS2 断开，KM3 线圈断电，能耗制动结束，以后电动机自由停车。

能耗制动的特点是制动电流较小，能量损耗小，制动准确，但它需要直流电源，制动速度较慢，所以它适用于要求平稳制动的场合。

2.4.2　鼠笼式异步电动机反接制动控制电路

三相鼠笼式异步电动机反接制动是依靠改变定子绕组中的电源相序，使定子绕组旋转磁场反向，转子受到与旋转方向相反的制动力矩作用而迅速停车。因此它的控制要求是制动时使电源反相序，制动到接近零转速时，电动机电源自动切除。反接制动的优点是制动能力强、制动时间短；缺点是能量损耗大、制动时冲击力大、制动准确度差。但是采用以转速为变化参量，用速度继电器检测转速信号，能够准确地反映转速，不受外界因素干扰，有很好的制动效果，反接制动适用于生产机械的迅速停车与迅速反向。

在反接制动时，电动机定子绕组流过的电流相当于全电压直接启动时电流的两倍，为了限制制动电流对电动机转轴的机械冲击力，往往在制动过程中在定子电路中串入电阻。

1. 单向运行反接制动控制电路

图 2－21 所示为按速度原则控制的三相鼠笼式异步电动机单向运行反接制动控制电路。图中 KM1 为单向旋转接触器，KM2 为反接制动接触器，KS 为速度继电器，R 为反接制动电阻。

合上电源开关 QS，按下启动按钮 SB2，接触器 KM1 线圈通电并自锁，电动机在全压下启动运行，当转速升到某一值（通常为大于 120 r/min）以后，速度继电器 KS 的常

开触点闭合，为制动接触器KM2的通电做准备。

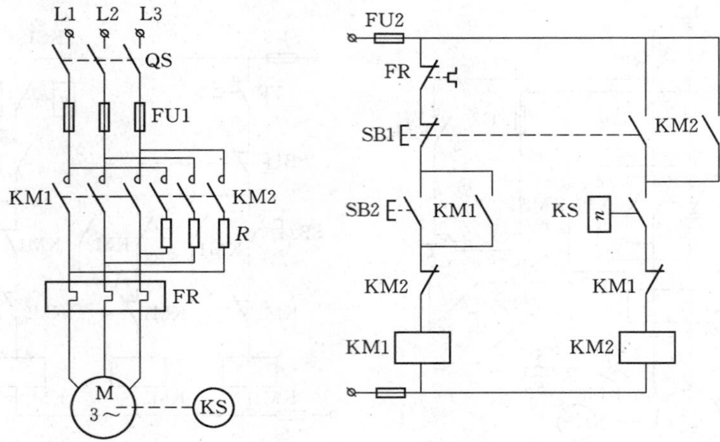

图2-21　按速度原则控制的单向运行反接制动控制电路

停车时，按下停车按钮SB1，KM1断电释放，KM2线圈通电动作并自锁，KM2的常开辅助主触点闭合，改变了电动机定子绕组中电源的相序，电动机定子绕组串入电阻R的情况下反接制动，电动机转速迅速下降，当转速低于100r/min时，速度继电器KS常开触点复位，KM2线圈断电释放，制动过程结束。

2. 电动机可逆运行反接制动控制电路

图2-22所示为三相鼠笼式异步电动机降压启动可逆运行反接制动控制电路。图中，KM1、KM2为正、反转接触器，KM3为短接电阻R用接触器，电阻R既能限制启动电流，也能限制反接制动电流，K1～K4为中间继电器。

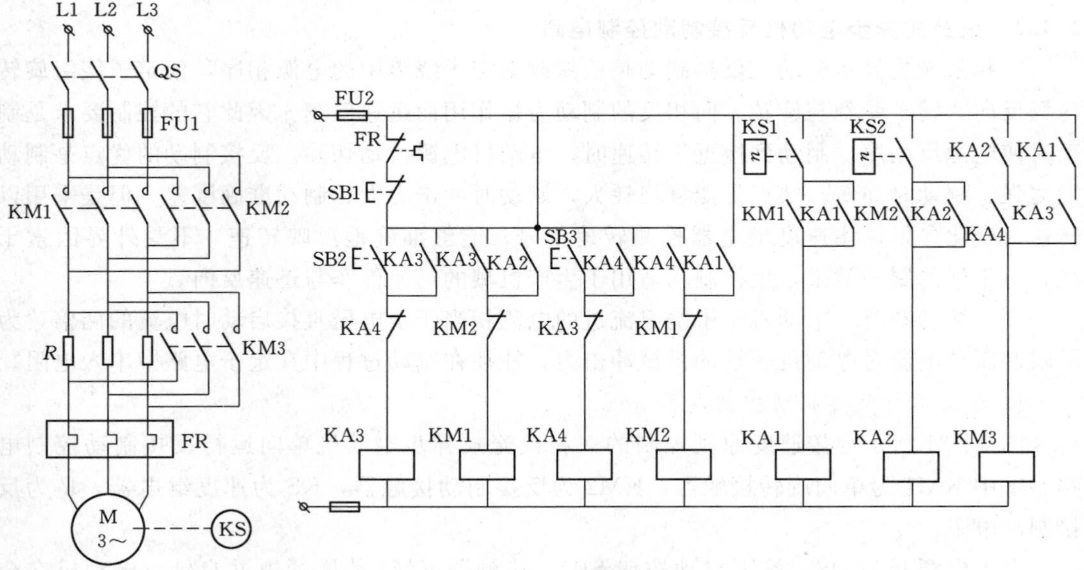

图2-22　电动机可逆运行反接制动控制电路

正向启动控制过程：按下启动按钮 SB2，中间继电器 KA3 线圈通电动作并自锁，KA3 的常开触点闭合使接触器 KM1 线圈通电，KM1 的主触点闭合，电动机在定子绕组串电阻 R 情况下降压启动。当转速上升到一定值时，速度继电器 KS 动作，常开触点 KS1 闭合，中间继电器 KA1 线圈通电动作并自锁，KA1 的常开触点闭合，KM3 线圈通电动作，KM3 的常开主触点闭合，切除电阻 R，电动机在全压下正转运行。

停车控制过程：按停车按钮 SB1，KA3 及 KM1 线圈相继断电，触点复位，电动机正向电源被断开，由于电动机转速还较高，速度继电器的常开触点 KS1 仍闭合，中间继电器 KA1 线圈保持着通电状态。KM1 断电后，常闭触点的闭合使反转接触器 KM2 线圈通电，接通电动机反向电源，进行反接制动。同时，由于中间继电器 KA3 线圈断电，接触器 KM3 断电，电阻 R 被串入主电路，限制了反接制动电流。电动机转速迅速下降，当转速下降到小于 100 r/min 时，KS1 的常开触点断开复位，KA1 线圈断电，KM2 线圈也断电，反接制动结束。

反向启动控制过程：按反向启动按钮 SB3，其启动和制动停车过程与正转时相似。

2.5　三相异步电动机调速控制电路

由于电力电子、计算机控制以及矢量控制等技术的发展，使交流变频调速技术发展很快，成为未来电机调速的主要方向。下面以鼠笼式多速异步电动机变极调速控制电路为例介绍三相异步电动机调速控制电路。

当电网频率固定以后，三相异步电动机的转速与它的磁极对数成反比。因此，只要改变电动机定子绕组磁极对数，就能改变转子转速。在改变定子极数时，转子极数也必须同时改变。为了避免在转子方面进行变极改接，变极电动机常用鼠笼式转子，因为鼠笼式转子本身没有固定的极数，它的极数由定子磁场极数确定，不用改接。

磁极对数的改变可用两种方法：一种是在定子上装置两个独立的绕组，各自具有不同的极数；第二种方法是在一个绕组上，通过改变绕组的连接来改变极数，或者说改变定子绕组每相的电流方向，由于构造的复杂，通常速度改变的比值为 2∶1。如果希望获得更多的速度等级，例如四速电动机，可同时采用上述两种方法，即在定子上装置两个绕组，每一个都能改变极数。

图 2－23 所示为 4/2 极双速异步电动机三相定子绕组接线示意图。电动机定子绕组有 6 个接线端，分别为 Ul、V1、Wl，U2、V2、W2。左图是将电动机定子绕组的 U1、Vl、W1 三个接线端接三相交流电源，而将电动机定子绕组的 U2、V2、W2 三个接线端悬空，三相定子绕组按三角形接线，此时每个绕组中的①、②线圈相互串联，电流方向如左图中的箭头所示，电动机的极数为 4 极；如果将电动机定子绕组的 U2、V2、W2 三个接线端子接到三相电源上，而将 Ul、V1、W1 三个接线端子短接，则原来三相定子绕组的三角形联结变成双星形联结，此时每相绕组中的①、②线圈相互并联，电流方向如右图中箭头所示，于是电动机的极数变为 2 极。注意观察两种情况下各绕组的电流方向。

必须注意，绕组改极后，其相序方向和原来相序相反。所以，在变极时，必须把电动机任意两个出线端对调，以保持高速和低速时的转向相同。例如，在图 2－23 中，当电动

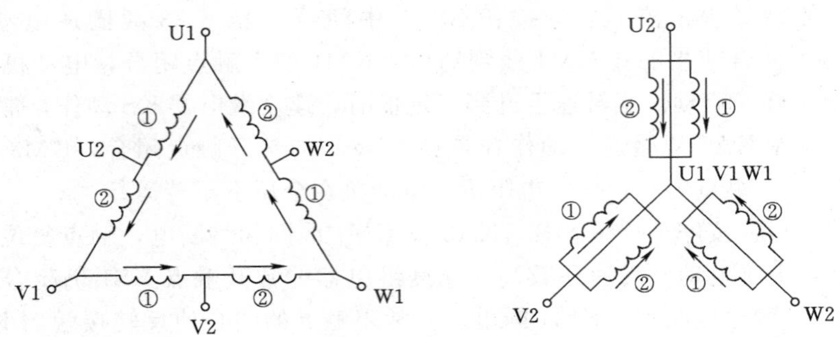

图 2-23 4/2 极双速异步电动机三相定子绕组接线示意图

机绕组为三角形联结时，将 U1、V1、W1 分别接到三相电源 L1、L2、L3 上；当电动机的定子绕组为双星形联结，即由 4 极变到 2 极时，为了保持电动机转向不变，应将 V2、U2、W2 分别接到三相电源 L1、L2、L3 上。当然，也可以将其他任意两相对调。

图 2-24 所示为 4/2 极双速异步电动机控制电路。

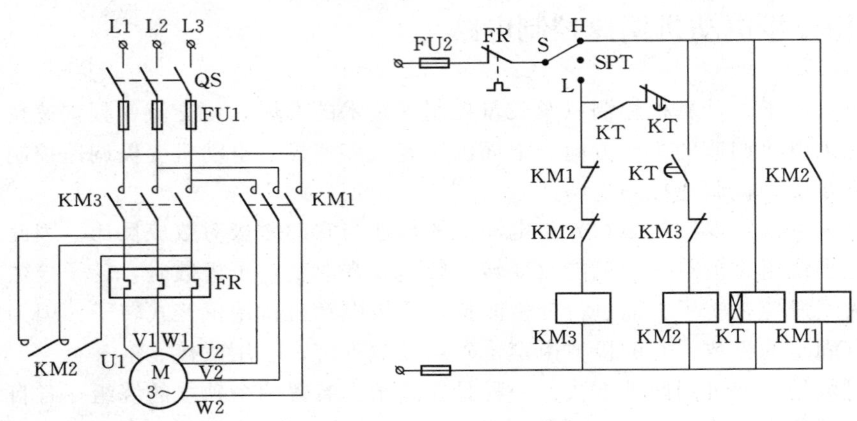

图 2-24 4/2 极双速异步电动机控制电路

该电路利用开关 S 进行高低速转换。当开关 S 处在低速 L 位置时，接触器 KM3 线圈通电，KM3 的主触点闭合，将定子绕组的接线端 U1、V1、W1 接到三相电源上，而此时由于 KM1、KM2 常开触点不闭合，所以电动机定子绕组按三角形接线，电动机低速运行。在变极时，将电动机的两个出线端 U2、W2 对调。

当开关 S 处在高速位置 H 时，时间继电器 KT 线圈首先通电，其瞬动常开触点闭合，接触器 KM3 线圈通电，主触点闭合，将电动机接成三角形做低速启动。经过一段时间延时后，KT 的延时断开的常闭触点断开，KM3 线圈断电，其触点复位。而 KT 的延时闭合的常开触点闭合，使 KM2 的线圈通电，KM2 的主触点闭合将 U1、V1、W1 连在一起，同时通过 KM2 的常开辅助触点闭合使 KM1 线圈通电，KM1 的主触点闭合使电动机以双星形联结高速运行。

在实际应用中，首先必须正确识别电动机的各接线端子，这一点是很重要的。变极多速电动机主要用于驱动某些不需要平滑调速的生产机械上，如冷拔拉管机、金属切削机

床、通风机、水泵和升降机等。在某些机床上，采用变极调速与齿轮箱调速相配合，可以较好地满足生产机械对调速的要求。

关于变频调速控制电路，请参考相关资料，此处不再介绍。

本 章 小 结

1. 电气控制系统主要是由主令电器、接触器、继电器和保护电器等按一定的生产工艺要求，相互连接而组成的控制系统，这种控制系统常称为继电器—接触器控制系统。用以描述电气控制系统中的各种电器元件、电气设备以及他们之间连接情况的图纸称为电气控制系统图。通过电气控制系统图可以熟悉电气控制系统的工作原理，便于系统的安装、调试、运行和维护。电气控制系统图主要包括三部分：电气原理图、电器布置图和安装接线图。

2. 掌握电气控制系统中的基本控制电路有助于我们对复杂控制电路的分析和设计。基本控制电路主要包括点动控制、连续运行控制（自锁控制）、正反转控制（互锁控制）、多地控制、顺序控制以及循环控制（行程控制）等几种。

3. 三相异步电动机启动控制电路包括定子绕组串电阻降压启动控制电路、星形—三角形降压启动控制电路和自耦变压器降压启动控制电路。

4. 三相异步电动机制动控制电路包括能耗制动电路（按时间原则控制的能耗制动电路、按速度原则控制的可逆运行能耗制动控制电路）、反接制动控制电路（单向运行反接制动控制电路、可逆运行反接制动控制电路）。

5. 4/2 极双速异步电动机的变极调速控制电路。

只有看懂这些控制电路的工作原理，才能够在实际工作中正确设计、运行、维护控制电路，保证生产机械的正常运行。

习　　题

1. 什么叫电气控制系统（继电器—接触器控制系统）？什么叫电气控制系统图？

2. 电气控制系统图主要包括哪几部分？各起什么作用？

3. 绘制电气原理图的基本原则是什么？

4. 电气控制系统中的基本控制电路有哪些？请画出基本控制电路图，并叙述各种电器元件的作用和电路图工作过程及原理。

5. 三相异步电动机启动控制电路包括哪几种？并详细叙述其工作过程及原理。

6. 三相异步电动机制动控制电路包括哪几种？并详细叙述其工作过程及原理。

7. 请叙述 4/2 极双速异步电动机控制电路的工作过程及原理。

第2篇

可编程控制器基础

第3章 可编程控制器概述

【知识要点】

知识要点	掌握程度	相关知识
PLC的产生	了解	了解关于PLC著名的10项技术指标
PLC的定义	熟悉	熟悉PLC的定义当中的关键点，如“数字运算操作的电子系统”、“专为在工业环境下应用而设计”、“面向用户的指令”、“数字式和模拟式输入和输出”、“易于与工业系统联成一个整体”、“易于扩充”等
PLC的分类	了解	了解PLC的I/O点数、结构形式等
PLC的特点、应用范围和发展方向	了解	了解PLC的特点、应用范围和发展方向

3.1 可编程控制器的产生及定义

3.1.1 可编程控制器的产生

在可编程控制器出现之前，以各种继电器为主要元件的电气控制系统，承担着生产过程自动控制的艰巨任务，控制系统中不仅继电器多，而且连接继电器的导线也多，继电器控制柜占据大量的空间，同时继电器运行时又产生大量的噪声，消耗大量的电能。如果系统出现故障，要检查和排除故障又非常困难，尤其是在生产工艺发生变化时，可能需要增加很多继电器，重新接线和改线的工作量极大，甚至需要重新设计控制系统。因此，迫切需要一种新的工业控制装置来取代传统的继电器控制系统，使电气控制系统更可靠、更容易维修、更能适应经常变化的生产工艺要求。

1968年，美国通用汽车公司（GM）为满足小批量、多品种的市场需求，需要不断更新汽车的生产工艺，为寻求一种比继电器更可靠、响应速度更快、功能更强大的通用工业控制器，提出了著名的10项技术指标公开招标。

（1）编程简单，可现场修改程序。

（2）维护方便，采用插件式结构。

（3）可靠性高于继电器控制系统。

（4）体积小于继电器控制系统。

（5）具有数据通信功能。

（6）性能价格比高于继电器控制系统。

（7）输入可以是AC115V。

(8) 输出为AC115V、2A以上，能直接驱动电磁阀、接触器等。

(9) 在扩展时，原系统只需要做很小改动。

(10) 用户程序存储器容量至少能扩展到4K。

1969年，美国数字设备公司（DEC）根据上述要求研制出了世界上第一台可编程控制器，型号为PDP-14，并在GM公司的汽车生产线上首次应用成功。当时人们把它称为可编程序逻辑控制器（Programmable Logic Controller，PLC），主要替代传统的继电器控制系统。

20世纪70年代中期以来，随着大规模集成电路和微处理器的发展，使PLC的功能不断增强，它不仅能执行逻辑控制、顺序控制、计时及计数控制，还增加了算术运算、数据处理、通信等功能。PLC的功能已经远远超出了逻辑控制的范围，因而用“PLC”已不能描述其多功能的特点，1980年，美国电气制造商协会（NEMA）将其正式命名为可编程控制器（Programmable Controller，PC）。为了与个人计算机（Personal Computer）的简称PC相区别，一般仍将其简称为PLC。

3.1.2 可编程控制器的定义

国际电工委员会（IEC）在1987年2月颁发的可编程控制器标准草案第三稿中对可编程控制器作了如下定义：“可编程控制器是一种数字运算操作的电子系统，专为在工业环境下应用而设计。它采用了可编程序的存储器，用来在其内部存储和执行逻辑运算、顺序控制、定时、计数和算术操作等面向用户的指令，并通过数字式和模拟式的输入和输出，控制各种类型的机械或生产过程。可编程控制器及其外围设备，都按易于与工业系统联成一个整体、易于扩充其功能的原则设计。”

在可编程控制器的定义中尤其强调了如下几点。

(1) 该定义强调了可编程控制器是“数字运算操作的电子系统”，是一种计算机。

(2) 它是“专为在工业环境下应用而设计”的工业计算机，因此具有很强的抗干扰能力、广泛的适应能力。

(3) 它是一种用程序来改变控制功能的工业控制计算机，除了能完成各种各样的控制功能外，还有与其他计算机通信联网的功能。

(4) 这种工业计算机采用“面向用户的指令”，因此编程方便。它能完成逻辑运算、顺序控制、定时、计数和算术操作。它还具有“数字式和模拟式输入和输出”控制的能力，并且非常容易与“工业控制系统联成一体”，易于“扩充”。

可编程序控制器是应用非常广泛、功能强大、使用方便的通用工业控制装置，已经成为了当代工业自动化的主要支柱之一。

3.2 可编程控制器的分类

可编程控制器具有多种分类方式，了解这些分类方式有助于PLC的选型及应用。通常按I/O点数、结构形式等进行大致分类。

3.2.1 按I/O点数分类

可编程控制器用于对外部设备的控制，外部信号的输入、PLC运算结果的输出都要

通过 PLC 输入、输出端子来进行接线，输入、输出端子的数目之和被称作 PLC 的输入、输出点数，简称 I/O 点数。根据 PLC 的 I/O 点数多少，可将 PLC 大致分为小型、中型和大型三类。一般来说，点数多的 PLC 功能也相应较强。

1. 小型 PLC

I/O 点数在 256 点以下的为小型 PLC。其中 I/O 点数在 64 点以下的为超小型 PLC 或微型 PLC（例如西门子的 LOGO）。小型 PLC 用户程序存储容量小于 2KB，一般只具有逻辑运算、定时、计数和移位等功能，随着 PLC 技术的发展，有些小型 PLC 也具备了一定的算术运算、模拟量处理、PID 调节、数据通信等功能。适用于小规模的开关量控制、定时、计数、顺序控制及少量模拟量的控制场合，代替继电器控制系统在单机控制、机电一体化产品或小规模生产过程中使用。如三菱 FX 系列、西门子 S7－200 系列等，其外形如图 3－1 和图 3－2 所示。

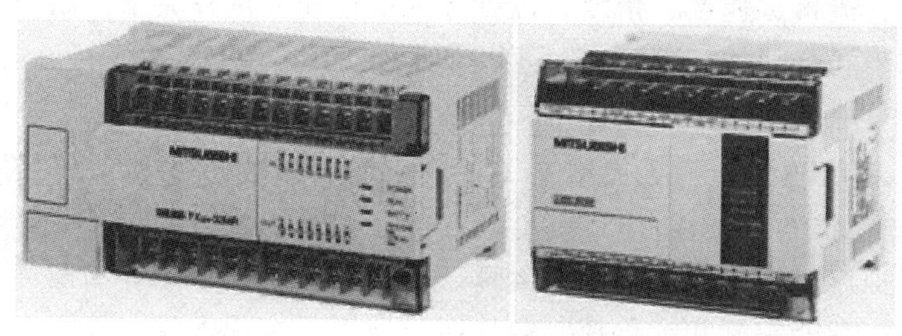

图 3－1　三菱 FX 系列小型 PLC

图 3－2　西门子 S7－200 系列小型 PLC

另外，西门子公司 2009 年 5 月，在中国正式发布了 S7－1200 小型 PLC，作为低端极具竞争力的 S7－1200，灵活性和可扩展性优异，它集成 PROFINET 接口，高速计数、脉冲输出、运动控制。S7－1200 与编程软件 STEP 7 Basic V10.5、KTP 精简系列 HMI 形成统一工程系列，为小型自动化领域紧凑、复杂的自动化任务提供了整体解决方案。西门子 S7－1200 系列小型 PLC 外形，如图 3－3 所示。

2. 中型 PLC

I/O 点数在 256～2048 点之间的为中型 PLC。中型 PLC 用户程序存储容量为 2～8KB，它除了具备逻辑运算功能外，还具有较强的模拟量输入/输出、算术运算、PID 调

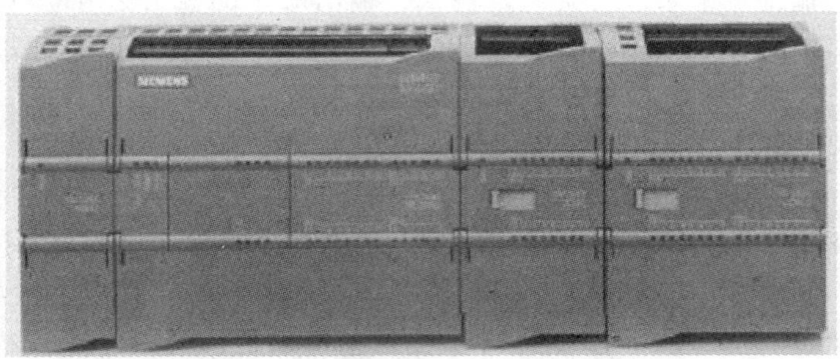

图 3-3　西门子 S7-1200 系列小型 PLC

节、数据传送、数据通信等功能，可完成既有开关量又有模拟量的复杂控制。适用于具有诸如温度、压力、流量、速度、角度、位置等模拟量和大量开关量控制的复杂机械，以及连续生产过程控制场合。如三菱 A1S 系列、西门子 S7-300 系列等属于中型 PLC。

3. 大型 PLC

I/O 点数在 2048 点以上的为大型 PLC。其中 I/O 点数超过 8192 点的为超大型 PLC。大型 PLC 用户程序存储容量在 8KB 以上，它除了具有中型 PLC 的功能外，还具有较强的数据处理、模拟调节、特殊功能函数运算、监视、记录、打印等功能，以及强大的通信联网、中断控制、智能控制和远程控制等功能。适用于大规模过程控制、分布式控制系统和工程自动化网络等场合。如三菱 Q 系列、西门子 S7-400 系列等属于大型 PLC。

3.2.2　按结构形式分类

根据可编程控制器结构形式的不同，可大致分为整体式和模块式两类。

1. 整体式 PLC

整体式 PLC 是将电源、CPU、I/O 接口等部件集中于一体，安装在印刷电路板上，并装在一个机壳内，形成一个整体，通常称为主机或基本单元。整体式结构的 PLC 具有结构紧凑、体积小、重量轻、价格低、安装方便等优点。

整体式 PLC 提供多种不同 I/O 点数的基本单元（又称主机）和扩展单元供用户选择。基本单元包括电源、CPU、I/O 接口、与 I/O 扩展单元相连的扩展接口、与编程器或 EPROM 写入器相连的接口，扩展单元内只有 I/O 接口，没有 CPU，基本单元和扩展单元之间一般用扁平电缆连接。整体式 PLC 一般还可以配备多种特殊功能单元，如模拟量 I/O 单元、位置控制单元、通信单元等，使 PLC 功能得到进一步扩展。

一般小型或超小型 PLC 多采用这种结构。如三菱 FX 系列、西门子 LOGO 及 S7-200 系列等。

2. 模块式 PLC

模块式 PLC 是把各个组成部分做成独立的模块，如 CPU 模块、输入模块、输出模块、电源模块等。各模块作成插件式，组装在一个具有标准尺寸并带有若干插槽的机架内。模块式结构的 PLC 配置灵活，装配和维修方便，易于扩展。一般大中型的 PLC 都采用这种结构。

3.3 可编程控制器的特点、应用范围和发展方向

3.3.1 可编程控制器的特点

可编程控制器的特点有以下几点。

1. 编程方便、简单

梯形图是可编程控制器使用最多的编程语言，其符号、表达方式与继电器电路原理图相似。梯形图语言形象、直观、简单、易学，熟悉继电器电路图的电气技术人员只要很短的时间就可以熟悉梯形图语言，并用来编制用户程序。

2. 配置灵活，扩充方便，具有很好的柔性

可编程控制器产品已经标准化、系列化、模块化，配备有品种齐全的各种硬件装置供用户选用，用户能灵活方便地进行系统配置、扩充，组成不同功能、不同规模的系统。可编程控制器用软件功能取代了继电器控制系统中大量的中间继电器、时间继电器等，可以通过修改用户程序，不用改变硬件，方便快速地适应工艺条件的变化，具有很好的柔性。

3. 功能强，性能价格比高

可编程控制器内有成百上千个可供用户使用的编程元件，有很强的逻辑判断、数据处理、PID 调节和数据通信功能，可以实现非常复杂的控制功能。与相同功能的继电器控制系统相比，具有很高的性能价格比。可编程控制器可以通过通信联网，实现分散控制与集中管理。

4. 设计、安装、调试周期短

可编程控制器用软件功能取代了继电器控制系统中大量的中间继电器、时间继电器、计数器等器件，使控制柜的设计、安装、接线工作量大大减少，缩短了施工周期。可编程控制器的用户程序可以在实验室模拟调试，模拟调试好后再将 PLC 控制系统在生产现场进行安装和接线，在现场的统调过程中发现的问题一般通过修改程序就可以解决，大大缩短了设计和投运周期。

5. 可靠性高，抗干扰能力强

可靠性指的是可编程控制器平均无故障工作时间。由于可编程控制器采取了一系列硬件和软件抗干扰措施，具有很强的抗干扰能力，平均无故障时间达到数万小时以上，可以直接用于有强烈干扰的工业生产现场。可编程控制器已被广大用户公认为是最可靠的工业控制设备之一。

6. 易于实现机电一体化

可编程控制器体积小、重量轻、功耗低、抗振防潮和耐热能力强，使之易于安装在机器设备内部，制造出机电一体化产品。

3.3.2 可编程控制器的应用范围

目前，可编程控制器已经广泛应用在各个生产领域，随着其性能价格比的不断提高，应用范围还在不断扩大，目前主要有以下几个方面。

1. 逻辑控制

可编程控制器具有“与”、“或”、“非”等逻辑运算的能力，可以实现逻辑运算，用触

点和电路的串、并联，代替继电器进行组合逻辑控制，定时控制与顺序逻辑控制。数字量逻辑控制可以用于单台设备，也可以用于自动生产线，其应用领域最为普及。

2. 运动控制

可编程控制器使用专用的运动控制模块，或灵活运用指令，使运动控制与顺序控制功能有机地结合在一起。随着变频器、电动机启动器的普遍使用，可编程序控制器可以与变频器结合，运动控制功能更为强大，并广泛地用于各种机械，如金属切削机床、装配机械、机器人、电梯等场合。

3. 过程控制

可编程控制器可以接收温度、压力、流量等连续变化的模拟量，通过模拟量 I/O 模块，实现模拟量（Analog）和数字量（Digital）之间的 A/D 转换和 D/A 转换，并对被控模拟量实行闭环 PID（比例-积分-微分）控制。现代的大中型可编程序控制器一般都有 PID 闭环控制功能，此功能已经广泛地应用于工业生产、加热炉、锅炉等设备，以及轻工、化工、机械、冶金、电力、建材等行业。

4. 数据处理

可编程控制器具有数学运算、数据传送、转换、排序和查表、位操作等功能，可以完成数据的采集、分析和处理。这些数据可以是运算的中间参考值，也可以通过通信功能传送到别的智能装置，或者将它们保存、打印。数据处理一般用于大型控制系统，如无人柔性制造系统，也可以用于过程控制系统，如造纸、冶金、食品工业中的一些大型控制系统。

5. 构建网络控制

可编程控制器的通信包括主机与远程 I/O 之间的通信、多台可编程控制器之间的通信、可编程控制器和其他智能控制设备（如计算机、变频器）之间的通信。可编程序控制器与其他智能控制设备一起，可以组成“集中管理、分散控制”的分布式控制系统。

3.3.3 可编程控制器的发展方向

可编程控制器的发展方向有以下几项。

1. PLC 向大型化方向发展

PLC 向大型化方向发展主要表现在大中型 PLC 向高功能、大容量、智能化、网络化方向发展，使之能与计算机组成集散控制系统，对大规模、复杂系统进行综合的自动控制。

2. PLC 向小型化方向发展

PLC 向小型化方向发展主要表现在下列几个方面：为了减小体积、降低成本，向高性能的整体型发展；在提高系统可靠性的基础上，产品的体积越来越小，功能越来越强；应用的专业性，使得控制质量大大提高。

3. PLC 向软件化方向发展

系统的开放使第三方的软件能方便地在符合开放系统标准的 PLC 上得到移植。除了采用标准化的硬件外，采用标准化的软件也能大大缩短系统开发周期，同时，标准化的软件由于经受了实际应用的考验，它的可靠性也明显提高。另外，个人计算机（PC）的价格便宜，有很强的数学运算、数据处理、通信和人机交互的功能。目前已有多家厂商推出

了在PC上运行的可实现可编程控制器功能的软件包，如北京亚控科技发展有限公司的KingPLC。“软PLC”在很多方面比传统的“硬PLC”有优势，有的场合“软PLC”可能是理想的选择。

总之，PLC总的发展趋势是：高功能、高速度、高集成度、容量大、体积小、成本低、通信联网功能强等。

本章小结

本章讲述了可编程控制器的产生、定义、按I/O点数及结构的分类，以及主要特点、应用领域和发展方向等。这些内容有助于对可编程控制器基本知识的了解，并提高学习可编程控制器的兴趣。

习题

1. 简述可编程控制器的定义。
2. 可编程控制器是如何分类的？
3. 可编程控制器有哪些主要特点、应用领域和发展方向？

第4章　可编程控制器的结构和工作原理

【知识要点】

知识要点	掌握程度	相　关　知　识
可编程控制器的结构	掌握	可编程控制器由硬件系统和软件系统两大部分组成。硬件系统包括主机系统、输入/输出扩展环节和外部设备。尤其要熟悉主机系统的结构和各部分的作用，以及输入/输出单元电路的结构和性能。软件系统包括系统程序和用户程序两部分
可编程控制器的工作原理	熟悉	熟悉可编程控制器周期性循环扫描的工作原理，以及输入采样、程序执行、输出刷新三个批处理的工作过程
可编程控制器的主要技术指标	了解	了解可编程控制器输入/输出点数、存储容量、扫描速度、指令系统、通信功能等技术指标

4.1　可编程控制器的结构

PLC是微机技术和继电器常规控制概念相结合的产物，从广义上讲，PLC也是一种计算机系统，只不过它比一般计算机具有更强的与工业过程相连接的输入/输出接口，具有更适用于控制要求的编程语言，具有更适应于工业环境的抗干扰性能。因此，PLC是一种工业控制用的专用计算机，它的实际组成与一般微型计算机系统基本相同，也是由硬件系统和软件系统两大部分组成。

4.1.1　可编程控制器的硬件系统

PLC的硬件系统由主机系统、输入/输出扩展环节及外部设备组成。PLC结构如图4-1所示。

1. 主机系统

(1) 微处理器单元（Central Processing Unit，CPU）。CPU是PLC的核心部分，它包括微处理器和控制接口电路。微处理器是PLC的运算控制中心，由它实现逻辑运算，协调控制系统内部各部分的工作。它的运行是按照系统程序所赋予的任务进行的。

(2) 存储器。存储器是PLC存放系统程序、用户程序和运行数据的单元。它包括只读存储器（ROM）和随机存取存储器（RAM）。只读存储器（ROM）在使用过程中只能取出不能存储，而随机存取存储器（RAM）在使用过程中能随时取出和存储。一般情况下系统程序存储在ROM中，用户程序存储在EEPROM中，程序执行过程中将用户程序

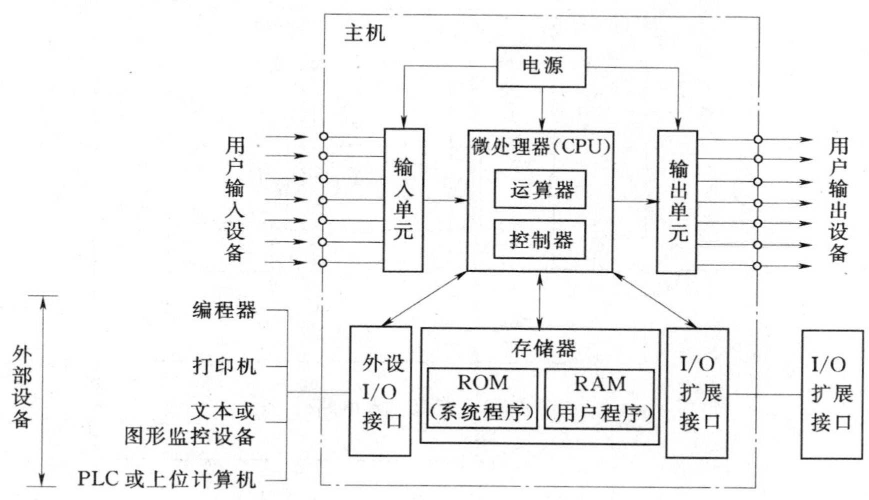

图 4-1　PLC 结构示意图

调入 RAM 中参与执行，程序执行的中间数据和结果也保存在 RAM 中。存储在 ROM 中系统程序和存储在 EEPROM 中的用户程序可以永久保存，存储在 RAM 中的用户程序、中间数据和结果在 CPU 掉电后不保存，但是可以通过 PLC 中的超级电容，或者通过锂电池保存较长的时间。

(3) 输入/输出单元。PLC 的对外功能主要是通过各类接口模块的外部接线，实现对工业设备和生产过程的检测与控制。通过各种输入/输出接口模块，PLC 既可检测到所需的过程信息，又可将处理结果传送给外部过程，驱动各种执行机构，实现工业生产过程的控制。通过输入单元，PLC 能够得到生产过程的各种参数；通过输出单元，PLC 能够把运算处理的结果送至工业过程现场的执行机构实现控制。为适应工业过程现场对不同输入/输出信号的匹配要求，PLC 配置了各种类型的输入/输出单元模块。

如图 4-2～图 4-6 分别列出了不同输入/输出单元模块的基本电路。不同类型输出电路所驱动的负载类型和驱动负载的能力有所不同。

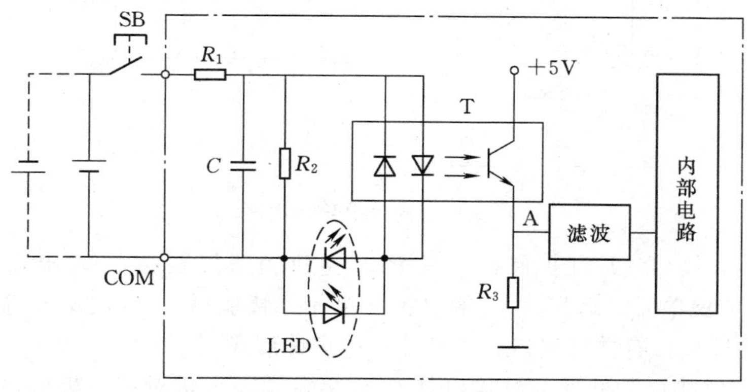

图 4-2　直流输入电路

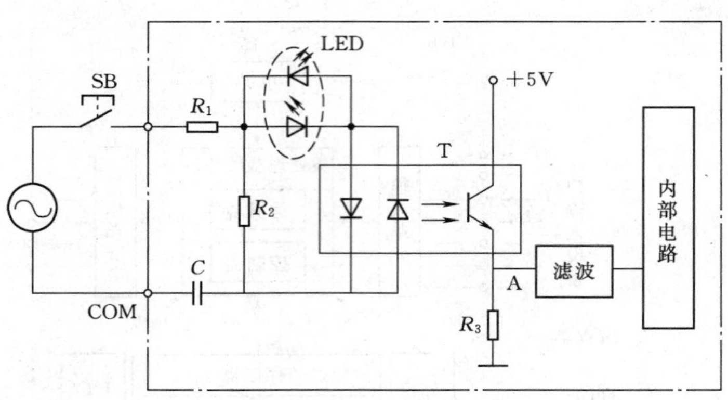

图4-3　交流输入电路

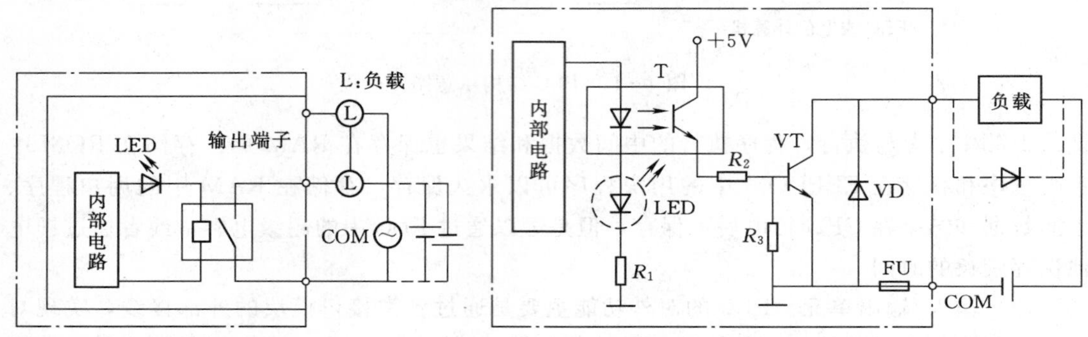

图4-4　继电器输出电路　　图4-5　晶体管输出电路

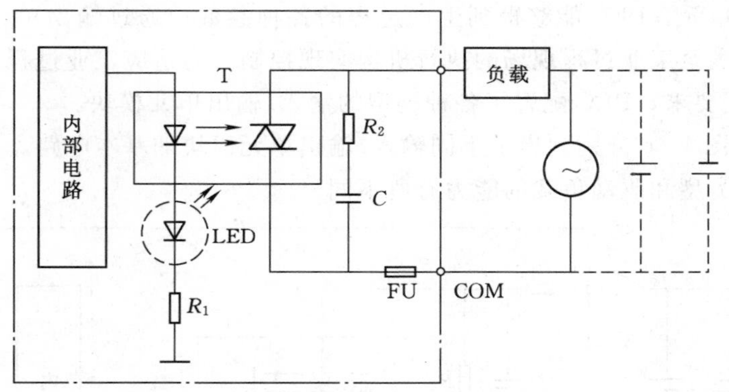

图4-6　晶闸管输出电路

(4) I/O扩展接口。I/O扩展接口是PLC主机为了扩展输入/输出点数和类型的部件，输入/输出扩展单元、远程输入/输出扩展单元、智能输入/输出单元等都通过它与主机相连。I/O扩展接口有并行接口、串行接口等多种形式。

(5) 外设I/O接口。外设I/O接口是PLC主机实现人机对话、机机对话的通道。通过外设I/O接口，PLC可以和编程器、文本或图形监控设备、打印机等外部设备相连，

也可以与其他PLC或上位计算机连接。外设I/O接口一般是RS232或RS485串行通信接口，该接口的功能是进行串行数据的转换，通信格式的识别，数据传输的出错检验，信号电平的转换等。

（6）电源。电源单元是PLC的电源供给部分。它的作用是把外部供应的电源变换成系统内部各单元所需的电源，有的电源单元还向外提供直流电源，提供与开关量输入单元连接的现场电源开关使用。电源单元还包括掉电保护电路和后备电池电源，以保持RAM在外部电源断电后存储的内容不丢失。PLC的电源一般采用开关电源，其特点是输入电压范围宽、体积小，质量轻、效率高、抗干扰性能好。

2. 输入/输出扩展环节

输入/输出扩展环节是PLC输入/输出单元的扩展部件，当用户所需的输入/输出点数或类型超出主机的输入/输出单元所允许的点数或类型时，可以通过加接输入/输出扩展环节来解决。输入/输出扩展环节与主机的输入/输出扩展接口相连，有两种类型：简单型和智能型。简单型的输入/输出扩展环节本身不带中央处理单元，对外部现场信号的输入/输出处理过程完全由主机的中央处理单元管理，依赖于主机的程序扫描过程。通常，它通过并行接口与主机通信，并安装在主机旁边，在小型PLC的输入/输出扩展时常被采用。智能型的输入/输出扩展环节本身带有中央处理单元，它对生产过程现场信号的输入/输出处理由本身所带的中央处理单元管理，而不依赖于主机的程序扫描过程。通常，它采用串行通信接口与主机通信，可以远离主机安装，多用于大中型PLC的输入/输出扩展。

3. 外部设备

（1）编程器。它是编制、调试PLC用户程序的外部设备，是人机交互的窗口。通过编程器可以把新的用户程序输入到PLC的存储器中，或者对PLC中已有程序进行编辑。通过编程器还可以对PLC的工作状态进行监视和跟踪，这对调试和试运行用户程序是非常有用的。

除了上述专用的编程器外，还可以利用PC机，配上PLC生产厂家提供的相应的软件包作为编程器，这种编程方式已成为PLC发展的趋势。现在，有些PLC不再提供编程器，而只提供微机编程软件，并且配有相应的通信连接电缆。

（2）文本或图形显示设备。小型PLC可配接文本显示器，用以显示现场设备的运行参数，也可配接图形显示器，用以显示模拟生产过程的流程图、实时过程参数、趋势参数及报警参数等过程信息，使得现场控制情况一目了然。大中型PLC通常配接彩色图形显示器。

（3）打印机。PLC也可以配接打印机等外部设备，用以打印记录过程参数、系统参数以及报警事故记录表等。

PLC还可以配置其他外部设备，例如存储器卡，用于存储用户的应用程序和数据等。

4.1.2 可编程控制器的软件系统

PLC除了硬件系统外，还需要软件系统的支持，它们相辅相成，缺一不可。PLC的软件系统由系统程序（又称系统软件）和用户程序（又称应用软件）两大部分组成。

1. 系统程序

系统程序由PLC的制造企业编制，固化在EPROM中，安装在PLC上，随产品提供给用户。系统程序包括系统管理程序、用户指令解释程序和供系统调用的程序模块等。

2. 用户程序

用户程序是根据生产过程控制的要求，由用户使用编程语言自行编制的应用程序。用户程序包括开关量逻辑控制程序、模拟量运算程序、闭环控制程序和操作站系统应用程序等。

4.2 可编程控制器的工作原理及主要技术指标

4.2.1 可编程控制器的工作原理

可编程控制器是一种专用的工业控制计算机，其工作原理与计算机控制系统的工作原理基本相同。

PLC是采用周期循环扫描的工作方式。CPU连续执行用户程序和任务的循环序列称为扫描。CPU对用户程序的执行过程是CPU的循环扫描，并用周期性地集中采样、集中输出的方式来完成的。一个扫描周期（工作周期）主要分为以下几个阶段。

1. 输入采样扫描阶段

这是第一个集中批处理过程，在这个阶段中，PLC按顺序逐个采集所有输入端子上的信号，不论输入端子上是否接线，CPU顺序读取全部输入端，将所有采集到的一批输入信号写到输入映像寄存器中，在当前的扫描周期内，用户程序用到的输入信号的状态（ON或OFF）均从输入映像寄存器中去读取，不管此时外部输入信号的状态是否变化。即使此时外部输入信号的状态发生了变化，也只能在下一个扫描周期的输入采样扫描阶段去读取，对于这种采集输入信号的批处理，虽然严格上说每个信号被采集的时间有先有后，但由于PLC的扫描周期很短，这个差异对一般工程应用可忽略，所以可以认为这些采集到的输入信息是同时的。

2. 执行用户程序扫描阶段

这是第二个集中批处理过程，在执行用户程序阶段，CPU对用户程序按顺序进行扫描。如果程序用梯形图表示，则总是按先上后下、从左至右的顺序进行扫描，每扫描到一条指令，所需要的输入信息的状态均从输入映像寄存器中去读取，而不是直接使用现场的立即输入信号。对其他信息，则是从PLC的元件映像寄存器中去读取，在执行用户程序中，每一次运算的中间结果都立即写入元件映像寄存器中，对输出继电器的扫描结果，也不是马上去驱动外部负载，而是将其结果写入到输出映象寄存器中。在此阶段，允许对数字量I/O指令和不设置数字滤波的模拟量I/O指令进行处理，在扫描周期的各个部分，均可对中断事件进行响应。

在这个阶段，除了输入映像寄存器外，各个元件映象寄存器的内容是随着程序的执行而不断变化的。

3. 输出刷新扫描阶段

这是第三个集中批处理过程，当CPU对全部用户程序扫描结束后，将元件映象寄存

器中各输出继电器的状态同时送到输出锁存器中，再由输出锁存器经输出端子去驱动各输出继电器所带的负载。

在输出刷新阶段结束后，CPU 进入下一个扫描周期，重新执行输入采样，周而复始，如图 4－7 所示。

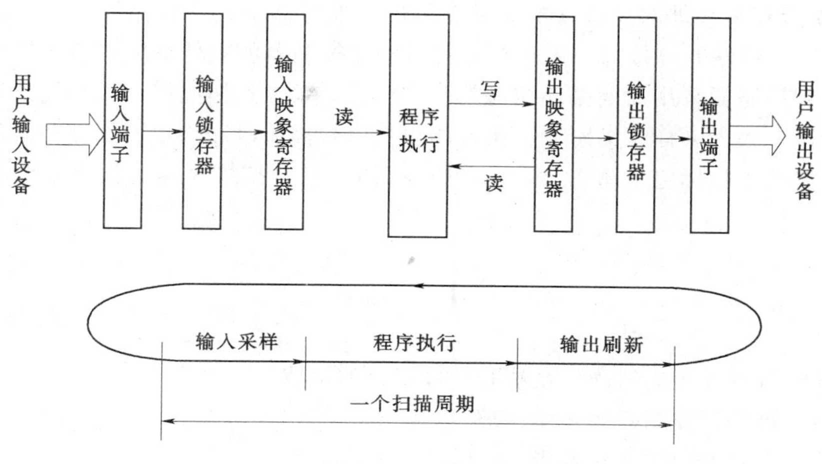

图 4－7　可编程控制器的工作原理

4.2.2　可编程控制器的主要技术指标

可编程控制器的主要技术指标有以下几项。

1. 输入/输出点数

可编程控制器的 I/O 点数指外部输入、输出端子数量的总和。它是描述 PLC 大小的一个重要的参数。

2. 存储容量

PLC 的存储器由系统程序存储器，用户程序存储器和数据存储器三部分组成。PLC 存储容量通常指用户程序存储器和数据存储器容量之和，表征系统提供给用户的可用资源，是系统性能的一项重要技术指标。

3. 扫描速度

可编程控制器采用循环扫描方式工作，完成 1 次扫描所需的时间称为扫描周期。影响扫描速度的主要因素有用户程序的长度和 PLC 产品的类型。PLC 中 CPU 的类型、机器字长等直接影响 PLC 运算精度和运行速度。

4. 指令系统

指令系统是指 PLC 所有指令的总和。可编程控制器的编程指令越多，软件功能就越强，但应用也相对较复杂。用户应根据实际控制要求选择合适指令功能的可编程控制器。

5. 通信功能

通信有 PLC 之间的通信和 PLC 与其他设备之间的通信。通信主要涉及通信模块，通信接口，通信协议和通信指令等内容。PLC 的组网和通信能力也已成为 PLC 产品水平的重要衡量指标之一。

本　章　小　结

可编程控制器的结构包括硬件系统和软件系统两部分。其中硬件系统包括主机系统、输入/输出扩展环节和外部设备，主机系统包括微处理器单元、存储器、输入/输出单元、I/O扩展接口、外设I/O接口、电源等。可编程序控制器的软件系统包括系统程序和用户程序。可编程控制器采用周期循环扫描的工作方式，一个扫描周期（工作周期）主要分为以下几个阶段：输入采样扫描阶段、执行用户程序扫描阶段和输出刷新扫描阶段。可编程控制器的主要技术指标包括输入/输出点数、存储容量、扫描速度、指令系统、通信功能等技术指标。

习　　题

1．请叙述可编程控制器硬件系统和软件系统的组成。

2．请简述可编程控制器的工作原理。

3．可编程控制器的主要技术指标有哪些？

第 3 篇

西门子 S7-200 系列可编程控制器

第 5 章　西门子 S7－200 系列可编程控制器概述

【知识要点】

知识要点	掌握程度	相　关　知　识
S7－200 系列 PLC 控制系统的组成	熟悉	一个完整的 PLC 控制系统主要由 CPU 主机、扩展模块、功能模块、人机界面、通信设备、编程工具及软件等组成
S7－200 系列 PLC 的基本组成	掌握	S7－200 系列 PLC 主要四种型号的 CPU 主机、数字量、模拟量 I/O 扩展模块及不同的功能模块组成。要掌握 CPU 主机的结构、功能，熟悉 CPU 的主要技术参数，存储系统的工作原理，以及各种 CPU 及扩展 I/O 模块的输入/输出接线
S7－200 系列 PLC 的编程元件及寻址方式	掌握	熟悉 S7－200 系列 PLC 的基本数据类型、各种编程元件，编址方式、寻址方式，I/O 点数扩展和编址原则等

【应用能力要点】

能力要点	掌握程度	应　用　方　向
S7－200 系列 PLC 控制系统的组成	掌握	掌握 S7－200 系列 PLC 控制系统中各部分的功能，以便在实际工程中，根据用户需求或工程需要合理选择
S7－200 系列 PLC 的基本组成	掌握	掌握 CPU 主机、数字量、模拟量 I/O 扩展模块的接线，以便根据工程需要合理选型，正确安装接线
S7－200 系列 PLC 的编程元件及寻址方式	掌握	掌握 S7－200 系列 PLC 的基本数据类型，各种编程元件的编址方式、寻址方式，I/O 点数扩展和编址原则，为后续的编程打下坚实的基础

5.1　S7－200 系列 PLC 控制系统的组成

西门子 S7－200 系列 PLC 是一种整体式加积木式的小型 PLC，它指令丰富、功能强大、运行速度快、可靠性高、结构紧凑、价格低廉、具有良好的可扩展性，既可以代替继电器用于简单控制场合，也可用于较复杂的自动化控制系统。

一个完整的 PLC 控制系统主要由 CPU 主机、扩展模块、功能模块、人机界面、通信设备、编程工具及软件等组成，如图 5－1 所示。

CPU 主机是 PLC 最基本的单元模块，是 PLC 的主要组成部分，包括 CPU、存储器、基本 I/O 单元和电源等。它实际上是一个完整的控制器，可以单独完成一定的控制任务。

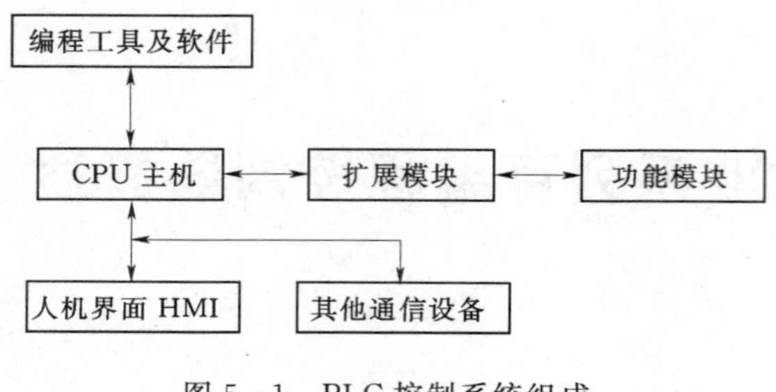

图 5－1　PLC 控制系统组成

S7－200 CPU22X 系列产品有：CPU221 模块、CPU222 模块、CPU224 模块、CPU224XP 模块、CPU226 模块等。

当主机的基本 I/O 单元数量不能满足控制系统的要求时，用户可以根据需要使用各种 I/O 扩展模块。如数字量模块、模拟量模块、热电阻（热电偶）模块。S7－200 系列 PLC I/O 扩展模块有：数字量输入扩展模块 EM221、数字量输出扩展模块 EM222、数字量输入/输出扩展模块 EM223、模拟量输入扩展模块 EM231、模拟量输出扩展模块 EM232 和模拟量输入/输出扩展模块 EM235。

当用户需要完成特殊控制任务时，则可增加特殊功能模块。如位置控制模块、称重模块、通信模块等。S7－200 系列 PLC 的特殊功能模块有：调制解调器模块 EM241、定位模块 EM253、Profibus－DP 模块 EM277、以太网模块 CP243－1 和 AS－i 接口模块 CP243－2 等。

人机界面 HMI 主要包括文本显示器 TD200、TD400，触摸屏 TP177、TP277，覆膜键盘显示器 OP177B 等，另外西门子最近新推出的 Smart700、Smart1000 两款低成本彩色触摸屏是很不错的选择。

编程工具主要包括手持编程器 PG702、图形编程器 PG740、PG760、PC 机，目前 PC 机作为常用的编程工具，PLC 和编程工具之间通过 PC－PPI 编程电缆相连接，如图 5－2 所示。编程器主要用来进行用户程序的编制、存储和管理等，并将用户程序送入 PLC 中，以及在调试过程中进行监控和故障检测。

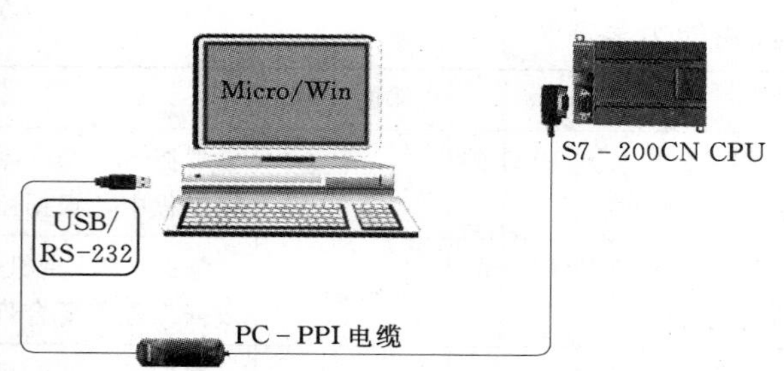

图 5－2　PC 和 PLC 之间的连接

西门子提供了丰富的编程软件，用 STEP 7－Micro/Win V3.1 及以上版本对 S7－200 系列 PLC 及文本显示器进行编程，用 Protool 或 WinCC flexible 软件对触摸屏人机界面进行编程。另外西门子公司还专门提供了 S7－200 PLC 的 OPC 服务器软件，后台监控组态软件 WinCC，国产监控组态软件组态王、MCGS 等也支持和 S7－200 PLC 的通信。

其他通信设备主要包括基于 GPRS 网络、USS 协议、ASCⅡ协议等通信设备。如西门子 MD720－3 模块、通用 GPRS DTU 模块、打印机、条码阅读器等。

5.2　S7－200 系列 PLC 的基本组成

西门子 S7－200 系列 PLC 主要由不同型号的 CPU 主机、I/O 扩展模块及功能模块组成。西门子 S7－200 系列 PLC 既可以如图 5－1 所示，和人机界面 HMI、监控组态软件、

通信设备等构成控制系统，也可以单独构成控制系统。

5.2.1　CPU 主机

1. 结构和功能

CPU 主机又称 CPU 模块或基本单元，是由中央处理单元（CPU）、电源以及基本输入/输出单元组成的整体模块。S7 - 200CPU 主机结构如图 5 - 3 所示。

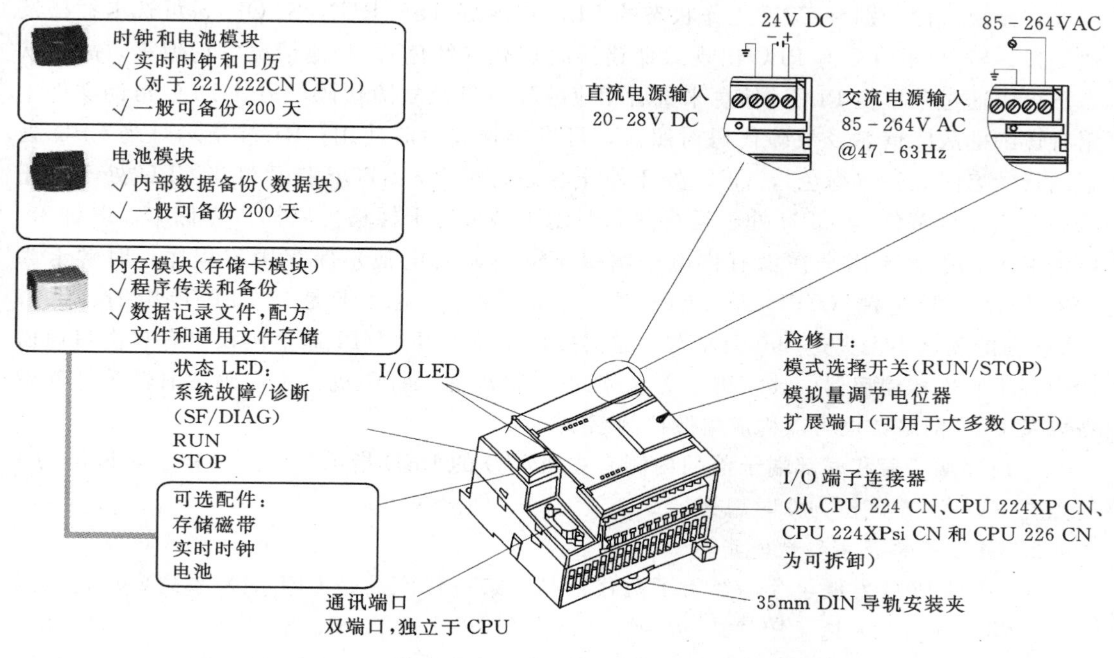

图 5 - 3　S7 - 200CPU 主机结构

在 CPU 主机的顶部端子盖内有电源输入端子及 I/O 输出端子。电源输入端子连接外部输入电源，外部提供给 PLC 的电源有 DC 24V、AC 85 - 264V 两种，根据型号不同有所变化。S7 - 200 的 CPU 单元有一个内部电源模块，与 CPU 封装在一起，通过连接总线为 CPU 模块、扩展模块提供 5V 的直流电源，如果容量许可，还可提供外部 24V 直流电源，供本机输入点和扩展模块继电器线圈使用，具体情况要考虑电源容量和模块配置。当 24V 直流电源容量不满足要求时，可以增加一个外部 24V 直流电源给扩展模块供电，此时外部电源不能与 S7 - 200 的传感器电源并联使用，但两个电源的公共端（M）应连接在一起。I/O 输出端子是联系外部负载的通道，用于连接被控设备（如接触器、电磁阀、指示灯等）。

在底部端子盖内有 DC 24V 传感器电源输出端子及 I/O 输入端子。DC 24V 传感器电源输出端子为传感器提供 24V 的直流电源，I/O 输入端子是外部输入信号的通道，用于连接外部控制信号（如控制按钮、接近开关、光电开关等）。

在中部右侧前盖内有 CPU 工作模式开关（RUN /TERM/STOP）、模拟量电位调节器和扩展 I/O 接口。将 CPU 工作模式开关拨向 RUN 位置，PLC 处于运行状态，此时不能对其编写程序；将 CPU 工作模式开关拨向 STOP 位置，可对 PLC 编写程序，但不能运行；将 CPU 工作模式开关拨向 TERM（监控调试）位置，可以运行程序，同时还可以通过编程软件监视程序的运行状态以及对程序进行读/写操作。模拟量电位调节器用来改变特殊寄存器（SMB28、SMB29）中的数值，以改变程序运行时的参数，如定时器、计数器的预置值，过程量的控制参数等。扩展 I/O 接口通过扁平电缆链接数字量扩展模块、模拟量扩展模块、功能模块、通信模块等。

在模块左侧分别有 CPU 工作状态的 LED 指示灯（SF/RUN/STOP）、可选卡插槽及通信口。SF 指示灯只有 PLC 出现致命错误时点亮（红色），其他情况下均熄灭，故障状态下可以通过菜单栏 PLC—信息来查看相应故障信息及故障代码，另外 PLC 帮助文件中附有详细的故障信息及故障代码对照表，可供排查故障时使用；RUN 指示灯当 CPU 处于运行状态时点亮（绿色），CPU 处于停止状态时熄灭；STOP 指示灯当 CPU 处于停止状态时点亮（黄色），CPU 处于运行状态时熄灭。可选卡插槽可以插入存储卡、时钟卡、电池卡等。存储卡用来在没有供电的情况下（不需要电池）保存用户程序；时钟卡为 CPU 提供实时时钟（CPU224、CPU226 自带时钟）；电池卡是当 PLC 停电时，保持 RAM 中的数据不丢失达 200 天左右。通信接口支持 PPI、MPI 通信协议，有自由口通信能力，用于连接编程器、计算机、文本/图形人机界面、打印机、条形码读取器等外部设备以及 PLC 网络，也可以构成集散控制系统。

在顶部端子盖和底部端子盖的内侧有主机 I/O 的 LED 指示灯，按位指示，该位为 1 时点亮（绿色），该位为 0 时熄灭。

2. CPU 规格及主要性能指标

S7－200 PLC 发展至今，经历了两代产品。第一代产品是 CPU21X 系列，现在已经停产。第二代产品是 CPU22X 系列，21 世纪初投放市场，有 CPU221、CPU222、CPU224、CPU224XP 和 CPU226 不同结构配置的 CPU 单元，主要性能指标见表 5－1。

表 5－1　　CPU 的规格及主要性能指标

型　号	CPU221	CPU222	CPU224	CPU224XP CPU224XPsi	CPU226
外观					
集成的数字量 I/O	6DI/4DO	8DI/6DO	14DI/10DO	14DI/10DO	24DI/16DO
扩展模块数量	0	2	7	7	7
数字量 I/O/使用扩展模块的最多通道数量	—	48/46/94	114/110/224	114/110/224	128/128/256
模拟量 I/O/使用扩展模块的最多通道数量	—	16/8/16	32/28/44	本体内置 2AI/1AO 32/28/44	32/28/44
程序存储器	4kB	4kB	8/12kB	12/16kB	16/24kB

续表

型　号	CPU221	CPU222	CPU224	CPU224XP CPU224XPsi	CPU226
数据存储器	2kB	2kB	8kB	10kB	10kB
使用高性能电容储存动态数据	一般 50h	一般 50h	一般 100h	一般 100h	一般 100h
高速计数器	4×30kHz 其中 2×20kHz A/B 计数器可用	4×30kHz 其中 2×20kHz A/B 计数器可用	6×30kHz 其中 4×20kHz A/B 计数器可用	4×30kHz， 2×200kHz 其中 3×20kHz ＋1×100kHz A/B 计数器可用	6×30kHz 其中 4×20kHz A/B 计数器可用
通信接口 RS－485	1	1	1	2	2
PPI 主站/从站	√	√	√	√	√
MPI 从站	√	√	√	√	√
自由口	√	√	√	√	√
集成 8 位模拟电位器	1	1	2	2	2
实时时钟	可选	可选	√	√	√
集成的 24V DC 传感器电源	最大 180mA	最大 180mA	最大 280mA	最大 280mA	最大 400mA
可拆卸终端插条	—	—	√	√	√
执行时间（位指令）	0.22μs				
尺寸 $W\times H\times D$/(mm×mm×mm)	90×80×62	90×80×62	120.5×80×62	140×80×62	196×80×62
供电能力 5V DC/mA		0	340	660	1000
供电能力 24V DC/mA		180	180	280	400

3. 存储系统

S7－200 PLC 的存储系统除了存储系统程序的 ROM 存储器外，还提供了一定容量的用户程序存储器 EEPROM 和数据存储器 RAM，同时，CPU 模块支持可选的 EEPROM 存储器卡，以保存用户程序。主机内置的超级电容和可选的电池模块，用于长时间保存数据，主机内置的超级电容保存数据可达 50h，可选的电池模块可使数据的存储时间延长到 200 天。存储系统示意图如图 5－4 所示。

S7－200 PLC 的程序一般由三部分组成：用户程序、数据块和参数块。用户程序是程序的主体，由用户根据控制要求编写；数据块是用户程序在执行过程中所用到和生成的数据；参数快是指 CPU 的组态数据。

当执行程序下载时，用户程序、数据和组态配置参数由编程计算机送入 PLC 主机的 RAM 存储器中，主机自动把这些内容装入 EEPROM 中永久保存；当执行程序上载时，

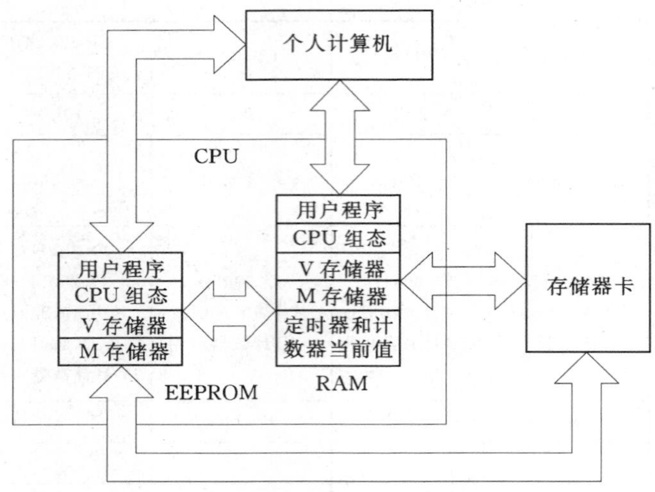

图5-4　S7-200 PLC存储系统示意图

RAM中的用户程序、数据和CPU组态上装到编程计算机中，并可进行程序的检查和修改；系统掉电时，CPU自动将RAM中V和M存储区的内容保存到EEPROM中；上电恢复时，用户程序、程序数据和CPU组态自动从EEPROM永久保存区送回到RAM中，如果RAM的V和M存储区的内容丢失，EEPROM永久保存区的数据会复制到RAM中。

4. 输入/输出接线

S7-200 PLC的输入电源有DC 24V和AC 85-264V两种，在工业现场根据实际情况选择。数字量输入端均为DC 24V，既可作为漏型输入，也可作为源型输入，如图5-5所示。数字量输出端分为晶体管输出和继电器输出两种类型，其中晶体管输出为24V DC信号源型输出和信号流型输出，最大带负载能力为0.75A，继电器输出为5-30V DC或5-250V AC，最大带负载能力为2A，如图5-6所示。

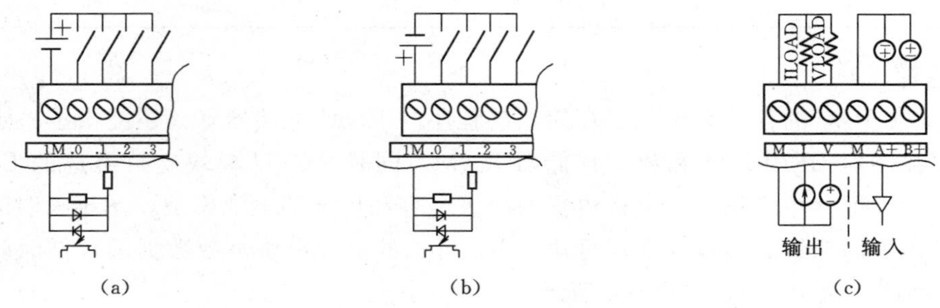

图5-5　CPU直流输入接线图

(a) 漏型24V直流输入；(b) 源型24V直流输入；(c) 模拟量输入

为便于熟悉CPU22X系列PLC的输入输出接线，现将其接线图分别列于图5-7～图5-11中。其中外部输入设备用开关表示，外部输出设备（负载）用电阻表示。

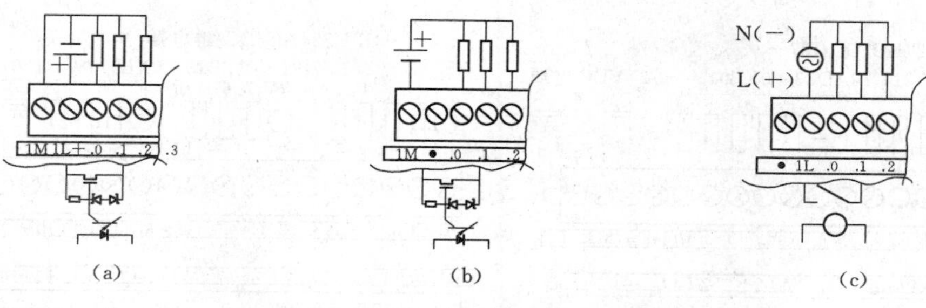

图 5 - 6　CPU 直流/继电器输出接线图

(a) 信号源型 24V 直流输出；(b) 信号流型 24V 直流输出；(c) 继电器输出

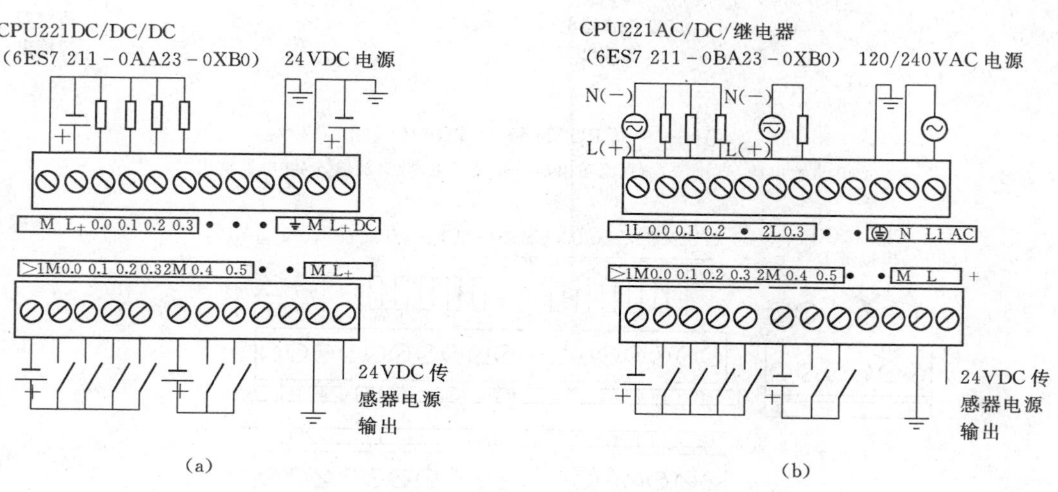

图 5 - 7　CPU221 输入/输出接线图

(a) 直流电源/直流输入/直流输出；(b) 交流电源/直流输入/继电器输出

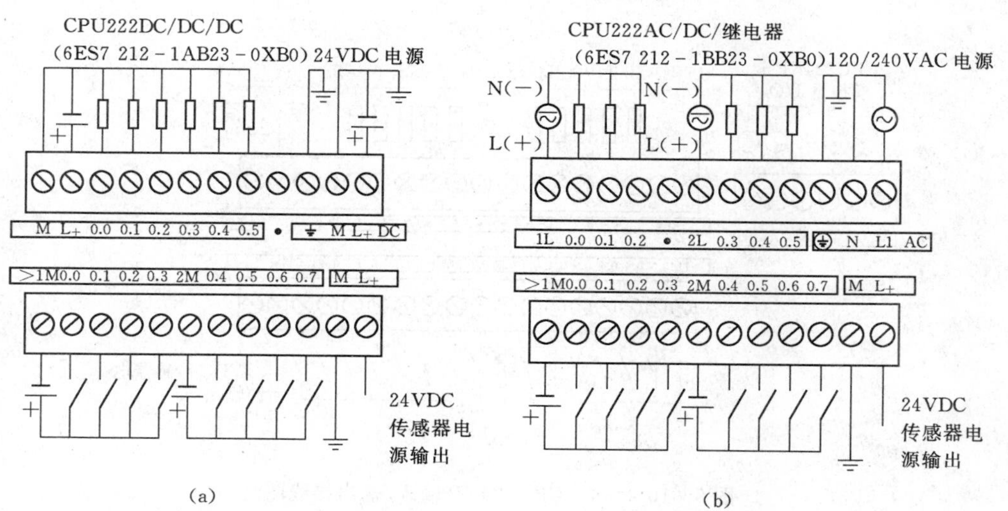

图 5 - 8　CPU222 输入/输出接线图

(a) 直流电源/直流输入/直流输出；(b) 交流电源/直流输入/继电器输出

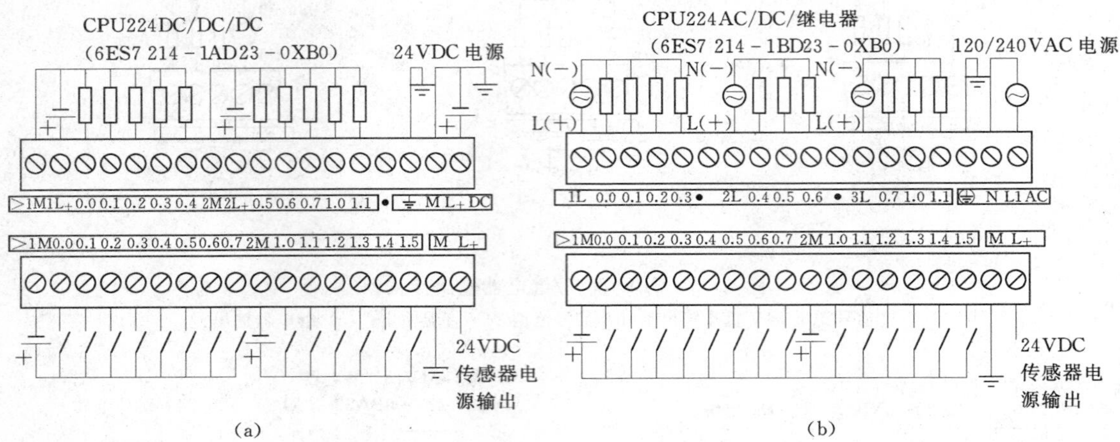

(a)　　　　　　　　　　(b)

图 5-9　CPU224 输入/输出接线图

(a) 直流电源/直流输入/直流输出；(b) 交流电源/直流输入/继电器输出

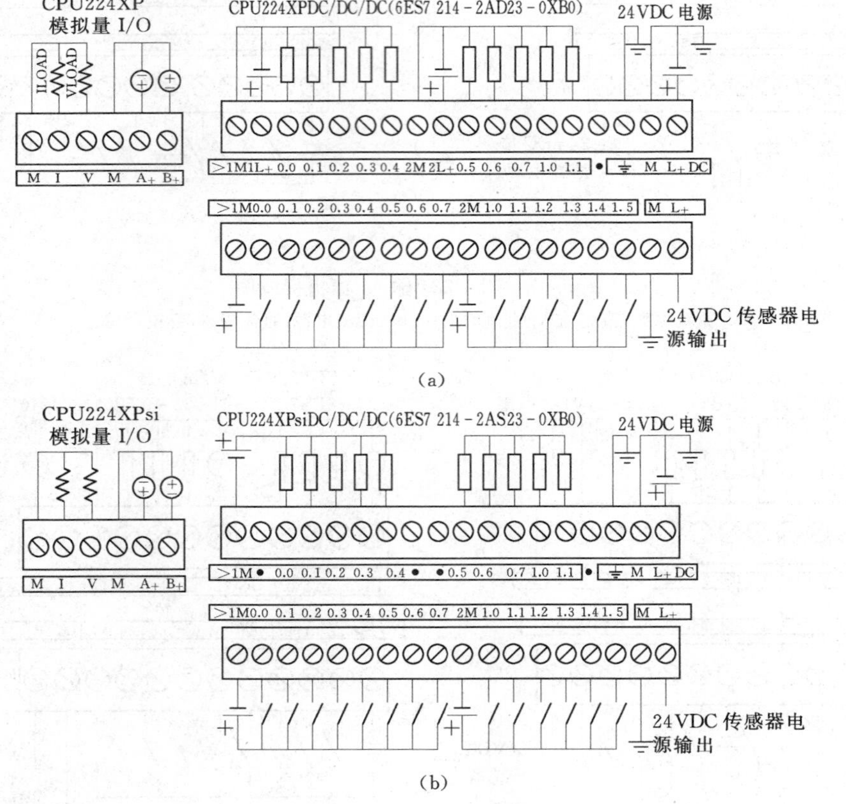

(a)

(b)

图 5-10（一）　CPU224XP 输入/输出接线图

(a) 直流电源/直流输入（漏型）/直流输出（信号源型）；(b) 直流电源/直流输入（漏型）/直流输出（信号流型）；

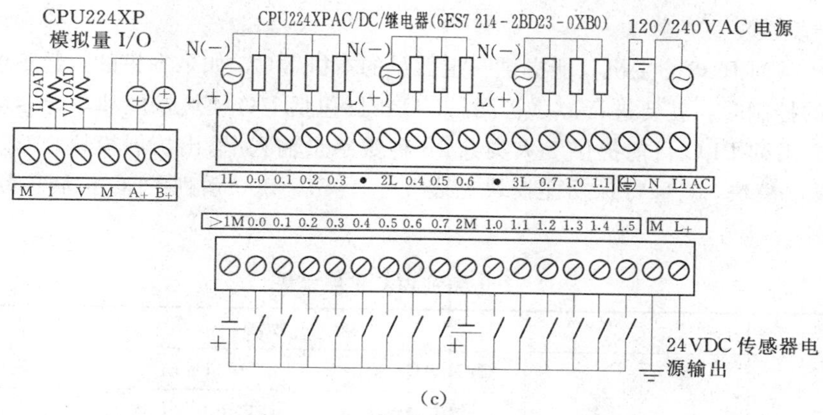

(c)

图 5-10（二）　CPU224XP 输入/输出接线图

(c) 交流电源/直流输入（漏型）/继电器输出

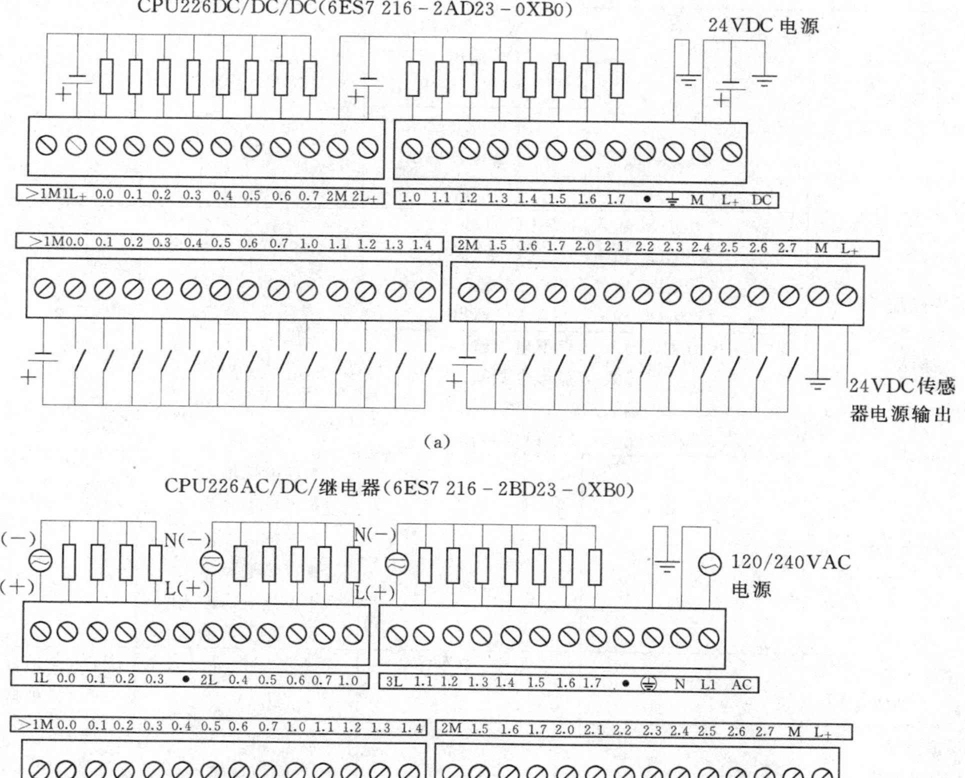

(b)

图 5-11　CPU226 输入/输出接线图

(a) 直流电源/直流输入/直流输出；(b) 交流电源/直流输入/继电器输出

5.2.2　扩展模块

S7－200系列PLC的主机只能提供一定数量的本机I/O，如果本机的点数不够或需要进行特殊功能的控制时，就要进行I/O扩展。I/O扩展包括I/O模块扩展和功能模块扩展。

S7－200系列PLC目前提供3大类共16种数字量输入/输出扩展模块，3大类9种模拟量输入/输出模块，6种特殊功能模块见表5－2。S7－200系列PLC扩展模块的电源需求见表5－3。

表5－2　**S7－200系列PLC扩展模块**

<table>
<tr><th rowspan="3">类　型</th><th colspan="4">参　数</th></tr>
<tr><th rowspan="2">DC（AC）输入</th><th>DC（AC）输出</th><th>模拟量输入</th><th>模拟量输出</th></tr>
<tr><th>继电器输出</th><th>热电阻（偶）输入</th><th></th></tr>
<tr><td>数字量输入
模块EM221</td><td>8点DC输入
8点AC输入
16点DC输入</td><td></td><td></td><td></td></tr>
<tr><td rowspan="2">数字量输出
模块EM222</td><td rowspan="2"></td><td>8点DC输出
4点DC输出（5A）
8点AC输出</td><td rowspan="2"></td><td rowspan="2"></td></tr>
<tr><td>8点继电器输出
4点继电器输出
（10A）</td></tr>
<tr><td rowspan="2">数字量输入/
输出模块
EM223</td><td colspan="2">4点DC输入/4点DC输出
8点DC输入/8点DC输出
16点DC输入/16点DC输出
32点DC输入/32点DC输出</td><td rowspan="2"></td><td rowspan="2"></td></tr>
<tr><td colspan="2">4点DC输入/4点继电器输出
8点DC输入/8点继电器输出
16点DC输入/16点继电器输出
32点DC输入/32点继电器输出</td></tr>
<tr><td rowspan="2">模拟量输入
模块EM231</td><td rowspan="2"></td><td rowspan="2"></td><td>4点模拟量输入
8点模拟量输入</td><td rowspan="2"></td></tr>
<tr><td>2点热电阻输入
4点热电阻输入
4点热电偶输入
8点热电偶输入</td></tr>
<tr><td>模拟量输出
模块EM232</td><td></td><td></td><td></td><td>2点模拟量输出
4点模拟量输出</td></tr>
<tr><td>模拟量输入/
输出模块
EM235</td><td></td><td></td><td colspan="2">4点模拟量输入/1点模拟量输出</td></tr>
<tr><td>特殊
功能模块</td><td colspan="4">调试解调器模块EM241
定位模块EM253
Profibus－DP模块EM277
以太网模块CP243－1、CP243－1 IT
AS－i接口模块CP243－2</td></tr>
</table>

表5-3　　S7-200系列PLC扩展模块的电源需求

型号	功　　能	消耗电流	
		+5V DC	+24V DC
EM221	8点DC输入	30mA	接通：4mA/输入
	8点AC输入	30mA	—
	16点DC输入	70mA	接通：4mA/输入
EM222	8点DC输出	50mA	—
	4点DC输出（5A）	40mA	—
	8点AC输出	110mA	—
	8点继电器输出	40mA	接通：9mA/输出
	4点继电器输出（10A）	30mA	接通：4mA/输出
EM223	4点DC输入/4点DC输出	40mA	接通：4mA/输入
	8点DC输入/8点DC输出	80mA	接通：4mA/输入
	16点DC输入/16点DC输出	160mA	接通：4mA/输入
	32点DC输入/32点DC输出	240mA	接通：4mA/输入
	4点DC输入/4点继电器输出	40mA	接通：4mA/输入 9mA/输出
	8点DC输入/8点继电器输出	80mA	接通：4mA/输入 9mA/输出
	16点DC输入/16点继电器输出	150mA	接通：4mA/输入 9mA/输出
	32点DC输入/32点继电器输出	205mA	接通：4mA/输入 9mA/输出
EM231	4点模拟量输入	20mA	60mA
	8点模拟量输入	20mA	60mA
	2点热电阻输入	87mA	60mA
	4点热电阻输入	87mA	60mA
	4点热电偶输入	87mA	60mA
	8点热电偶输入	87mA	60mA
EM232	2点模拟量输出	20mA	70mA
	4点模拟量输出	20mA	100mA
EM235	4点模拟量输入/1点模拟量输出	30mA	60mA（输出为20mA）
特殊功能模块	调试解调器模块EM241	80mA	70mA
	定位模块EM253	190mA	详见S7-200手册
	Profibus-DP模块EM277	150mA	详见S7-200手册
	以太网模块CP243-1、CP243-1　IT	55mA	60mA
	AS-i接口模块CP243-2	220mA	来自AS-i 100mA

为便于熟悉 CPU22X 系列 PLC 扩展模块的接线，现将部分扩展模块接线图分别列于图 5-12～图 5-15 中。其中外部输入设备用开关表示，外部输出设备（负载）用电阻表示。

EM221 数字量输入 8×24VDC
(6ES7 221-1BF22-0XA8)
EM221 数字量输入 8×AC120/230V
(6ES7 221-1EF22-0XA0)
(a)
(b)

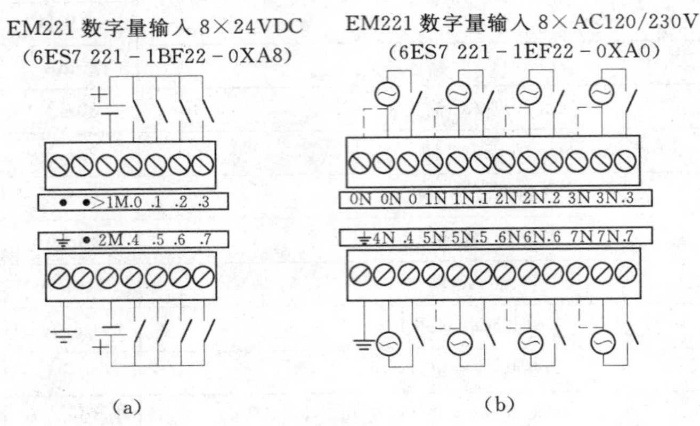

图 5-12　EM221 输入模块接线图

(a) 8 点 DC 输入；(b) 8 点 AC 输入

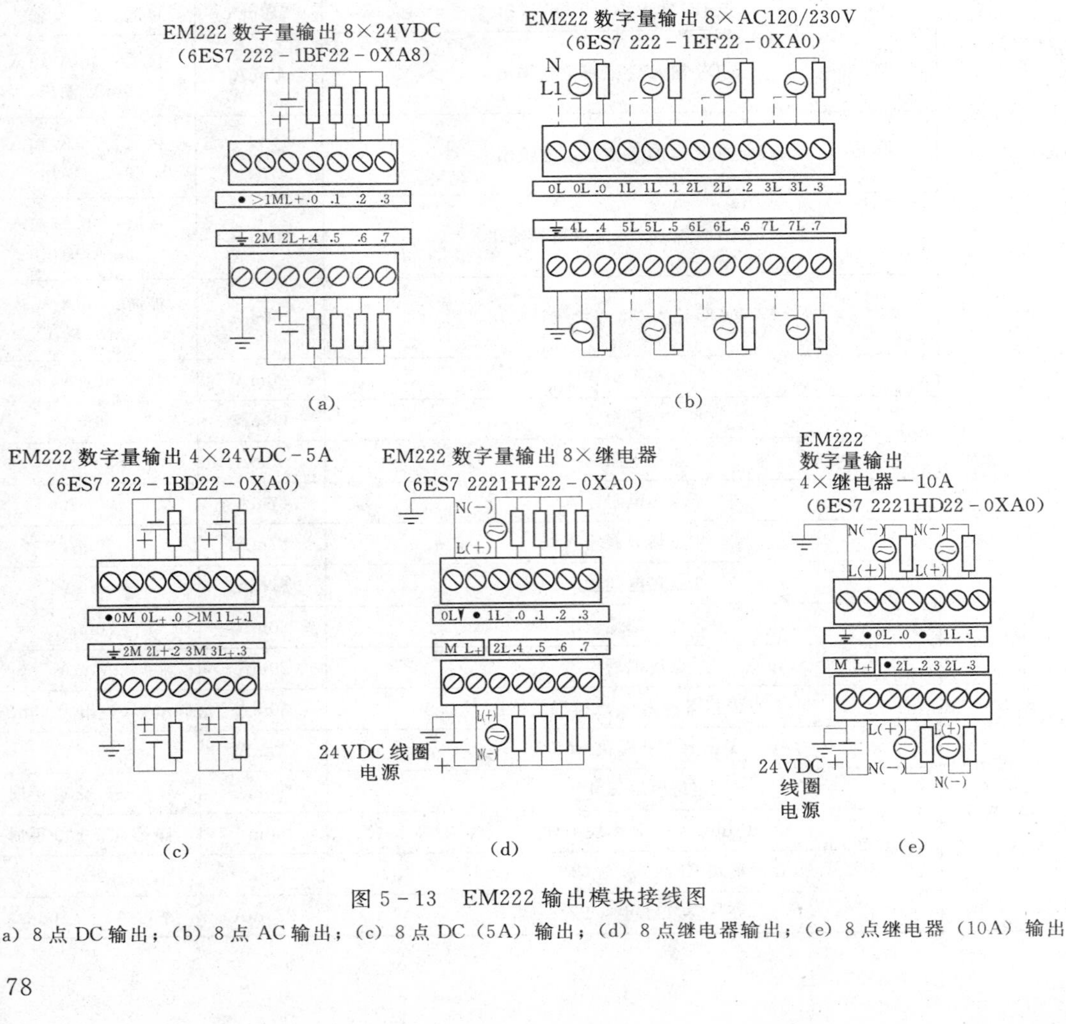

EM222 数字量输出 8×24VDC
(6ES7 222-1BF22-0XA8)
EM222 数字量输出 8×AC120/230V
(6ES7 222-1EF22-0XA0)
(a)
(b)
EM222 数字量输出 4×24VDC-5A
(6ES7 222-1BD22-0XA0)
EM222 数字量输出 8×继电器
(6ES7 2221HF22-0XA0)
24VDC 线圈
电源
EM222
数字量输出
4×继电器—10A
(6ES7 2221HD22-0XA0)
24VDC
线圈
电源
(c)
(d)
(e)

图 5-13　EM222 输出模块接线图

(a) 8 点 DC 输出；(b) 8 点 AC 输出；(c) 8 点 DC (5A) 输出；(d) 8 点继电器输出；(e) 8 点继电器 (10A) 输出

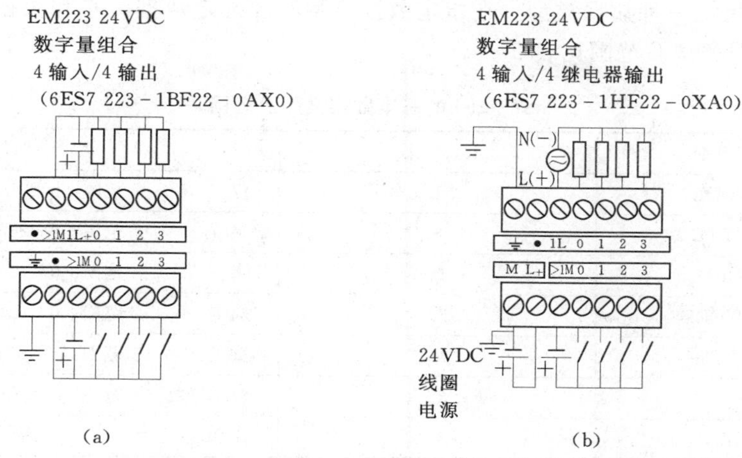

图 5 - 14　EM223 输入/输出模块接线图

(a) 4 点 DC 输入/4 点 DC 输出；(b) 4 点 DC 输入/4 点继电器输出

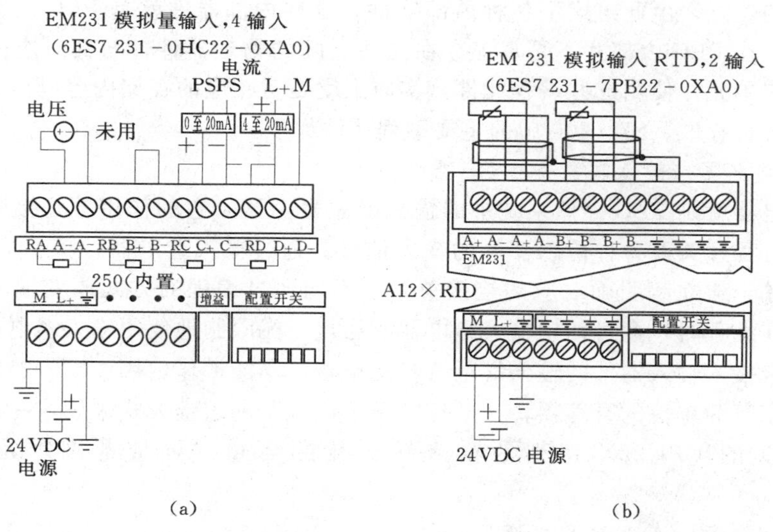

图 5 - 15　EM231 模拟量输入模块接线图

(a) 4 点模拟量输入；(b) 2 点热电阻输入

关于 S7 - 200 PLC 功能模块的详细技术参数、功能和应用等，请参考 S7 - 200 可编程控制器的系统手册或产品手册。

5.3　S7 - 200 系列 PLC 的编程元件及寻址方式

5.3.1　S7 - 200 的基本数据类型

在 S7 - 200 的编程语言中，大多数指令要同具有一定大小的数据对象一起进行操作。不同的数据对象具有不同的数据类型，不同的数据类型具有不同数制和格式选择。程序中所用的数据可指定一种数据类型。在指定数据类型时要确定数据大小和数据位结构。S7－200 的基本数据类型及范围见表 5－4。

表 5－4　S7－200 的基本数据类型及范围

基本数据类型	位　数	说　明	
布尔型 BOOL	1	位	范围：0 和 1
字节型 BYTE	8	字节	范围：0～255
字型 WORD	16	字	范围：0～65535
双字型 DWORD	32	双字	范围：0～($2^{32}-1$)
整型 INT	16	整数	范围：－32768～＋32767
双整型 DINT	32	双字整数	范围：-2^{31}～($2^{31}-1$)
实数型 REAL	32	IEEE 浮点数	

5.3.2　编程元件

可编程控制器在其系统程序的管理下，将用户程序存储器划分出若干个区，并将这些区赋予不同的功能，由此组成了各种内部器件，这些内部器件就是 PLC 的编程元件。需要说明的是，在 PLC 内部并不是真正存在这些实际的物理器件，与其对应的只是存储器中的某些存储单元。使用这些编程元件，实质上就是对相应的存储内容以位、字节、字或双字的形式进行存取。S7－200 中的主要编程元件如下。

1. 输入继电器（输入映象寄存器）I

输入继电器就是 PLC 存储系统中的输入映象寄存器。它的作用就是接受来自现场的控制按钮、行程开关及各种传感器等的输入信号。通过输入继电器，将 PLC 的存储系统与外部输入端子建立起明确对应的连接关系。不能通过编程的方式改变输入继电器的状态，但可以在编程时，通过使用输入继电器的触点，无限制地使用输入继电器的状态。在输入端子上未接入输入器件的输入继电器只能空着，不能挪作他用。S7－200 PLC 的输入继电器是以字节为单位的寄存器，一般按“字节．位”的编址方式来读取一个继电器的状态。S7－200 的 CPU22X 系列的输入继电器的数量（寻址范围）为 128 个，即 I0.0～I15.7。

2. 输出继电器（输出映象寄存器）Q

输出继电器就是 PLC 存储系统中的输出映象寄存器。它的作用就是驱动现场的执行元件，如信号灯、接触器、电磁阀等。通过输出继电器，将 PLC 的存储系统与外部输出端子建立起明确对应的连接关系。输出继电器的状态可以由输入继电器的触点、其他内部器件的触点，以及它自己的触点来驱动，即它完全由编程的方式决定其状态。可以在编程时，通过使用输出继电器的触点，无限制地使用输出继电器的状态。S7－200 PLC 的输出继电器也是以字节为单位的寄存器，它的每 1 位对应 1 个数字量输出点，一般采用“字节．位”的编址方式。S7－200 的 CPU22X 系列的输出继电器的数量为 128 个，即Q0.0～Q15.7。

3. 变量寄存器（变量存储器）V

S7－200 PLC 中有大量的变量寄存器，用于模拟量控制、数据运算、参数设置及存放

程序操作的中间结果。变量寄存器可按位、字节、字、双字为单位使用。变量寄存器的数量与 CPU 的型号有关，CPU221、CPU222 为 VB0.0～VB2047.7，CPU224、CPU226 变量寄存器的数量更多，详见附录 C。

4. 辅助继电器（位存储器）M

辅助继电器的功能与传统的继电器控制电路中的中间继电器相同。辅助继电器与外部没有任何联系，不能直接驱动任何负载，它的状态同样可以无限制使用。辅助继电器一般以位为单位使用，采用“字节．位”的编址方式，每一位相当一个中间继电器，S7－200 的 CPU22X 系列的辅助继电器的数量为 256 个，即 M0.0～M31.7。辅助继电器也可以字节、字、双字为单位，作存储数据用。建议用户存储数据时使用变量寄存器 V。

5. 特殊继电器（特殊存储器）SM

特殊继电器用来存储系统的状态变量及有关的控制参数和信息。它是用户程序和系统程序之间的界面，PLC 通过特殊继电器为用户提供一些特殊的控制功能和系统信息。S7－200 的 CPU22X 系列的 PLC 的特殊继电器的数量详见附录 C。例如 SM0.0 一直为 1 状态，SM0.1 仅在执行用户程序的第一个扫描周期为 1 状态。各种特殊继电器的功能见附录 B。

6. 定时器 T

定时器是 PLC 的重要编程元件，它的作用与继电器控制电路中的时间继电器相似。S7－200 的 CPU22X 系列的 PLC 有 256 个定时器，T0～T255。定时器的定时精度分别为 1ms、10ms 和 100ms。定时器分为三种类型：通电延时定时器 TON、断电延时定时器 TOF、保持型通电延时定时器 TONR。使用定时器时首先选定定时器的类型、定时精度，并且输入设定值，设定值最大为 32767，定时器的定时时间为定时精度和设定值的乘积。当满足定时器的触发输入条件时，定时器开始计时，当达到设定值时，定时器动作，其常开触点闭合、常闭触点断开，利用定时器的触点就可以得到控制所需要的延时时间，灵活使用定时器可以编制出动作要求复杂的控制程序。

7. 计数器 C

计数器用来对输入脉冲的个数进行累计，实现计数操作。S7－200 的 CPU22X 系列的 PLC 共有 256 个计数器，其编号为 C0～C255。计数器的计数方式有三种：递增计数、递减计数和增/减计数。使用计数器时要在程序中给出计数器的设定值（也称预置值，即要进行计数的脉冲数）。当满足计数器的触发输入条件时计数器开始累积计数输入端的脉冲前沿次数，当达到设定值时，计数器动作，其常开触点闭合、常闭触点断开。

8. 高速计数器 HSC

计数器（C）的计数频率受 PLC 扫描周期的制约，不能太高。在需要高频计数的情况下，可以使用高速计数器，计数过程与扫描周期无关。与高速计数器对应的数据，只有一个高速计数器的当前值，是一个带符号的 32 位的双字型数据，且为只读值。

9. 累加器（累加寄存器）AC

累加器是可以像存储器那样使用的读/写设备，是用来暂存数据的寄存器，累加器可以向子程序传递参数，或从子程序返回参数，也可以用来存放运算数据、中间数据及结果数据。S7－200 的 CPU22X 系列的 PLC 共有 4 个 32 位的累加器 AC0～AC3。使用时只表示出累加器的地址编号（如 AC0）。累加器存取数据的长度取决于所用的指令，它支持字节、字、双字的存取，以字节或字为单位存取累加器时，是访问累加器的低 8 位或低 16 位。

10. 状态继电器（顺序控制继电器）S

状态继电器是使用步进控制指令编程时的重要编程元件，用状态继电器和相应的步进控制指令，可以在小型 PLC 上编制较复杂的控制程序。状态继电器的地址编号范围为 S0.0～S31.7。

11. 局部变量存储器 L

局部变量存储器用来存储局部变量。局部变量存储器 L 和变量存储器 V 很相似，主要区别在于全局变量是全局有效，即同一变量可以被任何程序（主程序、子程序和中断程序）访问，而局部变量只是局部有效，即变量只和特定的程序相关联。S7 - 200 的 CPU22X 系列的 PLC 给主程序、子程序和中断程序分配 64 字节局部变量存储器。局部变量存储器可以按位、字节、字、双字直接寻址，其位存取的地址编号范围为 L0.0～L63.7。

12. 模拟量输入寄存器（AIW）/模拟量输出寄存器（AQW）

模拟量输入寄存器（AIW）用于接收模拟量输入模块转换后的 16 位数字量，其地址编号以偶数表示，如 AIW0、AIW2…，模拟量输入寄存器为只读寄存器。CPU221 没有模拟量输入寄存器，CPU222 模拟量输入寄存器的有效地址范围 AIW0～AIW30，CPU224、CPU226 模拟量输入寄存器的有效地址范围 AIW0～AIW62。

模拟量输出寄存器（AQW）用于暂存模拟量输出模块的输入值，该值经过模拟量输出模块转换为现场所需要的标准电压或电流信号，其地址编号为 AQW0、AQW2…，模拟量输出值是只写数据，用户不能读取模拟量输出值。CPU221 没有模拟量输出寄存器，CPU222 模拟量输出寄存器的有效地址范围 AIW0～AIW30，CPU224、CPU226 模拟量输出寄存器的有效地址范围 AIW0～AIW62。

S7 - 200CPU 存储器有效地址范围及特性见附录 C。

5.3.3　指令寻址方式

1. 编址方式

PLC 的编址就是对 PLC 内部的元件进行编码，以便程序执行时可以唯一地识别每个元件。PLC 内部在数据存储区为每一种元件分配一个存储区域，并用字母作为区域标识符，同时表示元件的类型，掌握各元件的功能和使用方法是编程的基础。下面介绍元件的编址方式。

存储器的单位可以是位（bit）、字节（Byte）、字（Word）、双字（Double Word），那么编址方式也可以按位、字节、字、双字编址。

（1）位编址。位编址的格式为元件名称、字节地址、位号，如 I4.5 表示输入继电器 4 字节的第 5 位。位编址方式如图 5 -16 所示。

（2）字节编址。字节编址格式为元件名称、字节长度 B、字节号，如 VB100 表示由 VB100.0～VB100.7 这 8 位组成的字节。

（3）字编址。字编址格式为元件名称、字长度 W、起始字节号，如 VW100 表示从

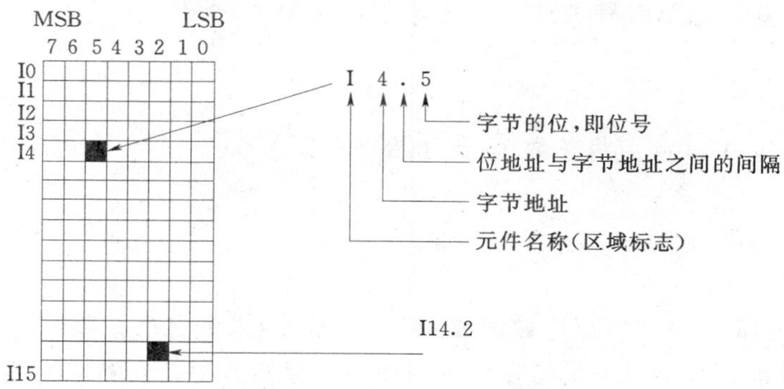

图 5－16　字节．位编址方式

VB100 和 VB101 这 2 个字节组成的字。其中 VB100 在高 8 位，VB101 在低 8 位。

（4）双字编址。双字编址格式为元件名称、双字长度 D、起始字节号，如 VD100 表示从 VB100 和 VB103 这 4 个字节组成的双字。关于字节、字和双字编址方式如图 5－17 所示。

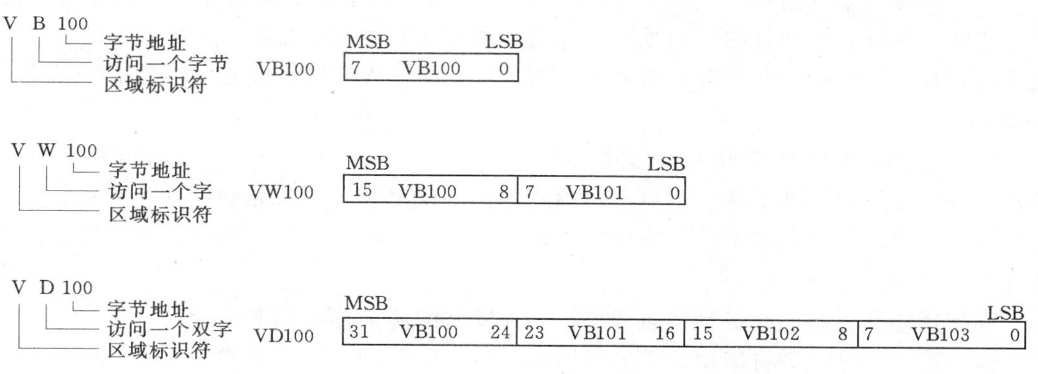

图 5－17　字节、字和双字编址方式

S7－200CPU 按位、字节、字、双字存取数据的编址范围见附录 D。

2. 寻址方式

寻址方式是指使用指令获取操作数或操作数地址的方法。S7－200 系列 PLC 指令系统的寻址方式有立即数寻址、直接寻址和间接寻址 3 类。

（1）立即数寻址。对立即数直接进行读写操作的寻址方式称为立即数寻址。立即数寻址的数据在指令中以常数形式出现，常数大小由数据的长度（二进制数的位数）决定，常数值可以是字节、字或双字，存储器以二进制方式存储所有常数。指令中可用二进制、十进制、十六进制或 ASCⅡ码形式表示常数，具体格式如下所述。

二进制格式：用二进制数前加 2＃表示，如 2＃1001。

十进制格式：直接用十进制数表示，如 20047。

十六进制格式：用十六进制数前加 16＃表示，如 16＃4E4F。

ASCⅡ码格式：用单引号ASCⅡ码文本表示，如“good bye”。

【例1】

```
LD      I0.0
MOVB    15，VB0   //将整数15传送给寄存器VB0
```

【例2】

```
LD      I0.0
MOVW    +255，VW0
+I      +45，VW0   //将被加数255，加数45求和之后，存放在寄存器VW0内
```

（2）直接寻址。直接寻址是指在指令中使用寄存器或存储器的地址编号，直接到指定的区域读取或写入数据，如I0.0、MB20、VW100等。

【例3】

```
LD      I0.0
MOVW    VW0，VW4
-I      VW2，VW4   //将寄存器VW0内的数值减去寄存器VW2内的数值，然
                     后将差值传送给寄存器VW4
```

（3）间接寻址（指针寻址）。间接寻址时操作数不直接提供数据位置，而是通过使用地址指针（存储单元地址的“地址”又称为地址指针）存取寄存器中的数据。间接寻址在处理内存连续地址中的数据时非常方便，而且可以缩短程序所生成的代码的长度，使编程更加灵活。

在S7-200系列PLC中允许使用指针对I、Q、M、V、S、T（仅当前值）、C（仅当前值）寄存器进行间接寻址。不可以对独立的位（bit）值或模拟量进行间接寻址。

用间接寻址方式存取数据需要做的工作分为3步：建立指针、用指针来存取数据（间接存取）和修改指针。

在使用指针进行间接寻址的过程中，会涉及到的两个符号如下。

&：建立指针（进行间接访问的区域）。

*：读取指针（读取指针间接指定的地址）。

下面是使用指针的一般步骤。

1）建立指针。建立指针必须使用双字传送指令：

```
LD      I0.0
MOVD    &MB0，VD10   //在VD10建立指针，指针指向被间接访问的首地址MB0
```

在建立指针时需要注意如下几个问题。

a. 可以进行间接访问的区域，包括如下几个区域：I、Q、M、S、V、T（当前值）、C（当前值）。在S7-200中位状态是不能进行间接指定的，所以这里特别强调只是访问定时器及计数器的当前值，而不是其位状态。

b. 可以作为建立指针的区域，包括如下几个区域：V、L、累加器（AC1、AC2、AC3）。且只能是双字（32bit）类型的地址。

c. 建立指针时在存储器前加“&”符号，表示进行间接访问的区域的首地址，所以除定时器T及计数器C外都必须是以字节的形式出现的。

2）读取指针。在读取指针时，有如下几种不同的情况。

a. 以字节的形式读取指针。

```
LD      I0.0
MOVD    &MB0，VD10    //在 VD10 建立指针，指针指向以 MB0 为首的地址
MOVB    *VD10，VB30   //读取在指针 VD10 所指向的首地址开始的一个字节（即以 MB0 开始的一个字节，很明显就是 MB0 本身），并将 MB0 放入 VB30
```

b. 以字的形式读取指针。

```
LD      I0.0
MOVD    &MB0，VD10    //在 VD10 建立指针，指针指向以 MB0 为首的地址
MOVW    *VD10，MW20   //读取在指针 VD10 所指向的首地址开始的一个字（即以 MB0 开始的一个字，很明显就是 MW0），并将 MW0 放入 MW20
```

c. 以双字的形式读取指针。

```
LD      I0.0
MOVD    &MB0，VD10    //在 VD10 建立指针，指针指向以 MB0 为首的地址
MOVD    *VD10，VD40   //读取在指针 VD10 所指向的首地址开始的一个双字（即以 MB0 开始的一个双字，很明显就是 MD0），并将 MD0 放入 VD40
```

3）修改指针。修改指针是使用指针寻址中关键的一步，修改指针是将指针指向的首地址进行适当的偏移，使之指向需要访问的地址，这样可以比较方便地使用在这一存储区的某一具体地址，使程序的灵活性有所增加。

在程序中，如果希望以连续的形式去间接访问地址（即：读取 VB0 后希望下一次读取的是 VB1、读取 VW0 后希望下一次读取的是 VW2、读取 VD0 后希望下一次读取的是 VD4），修改指针时，需要注意以下几种情况：

a. 读取下一个字节。

```
网络 1：
LD      I0.0
MOVD    &VB0，VD10    //在 VD10 建立指针，指针指向以 VB0 为首的地址
MOVB    *VD10，VB100  //读取在指针 VD10 所指向的首地址 VB0 开始的一个字
                        节（就是 VB0 本身），并将 VB0 放入 VB100
+D      1，VD10       //对指针进行加“1”修改，指针此时指向的首地址为 VB1
网络 2：
LD      I0.1
MOVB    *VD10，VB100  //读取在指针 VD10 所指向的首地址 VB1 开始的一个字
                        节（就是 VB1 本身），并将 VB1 放入 VB100
```

显然，第一次读指针时，读取的是 VB0。第二次读指针时，读取的是 VB1。

b. 读取下一个字。

```
网络 1：
LD      I0.0
MOVD    &VB0，VD10    //在 VD10 建立指针，指针指向以 VB0 为首的地址
```

```
MOVW   *VD10, VW100   //读取在指针 VD10 所指向的首地址 VB0 开始的一个
                        字（即 VW0），并将 VW0 放入 VW100
+D     2, VD10        //对指针进行加“2”修改，指针此时指向的首地址为 VB2
网络 2：
LD     I0.1
MOVW   *VD10, VW100   //读取在指针 VD10 所指向的首地址 VB2 开始的一个
                        字（即 VW2），并将 VW2 放入 VW100
```

显然，第一次读指针时，读取的是 VW0。第二次读指针时，读取的是 VW2。

c. 读取下一个双字。

```
网络 1：
LD     I0.0
MOVD   &VB0, VD10     //在 VD10 建立指针，指针指向以 VB0 为首的地址
MOVD   *VD10, VD100   //读取在指针 VD10 所指向的首地址 VB0 开始的一个
                        双字（即 VD0），并将 VD0 放入 VD100
+D     4, VD10        //对指针进行加“4”修改，指针此时指向的首地址为 VB4
网络 2：
LD     I0.1
MOVD   *VD10, VD100   //读取在指针 VD10 所指向的首地址 VB4 开始的一个
                        双字（即 VD4），并将 VD4 放入 VW100
```

显然，第一次读指针时，读取的是 VD0。第二次读指针时，读取的是 VD4。

综上所述，在以连续方式读取指针时，读取下一个字节，修改指针时“加 1”。读取下一个字，修改指针时“加 2”。读取下一个双字，修改指针时“加 4”。

也可以使用加法或减法指令，对指针进行指定常数作为偏移量的修改。

5.3.4　I/O 点数扩展和编址

CPU22X 系列的每种主机所提供的本机 I/O 点的 I/O 地址是固定的，进行扩展时，可以在 CPU 右边连接多个扩展模块，每个扩展模块的组态地址编号取决于各模块的类型和该模块在 I/O 链中所处的位置。编址时同种类型输入或输出点的模块在链中按与主机的位置递增，其他类型模块的有无以及所处的位置不影响本类型模块的编号。

例如，某一控制系统选用 CPU224，系统所需要的输入输出点数各为：数字量输入（DI）24 点、数字量输出（DO）20 点、模拟量输入（AI）6 点、模拟量输出（AO）2 点。

本系统可有多种不同模块的选取组合，并且各模块在 I/O 链中的位置排列方式也可能有多种，图 5－18 为其中一种模块连接形式。表 5－5 所列为其对应的各模块的编址情况。

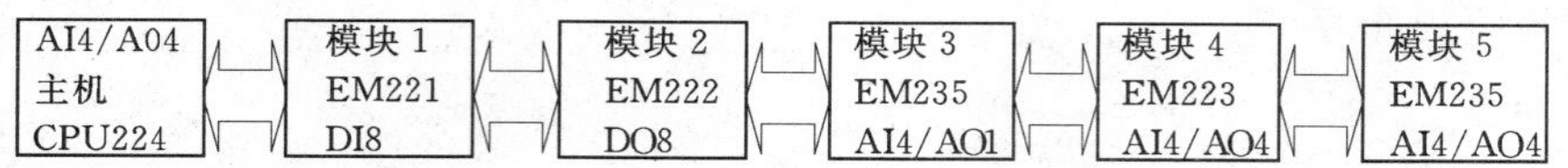

图 5－18　模块连接方式

表 5 - 5　　各 模 块 编 址

主机 I/O	模块 1 I/O	模块 2 I/O	模块 3 I/O	模块 4 I/O	模块 5 I/O
I0.0　Q0.0	I2.0	Q2.0	AIW0　AQW0	I3.0　Q3.0	AIW8　AQW4
I0.1　Q0.1	I2.1	Q2.1	AIW2	I3.1　Q3.1	AIW10
I0.2　Q0.2	I2.2	Q2.2	AIW4	I3.2　Q3.2	AIW12
I0.3　Q0.3	I2.3	Q2.3	AIW6	I3.3　Q3.3	AIW14
I0.4　Q0.4	I2.4	Q2.4			
I0.5　Q0.5	I2.5	Q2.5			
I0.6　Q0.6	I2.6	Q2.6			
I0.7　Q0.7	I2.7	Q2.7			
I1.0　Q1.0					
I1.1　Q1.1					
I1.2					
I1.3					
I1.4					
I1.5					

由此可见，S7 - 200 系统扩展对输入/输出的组态规则如下所述。

(1) 同类型输入/输出点的模块进行顺序编址。

(2) 对于同类型的数字量输入/输出扩展模块，以 8 位（1 个字节）为单位，按顺序进行编址。尽管当前模块高位实际位数未满 8 位，未用到的位数仍不能分配给 I/O 链的后续模块。

(3) 对于模拟量扩展模块，输入/输出以 2 个字节（1 个字）递增方式来进行编址。模拟量扩展模块总是以两点递增的方式来分配空间，如果模块没有给每个点分配相应的物理点，那么这 I/O 点会消失，并且不能够分配给 I/O 链中的后续模块（如 AQW2）。

本 章 小 结

1. 一个完整的 PLC 控制系统主要由 CPU 主机、扩展模块、功能模块、人机界面、通信设备、编程工具及软件等组成。

2. 西门子 S7 - 200 系列 PLC 主要由不同型号的 CPU 主机、I/O 扩展模块及功能模块组成。介绍了 CPU 主机的结构、功能，以及 CPU 的主要技术参数，存储系统的工作原理，以及各种 CPU 及扩展 I/O 模块的输入/输出接线。这些内容有助于在实际工程中合理选型和正确安装接线。

3. 介绍了 S7 - 200 PLC 的基本数据类型，各种编程元件，元件的编址方式（按位、字节、字、双字编址）、寻址方式（立即数寻址、直接寻址、间接寻址），（数字量和模拟量）I/O 点数扩展和编址原则，以便为后续的编程奠定坚实的基础。

习　题

1. PLC 控制系统主要由哪几部分组成？

2. S7－200 系列 PLC 的 CPU 主机有哪几种？有哪些主要技术参数？

3. S7－200 系列 PLC 的扩展模块和功能模块有哪些？

4. 看懂各种 CPU 主机和扩展模块的接线图，根据工程需要能够正确选择 CPU 主机及扩展模块，并且能够正确安装接线。

5. S7－200 PLC 的基本数据类型有哪些？

6. S7－200 PLC 主要有那些编程元件？

7. 正确理解按位、字节、字、双字的编址方式。

8. 熟练掌握立即数寻址、直接寻址，正确理解间接寻址。

9. 简述数字量和模拟量 I/O 编址原则。将图 5－18 模块连接顺序改变，练习对模块的编址。

第 6 章　西门子 S7－200 系列可编程控制器的编程工具

【知识要点】

知识要点	掌握程度	相关知识
STEP7 － Micro/WIN 编程系统概述	熟悉	熟悉目前西门子编程工具的发展状况
STEP7 － Micro/WIN 安装与启动	了解	了解专业工程软件的安装与基本操作
程序编辑、调试及运行	掌握	在编程工具中掌握进行工程项目的编辑、调试及运行过程
S7 － 200 仿真软件的使用	熟悉	能够熟知程序仿真调试步骤

【应用能力要点】

应用能力要点	掌握程度	应用方向
编程软件的安装过程	了解	计算机系统崩溃时，快速安装
硬件系统通信连接	掌握	硬件设备安装前的构思
联机调试	掌握	工程现场的调试过程
模拟调试过程	熟悉	脱离硬件设备的预编程方式

6.1　STEP 7 – Micro/WIN 编程系统概述

STEP 7 – Micro/WIN 是 SIEMENS 公司专为 SIMATIC 系列 S7 – 200 系列 PLC 研制开发的编程软件，它是基于 Windows 平台的应用软件，是西门子 PLC 用户不可缺少的开发工具。STEP7 – Micro/WIN 可以使用个人计算机作为图形编辑器，用于联机或脱机开发用户程序，并可在线实时监控用户程序的执行状态。目前 STEP 7 – Micro/WIN 编程软件已经升级到了 4.0 版本，本书将以该版本的中文版为编程环境进行介绍。

6.1.1　系统硬件连接

为了实现 S7 – 200 PLC 与计算机之间的通信，西门子公司为用户提供了两种硬件连接方式：一种是通过 PC/PPI 电缆或 PPI 多主站电缆直接连接，其价格便宜，应用最多；

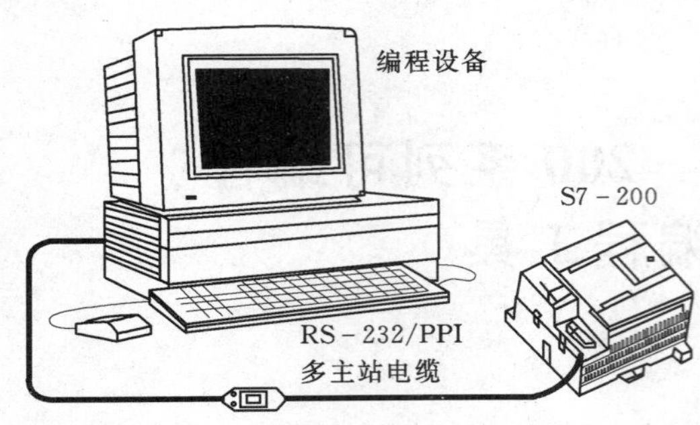

图6-1　典型的单主机与PLC直接连接

另一种是通过个人计算机中的通信处理器（CP卡）和MPI（多点接口）电缆同PLC进行通信连接，其价格较高。

典型的单主机与PLC直接连接如图6-1所示，它不需要其他的硬件设备，方法是把PC/PPI电缆的PC端连接到计算机的RS-232通信口（一般是COM1），把PC/PPI电缆的PPI端连接到PLC的RS—485通信口即可。

注意：若采用笔记本电脑进行通信连接时，通信口一般是USB形式，需要采用USB/PPI电缆，并且在电脑“设备管理器”中，查找相应的COM端口号。

6.1.2　PLC编程软件的安装

1. 系统要求

STEP 7-Micro/WIN软件安装包是基于Windows的应用软件，4.0版本的软件安装与运行需要Windows 2000/SP3或Windows XP操作系统。目前SP9的软件包已经完全能够支持WIN7操作系统的运行要求。

2. 软件安装

STEP 7-Micro/WIN软件的安装很简单，关闭PC中的所有应用程序，并将光盘插入光盘驱动器系统自动进入安装向导（或在光盘目录里双击setup，则进入安装向导），按照安装向导完成软件的安装。软件程序安装路径可使用默认子目录，也可以使用“浏览”按钮弹出的对话框中任意选择或新建一个子目录。

首次运行STEP 7-Micro/WIN软件时系统默认语言为英语，可根据需要修改编程语言。如将英语改为中文，其具体操作如下：运行STEP 7-Micro/WIN编程软件，在主界面执行菜单Tools→Options→General选项，然后在弹出的对话框中选择Chinese即可将English改为中文，再次启动该软件后中文环境立即生效。

6.2　STEP 7-Micro/WIN软件介绍

6.2.1　软件的基本功能

STEP 7-Micro/WIN的基本功能可以简单地概括为：通过Windows平台用户自己编制应用程序。它的功能可以总结如下。

（1）STEP 7-Micro/WIN是在Windows平台上运行的SIMATIC S7-200 PLC编程软件，简单、易学，能够解决复杂的自动化任务。

（2）适用于所有SIMATIC S7-200 PLC机型的软件编程。

（3）支持梯形图（LAD）、指令表（STL）和功能块图（FBD）等三种编程语言，可以在三者之间随时切换。

（4）具有密码保护功能。可以通过设置密码来限制对S7-200 CPU内容的访问。

（5）STEP 7-Micro/WIN提供软件工具帮助用户调试和测试程序。这些特征包括：监

视 S7－200 正在执行的用户程序状态；为 S7－200 指定运行程序的扫描次数；强制变量值等。

（6）指令向导功能包括：PID 自整定界面；PLC 内置脉冲串输出（PTO）和脉宽调制（PWM）指令向导；数据记录向导；配方向导等。

（7）支持 TD 200 和 TD 200C 等文本显示器界面组态。

除此之外，该软件还具有运动控制、PID 自整定等其他功能。软件功能的实现可以在联机工作方式（在线方式）下进行，部分功能的实现也可以在脱机工作方式（离线方式）下进行。

在线与离线的主要区别有以下两点。

（1）联机方式下可直接针对相连的 PLC 设备进行操作，如上载和下载用户程序和组态数据等。

（2）离线方式下不直接与 PLC 设备联系，所有程序和参数都暂时存放在计算机硬盘文件里，待联机后再下载到 PLC 设备中。

6.2.2　项目及其组件

西门子公司的 STEP 7－Micro/WIN 把每个实际的 S7－200 系统的用户程序、系统设置等内容保存在一个项目（Project）文件中，扩展名为 .mwp。用户打开具有该扩展名的文件亦即打开了相应的工程项目。

启动 STEP 7－Micro/WIN V4.0 编程软件，其主界面外观如图 6－2 所示。主界面一般可以分为以下几个部分：菜单栏、工具栏、浏览栏、指令树、用户窗口、输出窗口和状态条等。除菜单条外，用户可以根据需要通过查看菜单和窗口菜单决定其他窗口的取舍和样式的设置。

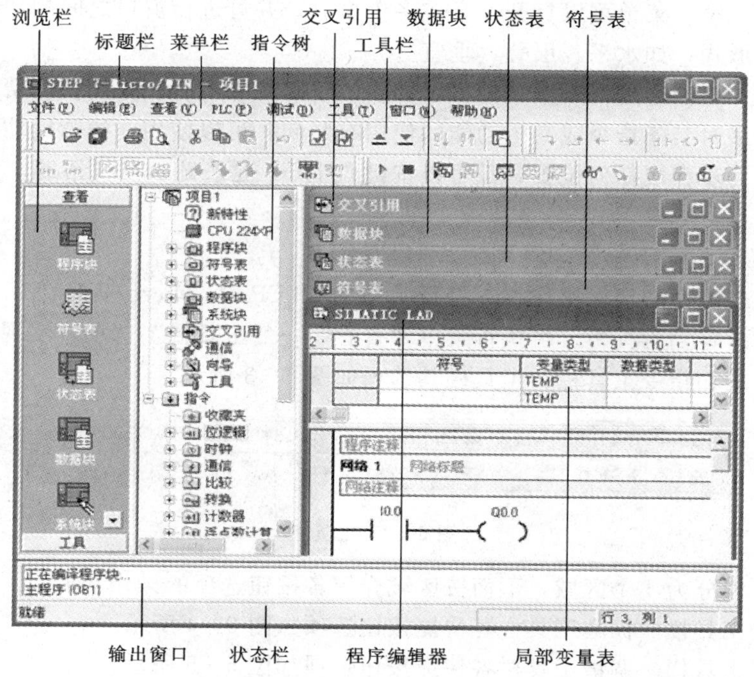

图 6－2　STEP 7－Micro/WIN V4.0 软件主界面

1. 菜单栏

菜单栏包括文件、编辑、查看、PLC、调试、工具、窗口、帮助 8 个主菜单项。

为了便于读者充分了解编程软件功能，更好完成用户程序开发任务，编程软件主界面各主菜单的功能及其选项内容如下。

(1) 文件。文件下拉菜单包括新建、打开、关闭、保存、另存、导出、导入、上载、下载、打印预览、页面设置等操作，可以实现对文件的操作。

(2) 编辑。编辑下拉菜单包括撤销、剪切、复制、粘贴、全选、插入、删除、查找、替换等功能操作，与字处理软件 Word 相类似，主要是用于程序编辑的工具。

(3) 查看。查看菜单用于设置软件的开发环境，功能包括：选择不同的程序编辑器 LAD、STL、FBD；可以进行数据块、符号表、状态图表、系统块、交叉引用、通信参数的设置；可以选择程序注解、网络注解显示与否；可以选择浏览条、指令树及输出窗口的显示与否；可以对程序块的属进行设置等。

(4) PLC。PLC 菜单主要用于与 PLC 联机时的操作，包括 PLC 类型的选择、PLC 的工作方式、进行在线编译、清除 PLC 程序、显示 PLC 信息等功能。

(5) 调试。调试菜单用于联机时的动态调试，有单次扫描、多次扫描、程序状态等功能。

(6) 工具。工具菜单提供复杂指令向导（PID、NETR/NETW、HSC 指令），使复杂指令编程时的工作简化，同时提供文本显示器 TD200 设置向导；另外，工具菜单的定制子菜单可以更改 STEP 7 - Micro/WIN 工具条的外观或内容，以及在工具菜单中增加常用工具；工具菜单的选项可以设置 3 种编辑器的风格，如字体、指令盒的大小等样式。

(7) 窗口。窗口菜单可以打开一个或多个窗口，并可进行窗口之间的切换；还可以设置窗口的排放形式，如水平、层叠、垂直。

(8) 帮助。可以通过帮助菜单的目录和索引了解几乎所有相关的使用帮助信息。在编程过程中，如果对某条指令或某个功能的使用有疑问，可以使用在线帮助功能，在软件操作过程中的任何步骤或任何位置，都可以按键盘上 F1 键来显示在线帮助，大大方便了用户的使用。

2. 工具栏

工具栏提供简便的鼠标操作，它将最常用的 STEP 7 - Micro/WIN V4.0 编程软件操作以按钮形式设定到工具栏。可执行菜单“查看”→“工具栏”选项，实现显示或隐藏标准、调试、公用和指令工具栏。工具栏其选项如图 6-3 所示。

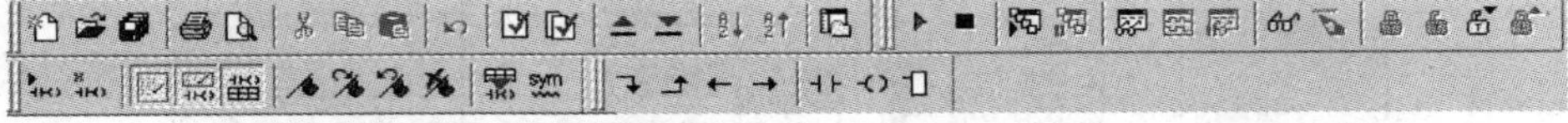

图 6-3　工具栏

工具栏可划分为 4 个区域，下面按区域介绍各按钮选项的操作功能。

(1) 标准工具栏。标准工具栏各快捷按钮选项如图 6-4 所示。

(2) 调试工具栏。调试工具栏各快捷按钮选项如图 6-5 所示。

(3) 公用工具栏。公用工具栏各快捷按钮选项如图 6-6 所示。

新建项目
保存项目
打印预览
复制
撤消
全部编译
下载
降序排列
打开项目
打印
剪切
粘贴
编译
上载
升序排列
选项

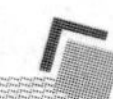

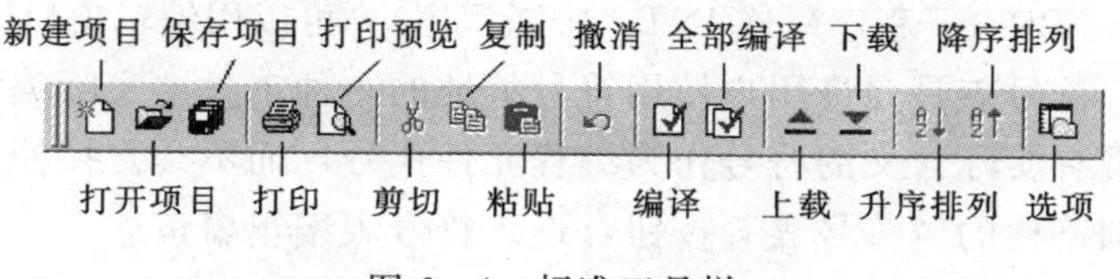

图 6－4　标准工具栏

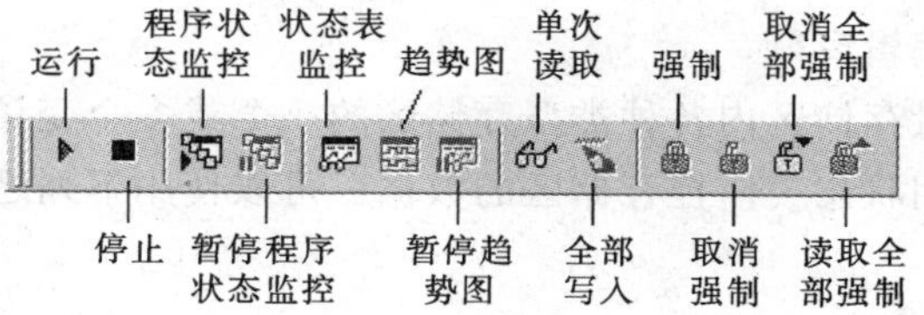

运行
程序状态监控
状态表监控
趋势图
单次读取
强制
取消全部强制
停止
暂停程序状态监控
暂停趋势图
全部写入
取消强制
读取全部强制

图 6－5　调试工具栏

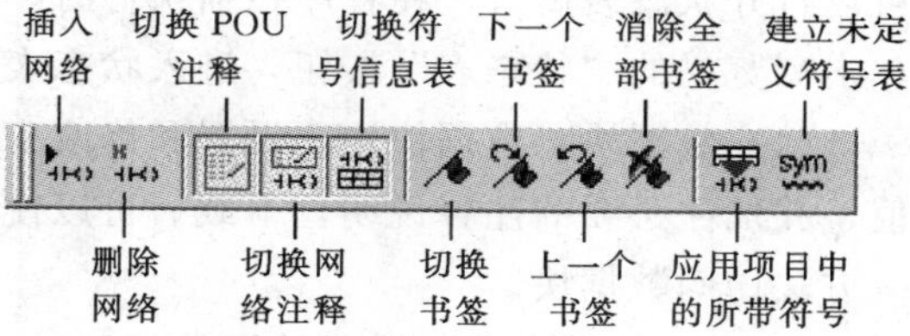

插入网络
切换 POU 注释
切换符号信息表
下一个书签
消除全部书签
建立未定义符号表
删除网络
切换网络注释
切换书签
上一个书签
应用项目中的所带符号
sym

图 6－6　公用工具栏

（4）指令工具栏。指令工具栏各快捷按钮选项如图 6－7 所示。

向下连线
向左连线
触点－F4
指令盒－F9
向上连线
向右连线
线圈－F6

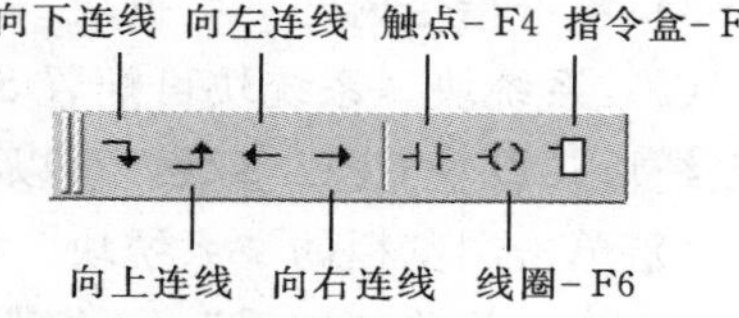

图 6－7　LAD 指令工具栏

注意：如果用户根据个人习惯很大程度上更改了软件的界面，却无法恢复到软件的初始安装界面时，可以选择菜单项“查看”→“工具栏”→“全部还原”即可解决该问题。

3. 指令树

指令树是以树形结构提供项目对象和当前编辑器的所有指令。双击指令树中的指令符，能自动在梯形图显示区光标位置插入所选的梯形图指令。项目对象的操作可以双击项目选项文件夹，然后双击打开需要的配置页。指令树可用执行菜单“查看”→“指令树”选项来选择是否打开。

4. 浏览栏

浏览栏可为编程提供按钮控制的快速窗口切换功能，单击浏览栏的任意选项按钮，则主窗口切换成此按钮对应的窗口。浏览栏可划分为 8 个窗口组件，下面按窗口组件介绍各窗口按钮选项的操作功能。

程序注释
网络注释
标尺
SIMATIC LAD
网络号
装订线
程序注释
网络 1
网络标题
网络注释
I0.0
Q0.0
网络 2
主程序
SBR_0
INT_0
主程序
子程序
中断程序

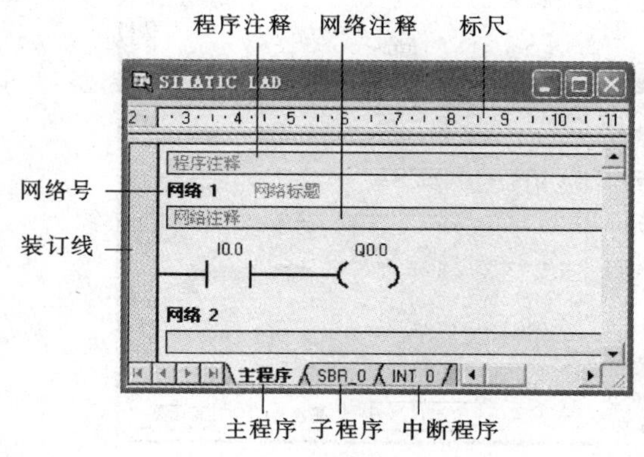

图 6－8　“程序块”编辑窗口

（1）程序块。程序块用于完成程序的编辑以及相关注释。程序包括主程序（MAIN）、子程序（SBR）和中断程序（INT）。单击浏览栏的“程序块”按钮，进入程序块编辑窗口。程序块编辑窗口如图6－8 所示。

梯形图编辑器中的“网络 n”标志每个梯级，同时也是标题栏，可在网络标题文本框键入标题，为本梯级加注标题。还可在程序注释和网络注释文本框键入必要的注释说明，使程序清晰易读。

如果需要编辑SBR（子程序）或INT（中断程序），可以用编辑窗口底部的选项卡切换。

（2）符号表。符号表是允许用户使用符号编址的一种工具。实际编程时为了增加程序的可读性，可用带有实际含义的符号作为编程元件代号，而不是直接使用元件在主机中的直接地址。单击浏览栏的“符号表”按钮，进入符号表编辑窗口。

（3）状态表。状态表用于联机调试时监控各变量的值和状态。在PLC运行方式下，可以打开状态表窗口，在程序扫描执行时，能够连续、自动地更新状态表的数值和状态。单击浏览栏的“状态表”按钮，进入状态表编辑窗口。

（4）数据块。数据块用于设置和修改变量存储区内各种类型存储区的一个或多个变量值，并加注必要的注释说明，下载后可以使用状态表监控存储区的数据。可以使用下列之一方法访问数据块。

1）单击浏览条的“数据块”按钮。

2）执行菜单“查看”→“组件”→“数据块”。

3）双击指令树的“数据块”，然后双击用户定义1图标。

（5）系统块。系统块可配置S7-200用于CPU的参数，使用下列方法能够查看和编辑系统块，设置CPU参数。可以使用下面之一方式进入“系统块”编辑。

1）单击浏览栏的“系统块”按钮。

2）执行菜单“查看”→“组件”→“系统块”。

3）双击指令树中的“系统块”文件夹，然后双击打开需要的配置页。

系统块的配置包括数字量输入滤波，模拟量输入滤波，脉冲截取（捕捉），输出表，通讯端口，密码设置，保持范围，背景时间等。在完成系统块的内容设定后，必须将系统块的修改信息需下载到PLC，为PLC提供新的系统配置。当项目的CPU类型和版本能够支持特定选项时，这些系统块配置选项将被启用。“系统块”编辑窗口如图6-9所示。

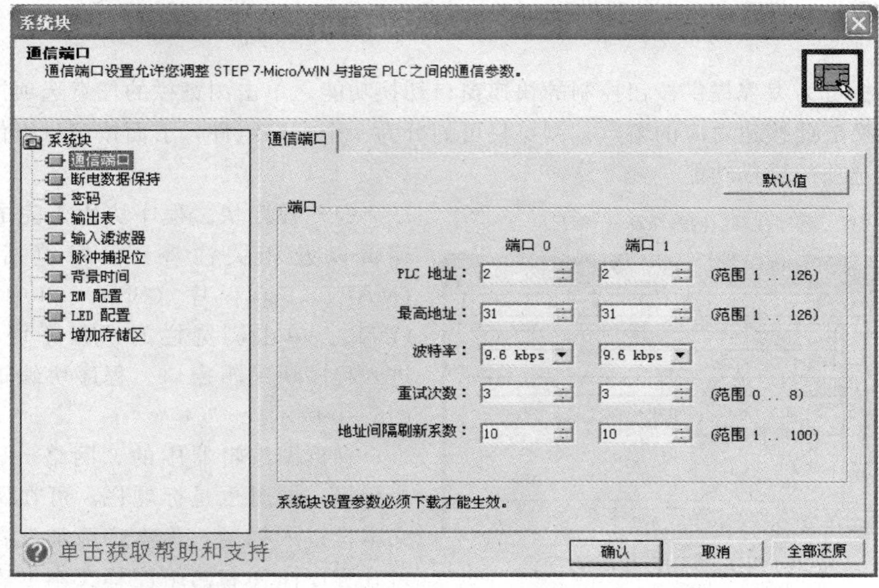

图6-9　“系统块”编辑窗口

（6）交叉引用。交叉引用提供用户程序所用的 PLC 信息资源，包括 3 个方面的引用信息，即交叉引用信息、字节使用情况信息和位使用情况信息，使编程所用的 PLC 资源一目了然。交叉引用及用法信息不会下载到 PLC。单击浏览栏“交叉引用”按钮，进入交叉引用编辑窗口。“交叉引用”编辑窗口如图 6－10 所示。

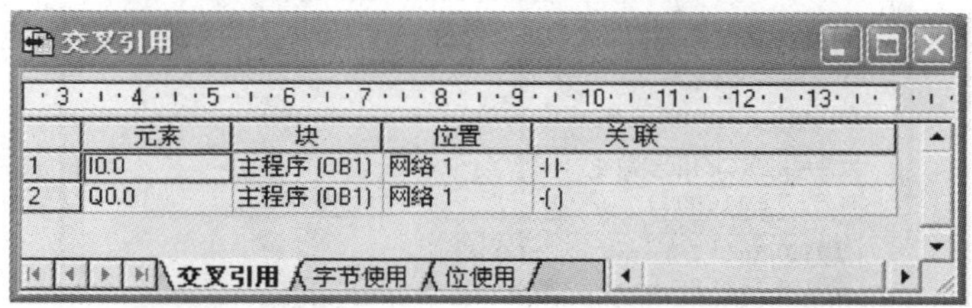

图 6－10　“交叉引用”编辑窗口

（7）通信。网络地址是用户为网络上每台设备指定的一个独特号码。该独特的网络地址确保将数据传送至正确的设备，并从正确的设备检索数据。S7－200 PLC 支持 0 至 126 的网络地址。

数据在网络中的传送速度称为波特率，通常以千波特（Kbaud）、兆波特（Mbaud）为单位。波特率测量在某一特定时间内传送的数据量。S7－200 CPU 的默认波特率为 9.6 千波特，默认网络地址为 2。

单击浏览栏的“通信”按钮，进入通信设置窗口。“通信”设置窗口如图 6－11 所示。

如果需要为 STEP 7－Micro/WIN 配置波特率和网络地址，在设置参数后，必须双击图标，刷新通信设置，这时可以看到 CPU 的型号和网络地址 2，说明通信正常。

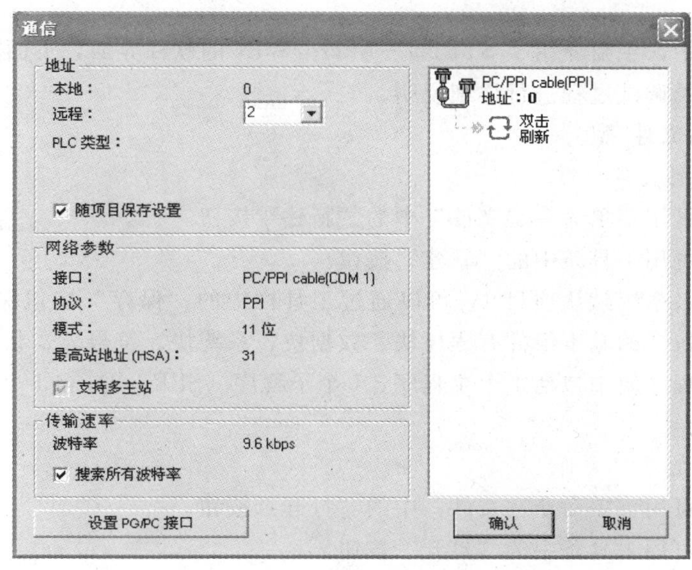

图 6－11　“通信”设置窗口

（8）设置 PG/PC。单击浏览栏的“设置 PG/PC 接口”按钮，进入 PG/PC 接口参数设置窗口，“设置 PG/PC 接口”窗口如图 6-12 所示。单击“属性”按钮，可以进行地址及通信速率的配置。

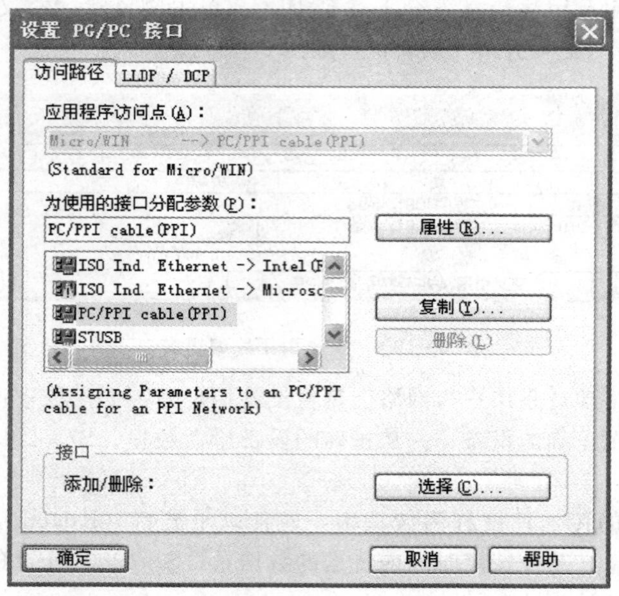

图 6-12　“设置 PG/PC 接口”窗口

6.3　程序编辑、调试及运行

在前面内容中，主要介绍了 STEP 7-Micro/WIN 的软件界面，下面将对工程项目的程序输入、运行及调试过程进行详细说明。

6.3.1　建立项目文件

1. 创建新项目文件

方法（1）：可用菜单命令“文件”中的“新建”按钮。

方法（2）：可用工具条中的“新建”按钮。

新项目文件名系统默认项目 1，可以通过工具栏中的“保存”按钮保存并重新命名。每一个项目文件包括的基本组件有程序块、数据块、系统块、符号表、状态图表、交叉引用及通信，其中程序块中包括 1 个主程序、1 个子程序（SBR_0）和 1 个中断程序（INT_0）。

2. 打开已有的项目文件

方法（1）：可用菜单命令“文件”中的“打开”按钮。

方法（2）：可用工具条中的“打开”按钮。

方法（3）：利用 Windows 资源管理器，选择并双击打开扩展名为 .mwp 的文件。

3. 确定 PLC 类型

在对 PLC 编程之前，应正确设置其型号，以防止创建程序时发生编辑错误。如果指定了型号，指令树用红色标记“ ”表示对当前选择的 PLC 无效的指令。设置与读取 PLC 的型号可以有两种方法：①执行菜单“PLC”→“类型”选项，在出现的对话框中，可以选择 PLC 型号和 CPU 版本；②双击指令树的“项目 1”，然后双击 PLC 型号和 CPU 版本选项，在弹出的对话框中进行设置即可。如果已经成功地建立通信连接，单击对话框中的“读取 PLC”按钮，STEP 7－Micro/WIN 可以在线读取 PLC 的类型与硬件版本号。单击“确定”，确认 PLC 类型的选择，对话框如图 6－13 所示。

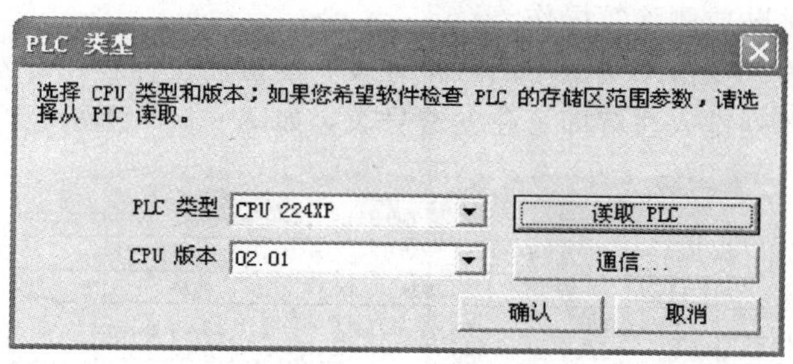

图 6－13　PLC 类型对话框

6.3.2　编辑程序文件

1. 选择指令集和编辑器

S7－200 系列 PLC 支持的指令集有 SIMATIC 和 IEC1131－3 两种，本教材用 SIMATIC 编程模式，方法如下：用菜单命令“工具”→“选项”→“常规”选项中“常规”标签→编程模式选“SIMATIC”→单击“确定”。

采用 SIMATIC 指令编写的程序可以使用 LAD（梯形图）、STL（语句表）、FBD（功能块图）三种编辑器，常用 LAD 或 STL 编程，选择编辑器方法如下：用菜单命令“查看”→“LAD”或“STL”。

2. 梯形图中输入指令

（1）编程元件的输入。编程元件包括线圈、触点、指令盒和导线等，梯形图每一个网络必须从触点开始，以线圈或没有 ENO 输出的指令盒结束。编程元件可以通过指令树、工具按钮、快捷键等方法输入。

1）将光标放在需要的位置上，单击工具条中元件（触点、线圈或指令盒）的按钮，从下拉菜单所列出的元件中，选择要输入的元件单击即可。

2）将光标放在需要的位置上，在指令树窗口所列的一系列元件中，双击要输入的元件即可。

3）将光标放在需要的位置上，在指令树窗口所列的一系列元件中，拖动要输入的元件放到目的地即可。

4）使用功能键：F4＝触点，F6＝线圈，F9＝指令盒，从下拉菜单所列出的元件中，选择要输入的元件单击即可。

当编程元件图形出现在指定位置后，再单击编程元件符号的????，输入操作数，按回车键确定。若字符或数值有绿色下划线字样显示语法出错，当把不合法的地址或符号改变为合法值时，绿色波浪线提示消失。若数值下面出现红色的波浪线，表示输入的操作数超

出范围或与指令的类型不匹配。

（2）上下行线的操作。将光标移到要合并的触点处，单击上行线或下行线按钮，也可以用 Ctrl＋方向键完成操作。。

（3）程序的编辑。用光标选中需要进行编辑的单元，单击右键，弹出快捷菜单，可以进行剪切、复制、粘贴、删除，也可插入或删除行、列、垂直线或水平线的操作。

通过用 Shift 键＋鼠标单击，可以选择多个相邻的网络，单击右键，弹出快捷菜单，进行剪切，复制，粘贴或删除等操作。

（4）编写符号表。双击浏览条中的“符号表”按钮；在符号列键入符号名，在地址列中键入地址，在注释列键入注解即可建立符号表，如图 6－14 所示。

符号表

			符号	地址	注释
1			启动	I0.0	启动按钮SB1
2			停止	I0.1	停止按钮SB2
3			电动机	Q0.0	电动机M1

用户定义1　POU 符号

图 6－14　符号表

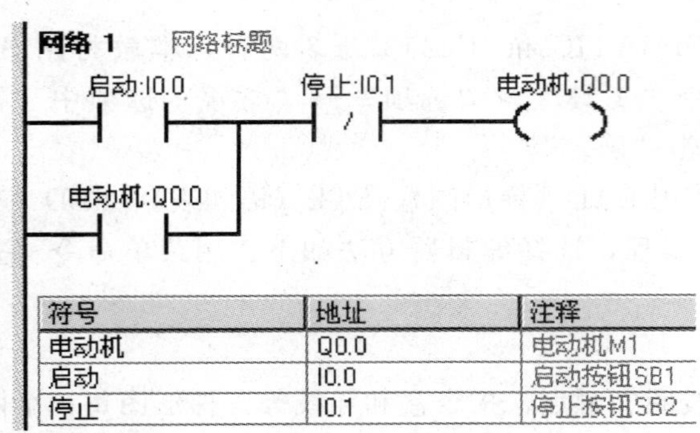

符号	地址	注释
电动机	Q0.0	电动机M1
启动	I0.0	启动按钮SB1
停止	I0.1	停止按钮SB2

图 6－15　带符号表的梯形图

符号表建立后，使用菜单命令“查看”→“符号编址”，直接地址将转换成符号表中对应的符号名；也可通过菜单命令“工具”→“选项”→“程序编辑器”标签→“符号寻址”选项，来选择操作数显示的形式，如选择“显示符号和地址”，则对应的梯形图如图 6－15 所示。

（5）局部变量表。可以拖动分割条，展开局部变量表并覆盖程序视图，此时可设置局部变量表，如图 6－16 所示。在符号栏写入局部变量名称，在数据类型栏中选择变量类型后，系统自动分配局部变量的存储位置。局部变量有四种定义类型：IN（输入），OUT（输出），IN _ OUT（输入输出），TEMP（临时）。

	符号	变量类型	数据类型	注释
L0.0	IN1	TEMP	BOOL	
LB1	IN2	TEMP	BYTE	
L2.0	IN3	TEMP	BOOL	
LD3	IN4	TEMP	DWORD	

图 6－16　局部变量表

IN、OUT 类型的局部变量，由调用 POU（3 种程序）提供输入参数或调用 POU 返

回的输出参数。

IN _ OUT 类型，数值由调用 POU 提供参数，经子程序的修改，然后返回 POU。

TEMP 类型，临时保存在局部数据堆栈区内的变量，一旦 POU 执行完成，临时变量的数据将不再有效。

（6）程序注释 LAD 编辑器中提供了程序注释（POU）方便用户更好的读取程序，方法是单击绿色注释行输入文字即可，其中程序注释和网络注释可以通过工具栏按钮进行隐藏或显示。

6.3.3　程序的编译及下载

1. 编译

用户程序编辑完成后，需要进行编译，编译的方法如下。

（1）单击编译按钮或选择菜单命令“PLC”→“编译”，编译当前被激活的窗口中的程序块或数据块。

（2）单击全部编译按钮或选择菜单命令“PLC”→“全部编译”，编译全部项目元件（程序块，数据块和系统块）。

编译结束后，输出窗口显示编译结果。只有在编译正确时，才能进行下载程序文件操作。

2. 下载

程序经过编译后，方可下载到 PLC。下载前先作好与 PLC 之间的通信联系和通信参数设置，另外下载之前，PLC 必须在“停止”的工作方式。如果 PLC 没有在“停止”，单击工具条中的“停止”按钮■，将 PLC 置于“停止”方式。

单击工具条中的“下载”按钮，或用菜单命令“文件”→“下载”，出现“下载”对话框。可选择是否下载“程序代码块”、“数据块”和“CPU 配置”，单击“下载”按钮，开始下载程序。图 6－17 为下载对话框。

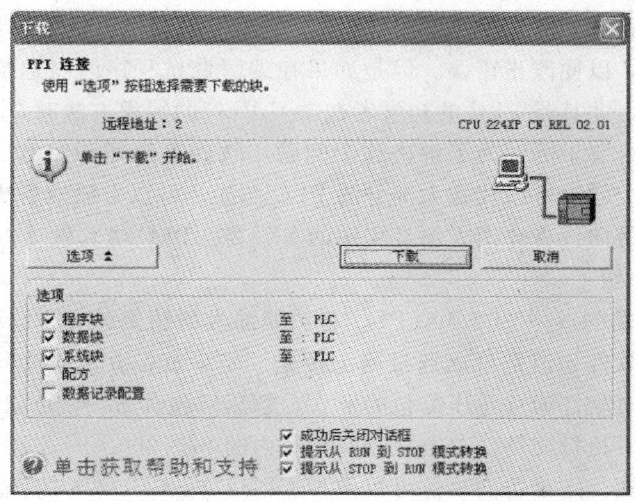

图 6－17　下载对话框

注意：在使用 STEP7 - Micro/WIN 将程序块、数据块或系统块下载至 PLC 时，将下载的块内容会覆盖当前 PLC 中块的内容，因此在下载之前务必确定是否需要备份 PLC 中的块。

6.3.4　程序的运行、监控与调试

1. 程序的运行

程序下载成功后，单击工具条中的“RUN（运行）”按钮 ▶，或菜单命令“PLC”→“RUN（运行）（R）”PLC 进入运行工作方式。

2. 程序的监控

工具条中单击按钮程序状态打开/关闭，在梯形图中显示出各元件的状态，或用菜单命令“调试”→“开始程序状态监控（P）”，在梯形图中显示出各元件的状态。这时，闭合触点和得电线圈内部颜色变蓝。梯形图运行状态监控如图 6-18 所示。

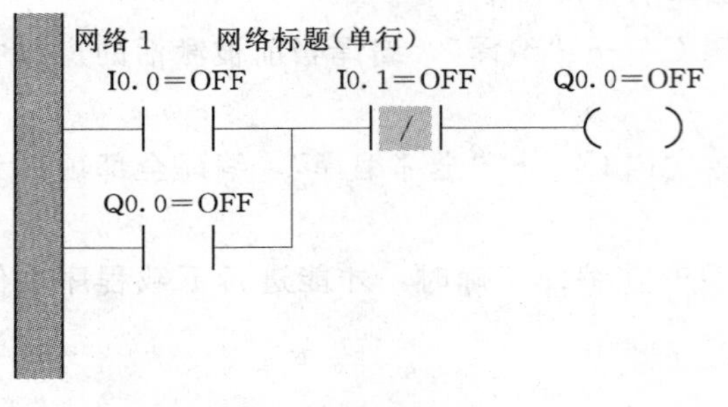

图 6-18　梯形图运行状态监控

3. 程序的调试

结合程序监视运行的动态显示，分析程序运行的结果，以及影响程序运行的因素，然后退出程序运行和监控状态，在停止状态下对程序进行修改编辑，重新编译、下载，监视运行，如此反复修改调试，直至得出正确运行结果。

6.4　西门子 S7-200 系列 PLC 仿真软件的应用

在使用 PLC 进行编程时，只凭借阅读的方式评价较复杂的程序是不可靠的，必须进行实际的在线联机调试。方法就是本书“6.3”中介绍的调试方法，可以检查程序是否符合实际的工艺要求，以便改正错误。但是如果在编写调试程序时身边恰好没有 PLC 硬件设备环境可以使用，尤其是 PLC 的初学者在学习 PLC 的编程方法时，那么如何检查已经编写的程序是否符合要求呢？为了解决这个问题，软件工程师开发出了一个模拟 PLC 程序运行的软件，这个软件可以代替大部分的 PLC 功能，可以方便地解决前面涉及的问题。通过本节的学习，将向读者介绍方便且实用的 S7-200 PLC 仿真软件。

6.4.1　仿真软件介绍

西门子公司开发的 S7-300/400 PLC 有功能强大的仿真软件 PLCSIM，却并没有提供 S7-200 的仿真软件，但是可以通过网上搜索“S7-200 仿真软件”，找到并下载。下载的 S7-200 的仿真软件通常是压缩包的形式，解压后包含 S7-200 汉化版和 S7-200 西班牙文原版的两个可执行文件。双击执行汉化版内的 S7-200.exe 文件，就可以打开仿真软件的应用程序界面。这个仿真软件可以模拟 CPU212～CPU226 的程序运行情况，而且具有占用程序空间小，无须安装的优点。然而该仿真软件不能模拟 S7-200 的全部指令和全部功能，例如对中断和调用子程序等命令不是很完善，但是它仍可以作为一个较好的学

习 S7－200 系列的入门工具软件。

6.4.2　仿真软件的使用

双击执行汉化版内的 S7－200.exe 文件，弹出“S7－200 的访问密码”对话框，在对话框相应的位置中输入密码 6596，就可以进入仿真软件，软件界面如图 6－19 所示。

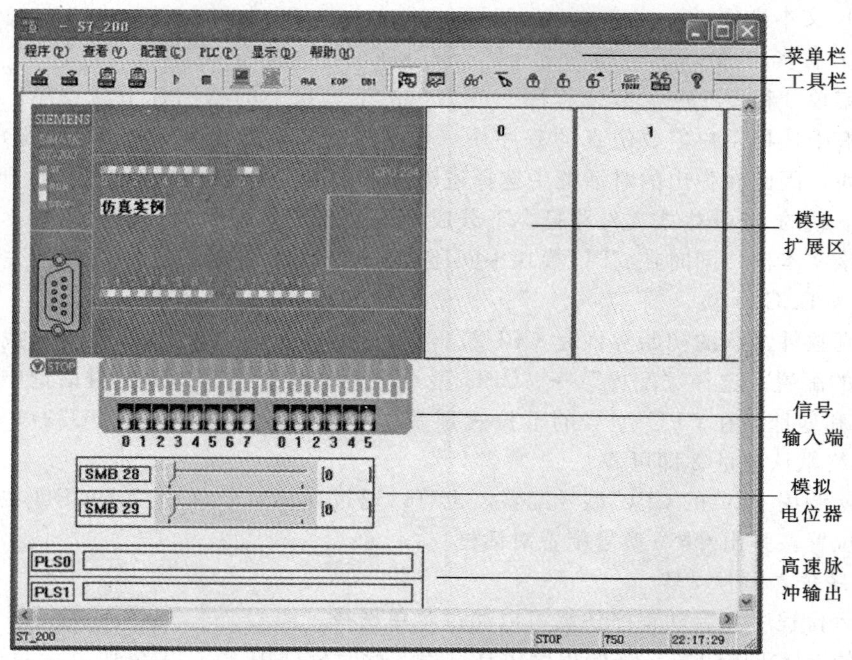

图 6－19　S7－200 仿真软件界面

下面将列举实例详细讲述仿真软件的使用过程。

1. 建立仿真程序

首先在 STEP 7－Micro/WIN 软件中编写程序，实例的程序如图 6－20 所示。在这个例子中，当输入按钮 I0.0 有效时，Q0.0 接通输出信号，同时定时器 T38 开始定时 6s。当定时达到 6s 以后，Q0.1 接通输出信号。如果停止按钮 I0.1 输入信号有效，那么将清除 Q0.0 和 Q0.1 的信号状态，同时也将定时器清零。

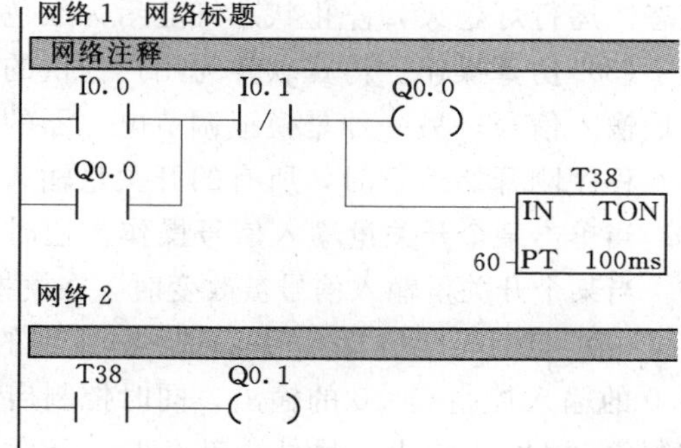

图 6－20　仿真实例程序

2. 导出仿真文件

仿真软件不能直接接收 .mwp 格式的 S7－200 程序代码，必须用编程软件中的导出功能将 S7－200 的用户程序转换为 .awl 格式的 ASCII 文件文本，然后再下载到仿真 PLC 中。

在 STEP 7－Micro/WIN 编程软件中打开一个编译成功的程序块，执行菜单命令“文件”→“导出”，或者用鼠标右击某一程序块（主程序、子程序、中断程序），在弹出的菜单中选择“导出”命令，执行后在出现的对话框中输入导出的 ASCII 文件的文件名“仿真实例.awl”，即保存待仿真的文件。

如果选择导出 OB1（主程序），将导出当前项目的所有程序（包括子程序和中断程序）的 ASCII 文本文件的组合。如果选择导出中断程序或子程序，只能导出当前单个程序的 ASCII 文本文件。

3. 载入仿真文件

选择菜单“程序”→“载入程序”或者单击工具条上的图标下载程序，在弹出的下载对话框中选择用户需要仿真的程序块（包括逻辑块、数据块和 CPU 配置），本例中只有逻辑块，因此在弹出的对话框中选择逻辑块，单击“确定”按钮，在“打开”对话框中选择要下载的.awl 格式文件路径。下载成功后会出现该程序的代码文本框，如果不需要可关闭该文本框，同时在 CPU 模块中间还会显示该程序的名称“仿真实例”。

4. 更改 PLC 类型

该仿真软件默认的初始界面是 CPU214，用户可以通过选择 PLC 类型来找到与实际 PLC 相同的配置。选择“配置”→“CPU 型号”菜单命令，在弹出的对话框中可以设置 CPU 型号和地址。在 CPU 型号的下拉式列表框中选择 CPU 型号：CPU224，可以选择 CPU 的网络默认地址 2 即可。

注意：调用 PLC 的 CPU 型号配置，也可以通过在仿真软件中双击 CPU 主模块俯视图的任意位置，弹出 CPU 型号配置对话框。

5. 程序仿真操作步骤

（1）运行程序。启动程序仿真可以通过菜单选择“PLC”→“运行”命令，或者单击工具栏中的 RUN 按钮，开始程序仿真过程。此时软件中 PLC 主模块显示为运行状态，即：PLC 从 STOP 模式切换到 RUN 模式，CPU 模块左侧的“STOP”LED 灯变为灰色，同时“RUN”LED 状态灯由灰色变为绿色。然后单击工具栏中程序状态监视按钮，用户就可以观测到 PLC 程序的执行过程了。再次单击该按钮，就停止了程序状态监控操作。

（2）停止程序。停止程序仿真可以通过菜单选择“PLC”→“停止”命令，或者单击工具栏中的 STOP 按钮，终止程序仿真过程。程序停止仿真后，软件 PLC 显示为停止状态，运行灯熄灭，停止状态灯显示为红色。

（3）仿真操作。仿真软件为用户提供的可以使用的对外接口有两种：一种是所有的开关量输入信号；另一种是模拟调节电位器的当前值寄存器 SMB28 和 SMB29。

程序刚开始运行时，所有的开关量输入信号全部为 OFF 状态，亦即开关触头拨向下方。当单击某个开关量输入信号操作按钮时，该信号变为 ON 状态，亦即开关触头拨向上方。当某个开关量输入信号被改变时，在模拟 PLC 主模块相应位置的显示状态也随之改变。

（4）实例程序仿真。图 6-20 中显示的程序里面一共有两个部分：第一部分是通过 I0.0 的输入控制 Q0.0 的输出，同时控制启动定时器 T38 的计时，当计时达到 6s 以上时，控制驱动 Q0.1 输出；另外一部分是按下停止按钮 I0.1 清除 Q0.0、Q0.1 和定时器 T38 的状态。下面来验证仿真程序能够实现设定的效果。

单击开关量输入按钮 0，并且再次快速单击按钮 0，相当于按下并松开按钮 0 的一次操作，此时输入信号灯 0 点亮，输出信号灯 0 也点亮，同时程序中定时器 T38 定时启动，

当达到 6s 以上时，输出信号灯 1 也点亮，定时器计时继续进行。这说明程序的第一部分已经正确的实现了。

单击开关量输入按钮 1，并且再次快速单击按钮 1，相当于按下并松开按钮的 1 一次操作，此时输出信号 0 指示灯和输出信号 1 指示灯保持在复位状态。这说明程序的第二部分也已经正确的实现了。

6. 数据监视

在仿真程序运行过程中，用户可以监视 PLC 中的数据，监视数据的方法如下。

通过菜单选择“查看”→“状态表”命令，或者单击工具栏中的状态表显示按钮，可以弹出状态表对话框，如图 6－21 所示。

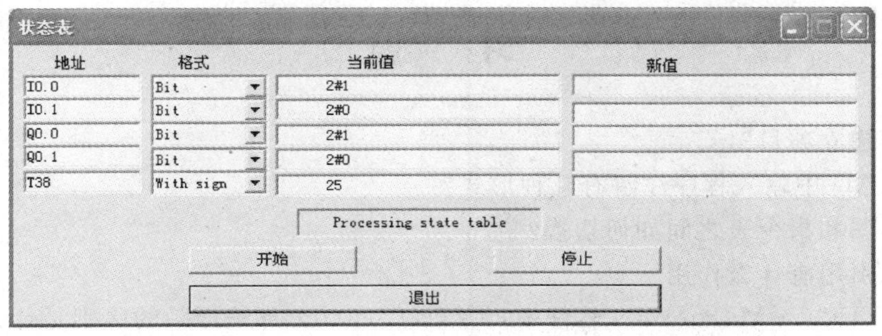

图 6－21　“状态表”对话框

在如图 6－21 所示的“状态表”对话框中，有以下几个组成部分。

（1）地址：输入需要显示数据的地址，可以输入 I、Q、M、C、T 和 V 变量。

（2）格式：数据类型有十进制、十六进制、二进制和位变量。

（3）当前值：显示当前的实时数据。

（4）新值：通过强制功能给 PLC 内存软元件（如 M、V 或 D）赋新值。

（5）开始：开始程序监视功能。

（6）停止：停止程序监控功能。

（7）退出：退出监视操作。

仿真软件还有读取 CPU 和扩展模块的信息、设置 PLC 的实时时钟、控制循环扫描的次数和对 TD 200 文本显示器仿真等功能。

本　章　小　结

本章重点讲解 STEP 7－Micro/Win 编程软件界面，PLC 梯形图程序的编辑、运行及调试，S7－200 仿真软件的应用方法。学习时重点把握以下几点。

1. 利用编程软件对 PLC 编程，首先要在 PC 机上安装 STEP 7－Micro/WIN 编程软件，然后建立硬件连接并对通信参数进行设置，最后建立与 PLC 的在线联系和测试。

2. 编程软件 STEP 7－Micro/WIN 功能丰富，界面友好，并且有方便的联机帮助功能。应掌握各项常用的功能。

3. 程序编辑是本章学习编程软件的重点，且在编辑中应能熟练使用菜单、常用按钮及各个功能窗口。符号表的应用可以使程序可读性大大提高，好的程序应加必要的标题和注释。同一程序可以用梯形图、语句表和功能块图三种编辑器进行显示和编辑，并可直接切换。

4. 使用状态表可以强制设置和修改一些变量的值，实现程序调试。如果程序的改变对运行情况影响很小，可以在运行模式下编辑和修改程序及参数值。

5. 使用仿真软件能够提高程序开发的效率和质量，但是用户需要注意仿真软件不支持实际 PLC 的全部功能，也不能保证仿真测试正确的程序在工程应用中准确无误，必须经过与 PLC 硬件设备联机调试通过才行。

习　　题

1. 如何建立项目？
2. 在 LAD 中输入程序注解有几种形式？
3. 梯形图和指令表之间如何切换？
4. 交叉引用有什么作用？
5. 在 STEP 7 - Micro/WIN 软件中，“编译”和“全部编译”的区别是什么？
6. 断电数据保持有几种形式实现？怎么样判断数据块已经写入 EEPROM？
7. 如何下载程序？
8. 连接计算机的 RS—232C 接口和 PLC 的编程口之间的编程电缆时，为什么要关闭 PLC 的电源？
9. 如何在程序编辑器中显示程序状态？
10. 状态表和趋势图有什么作用？怎样使用？二者有何联系？
11. 上机在线练习电动机启动、停止的整个过程。
12. 利用仿真软件练习教材中讲解的实例。
13. 仿真软件的优缺点有哪些？

第 7 章　西门子 S7－200 系列可编程控制器的基本指令

【知识要点】

知识要点	掌握程度	相　关　知　识
位逻辑指令	掌握	掌握常用位逻辑指令的功能
定时器指令	掌握	掌握通电延时定时器、断电延时定时器、保持型接通延时定时器指令的作用、精度和设定值
计数器指令	掌握	掌握增计数器、减计数器、增减计数器的作用和工作原理
比较指令	掌握	掌握比较指令的功能和操作数的类型

【应用能力要点】

应用能力要点	掌握程度	应　用　方　向
位逻辑指令	掌握	位逻辑指令是编程的重要基础，必须熟练掌握常用位逻辑指令的应用
定时器指令	掌握	熟练掌握通电延时定时器、断电延时定时器、保持型接通延时定时器的应用，可以增强程序的灵活性和控制功能
计数器指令	掌握	熟练掌握增计数器、减计数器、增减计数器的应用，可以增强程序的灵活性和控制功能
比较指令	掌握	熟练掌握比较指令的应用，配合功能指令的使用可以增强程序的灵活性和控制功能。如配合使用时钟指令控制定时启停设备等

S7－200 系列 PLC 具有丰富的指令集，支持梯形图（LAD）、语句表（STL）及功能块图（FBD）3 种编程语言。指令是用户程序中最小的独立单位，由若干条指令顺序排列在一起就构成了用户程序。在 S7－200 的指令系统中，可分为基本指令和功能指令。所谓基本指令，最初是指为取代传统的继电器控制系统所需要的那些指令。基本指令主要包括位逻辑指令、定时器指令、计数器指令、比较指令、程序控制指令等。

7.1　位逻辑指令

位逻辑指令是构成基本逻辑运算指令的基础，包括逻辑取指令与线圈驱动指令、触点串联指令、触点并联指令、置位/复位指令、边沿触发指令、逻辑结果取反指令、电路块的串联指令、电路块的并联指令等。

7.1.1　逻辑取（装载）指令 LD、LDN 与线圈驱动指令＝

逻辑取指令与线圈驱动指令的名称、功能、操作数见表 7－1。

表 7－1　　逻辑取指令与线圈驱动指令功能

指令名称	STL	LAD	指令功能	操　作　数
取指令	LD bit	bit	常开触点逻辑运算开始	I、Q、M、SM、T、C、V、S
取反指令	LDN bit	bit	常闭触点逻辑运算开始	I、Q、M、SM、T、C、V、S
线圈驱动指令	＝bit	bit	线圈输出	Q、M、SM、T、C、V、S

以梯形图和语句表表示的三种指令的用法如图 7－1 所示。

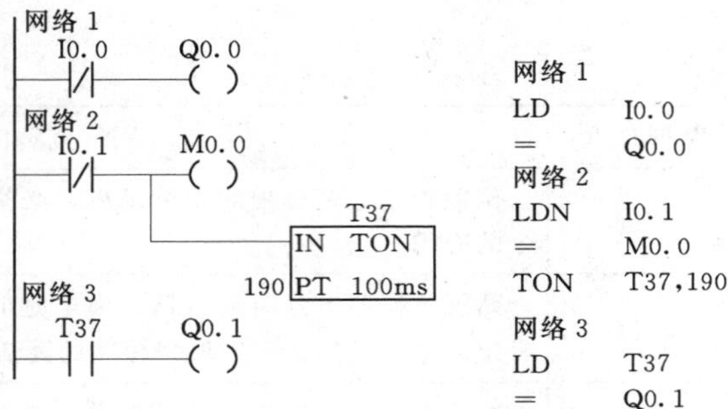

图 7－1　LD、LDN、指令梯形图及语句表

7.1.2　触点串联指令 A、AN

触点串联指令的名称、功能、操作数见表 7－2。

表 7－2　　触点串联指令的功能

指令名称	STL	LAD	指令功能	操作数
与指令	A bit	bit　bit	串联一个常开触点	I、Q、M、SM、T、C、V、S
与非指令	AN bit	bit　bit	串联一个常闭触点	I、Q、M、SM、T、C、V、S

以梯形图和语句表表示的触点串联指令的用法如图 7－2 所示。

7.1.3　触点并联指令 O、ON

触点并联指令的名称、功能、操作数见表 7－3。

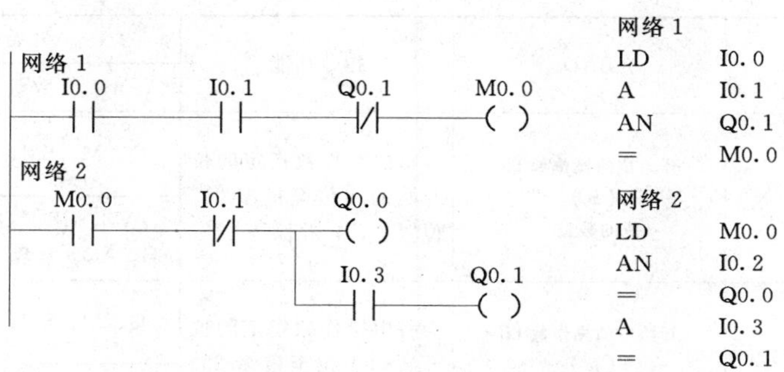

图 7－2　A、AN 指令梯形图及语句表

表 7－3　　触点并联指令的功能

指令名称	STL	LAD	指令功能	操　作　数
或指令	O bit	bit bit	并联一个常开触点	I、Q、M、SM、T、C、V、S
或非指令	ON bit	bit bit	并联一个常闭触点	I、Q、M、SM、T、C、V、S

以梯形图和语句表表示的触点并联指令的用法如图 7－3 所示。

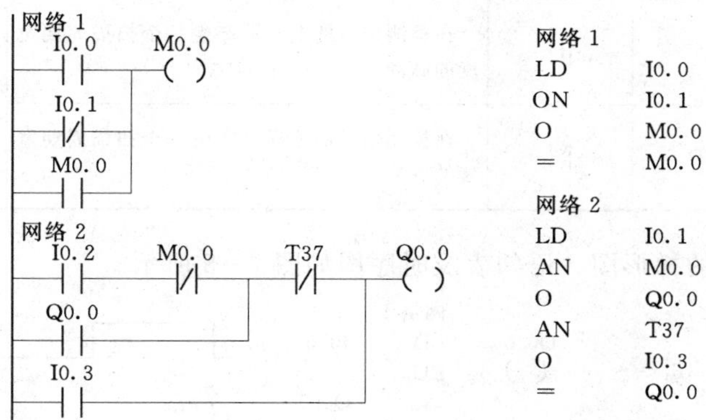

图 7－3　O、ON 指令梯形图及语句表

7.1.4　置位/复位指令 S/R

置位/复位指令的名称、功能、操作数见表 7－4。

表 7-4　　触点并联指令的功能

指令名称	STL	LAD	指令功能	开始位的操作数 数量 N 的操作数
置位指令	S bit，N	开始位的操作数 bit ——(S) 位的数量 N	将由操作数指定的位开始的 1 位至最多 255 位置“1”，并保持	Q、M、SM、T、C、V、S VB、IB、QB、MB、SMB、LB、SB、AC、常数
复位指令	R bit，N	开始位的操作数 bit ——(R) 位的数量 N	将由操作数指定的位开始的 1 位至最多 255 位清“0”，并保持	Q、M、SM、T、C、V、S VB、IB、QB、MB、SMB、LB、SB、AC、常数

S、R 指令的梯形图、语句表及时序图如图 7-4 所示。

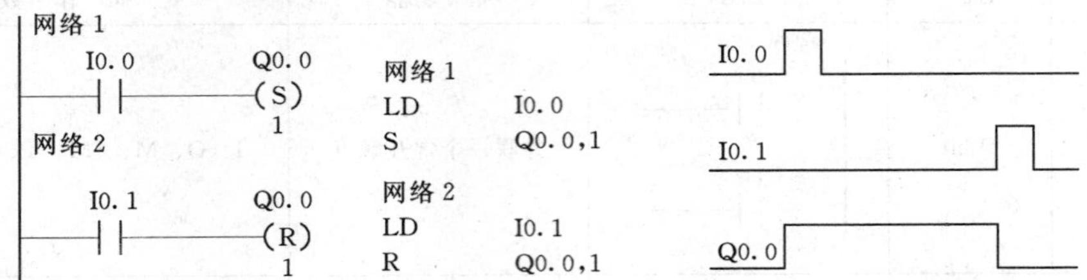

图 7-4　S、R 指令的梯形图、语句表及时序图

7.1.5　边沿触发指令 EU、ED

边沿触发指令的名称、功能、操作数见表 7-5。边沿触发指令无操作数。

表 7-5　　边沿触发指令的功能

指令名称	STL	LAD	指令功能	操作数
上升沿触发指令	EU	─┤P├─	在检测信号的上升沿产生一个扫描周期宽度的脉冲	无
下降沿触发指令	ED	─┤N├─	在检测信号的下降沿产生一个扫描周期宽度的脉冲	无

边沿触发指令的梯形图、语句表及时序图如图 7-5 所示。

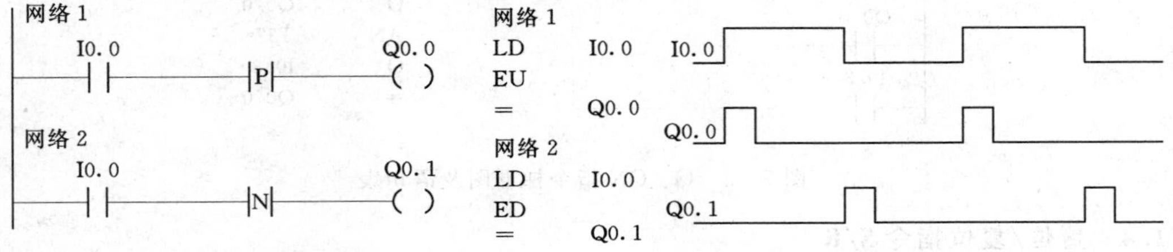

图 7-5　边沿触发指令的梯形图、语句表及时序图

7.1.6　逻辑结果取反指令 NOT

逻辑结果取反指令的名称、功能、操作数见表 7 - 6。逻辑结果取反指令无操作数。

表 7 - 6　　逻辑结果取反指令的功能

指令名称	STL	LAD	指令功能	操作数
取反指令	NOT	—|NOT|—	将 NOT 指令左端的逻辑运算结果取反操作	无

逻辑结果取反指令的梯形图及语句表如图 7 - 6 所示。

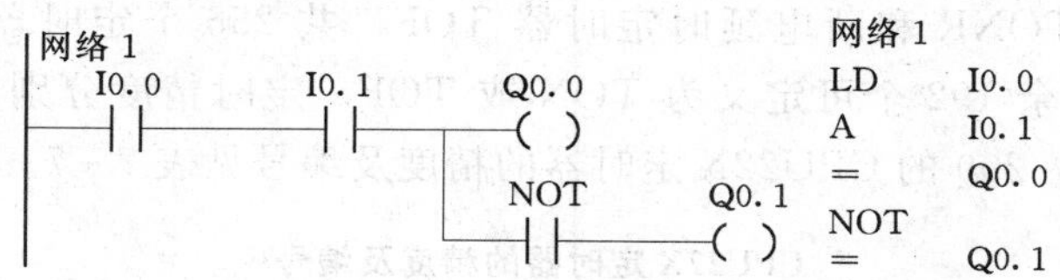

图 7 - 6　逻辑结果取反指令梯形图及语句表

7.1.7　电路块的串联指令 ALD

电路块的串联指令 ALD 用于两个或两个以上触点并联连接的电路之间的串联，是将梯形图中以 LD/LDN 起始的电路块与另一个以 LD/LDN 起始的电路块串联起来。ALD 指令无操作数。

电路块的串联指令 ALD 的梯形图及语句表如图 7 - 7 所示。

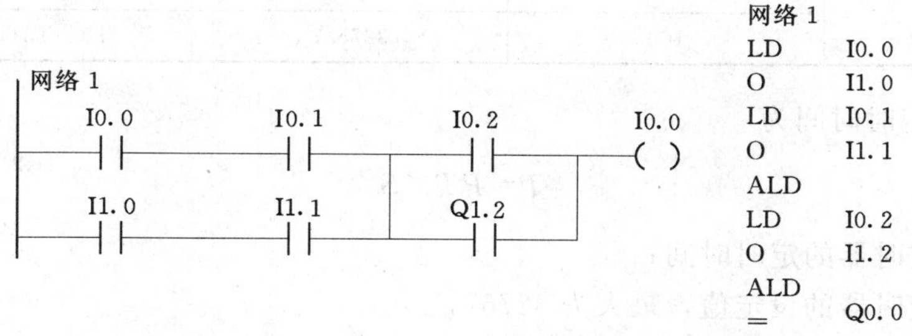

图 7 - 7　ALD 指令的梯形图及语句表

7.1.8　电路块的并联指令 OLD

电路块的并联指令 OLD 用于两个或两个以上触点串并联连接的电路之间的并联，是将梯形图中以 LD/LDN 起始的电路块与另一个以 LD/LDN 起始的电路块并联起来。OLD 指令无操作数。

电路块的并联指令 OLD 的梯形图及语句表如图 7 - 8 所示。

另外立即数指令、R - S 触发器指令等请参考相关资料，通过编程软件和仿真软件学习。

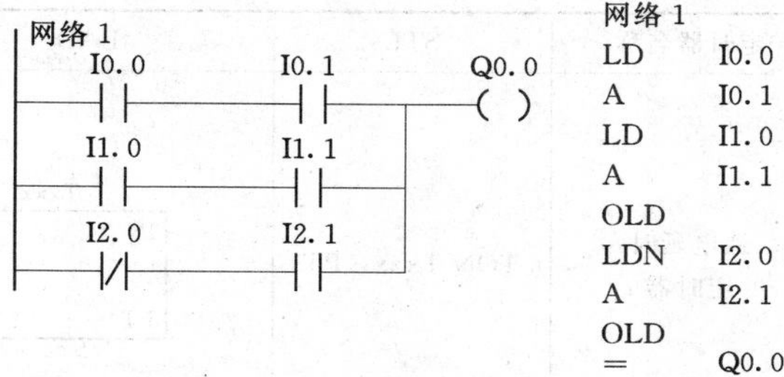

图 7 - 8　OLD 指令的梯形图及语句表

7.2　定时器指令

我们在常用低压电器中曾经学过时间继电器，包括通电延时继电器和断电延时继电器，在 PLC 指令中通过定时器指令实现时间继电器的功能，熟练掌握各种定时器的功能和应用，可以编制出应用更加灵活、功能更加强大的控制程序。

7.2.1　定时器指令的类型

S7－200 的 CPU22X 系列的 PLC 有 3 种类型的定时器：通电延时定时器 TON，保持型通电延时定时器 TONR 和断电延时定时器 TOF，共 256 个定时器 T0～T255，其中 TONR 为 64 个，其余 192 个可定义为 TON 或 TOF。定时精度分别为 3 个等级：1ms、10ms 和 100ms。S7－200 的 CPU22X 定时器的精度及编号见表 7－7。

表 7－7　**CPU22X 定时器的精度及编号**

定时器类型	定时精度/ms	最大定时时间/s	定时器号
TON TOF	1	32.767	T32，T96
	10	327.67	T33～T36，T97～T100
	100	3276.7	T37～T63，T101～T255
TONR	1	32.767	T0，T64
	10	327.67	T1～T4，T65～T68
	100	3276.7	T5～T31，T69～T95

定时器的定时时间为

$$T=PT\times S$$

式中　T——定时器的定时时间；

PT——定时器的设定值，最大为 32767；

S——定时精度。

7.2.2　定时器指令的功能及应用

定时器的功能见表 7－8。

表 7－8　**定时器的功能**

定时器名称	STL	LAD	指令功能
通电延时定时器	TON Txxx，PT	Txxx IN　TON ????－PT　??? ms	使能输入端 IN 为“1”时，开始定时；当定时器的当前值大于等于设定值 PT 时，TON 输出状态位置“1”，定时器继续计时，直到 PT 为最大值 32767。无论何时，只要定时器使能输入端 IN 由“1”变为“0”时，定时器复位到“0”

续表

定时器名称	STL	LAD	指令功能
保持型接通延时定时器	TONR Txxx，PT	Txxx IN　TONR ????-PT　??? ms	使能输入端 IN 为“1”时，开始定时；当定时器的当前值大于等于设定值 PT 时，TONR 输出状态位置“1”，定时器继续计时，直到 PT 为最大值 32767。若定时器当前值小于设定值时，IN 变为“0”，TONR 的当前值保持不变，等到 IN 又为“1”时，TONR 在当前值的基础上继续计时，直到当前值大于等于设定值
断电延时定时器	TOF Txxx，PT	Txxx IN　TOF ????-PT　??? ms	使能输入端 IN 为“1”时，TOF 的输出状态位置“1”，但是定时器的当前值仍为 0，只有当 IN 由“1”变为“0”时，定时器才开始计时，当定时器的当前值大于等于设定值时，定时器被复位，定时器计时停止。若 IN 为“0”的时间小于设定值，则定时器状态始终为“1”

TON、TONR、TOF 指令的应用如图 7-9～图 7-11 所示。

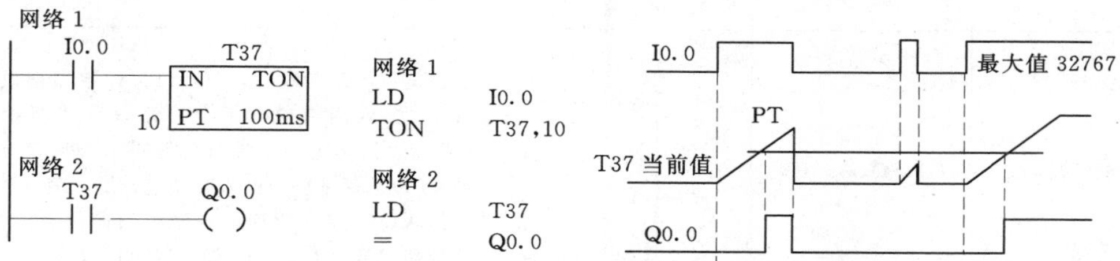

图 7-9　TON 定时器梯形图、语句表及时序图

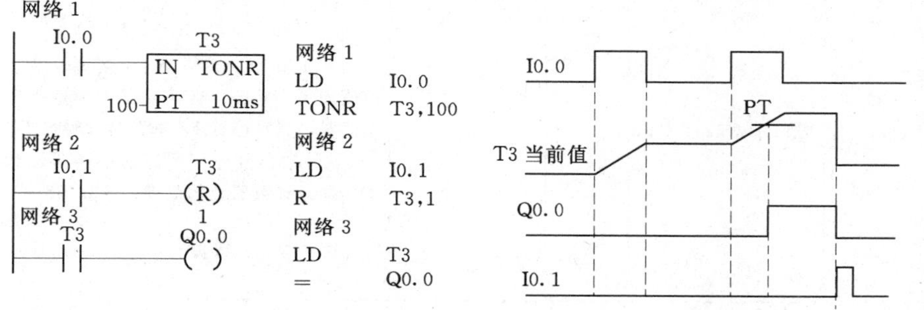

图 7-10　TORN 定时器梯形图、语句表及时序图

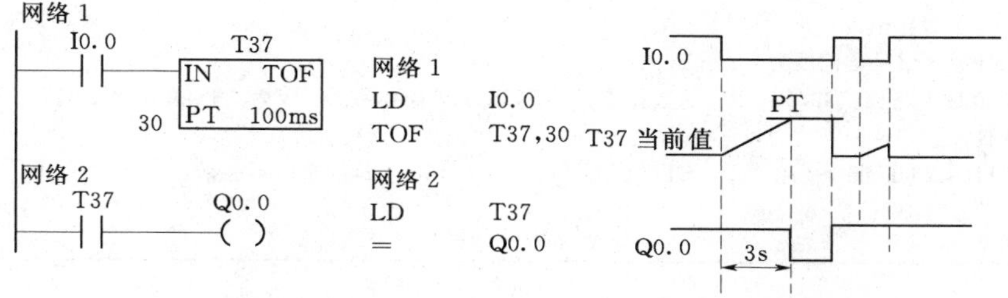

图 7-11　TOF 定时器梯形图、语句表及时序图

7.3　计数器指令

计数器利用输入脉冲上升沿累计脉冲个数。S7-200系列PLC有三类计数器：增计数器CTU、减计数器CTD和增减计数器CTUD。计数器共256个，其编号为C0～C255。计数器当前值大于或等于设定值时，状态位置1。计数器的功能见表7-9。

表7-9　　**计数器的功能**

计数器名称	STL	LAD	指令功能
增计数器	CTU Cxxx，PV	Cxxx CU　CTU R ????-PV	当CU端有上升沿输入时，计数器当前值加1。当计数器当前值大于或等于设定值（PV）时，该计数器的状态位置1，即其常开触点闭合。计数器仍计数，但不影响计数器的状态位。直至计数达到最大值（32767）。当R=1时，计数器复位，即当前值清零，状态位也清零
减计数器	CTD Cxxx，PV	Cxxx CD　CTD LD ????-PV	当复位LD有效时，LD=1，计数器把设定值（PV）装入当前值存储器，计数器状态位复位（置0）。当LD=0，即计数脉冲有效时，开始计数，CD端每来一个输入脉冲上升沿，减计数的当前值从设定值开始递减计数，当前值等于0时，计数器状态位置位（置1），停止计数。
增减计数器	CTUD Cxxx，PV	Cxxx CU　CTUD CD R ????-PV	当CU端（CD端）有上升沿输入时，计数器当前值加1（减1）。当计数器当前值大于或等于设定值时，状态位置1，即其常开触点闭合。当R=1时，计数器复位，即当前值清零，状态位也清零。加减计数器计数范围：-32768～32767

指令使用说明：

（1）梯形图指令符中CU为增计数器脉冲输入端，CD为减计数器脉冲输入端，R为增计数器复位端，LD为减计数器复位端，PV为设定值。

（2）Cxxx为计数器编号，范围为C0～C255。

（3）PV设定值最大范围：32767；PV的数据类型：INT；PV操作数为：VW、T、C、IW、QW、MW、SMW、AC、AIW、常数。

（4）CTU/CTD/CTUD指令使用要点：STL形式中CU、CD、R、LD的顺序不能错，CU、CD、R、LD信号可为复杂逻辑关系。

CTU、CTD、CTUD指令的应用如图7-12～图7-14所示。

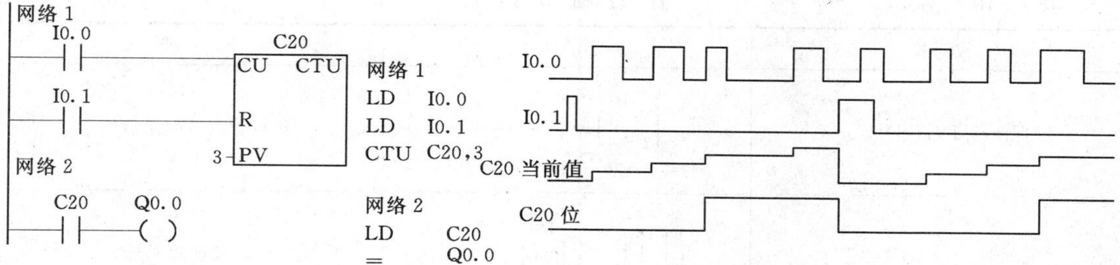

图 7－12　CTU 指令的梯形图、语句表及时序图

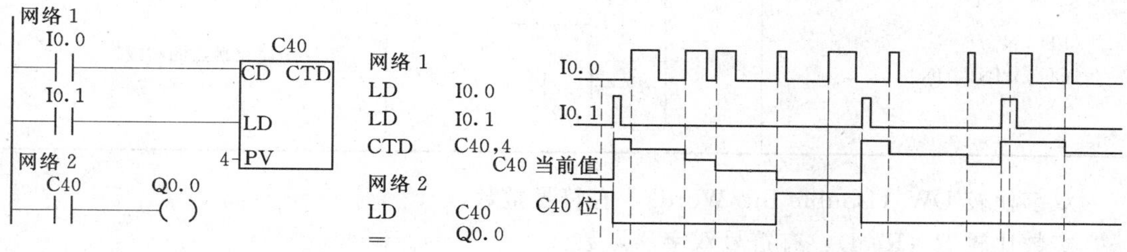

图 7－13　CTD 指令的梯形图、语句表及时序图

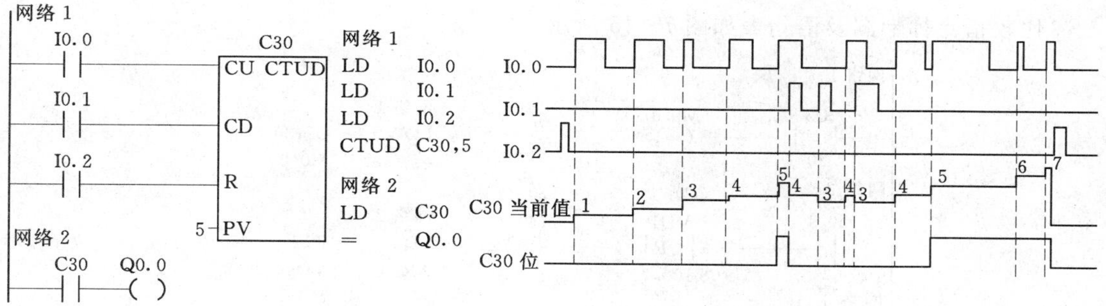

图 7－14　CTUD 指令的梯形图、语句表及时序图

7.4　比较指令

比较指令用于两个相同数据类型的有符号数或无符号数的比较判断操作。比较条件成立时，触点闭合，否则打开。指令格式见表 7－10。

说明：

“xx”表示比较运算符：＝＝等于、＜小于、＞大于、＜＝小于等于、＞＝大于等于、＜＞不等于。“□”表示操作数 IN1，IN2 的数据类型及范围。

操作数的类型有：

字节比较 B（Byte）：无符号整数。

整数比较 I（Int）/W（Word）：有符号整数。

表 7-10　　比较指令格式

STL	LAD	说明
LD□xx，IN1，IN2	IN1 ─┤xx□├─ IN2	比较触点接起始母线
LD N A□xx IN1，IN2	N ─┤ ├─┤xx□├─ IN1 IN2	比较触点的"与"
LD　N O□xx IN1，IN2	N ─┤ ├─ 并联 ─┤xx□├─ IN1 IN2	比较触点的"或"

双字比较 DW（Double Int/Word）：有符号整数。

实数比较 R（Real）：有符号双字浮点数。

比较指令分类为：字节比较 LDB、AB、OB；整数比较 LDW、AW、OW；双字整数比较 LDD、AD、OD；实数比较 LDR、AR、OR 等。

比较指令梯形图及语句表如图 7-15 所示。

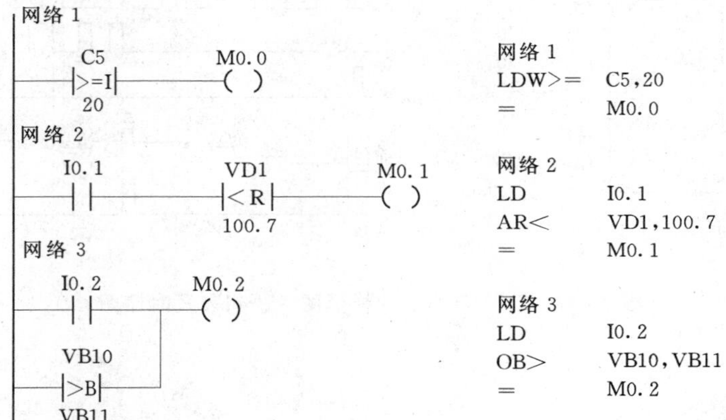

图 7-15　比较指令梯形图及语句表

7.5　程序控制指令

程序控制指令主要用于程序结构的优化。包括空操作指令、结束及暂停指令、看门狗指令、跳转指令、循环指令、子程序指令、与 ENO 指令等。

7.5.1　空操作指令 NOP

空操作指令的名称、功能、操作数见表 7-11。

表 7-11　　空操作指令的名称、功能、操作数

指令名称	STL	LAD	指令功能	操作数
空操作指令	NOP n	n NOP	不做任何逻辑操作。在程序中留出一个地址，以便调试程序时插入指令，方便对程序的检查和修改	n：0～255

7.5.2　结束及暂停指令

结束及暂停指令的名称、功能见表7-12。结束及暂停指令无操作数。

表 7-12　　结束及暂停指令的名称、功能

指令名称	STL	LAD	指　令　功　能
结束指令	END	—(END)	条件满足时，终止结束指令后面的主程序，并保留程序执行的结果，然后返回到主程序的第一条指令执行。结束指令只能在主程序中使用，不能在子程序和中断程序中使用。STEP 7-Micro/Win软件会自动在主程序结尾添加无条件结束指令
暂停指令	STOP	—(STOP)	条件满足时，将CPU的工作方式由RUN切换到STOP，用于处理突发紧急事件。暂停指令可以在主程序中使用，也可以在子程序和中断程序中使用。如果在中断程序中执行暂停指令，则中断处理立即结束，并忽略所有挂起的中断，返回主程序执行完剩余的主程序，将PLC切换到STOP方式

结束及暂停指令的梯形图及语句表如图7-16所示。

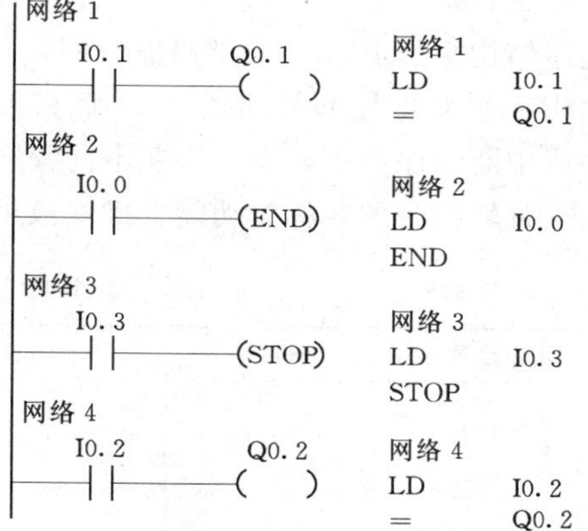

图7-16　结束及暂停指令的梯形图及语句表

7.5.3　警戒时钟刷新指令（看门狗复位指令）WDR

在PLC中，为了避免出现程序死循环的情况，有一个专门监视扫描周期的警戒时钟，常称作看门狗定时器。看门狗定时器的定时时间为300ms，如果PLC正常工作时扫描周期小于300ms，在看门狗定时器未到定时时间，系统开始下一扫描周期，看门狗定时器不起作用。如果外界干扰使程序死机或运行时间超过300ms，则看门狗定时器不再被复位，定时时间到达后，PLC将停止运行，重新启动，返回到第一条指令重新执行。

因此，如果希望扫描时间超过300ms（有时在调用中断程序或子程序时，可能使扫描时间超过300ms），为了使程序正常执行，应该使用看门狗复位指令来重新触发看门狗定时器。

警戒时钟刷新指令（看门狗复位指令）的名称、功能见表7-13。

表 7-13　　警戒时钟刷新指令（看门狗复位指令）的名称、功能

指令名称	STL	LAD	指　令　功　能
警戒时钟刷新指令	WDR	—(WDR)	当使能输入有效时，看门狗定时器复位，可以增加一次扫描时间。若使能输入无效，看门狗定时器时间到，程序将终止当前指令的执行，重新启动，返回到第一条指令重新执行

7.5.4　循环指令

在需要对某个程序段重复执行一定次数时，可采用循环程序结构。循环指令由循环开始指令和循环结束指令组成。循环指令允许嵌套使用，最大嵌套深度为 8 层。

循环指令的名称、功能、操作数见表 7－14。

表 7－14　　循环指令的名称、功能、操作数

指令名称	STL	LAD	指令功能	操作数
循环开始指令	FOR INDX，INIT，FINAL	FOR —EN　ENO— ????-INDX ????-INIT ????-FINAL	当驱动 FOR 的逻辑条件满足时，反复执行 FOR 和 NEXT 之间的程序	当前循环计数 INDX：VW、IW、QW、MW、SW、SMW、LW、T、C、AC、＊VD、＊AC 等 INT 型。 循环初值 INIT 和循环终值 FINAL：除和 INDX 相同之外，再加上常数，也属 INT 型
循环结束指令	NEXT	⊢(NEXT)		

7.5.5　跳转指令

跳转指令是根据不同的逻辑条件，有选择地执行不同的程序段。利用跳转指令可以使程序结构更加灵活，减少扫描时间，加快系统的响应速度。跳转指令包括跳转开始指令 JMP 和跳转标号 LBL 指令，JMP 和 LBL 必须配合应用在同一个程序块（主程序、子程序或中断程序）中，不允许在不同程序块中跳转。

跳转指令的名称、功能、操作数见表 7－15。

表 7－15　　跳转指令的名称、功能、操作数

指令名称	STL	LAD	指令功能	操作数
跳转开始指令	JMP n	n —(JMP)	当逻辑条件满足时，跳转开始指令 JMP 使程序跳转到对应的标号 LBL 处，略过中间的程序段，标号用来表示跳转的目的地址	n：0～255
跳转标号指令	LBL n	n ⊢ LBL		

跳转指令的应用：设 I0.3 为电动机点动控制、连续运行的选择开关，当 I0.3 得电时，选择点动控制；当 I0.3 不得电时，选择连续运行控制。采用跳转指令实现的点动控制、连续运行的梯形图和语句表如图 7－17 所示。

7.5.6　子程序指令

将具有特定功能的程序段作为子程序，可以被主程序多次调用。当主程序调用子程序时，子程序执行全部指令，然后返回到主程序的调用处继续执行。

子程序指令的名称、功能、操作数见表 7－16。

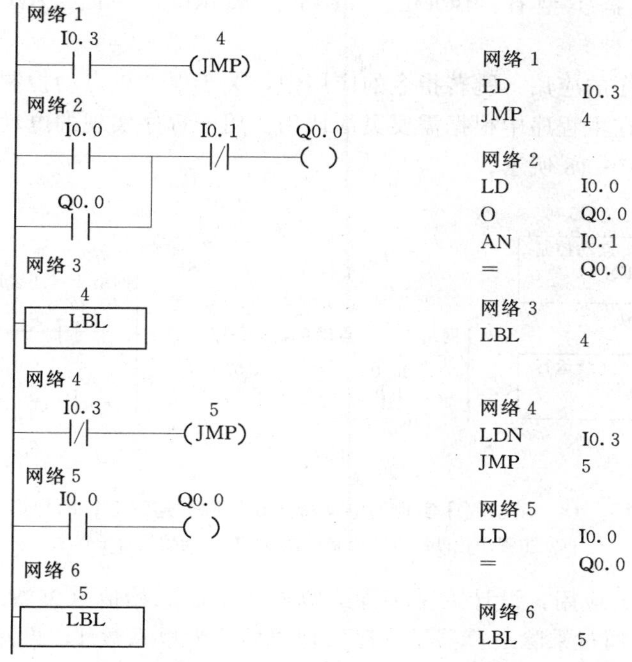

图 7-17　采用跳转指令实现的点动控制、连续运行的梯形图和语句表

表 7-16　子程序指令的名称、功能、操作数

指令名称	STL	LAD	指　令　功　能
子程序调用指令	CALL 子程序名称	子程序名称 —EN	调用子程序，把程序控制权交给子程序
子程序返回指令	CRET	—(RET)	有条件子程序返回指令（CRET）根据逻辑关系，决定是否终止子程序。 无条件子程序返回指令（RET）立即终止子程序的执行，并返回主程序，为系统自动默认，无需输入

子程序可以不带参数调用，也可以带参数调用。带参数调用的子程序必须事先在子程序的局部变量表里对参数进行定义。局部变量的类型如下所述。

TEMP（临时变量）：临时保存在局部数据区中的变量。一旦 POU 完全执行，临时变量数值则无法再用。在两次 POU 执行之间，临时变量不保持其数值。

IN（输入变量）：调用 POU 提供的输入参数。

OUT（输出变量）：返回调用 POU 的输出参数。

IN _ OUT（输入 _ 输出变量）：数值由调用 POU 提供的参数，由子程序修改，然后返回调用 POU。

局部变量的数据类型有：BOOL、BYTE、WORD、INT、DWORD、DINT、REAL、STRING 共 8 种。

不带参数子程序的应用：跳转指令的应用中，关于电动机点动控制、连续运行可分别作为子程序编写，在主程序中根据需要灵活调用。用子程序实现的电动机点动控制、连续运行的梯形图如图 7-18 所示。

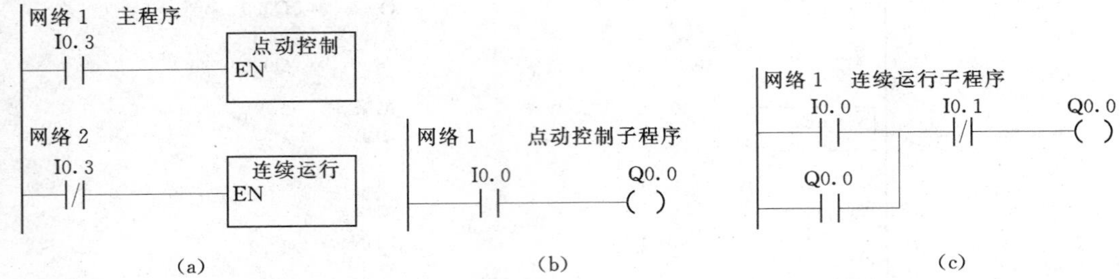

图 7-18　用子程序实现的电动机点动控制、连续运行的梯形图

(a) 主程序；(b) 点动控制子程序；(c) 连续运行子程序

带参数子程序的应用：设计一个乘除运算器。给定原始值（整数）、系数 1（整数）、系数 2（双整数），通过乘除运算器子程序实现原始值乘以系数 1，再除以系数 2，得到计算结果。设计的乘除运算器的局部变量表、主程序、子程序如图 7-19 所示。

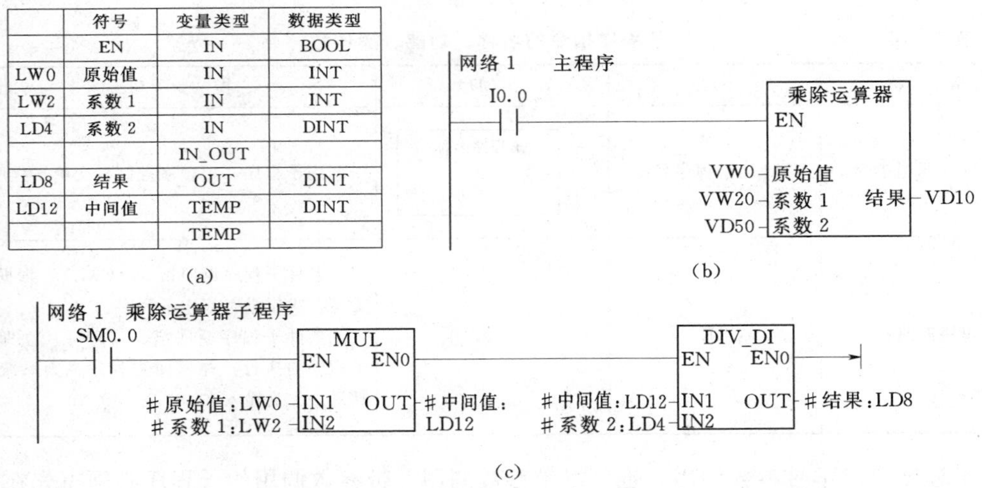

	符号	变量类型	数据类型
	EN	IN	BOOL
LW0	原始值	IN	INT
LW2	系数 1	IN	INT
LD4	系数 2	IN	DINT
		IN_OUT	
LD8	结果	OUT	DINT
LD12	中间值	TEMP	DINT
		TEMP	

图 7-19　带参数的乘除运算器梯形图程序

(a) 局部变量表；(b) 主程序；(c) 子程序

7.6　基本指令的应用

7.6.1　启动停止保持电路（自锁控制电路）

启动停止保持电路简称启保停电路，是控制电路中最基本的控制环节之一，该电路在

生产实际中应用非常广泛，电动机的单向连续运转控制电路就是一个典型的启保停电路。

用 PLC 实现电动机单向连续运转控制的接线图（不考虑保护）如图 7－20（a）所示，SB1 为启动按钮，SB2 为停止按钮，它们持续接通的时间一般都很短，KM1 为驱动电机运行与停止的接触器。控制程序梯形图及语句表如图 7－20（b）所示，图中 I0.0、I0.1 分别接受启动按钮 SB1 和停止按钮 SB2 的输入信号，Q0.0 的输出驱动接触器 KM1 的线圈，接触器 KM1 的主触点通断电机主回路，控制电机的运行与停止。

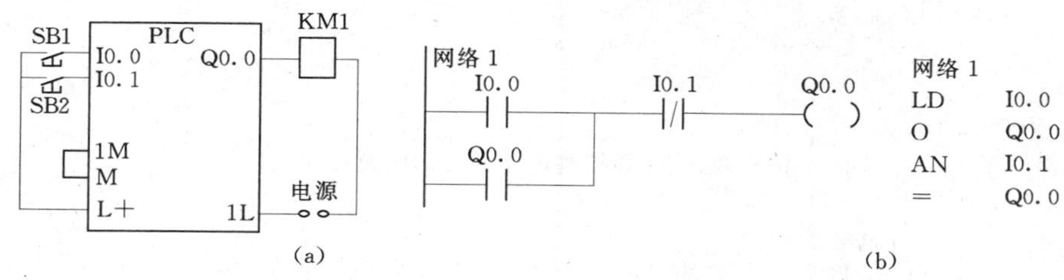

图 7－20　PLC 控制电机运行的启保停电路、梯形图及语句表

（a）PLC 控制接线图；（b）PLC 控制梯形图及语句表

启保停电路最主要的特点就是具有“记忆”功能，按下启动按钮 SB1，I0.0 的常开触点接通，如果这时未按停止按钮 SB2，I0.1 的常闭触点接通，Q0.0 的线圈得电，它的常开触点同时接通实现自锁功能，这时即使松开启动按钮 SB1，常开触点 I0.0 断开，仍能保持 Q0.0 的线圈保持带电状态，接触器 KM1 线圈持续带电，其常开主触点闭合，使电机连续运转。当按下停止按钮 SB2，I0.1 的常闭触点断开，使 Q0.0 的线圈断电，其常开触点断开，解除自锁回路，这是接触器 KM1 线圈断电，其常开主触点断开电机主回路，电机停止运转。

7.6.2　互锁控制电路

互锁控制电路也是控制电路的最基本控制环节之一，在生产实际中常用于控制电机的正反转和对电磁阀的控制。

图 7－21 所示为互锁控制电路的梯形图及语句表。程序的输入信号为 I0.1、I0.2，若 I0.1 先接通，Q0.1 输出并自锁，同时 Q0.1 的常闭触点断开，即使 I0.2 再接通，也不能使 Q0.2 动作。若 I0.2 先接通，这情形与前述相反。I0.0 为停止信号。

7.6.3　多点控制电路

多点控制电路也是控制电路的最基本控制环节之一，当工作场地大、范围广时，适用于在不同地点对同一设备的控制。图 7－22 所示为两地控制电路的梯形图及语句表，图中 I0.0、I0.1 为两地启动按钮，I1.0、I1.1 为两地停止按钮。

7.6.4　关联控制电路

在很多生产机械的控制中，存在着先后关联关系，即前者的启动是后者启动的条件，后者停止是前者停止的条件。比如机床的冷却泵电机和主轴电机，启动时只有先开冷却泵电机，才能启动主轴电机，停止时只有先停止主轴电机，才能停冷却泵电机。图 7－23 所示为手动实现这种关联控制电路的梯形图及语句表，I0.0、I0.2 分别是 Q0.1、Q0.2 的启动按钮，I0.1、I0.3 分别是 Q0.1、Q0.2 的停止按钮。启动时，先接通 I0.1，使 Q0.1 得

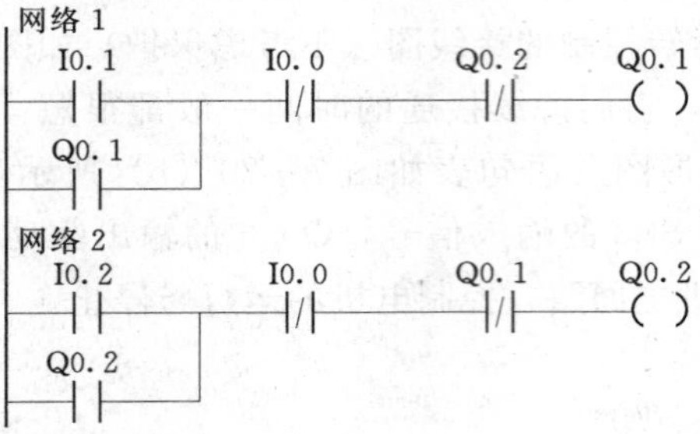

网络 1
I0.1　I0.0　Q0.2　Q0.1
Q0.1
网络 2
I0.2　I0.0　Q0.1　Q0.2
Q0.2

```
网络 1
LD      I0.1
O       Q0.1
AN      I0.0
AN      Q0.2
=       Q0.1
网络 2
LD      I0.2
O       Q0.2
AN      I0.0
AN      Q0.1
=       Q0.2
```

图 7-21　互锁控制电路的梯形图及语句表

网络 1
I0.0　I1.0　I1.1　Q0.0
I0.1
Q0.0

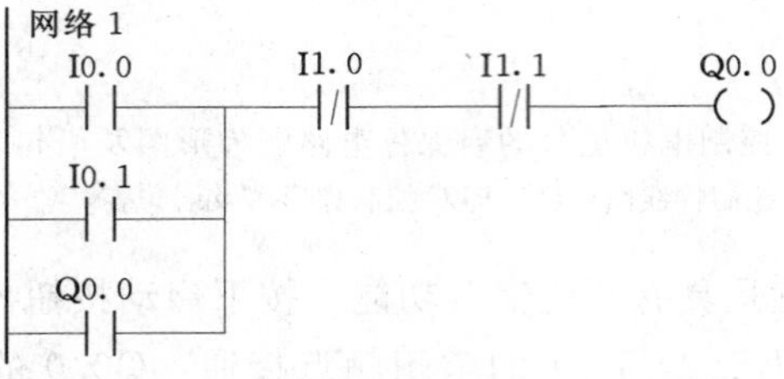

```
网络 1
LD      I0.0
O       I0.1
O       Q0.0
AN      I1.0
AN      I1.1
=       Q0.0
```

图 7-22　两地控制电路梯形图及语句表

电，再接通 I0.2，Q0.2 才能启动；停止时，先断开 I0.3，使 Q0.2 失电，再断开 I0.1，Q0.1 才会失电。

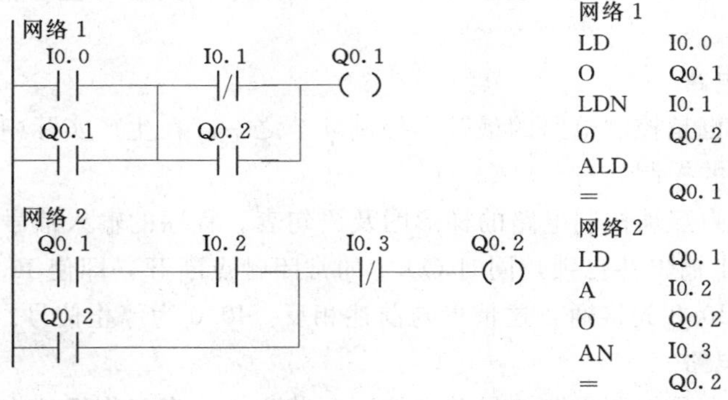

图 7-23　手动实现关联控制电路的梯形图及语句表

7.6.5　二分频电路

二分频电路就是通过有分频作用的电路结构，在时钟每输入 2 个周期时，电路输出 1 个周期信号，二分频电路也称作一键启停电路。图 7-24 所示为二分频电路的梯形图、语句表及时序图，图 7-25 所示为使用计数器实现的二分频电路的梯形图及语句表。读者可自行分析其工作原理。

7.6.6　闪烁电路

闪烁电路也称时钟电路，它可以是等间隔的通断，也可以是不等间隔的通断。如果设

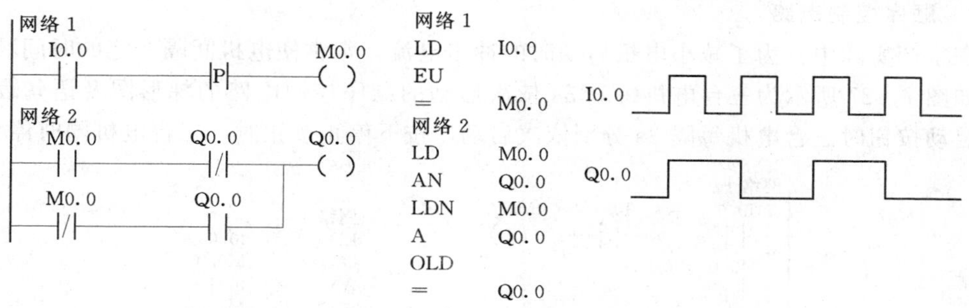

图7-24　二分频电路的梯形图、语句表及时序图

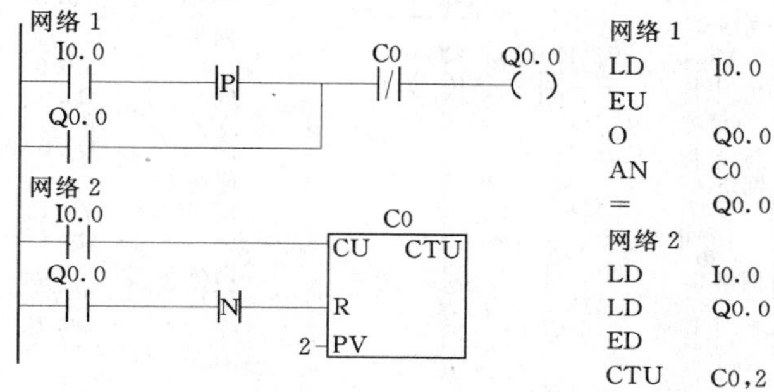

图7-25　使用计数器实现的二分频电路的梯形图及语句表

定闪烁效果为一个灯泡的亮与灭，闪烁间隔为1s，图7-26所示为闪烁电路的梯形图及语句表。图中采用I0.0外接灯泡电源开关，Q0.0外接驱动灯泡的继电器，定时器采用定时精度为100ms的接通延时定时器T37、T38。

首先闭合灯泡外接电源开关，常开触点I0.0闭合，T38的初始状态为0，其开闭触点也闭合，定时器T37开始计时，当计时到1s时，T37由0变为1，并保持不变，于是T37常开触点闭合，线圈Q0.0得电，灯泡被点亮。与此同时，定时器T38也开始计时，当计时到1s时，T38由0变为1，并保持不变，于是其常闭触点断开，定时器T37复位，其常开触点断开，定时器T38复位，灯泡熄灭。T38常闭触点闭合，定时器T37又开始计时，如此反复，从而达到灯泡闪烁的效果。

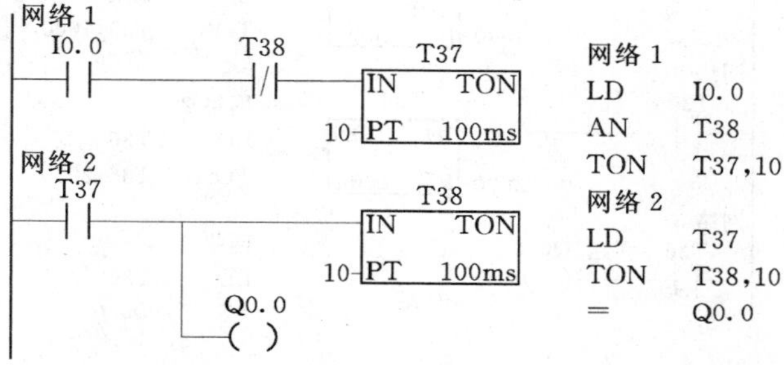

图7-26　闪烁电路的梯形图及语句表

7.6.7　顺序控制电路

在生产实际中，为了减小电机启动时的冲击电流，常常使电机间隔一定的时间顺序启动。如图 7－27 所示为三台电机每隔 3s 依次启动的顺序控制电路的梯形图及语句表。当按下启动按钮时三台电机每隔 3s 分别依次启动，按下停止按钮时，三台电机同时停止。

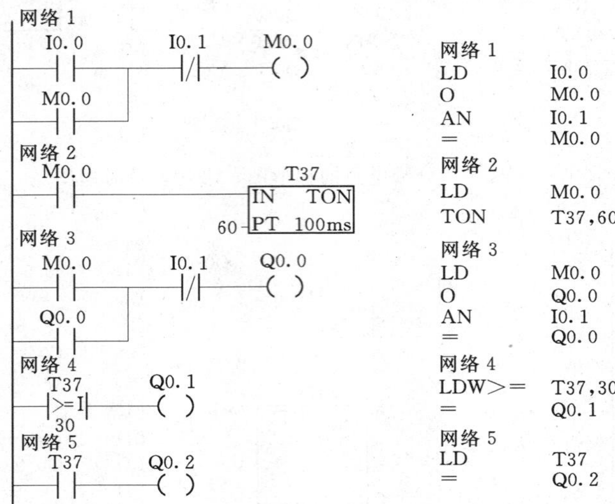

图 7－27　顺序控制电路的梯形图及语句表

7.6.8　定时器和计数器的扩展应用

1. PLC 的定时范围

PLC 的定时范围是一定的，在 S7－200 中，单个定时器最大定时范围为 32767×S（S 为定时精度）。当需要设定的定时值超过这个最大值时，可通过以下方法来扩展定时器的定时范围。

（1）定时器的串级组合。2 个定时器的串级组合梯形图及语句表如图 7－28 所示。图中 T35 延时 $T_1=10s$，T36 延时 $T_2=20s$，总计延时 $T=T_1+T_2=30s$。由此可见，n 个定时器的串级组合，可扩大延时范围为 $T=T_1+T_2+\cdots+T_n$。

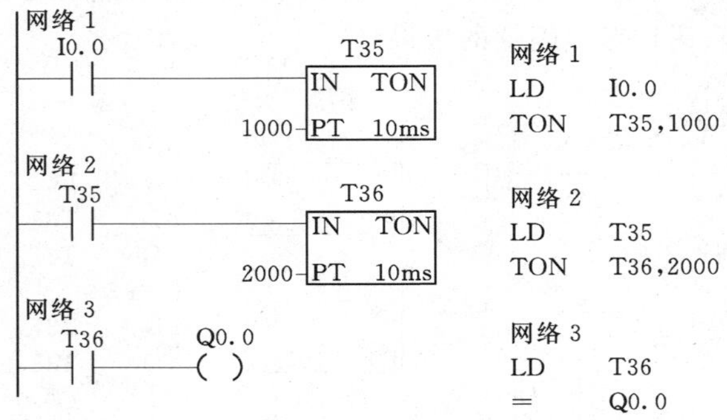

图 7－28　2 个定时器的串级组合梯形图及语句表

（2）定时器与计数器的串级组合。采用如图 7－29 所示的定时器与计数器的串级组合

梯形图及语句表，可更大程度地扩展延时范围。图中T34的延时范围为10s，M0.0每10s接通1次，作为C10的计数脉冲，当达到C10的设定值2000时，已实现2000×10s=20000s的延时。

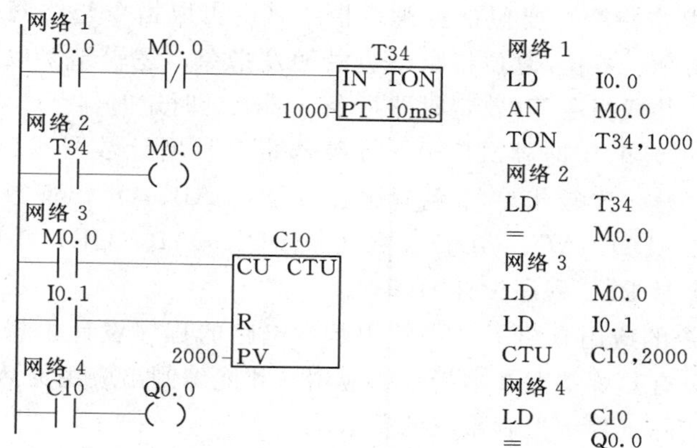

图7-29　定时器与计数器的串级组合梯形图及语句表

2. PLC的计数次数

PLC单个计数器的计数次数是一定的，在S7-200中，单个计数器的最大计数范围是32767，当需要设定的计数值超过这个最大值时，可通过计数器串级组合的方法来扩大计数器的计数范围。

图7-30所示为2个计数器串及组合的梯形图及语句表。图中C1的设定值为1000，C2的设定值为2000，当达到C2的设定值时，对输入脉冲I0.0的计数次数已达到1000×2000=2000000次。

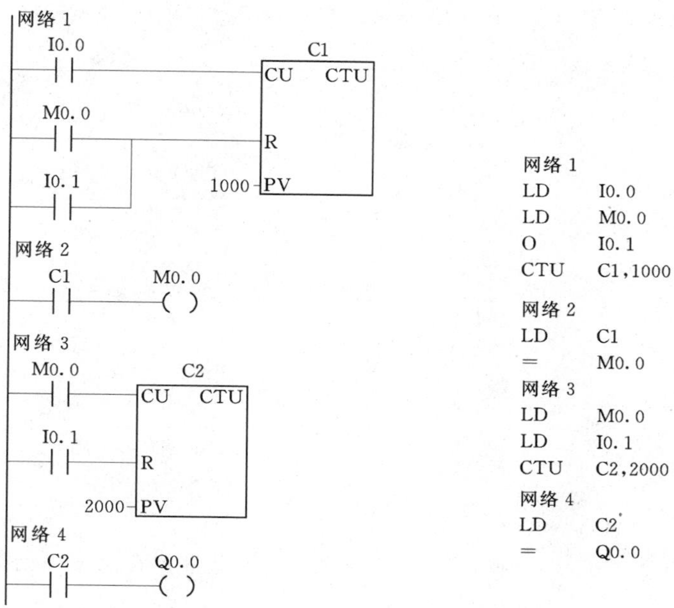

图7-30　2个计数器串及组合的梯形图及语句表

本 章 小 结

1. 本章介绍了基本指令主要包括位逻辑指令（逻辑取指令与线圈驱动指令、触点串联指令、触点并联指令、置位/复位指令、边沿触发指令、逻辑结果取反指令、电路块的串联指令、电路块的并联指令等）、定时器指令（通电延时定时器 TON，保持型通电延时定时器 TONR 和断电延时定时器 TOF）、计数器指令（增计数器 CTU、减计数器 CTD 和增减计数器 CTUD）、比较指令（字节比较 LDB、AB、OB；整数比较 LDW、AW、OW；双字整数比较 LDD、AD、OD；实数比较 LDR、AR、OR）等逻辑指令的功能和应用，这些基本指令是 PLC 程序设计的基础。

2. 基本逻辑指令的应用介绍了一些常用基本电路的程序设计思想，以及定时器和计数器的扩展应用。只有熟练掌握基本指令的应用，才能编制出应用灵活、控制功能强大的应用程序，以满足实际工程中控制系统的要求。

习　　题

1. 使用 S7－200 编程软件和仿真软件，练习位逻辑指令的基本功能和应用。

2. 使用 S7－200 编程软件和仿真软件，练习定时器、计数器指令的基本功能和应用。

3. 参考相关资料，利用 PLC 的时钟指令和本章介绍的基本指令，设计定时开关机（或开关灯）程序。

4. 应用基本指令设计有 1 名主持人和 3 名参赛选手的智能抢答器程序。

第8章　西门子S7-200系列可编程控制器的功能指令

【知识要点】

知识要点	掌握程度	相关知识
功能指令概述	熟悉	PLC功能指令统一的指令格式
数据处理指令	掌握	数据传送、数据移位、数据转换和数据交换等指令
运算类指令	掌握	算术运算、加1与减1、复杂数学运算和逻辑运算指令
表功能指令	熟悉	填表指令、表取数、表查找和数据填充等指令
中断处理指令	熟悉	中断程序的建立、中断事件与优先级、相关指令等
高速处理指令	熟悉	高速计数器与高速脉冲输出指令

【应用能力要点】

应用能力要点	掌握程度	应用方向
不同格式数据的处理	掌握	对于不同格式数据之间的处理及在存储器中不同位置的批处理等
利用运算指令进行复杂数据计算	掌握	利用运算指令进行外部数据的采集、处理与存储
中断处理指令	熟悉	人机联系、实时数据处理和通信与网络等
高速计数器与高速脉冲输出指令	熟悉	距离测量、电动机转速检测等实现高速运动的精确定位等场合

基本指令是PLC最常用的指令，为了适应现代工业自动控制的需要，PLC制造商开始逐步为PLC增加许多功能指令，功能指令使PLC具有强大的数据运算和复杂的控制功能，从而大大扩展了PLC的使用范围。功能指令（Function Instruction）又称为应用指令，功能指令实质上就是一些功能不同的子程序。合理、正确地应用功能指令，对于优化程序结构，提高应用系统的功能，简化对一些复杂问题的处理有着重要的作用。本章所介绍的功能指令主要包括：数据处理指令、运算类指令、表功能指令、中断处理指令及高速处理指令等。

8.1　功能指令概述

下面对功能指令的基本要素进行简单介绍，以帮助读者正确理解和应用S7-200的功能指令。

1. 指令格式

在梯形图中，用方框的形式表示某些指令，在SIMATIC指令系统中将这些方框称为"指令盒（Box）"，指令盒基本格式如图8-1所示。

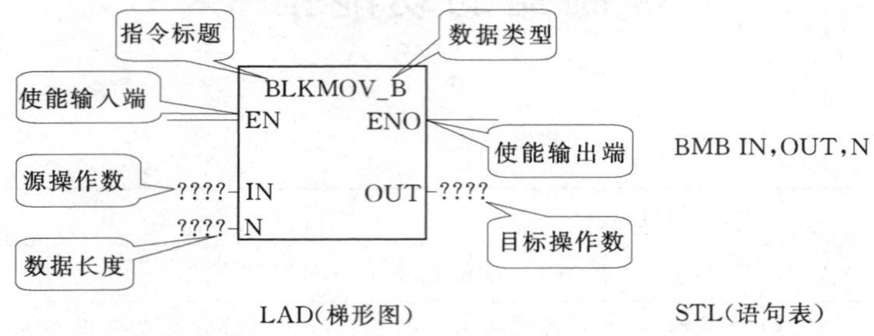

图8-1　指令盒基本格式

指令盒的顶部为该指令的标题，如BLKMOV _ B，一般由两部分组成，前面部分为指令的助记符，后面部分为参与运算的数据类型，其中B表示字节，W表示字，DW表示双字、R表示实数、I表示整数、DI表示双整数。

指令表的格式也分为两部分，如字节块传送指令的指令表格式为：BLKMOVB IN，OUT，N。前面部分为指令的助记符，后面部分为指令的操作数，其中"IN"为源操作数，"OUT"为目的操作数，"N"为数据长度。

注意：在输入语句表指令时，必须使用英文的标点符号。如果使用中文的标点符号，将会有出错提示。

2. 指令的执行条件和运行情况

指令梯形图格式中的"EN"端是允许输入端，为指令的执行条件，只要有"能流"流入EN端，指令就执行。要注意的是：只要条件存在，该指令会在每个扫描周期执行一次，这种执行方式称为连续执行。而在很多场合，我们希望某些指令盒只执行一次，即只在一个扫描周期中有效，这时可以用脉冲作为执行条件，即在指令盒中"EN"前加一条跳变指令。这种执行方式称为脉冲执行。有些功能指令用连续执行和脉冲执行结果都一样，但有些指令两种执行方式结果会大不一样，如数据交换指令，原本是指两个数据单元中的数据交换位置，如多次换位，就有可能换位和不换是一样的了。因此，在编程时必须给指令盒设定合适的执行条件。

在语句表（STL）程序中没有EN允许输入端，允许执行STL语句的条件是栈顶的值必须是"1"。

3. ENO状态（用于指令的级联）

指令盒的右边设有"ENO"使能输出，若EN端有"能流"且指令被准确无误地执行了，则ENO端会有"能流"输出（ENO端状态为"1"），传到下一个程序单元；如果指令运行出错，则能量流终止于出现错误的功能框（ENO端状态为"0"）。

在语句表程序中用AENO（ANDENO）指令访问，可以产生与指令盒的允许输出端（ENO）相同的效果。

4. 指令执行结果对特殊标志位的影响

为了方便用户更好地了解设备内部运行的情况，并为控制及故障自诊断提供方便，PLC 中设立了许多特殊标志位，如负值位、溢出位等。具体情况可在系统编程手册中的指令说明中进行查阅。

5. 指令适用机型

功能指令并不是所有机型都适用，不同的 CPU 型号可适用功能指令范围不尽相同，读者在编程时 STEP 7 - Micro/WIN 会出现相应的提示。

8.2　数据处理指令

8.2.1　数据传送指令

数据传送指令主要用于各个编程元件之间进行数据传送。包括单个数据传送指令和数据块传送指令。

单个数据传送指令 MOV，用来传送单个的字节、字、双字、实数。对于 IEC 传送指令，输入和输出的数据类型可以不同，但是数据长度必须相同。其指令格式及功能见表 8 -1。

表 8 - 1　　单个数据传送指令 MOV 指令格式

LAD	MOV_B EN　ENO ????-IN　OUT-????	MOV_W EN　ENO ????-IN　OUT-????	MOV_DW EN　ENO ????-IN　OUT-????	MOV_R EN　ENO ????-IN　OUT-????
STL	MOVB IN，OUT	MOVW IN，OUT	MOVD IN，OUT	MOVR IN，OUT
类型	字节	字、整数	双字、双整数	实数
功能	使能输入有效时，即 EN=1，将一个输入 IN 的字节、字/整数、双字/双整数或实数传送到 OUT 指定的存储器输出。在传送过程中不改变数据的大小。传送后，输入存储器 IN 中的内容不变			

【例 8 - 1】　一辆小车在一条线路上运行，如图 8 - 2 所示。线路上有 0～7 号共 8 个站点，每一个站点各设一个行程开关和一个呼叫按钮。要求无论小车在哪个站点，当某一个站点按下按钮后，小车将自动行进到呼叫点。

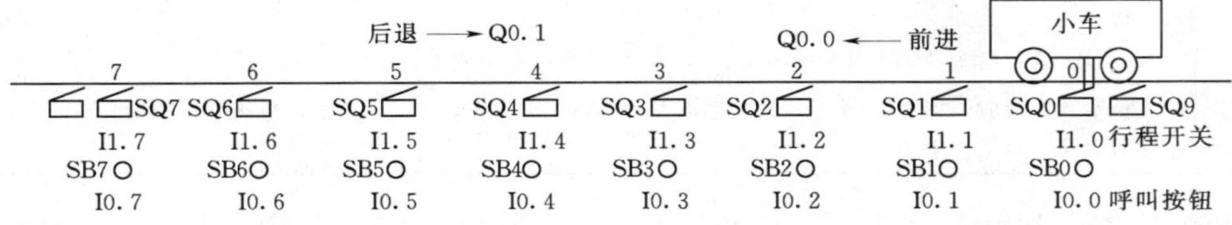

图 8 - 2　小车行走示意图

本实例虽然可以采用基本指令编程，但是由于题目中已知有 8 个站点，故采用传送指令编程将使程序更加简练，如图 8 - 3 所示。

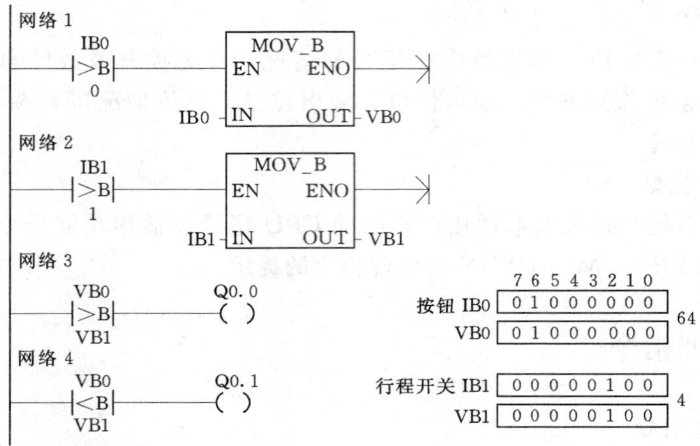

图 8-3　8 个站点小车行走梯形图

例如，当小车停靠在 2 号站时，压合行程开关 I1.2，则 IB1＝2 号 00000100＝4（即 I1.2＝1），执行 MOV 传送指令将 IB1 的值传送到 VB1 中，可以实现 I1.2＝1。如果此时按下 6 号站按钮 I0.6，则 IB0＝2 号 01000000＝64（即 I0.6＝1）。执行 MOV 传送指令将 IB0 的值传送到 VB0 中，VB0＝2 号 01000000＝64。由于 VB0＞VB1，结果 Q0.0＝1，小车左行，到达 6 号站碰到行程开关 I1.6，则 VB1＝2 号 01000000＝64，此时 VB0＝VB1，Q0.0＝0，小车停止运行。

数据块传送指令 BLKMOV，将从输入地址 IN 开始的 N 个数据传送到输出地址 OUT 开始的 N 个单元中，N 的范围为 1 至 255，N 的数据类型为字节。指令格式及功能见表 8-2。

表 8-2　　数据块传送指令格式及功能

LAD	BLKMOV_B: EN ENO; ????-IN OUT-????; ????-N	BLKMOV_W: EN ENO; ????-IN OUT-????; ????-N	BLKMOV_D: EN ENO; ????-IN OUT-????; ????-N
STL	BMB IN，OUT	BMW IN，OUT	BMD IN，OUT
操作数及数据类型	IN：VB，IB，QB，MB，SB，SMB，LB。 OUT：VB，IB，QB，MB，SB，SMB，LB。 数据类型：字节	IN：VW，IW，QW，MW，SW，SMW，LW，T，C，AIW。 OUT：VW，IW，QW，MW，SW，SMW，LW，T，C，AQW。 数据类型：字节	IN：VD，ID，QD，MD，SD，SMD，LD。 OUT：VD，ID，QD，MD，SD，SMD，LD。 数据类型：双字
	N：VB，IB，QB，MB，SB，SMB，LB，AC，常数；数据类型：字节；数据范围：1～255		
功能	使能输入有效时，即 EN＝1 时，把从输入 IN 开始的 N 个字节（字、双字）传送到以输出 OUT 开始的 N 个字节（字、双字）中		

【例 8-2】　如图 8-4 所示，当 I0.2＝1 时，将从 MW10 开始的 3 个字中的数据依次传动到从 VW50 开始的 3 个字中。

8.2.2　数据移位指令

移位指令在 PLC 控制中是比较常用的，移位指令分为左、右移位和循环左、右移位

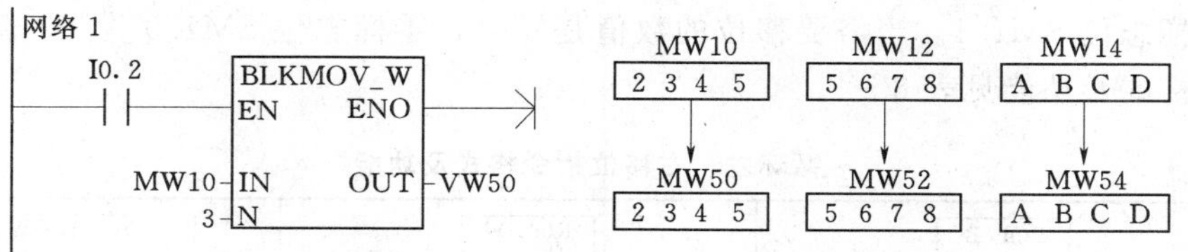

图 8－4　数据块传送指令实例

及寄存器移位指令三大类。前两类移位指令按移位数据的长度又分为字节型、字型、双字型 3 种，移位指令最大移位位数 N≤数据类型（B、W、DW）对应的位数，移位位数（次数）N 为字节型数据。

1. 左、右移位指令

（1）左移位指令（SHL）。使能输入有效时，将输入 IN 的无符号数字节、字或双字中的各位向左移 N 位后（右端补 0），将结果输出到 OUT 所指定的存储单元中，如果移位次数大于 0，最后一次移出位保存在“溢出”存储器位 SM1.1。如果移位结果为 0，零标志位 SM1.0 置 1。

（2）右移位指令（SHR）。使能输入有效时，将输入 IN 的无符号数字节、字或双字中的各位向右移 N 位后，将结果输出到 OUT 所指定的存储单元中，移出位补 0，最后一移出位保存在 SM1.1。如果移位结果为 0，零标志位 SM1.0 置 1。左右移位指令格式及功能见表 8－3。

表 8－3　　　　　左、右移位指令格式及功能

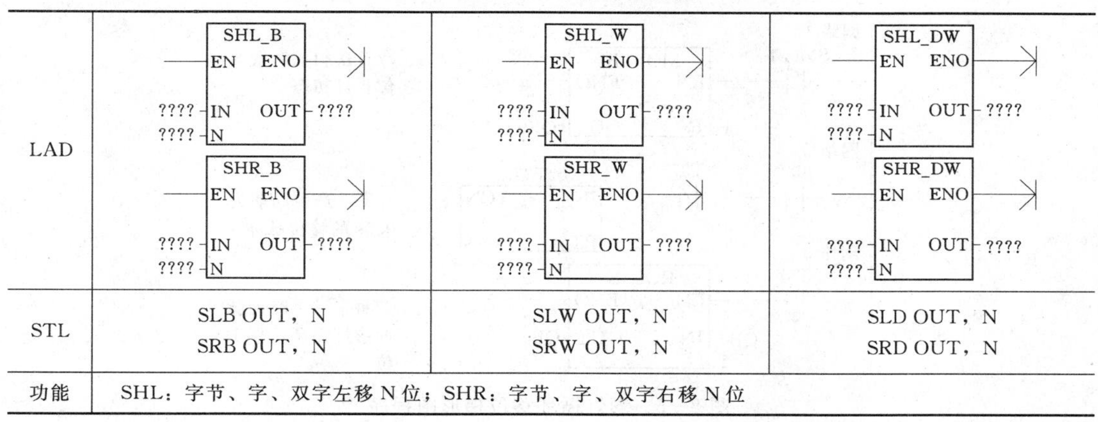

LAD	SHL_B：EN ENO；????－IN OUT－????；????－N SHR_B：EN ENO；????－IN OUT－????；????－N	SHL_W：EN ENO；????－IN OUT－????；????－N SHR_W：EN ENO；????－IN OUT－????；????－N	SHL_DW：EN ENO；????－IN OUT－????；????－N SHR_DW：EN ENO；????－IN OUT－????；????－N
STL	SLB OUT，N SRB OUT，N	SLW OUT，N SRW OUT，N	SLD OUT，N SRD OUT，N
功能	SHL：字节、字、双字左移 N 位；SHR：字节、字、双字右移 N 位		

2. 循环左、右移位指令

循环移位将移位数据存储单元的首尾相连，同时又与溢出标志 SM1.1 连接，SM1.1 用来存放被移出的位。

（1）循环左移位指令（ROL）。使能输入有效时，将 IN 输入无符号数（字节、字或双字）循环左移 N 位后，将结果输出到 OUT 所指定的存储单元中，移出的最后一位的数值送溢出标志位 SM1.1。当需要移位的数值是零时，零标志位 SM1.0 为 1。

（2）循环右移位指令（ROR）。使能输入有效时，将 IN 输入无符号数（字节、字或双字）循环右移 N 位后，将结果输出到 OUT 所指定的存储单元中，移出的最后一位的数值送溢出标志位 SM1.1。当需要移位的数值是零时，零标志位 SM1.0 为 1。循环左、右移位指令格式及功能见表 8-4。

表 8-4　　循环左、右移位指令格式及功能

LAD	ROL_B: EN ENO; ???? IN OUT ????; ???? N ROR_B: EN ENO; ???? IN OUT ????; ???? N	ROL_W: EN ENO; ???? IN OUT ????; ???? N ROR_W: EN ENO; ???? IN OUT ????; ???? N	ROL_DW: EN ENO; ???? IN OUT ????; ???? N ROR_DW: EN ENO; ???? IN OUT ????; ???? N
STL	RLB OUT，N RRB OUT，N	RLW OUT，N RRW OUT，N	RLD OUT，N RRD OUT，N
功能	ROL：字节、字、双字左移 N 位；ROR：字节、字、双字右移 N 位		

【例 8-3】 用 I0.0 控制接在 Q0.0～Q0.7 上的 8 个彩灯循环移位，从左到右以 0.5s 的速度依次点亮，保持任意时刻只有一个指示灯亮，到达最右端后，在从左到右依次点亮。

分析： 8 个彩灯循环移位控制，可以用字节的循环移位指令。根据控制要求，首先应置彩灯的初始状态为 QB0=1，即左边第一盏灯亮；接着灯从左到右以 0.5s 的速度依次点亮，即要求字节 QB0 中的“1”用循环左移位指令每 0.5s 移动一位，因此须在 ROL _ B 指令的 EN 端接一个 0.5s 的移位脉冲（可用定时器指令实现）。梯形图程序如图 8-5 所示。

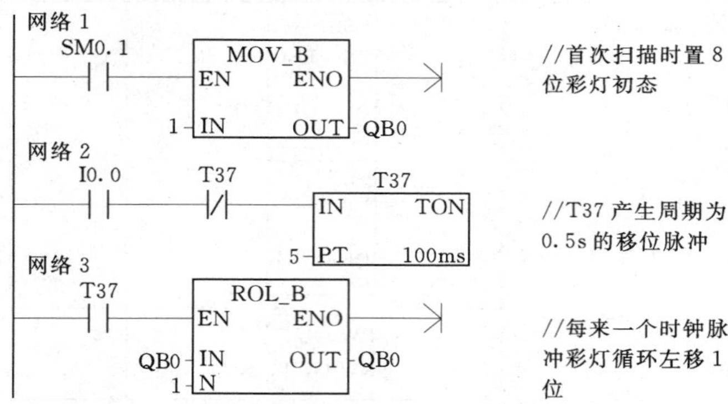

图 8-5　彩灯循环移位梯形图程序

3. 移位寄存器指令（SHRB）

移位寄存器指令是可以指定移位寄存器的长度和移位方向的移位指令。其指令格式及功能见表 8-5。移位寄存器指令 SHRB 将 DATA 数值移入移位寄存器。梯形图中，EN 为使能输入端，连接移位脉冲信号，每次使能有效时，整个移位寄存器移动 1 位。DATA 为数据输入端，连接移入移位寄存器的二进制数值，执行指令时将该位的值移入寄存器。S _ BIT 指定移位寄存器的最低位。N 指定移位寄存器的长度和移位方向，移位寄存器的最大长度为 64 位，N 为正值表示左移位，输入数据（DATA）移入移位寄存器的最低位（S _ BIT），并移出移位寄存器的最高位。移出的数据被放置在溢出内存位（SM1.1）中。

N 为负值表示右移位，输入数据移入移位寄存器的最高位中，并移出最低位（S_BIT）。移出的数据被放置在溢出内存位（SM1.1）中。

注意：移位寄存器最高位的计算方法：[N 的绝对值－1＋（S_BIT 的位号）] /8，余数即是最高位的位号，商与 S_BIT 的字节号之和即是最高位的字节号。

表 8-5　移位寄存器指令格式及功能

LAD	STL	功能及说明
SHRB（EN ENO；??.?-DATA；??.?-S_BIT；????-N）	SHRB DATA，S_BIT，N	指令将 DATA 数值移入移位寄存器。S_BIT 指定移位寄存器的最低位。N 指定移位寄存器的长度和移位方向（移位加＝N，移位减＝－N）。 DATA，S_BIT：I，Q，M，SM，T，C，V，S，L。数据类型：布尔。 N：VB，IB，QB，MB，SB，SMB，LB，AC，常数，＊VD，＊LD，＊AC。数据类型：字节

【例 8-4】 试分析图 8-6 的梯形图的功能。

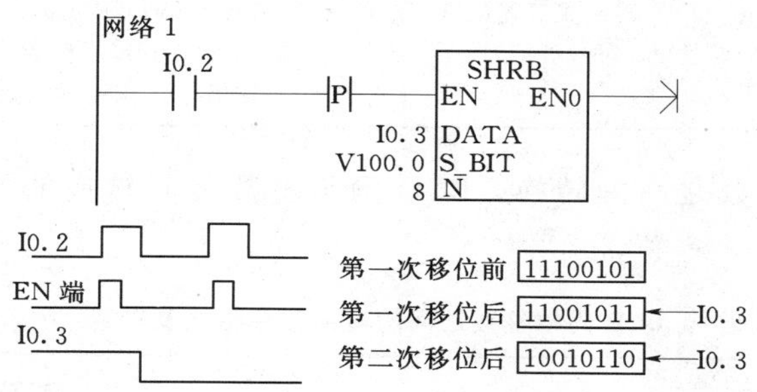

图 8-6　移位寄存器指令应用的梯形图

8.2.3　数据转换指令

1. 数据类型转换

（1）字节型数据与字整数之间的转换。字节型数据与字整数之间转换的指令格式及功能见表 8-6。

表 8-6　字节型数据与字整数之间转换指令格式及功能

LAD	B_I（EN ENO；????-IN OUT-????）	I_B（EN ENO；????-IN OUT-????）
STL	BTI IN，OUT	ITB IN，OUT
操作数及数据类型	IN：VB，IB，QB，MB，SB，SMB，LB，AC，常量。数据类型：字节。 OUT：VW，IW，QW，MW，SW，SMW，LW，T，C，AC。数据类型：整数	IN：VW，IW，QW，MW，SW，SMW，LW，T，C，AIW，AC，常量。数据类型：整数。 OUT：VB，IB，QB，MB，SB，SMB，LB，AC。数据类型：字节
功能及说明	BTI 指令将字节数值（IN）转换成整数值，并将结果置入 OUT 指定的存储单元。因为字节数据不带符号，所以无符号扩展	ITB 指令将字节整数（IN）转换成字节，并将结果置入 OUT 指定的存储单元。输入的字整数 0～255 被转换。超出部分导致益处，SM1.1＝1

（2）字整数与双字整数之间的转换。字整数与双字整数之间的转换格式及功能见表 8－7。

表 8－7　　字整数与双字整数之间的转换指令格式及功能

LAD	I_DI：EN　ENO；????－IN　OUT－????	DI_I：EN　ENO；????－IN　OUT－????
STL	ITD IN，OUT	DTI IN，OUT
操作数及数据类型	IN：VW，IW，QW，MW，SW，SMW，LW，T，C，AIW，AC，常数。数据类型：整数。 OUT：VD，ID，QD，MD，SD，SMD，LD，AC。数据类型：双整数	IN：VD，ID，QD，MD，SD，SMD，LD，HC，AC，常量。数据类型：双整数。 OUT：VW，IW，QW，MW，SW，SMW，LW，T，C，AC。数据类型：整数
功能及说明	BTI 指令将整数值（IN）转换成双整数值，并将结果置入 OUT 指定的变量中。符号被扩展	ITB 指令将双整数值（IN）转换成整数值，并将结果置入 OUT 指定的存储单元中。如果转换的值过大，则无法在输出中表示，设置溢出位即 SM1.1＝1，输出不受影响

（3）BCD 码与整数之间的转换。BCD 码与整数之间转换的指令格式及功能见表 8－8。

表 8－8　　BCD 码与整数之间的转换指令格式及功能

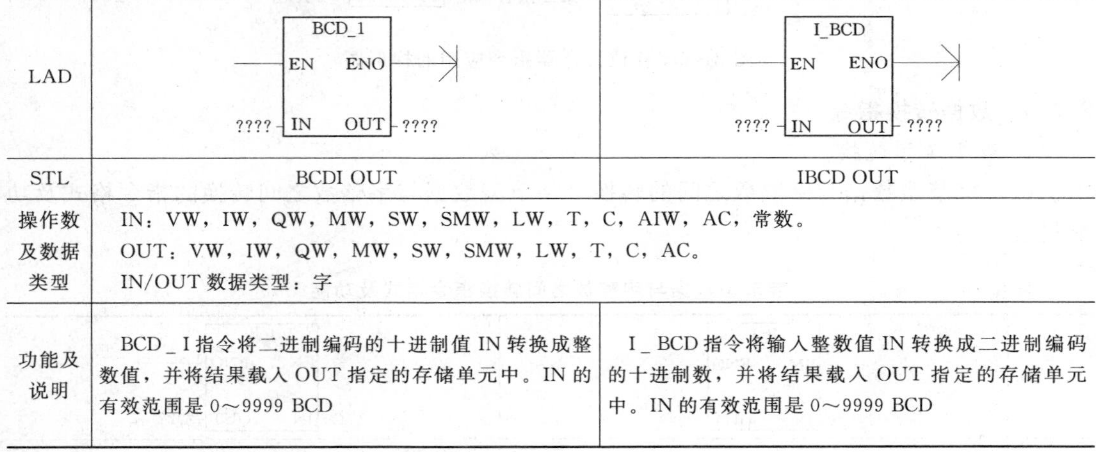

LAD	BCD_I：EN　ENO；????－IN　OUT－????	I_BCD：EN　ENO；????－IN　OUT－????
STL	BCDI OUT	IBCD OUT
操作数及数据类型	IN：VW，IW，QW，MW，SW，SMW，LW，T，C，AIW，AC，常数。 OUT：VW，IW，QW，MW，SW，SMW，LW，T，C，AC。 IN/OUT 数据类型：字	
功能及说明	BCD _ I 指令将二进制编码的十进制值 IN 转换成整数值，并将结果载入 OUT 指定的存储单元中。IN 的有效范围是 0～9999 BCD	I _ BCD 指令将输入整数值 IN 转换成二进制编码的十进制数，并将结果载入 OUT 指定的存储单元中。IN 的有效范围是 0～9999 BCD

【例 8－5】 用 4 位 BCD 码数字开关间接设定的定时器设定值。用 4 位数码管显示定时器的当前值。

图 8－7 所示为一个间接设定的定时器，其定时器 T37 的设定值由 4 个 BCD 码数字开关经输入继电器 I1.7～I1.0（IW0）存放到 VW0 中，由于 T37 的设定值为二进制数，所以，必须将 4 位 BCD 码数字转换成二进制数。VW0 中的值作为定时器 T37 的设定值。

用 4 位数码管显示定时器 T37 的当前值，T37 中的当前值是以二进制数存放的，而 4

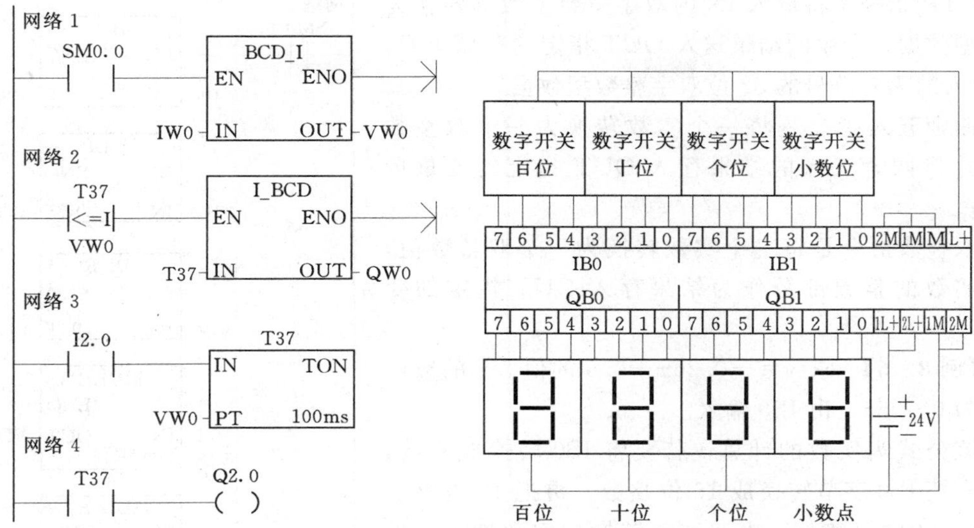

图 8－7　BCDI、IBCD 指令应用实例

位数码管的显示要用 BCD 码，所以，必须将 T37 中的二进制数转换成 BCD 码输出，由输出继电器 Q1.7～Q0.0（QW0）经外部 BCD 译码电路驱动 4 位数码管。

例如，数字开关设定值为 1234，即 T37 的设定值为 123.4s，将 BCD 码 1234 转换成二进制数或十六进制数为 16＃4D2，当 I2.0＝1 时，T37 开始计时；当达到设定值 VW0（123.4s）时，T37 接点闭合，Q2.0 得电；T37 超过设定值还会继续计时，当 T37 当前值大于设定值 VW0 时，比较接点断开 I＿BCD 指令，让数码管只显示设定值（123.4s）。

（4）双整数与实数之间的转换。双整数与实数之间的转换包含：DTR 指令、四舍五入指令和取整数指令，指令格式见表 8－9。

表 8－9　　双字整数与实数的转换指令

指令	LAD	STL	操作数及数据类型	
双字整数转实数	DI_R: EN ENO; ???? IN OUT ????	DTR IN，OUT	IN：VD，ID，QD，MD，SD，SMD，LD，HC，AC，常数。数据类型：双整形	OUT：VD，ID，QD，MD，SD，SMD，LD，AC。数据类型：实数
四舍五入（取整）	ROUND: EN ENO; ???? IN OUT ????	ROUND IN，OUT	IN：VD，ID，QD，MD，SD，SMD，LD，AC，常数。数据类型：实数	OUT：VD，ID，QD，MD，SD，SMD，LD，AC。数据类型：双整数
舍去小数（取整）	TRUNC: EN ENO; ???? IN OUT ????	TRUNC IN，OUT	IN：VD，ID，QD，MD，SD，SMD，LD，AC，常数。数据类型：实数	OUT：VD，ID，QD，MD，SD，SMD，LD，AC。数据类型：双整数

DTR 指令是将输入 IN 的双字整数型数据转换为实数型数据，产生的结果送入 OUT 指定的存储单元，IN 输入的为有符号的 32 位双字整数型数据。

四舍五入指令是将一个实数转换为一个双整数值，并将四舍五入的结果存入 OUT 指定的变量单元中。

取整数指令是将一个实数转换为一个双整数值，并将实数的整数部分作为结果存入 OUT 指定的变量中。

【例 8-6】 求 $y=-0.25x+0.5$ 的值。x 的数值范围为 0～255，由 IB0 输入。

该公式为实数的计算，若要将 IB0 转换成实数，可以先把 IB0 字节转换成 16 位整数，再把 16 位整数转换成 32 位双整数，由双整数转换成实数即可。求 $y=-0.25x+0.5$ 的梯形图实例如图 8-8 所示。

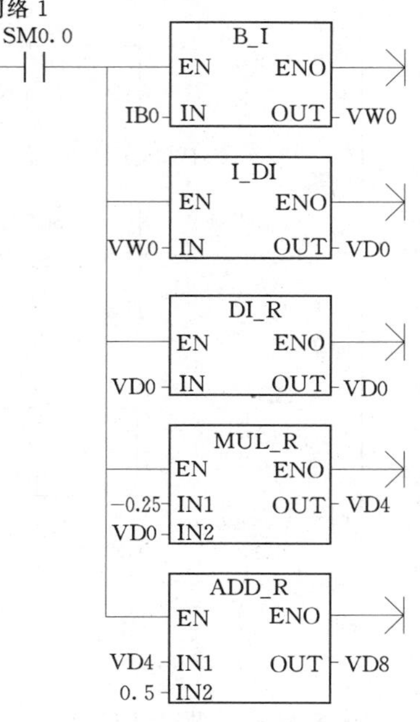

图 8-8　求 $y=-0.25x+0.5$ 的值

2. 译码与编码指令

译码和编码指令的格式及功能见表 8-10。

表 8-10　译码和编码指令的格式及功能

LAD	DECO：EN ENO；????-IN OUT-????	ENCO：EN ENO；????-IN OUT-????
STL	DECO IN，OUT	ENCO IN，OUT
操作数及数据类型	IN：VB，IB，QB，MB，SMB，LB，SB，AC，常数。数据类型：字节。 OUT：VW，IW，QW，MW，SMW，LW，SW，AQW，T，C，AC。数据类型：字	IN：VW，IW，QW，MW，SMW，LW，SW，AIW，T，C，AC，常数。数据类型：字。 OUT：VB，IB，QB，MB，SMB，LB，SB，AC。数据类型：字节
功能及说明	译码指令根据输入字节（IN）的低 4 位表示的输出字（OUT）的位号，将输出字相对应的位置 1，输出字的其他位均置 0	编码指令将输入字（IN）最低有效位（其值为 1）的位号写入输出字节（OUT）的低 4 位中

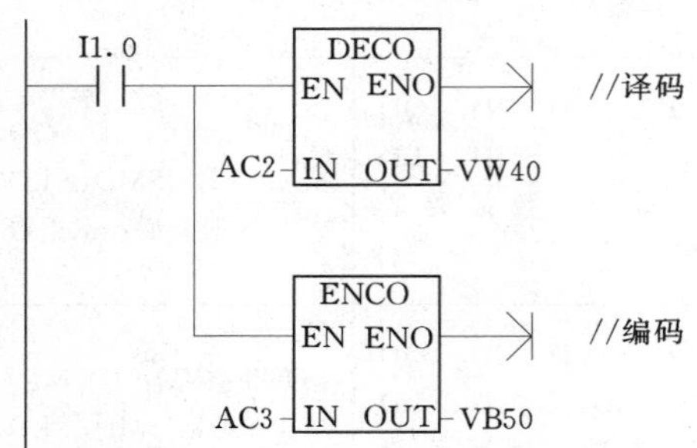

图 8-9　译码编码指令应用举例

【例 8-7】 译码编码指令应用举例如图 8-9 所示。

若（AC2）=2，执行译码指令，则将输出字 VW40 的第二位置 1，VW40 中的二进制数为 2#0000 0000 0000 0100；若（AC3）=2#0000 0000 0000 0100，执行编码指令，则输出字节 VB50 中的位码为 2。

3. 七段译码指令 SEG

七段译码指令使能输入有效时，将字节型输

入数据 IN 的低 4 位有效数字产生相应的七段码，并将其输出到 OUT 所指定的字节单元。七段译码指令 SEG 将输入字节 16＃0～F 转换成七段显示码。指令格式及功能见表 8-11。

表 8-11　　七段显示译码指令格式及功能

LAD	STL	功能及操作数
SEG EN　ENO ???? IN　OUT ????	SEG IN，OUT	功能：将输入字节（IN）的低 4 位确定的十六进制数（16＃0～F），产生相应的七段显示码，送入输出字节 OUT。 IN：VB，IB，QB，MB，SB，SMB，LB，AC，常数。数据类型：字节。 OUT：VB，IB，QB，MB，SMB，LB，AC。数据类型：字节

4. 字符串转换指令

ASCII 码与十六进制数之间的转换指令格式及功能见表 8-12。

表 8-12　　ASCII 码与十六进制数之间的转换指令格式及功能

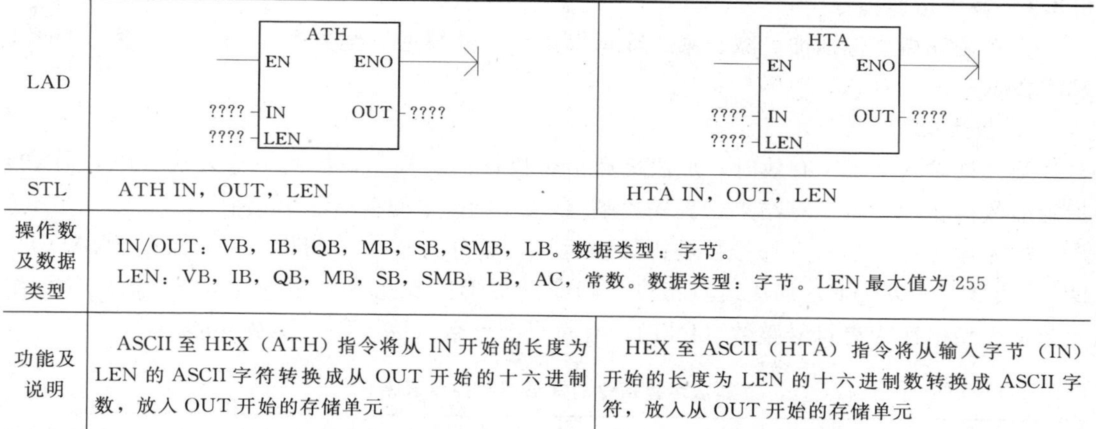

LAD	ATH EN　ENO ???? IN　OUT ???? ???? LEN	HTA EN　ENO ???? IN　OUT ???? ???? LEN
STL	ATH IN，OUT，LEN	HTA IN，OUT，LEN
操作数及数据类型	IN/OUT：VB，IB，QB，MB，SB，SMB，LB。数据类型：字节。 LEN：VB，IB，QB，MB，SB，SMB，LB，AC，常数。数据类型：字节。LEN 最大值为 255	
功能及说明	ASCII 至 HEX（ATH）指令将从 IN 开始的长度为 LEN 的 ASCII 字符转换成从 OUT 开始的十六进制数，放入 OUT 开始的存储单元	HEX 至 ASCII（HTA）指令将从输入字节（IN）开始的长度为 LEN 的十六进制数转换成 ASCII 字符，放入从 OUT 开始的存储单元

8.2.4　字节交换指令

字节交换指令 SWAP 专用于对输入端 1 个字长（包括高位字节和低位字节）的字型数据进行处理。指令格式及功能见表 8-13。

表 8-13　　字节交换指令格式及功能

LAD	STL	功能及说明
SWAP EN　ENO ???? IN	SWAP IN	功能：使能输入 EN 有效时，将输入字 IN 的高字节与低字节交换，结果仍放在 IN 中。 IN：VW，IW，QW，MW，SW，SMW，T，C，LW，AC。数据类型：字

ENO＝0 的错误条件：0006（间接地址错误）。

字节交换指令的工作原理如图 8-10 所示，当 I0.1＝1 时，将 QW0 中数据 16＃1309

的高 8 位字节和低位字节数据进行相互交换，结果 QW0 中的数据变为 16＃0913。这条指令一般采用 P 指令。否则每个扫描周期都进行数据交换。

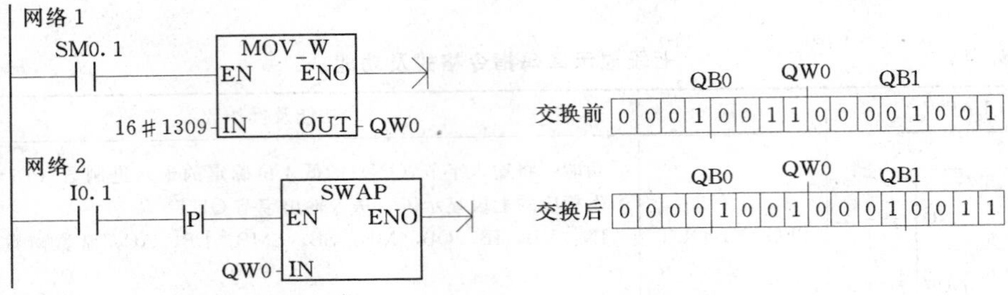

图 8-10 字节交换指令的工作原理

8.3 运算类指令

8.3.1 算术运算指令

算术运算指令包括加、减、乘、除运算指令。其数据类型为整型 INT、双整型 DINT 和实数 REAL。

1. 加法运算指令

当允许输入端 EN 有效时，加法运算指令执行加法操作，把两个输入端（IN1、IN2）指定的数据相加，将运算结果送到输出端（OUT）指定的存储器单元中。

加法运算指令是对有符号数进行加法运算，可分为整数（ADD_I）、双整数（ADD_DI）、实数（ADD_R）加法运算指令，指令的梯形图和指令表格式见表 8-14。其操作数数据类型依次为有符号整数（INT）、有符号双整数（DINT）、实数（REAL）。

表 8-14 加法运算指令的梯形图和指令表格式

指令名称	LAD	STL	操作数	数据类型
整数加法	ADD_I EN ENO ????-IN1 OUT-???? ????-IN2	+I IN1，OUT	IN1/IN2：VW，IW，QW，MW，SW，SMW，T，C，AC，LW，AIW，常数。 OUT：VW，IW，QW，MW，SW，SMW，T，C，LW，AC	INT
双整数加法	ADD_DI EN ENO ????-IN1 OUT-???? ????-IN2	+D IN1，OUT	IN1/IN2：VD，ID，QD，MD，SMD，SD，LD，AC，HC，常数。 OUT：VD，ID，QD，MD，SMD，SD，LD，AC	DINT
实数加法	ADD_R EN ENO ????-IN1 OUT-???? ????-IN2	+R IN1，OUT	IN1/IN2：VD，ID，QD，MD，SD，SMD，LD，AC，常数。 OUT：VD，ID，QD，MD，SD，SMD，LD，AC	REAL

注意：使用梯形图编程和指令表编程时对存储单元的要求是不相同的。使用梯形图编程时，执行 IN1＋IN2＝OUT，因此 IN2 和 OUT 指定的存储单元可以相同也可以不相同；使用指令表编程时，执行 IN1＋OUT＝OUT，因此 IN2 和 OUT 要使用相同的存储单元。

2. 减法运算指令

当允许输入端 EN 有效时，减法运算指令执行减法操作，把两个输入端（IN1、IN2）指定的数据相减，将运算结果送到输出端（OUT）指定的存储器单元中。

减法运算指令是对有符号数进行减法运算，可分为整数（ADD _ I）、双整数(ADD _ DI)、实数（ADD _ R）减法运算指令，指令的梯形图和指令表格式见表 8－15。其操作数数据类型依次为：有符号整数（INT）、有符号双整数（DINT）和实数（REAL）。

表 8－15　　减法运算指令的梯形图和指令表格式

指令名称	LAD	STL	操　作　数	数据类型
整数减法	SUB_I EN　ENO ????-IN1　OUT-???? ????-IN2	－I IN1，OUT	IN1/IN2：IW，QW，VW，MW，SW，SMW，T，C，AC，LW，AIW，常数。 OUT：IW，QW，VW，MW，SW，SMW，T，C，LW，AC	INT
双整数减法	SUB_DI EN　ENO ????-IN1　OUT-???? ????-IN2	－D IN1，OUT	IN1/IN2：ID，QD，VD，MD，SMD，SD，LD，AC，HC，常数。 OUT：ID，QD，VD，MD，SMD，SD，LD，AC	DINT
实数减法	SUB_R EN　ENO ????-IN1　OUT-???? ????-IN2	－R IN1，OUT	IN1/IN2：ID，QD，VD，MD，SD，SMD，LD，AC，常数。 OUT：ID，QD，VD，MD，SD，SMD，LD，AC	REAL

注意：执行减法运算时，使用梯形图编程和指令表编程时对存储单元的要求是不相同的。使用梯形图编程时，执行 IN1－IN2＝OUT，因此 IN1 和 OUT 指定的存储单元可以相同也可以不相同；使用指令表编程时，执行 OUT－IN2＝OUT，因此 IN1 和 OUT 要使用相同的存储单元。

3. 乘法运算指令

当允许输入端 EN 有效时，乘法运算指令，把两个输入端（IN1，IN2）指定的数相乘，将运算结果送到输出端（OUT）指定的存储单元中。

乘法运算指令是对有符号数进行乘法运算，可分为整数、双整数、实数乘法指令和整数完全乘法指令，指令的梯形图和指令表格式见表 8－16。

表 8-16　　乘法运算指令的梯形图和指令表格式

指令名称	LAD	STL	操　作　数	数据类型
整数乘法	MUL_I EN ENO ????-IN1 OUT-???? ????-IN2	*I IN1，OUT	IN1/IN2：VW，IW，QW，MW，SW，SMW，T，C，LW，AC，AIW，常数。 OUT：VW，IW，QW，MW，SW，SMW，LW，T，C，AC	INT
双整数乘法	MUL_DI EN ENO ????-IN1 OUT-???? ????-IN2	*D IN1，OUT	IN1/IN2：VD，ID，QD，MD，SMD，SD，LD，HC，AC，常数。 OUT：VD，ID，QD，MD，SMD，SD，LD，AC	DINT
整数乘法双整数积	MUL EN ENO ????-IN1 OUT-???? ????-IN2	MUL IN1，OUT	IN1/IN2：VW，IW，QW，MW，SW，SMW，T，C，LW，AC，AIW，常数。 OUT：VD，ID，QD，MD，SMD，SD，LD，AC	IN1/IN2：INT OUT：DINT
实数乘法	MUL_R EN ENO ????-IN1 OUT-???? ????-IN2	*R IN1，OUT	IN1/IN2：VD，ID，QD，MD，SMD，SD，LD，AC，常数。 OUT：VD，ID，QD，MD，SMD，SD，LD，AC	REAL

整数乘法运算指令是将两个单字长符号整数相乘，产生一个16位整数；双整数乘法运算指令是将两个双字长符号整数相乘，产生一个32位整数；实数乘法运算指令是将两个双字长实数相乘，产生一个32位实数；整数完全乘法运算指令是将两个单字长符号整数相乘，产生一个32位整数。

注意：执行乘法运算时，使用梯形图编程和指令表编程时对存储单元的要求是不相同的。使用梯形图编程时，执行IN1*IN2=OUT，因此IN2和OUT指定的存储单元可以相同也可以不相同；使用指令表编程时，执行IN1*OUT=OUT，因此IN2和OUT要使用相同的存储单元（整数完全乘法运算指令的IN2与OUT的低16位使用相同的地址单元）。

加法、减法、乘法指令影响的特殊存储器位：SM1.0（零）、SM1.1（溢出）、SM1.2（负）。

4. 除法运算指令

当允许输入端EN有效时，除法运算指令，把两个输入端（IN1，IN2）指定的数相除，将运算结果送到输出端（OUT）指定的存储单元中。

除法运算指令是对有符号数进行除法运算，可分为整数、双整数、实数除法指令和整数完全除法指令，指令的梯形图和指令表格式见表8-17。

表 8－17　　除法运算指令的梯形图和指令表格式

指令名称	LAD	STL	操作数	数据类型
整数除法	DIV_I（EN、ENO；????－IN1、OUT－????；????－IN2）	/I IN1，OUT	IN1/IN2：VW，IW，QW，MW，SW，SMW，T，C，LW，AC，AIW，常数。 OUT：VW，IW，QW，MW，SW，SMW，LW，T，C，AC	INT
双整数除法	DIV_DI（EN、ENO；????－IN1、OUT－????；????－IN2）	/D IN1，OUT	IN1/IN2：VD，ID，QD，MD，SMD，SD，LD，HC，AC，常数。 OUT：VD，ID，QD，MD，SMD，SD，LD，AC	DINT
带余数的整数除法	DIV（EN、ENO；????－IN1、OUT－????；????－IN2）	DIV IN1，OUT	IN1/IN2：VW，IW，QW，MW，SW，SMW，T，C，LW，AC，AIW，常数。 OUT：VD，ID，QD，MD，SMD，SD，LD，AC	IN1/IN2：INT OUT：DINT
实数除法	DIV_R（EN、ENO；????－IN1、OUT－????；????－IN2）	/R IN1，OUT	IN1/IN2：VD，ID，QD，MD，SMD，SD，LD，AC，常数。 OUT：VD，ID，QD，MD，SMD，SD，LD，AC	REAL

整数除法运算指令是将两个单字长符号整数相除，产生一个 16 位商，不保留余数；双整数除法运算指令是将两个双字长符号整数相除，产生一个 32 位商，不保留余数；实数除法运算指令是将两个双字长实数相除，产生一个 32 位商，不保留余数；整数完全除法运算指令是将两个单字长符号整数相除，产生一个 32 位的结果，其中高 16 位是余数，低 16 位是商。

注意：执行除法运算时，使用梯形图编程和指令表编程对存储单元的要求是不相同的。使用梯形图编程时，执行 IN1/IN2＝OUT，因此 IN1 和 OUT 指定的存储单元可以相同也可以不相同；使用指令表编程时，执行 OUT/IN2＝OUT，因此 IN1 和 OUT 要使用相同的存储单元（整数完全除法指令运算指令的 IN1 与 OUT 的低 16 位使用相同的地址单元）。

除法运算指令对特殊存储器位的影响：SM1.0（零）、SM1.1（溢出）、SM1.2（负）、SM1.3（除数为 0）。

【例 8－8】 用模拟电位器调节定时器 T37 的设定值为 5～20s，设计运算程序。

西门子 CPU 221 和 CPU 222 各有一个模拟电位器，其他 CPU224 和 CPU226 各有两个模拟电位器。CPU 将电位器的位置转换为 0～255 的数字值，然后存入两个特殊存储器字节 SMB28 和 SMB29 中，分别对应电位器 0 和电位器 1 的值。可以用小“一”字改锥调整电位器的位置。

要求在输入信号 I0.4 的上升沿，用电位器 0 来设置定时器 T37 的设定值，设定的时间范围为5～20s，即从电位器读出的数字0～255对应于5～20s。设读出的数字为N，则100ms定时器的设定值（以0.1s为单位）为

$$\frac{(200-50)\times N}{255}+50=\frac{150\times N}{255}+50$$

为了保证运算精度，应先乘后除。N的最大值为255，使用整数乘整数得双整数的乘法指令MUL。乘法运算的结果可能大于一个字能表示的最大正数32767，所以需要使用双字除法指令“/D”，运算结果为双字，因为本例中的商不会超过一个字的长度，商在双字的低位字中。下面是实现上述要求的梯形图程序，如图8-11所示。其中累加器可以存放字节、字和双字，在数学运算时使用累加器来存放操作数和运算的中间结果比较方便。

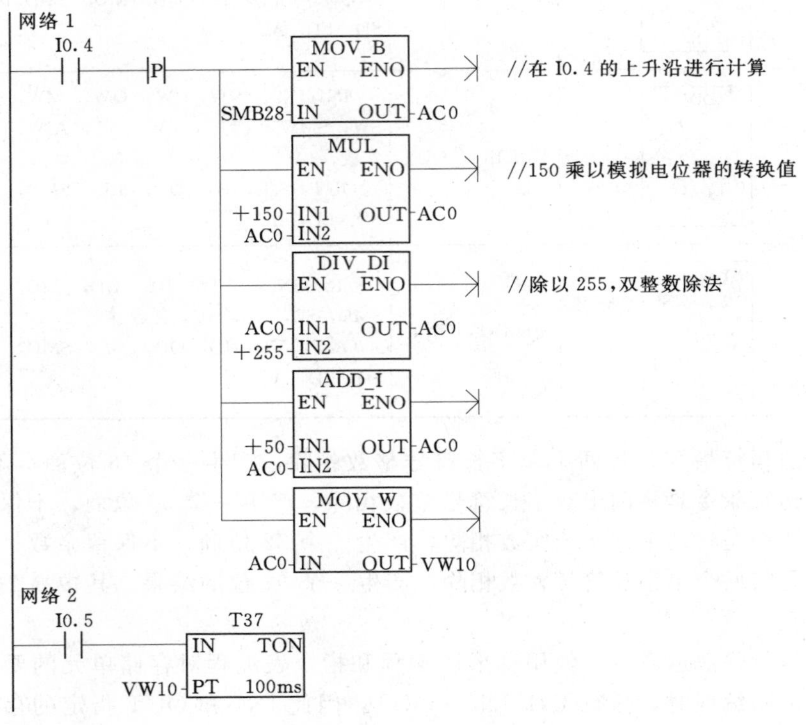

图8-11　算术运算指令编程举例

8.3.2　加1与减1指令

加1指令是将输入IN加1，并将结果存放在OUT中，IN+1=OUT。

减1指令是将输入IN减1，并将结果存放在OUT中，IN-1=OUT。

字节加1指令（INCB）和字节减一指令（DECB）操作是无符号的，最大值是254+1=255，最小值1-1=0。

字加1（INCW）和字减1指令（DECW）操作是有符号的，最大值是32766+1=32767，最小值-32767-1=-32768。

双字加1（INCD）和双字减1指令（DECD）操作是有符号的，最大值是2147483646+1=2147483647，最小值-2147483647-1=-2147483648。

加 1 和减 1 指令的梯形图、指令表格式及数据类型见表 8-18。

表 8-18　　加 1 和减 1 指令格式

指令名称	LAD	STL	操作数	数据类型
字节加 1	INC_B EN　ENO ????-IN　OUT-????	INCB OUT	IN：VB，IB，QB，MB，SB，SMB，LB，AC，常数。 OUT：VB，IB，QB，MB，SB，SMB，LB，AC	字节
整数加 1	INC_W EN　ENO ????-IN　OUT-????	INCW OUT	IN：VW，IW，QW，MW，SW，SMW，AC，AIW，LW，T，C，常数。 OUT：VW，IW，QW，MW，SW，SMW，LW，AC，T，C	整数
双整数加 1	INC_DW EN　ENO ????-IN　OUT-????	INCD OUT	IN：VD，ID，QD，MD，SD，SMD，LD，AC，HC，常数。 OUT：VD，ID，QD，MD，SD，SMD，LD，AC	双整数
字节减 1	DEC_B EN　ENO ????-IN　OUT-????	DECB OUT	IN：VB，IB，QB，MB，SB，SMB，LB，AC，常数。 OUT：VB，IB，QB，MB，SB，SMB，LB，AC	字节
整数减 1	DEC_W EN　ENO ????-IN　OUT-????	DECW OUT	IN：VW，IW，QW，MW，SW，SMW，AC，AIW，LW，T，C，常数。 OUT：VW，IW，QW，MW，SW，SMW，LW，AC，T，C	整数
双整数减 1	DEC_DW EN　ENO ????-IN　OUT-????	DECD OUT	IN：VD，ID，QD，MD，SD，SMD，LD，AC，HC，常数。 OUT：VD，ID，QD，MD，SD，SMD，LD，AC	双整数

【例 8-9】 加 1 与减 1 指令实例如图 8-12 所示。

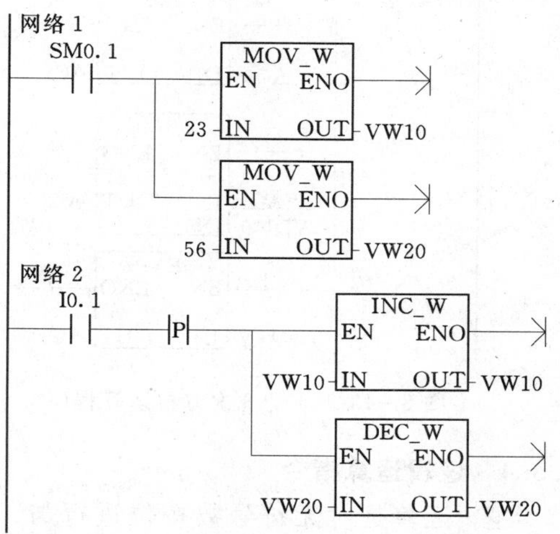

图 8-12　加 1 与减 1 指令实例

8.3.3　数学功能指令

(1) 平方根 (SQRT) 指令。对 32 位实数 (IN) 取平方根，并产生一个 32 位实数结果，从 OUT 指定的存储单元输出。

(2) 自然对数 (LN) 指令。对 IN 中的数值进行自然对数计算，并将结果置于 OUT 指定的存储单元中。

(3) 自然指数 (EXP) 指令。将 IN 取以 e 为底的指数，并将结果置于 OUT 指定的存储单元中。

(4) 三角函数指令。将一个实数的弧度值 IN 分别求 SIN、COS、TAN，得到实数运算结果，从 OUT 指定的存储单元输出。

函数变换指令格式及功能见表 8-19。

表 8-19　　函数变换指令格式及功能

LAD	SQRT EN ENO ???? IN OUT ????	LN EN ENO ???? IN OUT ????	EXP EN ENO ???? IN OUT ????
STL	SQRT　IN，OUT	LN　IN，OUT	EXP　IN，OUT
功能	SQRT(IN)＝OUT	LN(IN)＝OUT	EXP (IN)＝OUT
LAD	SIN EN ENO ??? IN OUT ????	COS EN ENO ??? IN OUT ????	TAN EN ENO ??? IN OUT ????
STL	SIN IN，OUT	COS IN，OUT	TAN IN，OUT
功能	SIN(IN)＝OUT	COS(IN)＝OUT	TAN(IN)＝OUT

【例 8-10】 用 PLC 自然对数和自然指数指令求 64 的 3 次方根运算。

分析： 64 的 3 次方根用自然对数与指数表示为 $64^{1/3}$＝EXP[LN(64)÷3]＝4，程序如图 8-13 所示（具体应用时要考虑数据类型的转换）。

【例 8-11】 求 45°正弦值。

分析： 先将 45°转换为弧度：(3.14159/180)×45，再求正弦值。程序如图 8-14 所示。

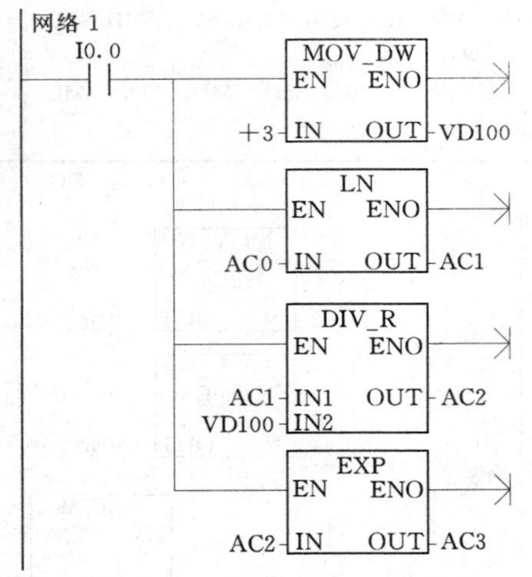

图 8-13　64 的 3 次方根运算程序

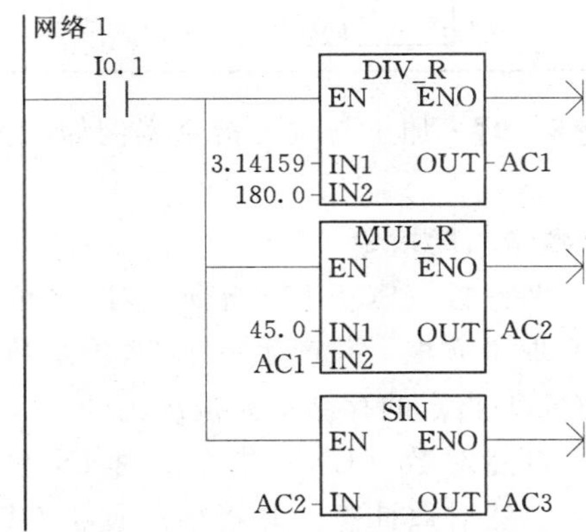

图 8-14　求 45°正弦值梯形图

8.3.4　逻辑运算指令

逻辑运算是对无符号数按位进行与、或、异或和取反等操作。操作数的长度有 B、W、DW。

1. 取反指令

字节取反（INVB）、字取反（INVW）和双字取反（INVD）指令用于将输入端 IN 按位取反的结果存入 OUT 指定的存储单元中。

2. 字节与、字与和双字与指令

字节与（ANDB）、字与（ANDW）和双字与（ANDD）指令将输入端 IN1 和 IN2 的相应位进行与操作，结果存入 OUT 指定的存储单元中。

3. 字节或、字或和双字或指令

字节或（ORB）、字或（ORW）和双字或（ORD）指令将输入端 IN1 和 IN2 的相应位进行或操作，结果存入 OUT 指定的存储单元中。

4. 字节异或、字异或和双字异或指令

字节异或（XORB）、字异或（XORW）、双字异或（XORD）指令将两个输入端 IN1 和 IN2 的相应位进行异或操作，结果存入 OUT 指定的存储单元中。

取反、与、或和异或逻辑运算指令格式及功能见表 8－20。

表 8－20　　逻辑运算指令格式

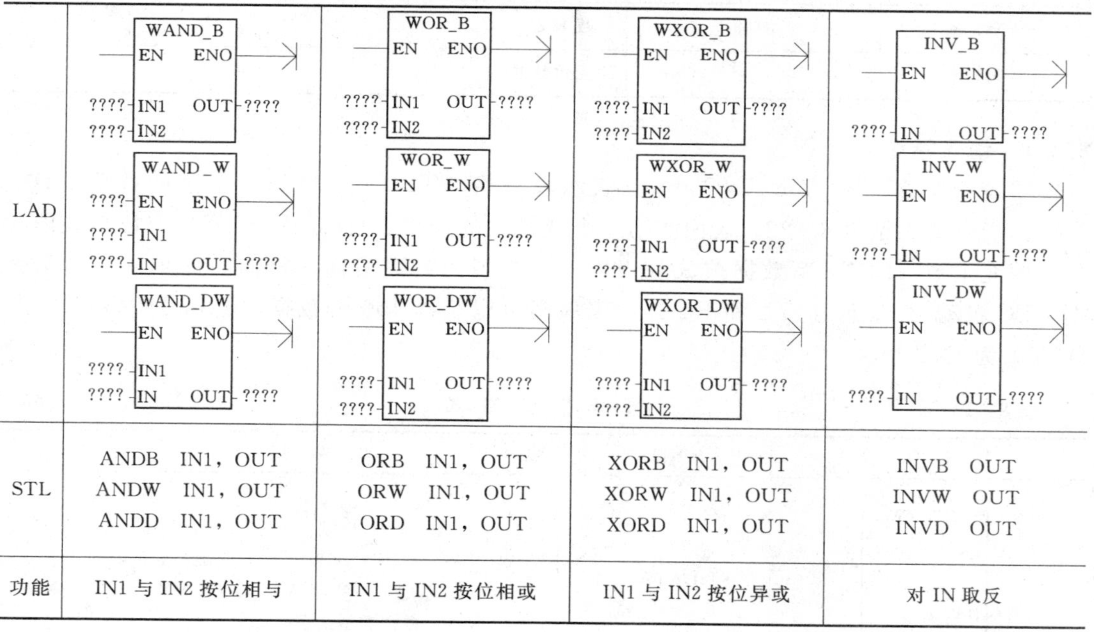

LAD	WAND_B: EN ENO; ????-IN1 OUT-????; ????-IN2 WAND_W: ????-EN ENO; ????-IN1; ????-IN OUT-???? WAND_DW: EN ENO; ????-IN1; ????-IN OUT-????	WOR_B: EN ENO; ????-IN1 OUT-????; ????-IN2 WOR_W: EN ENO; ????-IN1 OUT-????; ????-IN2 WOR_DW: EN ENO; ????-IN1 OUT-????; ????-IN2	WXOR_B: EN ENO; ????-IN1 OUT-????; ????-IN2 WXOR_W: EN ENO; ????-IN1 OUT-????; ????-IN2 WXOR_DW: EN ENO; ????-IN1 OUT-????; ????-IN2	INV_B: EN ENO; ????-IN OUT-???? INV_W: EN ENO; ????-IN OUT-???? INV_DW: EN ENO; ????-IN OUT-????
STL	ANDB　IN1，OUT ANDW　IN1，OUT ANDD　IN1，OUT	ORB　IN1，OUT ORW　IN1，OUT ORD　IN1，OUT	XORB　IN1，OUT XORW　IN1，OUT XORD　IN1，OUT	INVB　OUT INVW　OUT INVD　OUT
功能	IN1 与 IN2 按位相与	IN1 与 IN2 按位相或	IN1 与 IN2 按位异或	对 IN 取反

【例 8－12】 将 VW10 与 VW101 中的内容进行“异或”操作，结果存于 VW101 中。

分析： 这是两个字进行逻辑“异或”操作，程序及结果如图 8－15 所示。

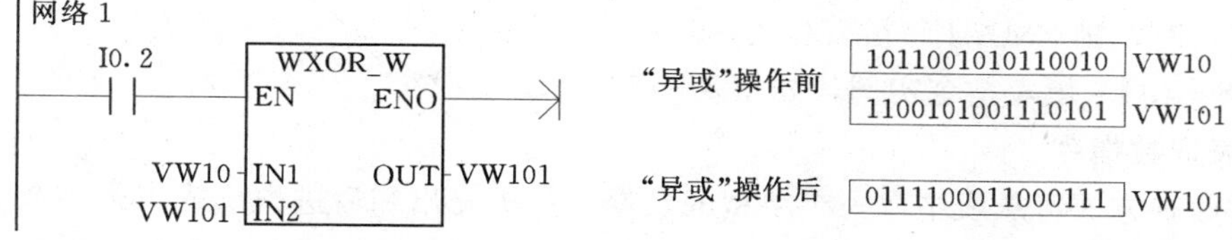

图 8－15　逻辑“异或”操作实例

8.4　表功能指令

在 S7－200 中，表功能指令是数据管理指令。使用它可建立一个不大于 100 个字的数据表，依次向数据区填入或取出数据，也可在数据区查找符合设置条件的数据。数据在表格中的存储形式见表 8－21。表功能指令包括填表指令、表取数指令、表查找指令以及填充指令。

表 8－21　　表中数据的存储格式

存储单元地址	存储单元中的数据	说　明
VW100	0005	VW100 为表格的首地址，TL＝5 为该表格的最大填表数
VW102	0003	数据 EC＝0003（EC≤100）为该表中的实际填表数
VW104	3457	数据 0
VW106	2356	数据 1
VW108	8743	数据 2
VW110	* * * *	无效数据

8.4.1　填表指令

填表指令 ATT（Add To Table）表示向表格（TBL）中增加一个字的数值（DATA），指令格式见表 8－22。表内的第一个数是表的最大长度（TL）。第二个数是表内实际的填充个数（EC）。新数据被放入表内上一次填入的数后面。每向表内填入一个新数据，EC 自动加 1。除了 TL 和 EC 外，表最多可以装入 100 个数据。TBL 为 WORD 型，DATA 为 INT 型。

表 8－22　　填 表 指 令 格 式

LAD	STL	操　作　数
AD_T_TBL EN　ENO ????-DATA ????-TBL	ATT DATA，TBL	DATA 数据输入端：VW，IW，QW，MW，SW，SMW，LW，T，C，AIW，AC，常数。数据类型：整数。 TBL 首地址：VW，IW，QW，MW，SW，SMW，LW，T，C。数据类型：字

注意：所有的表格读取和表格写入指令必须用边缘触发器指令激活。填入表的数据过多（溢出）时，则 SM1.4 将被置位为 1。

【例 8－13】　填表指令实例，如图 8－16 所示。

8.4.2　表取数指令

通过两种方式可从表中取一个字型的数据：先进先出和后进先出式。若一个字型数据从表中取走后，表的实际填表数 EC 值自动减 1。若从空表中取走一个字型数据，特殊寄

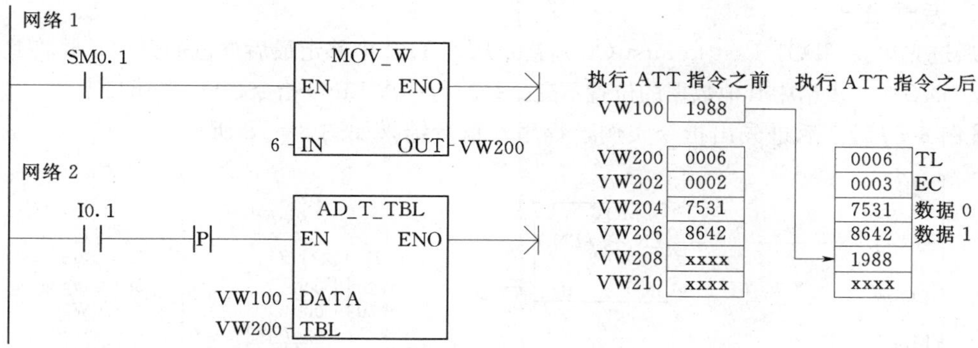

图 8-16　填表指令实例

存器标志位 SM1.5 置位为 1。表取数指令有先进先出指令和后进先出指令，其指令格式见表 8-23。

表 8-23　　　　**表取数指令格式**

指令名称	LAD	STL	操作数及数据类型
先进先出指令	FIFO EN　ENO ????-TBL　DATA-????	FIFO　TBL，DATA	TBL：VW，IW，QW，MW，SW，SMW，LW，T，C。数据类型：字。 DATA：VW，IW，QW，MW，SW，SMW，LW，AC，T，C，AQW。数据类型：整数
后进先出指令	LIFO EN　ENO ????-TBL　DATA-????	LIFO　TBL，DATA	

1. 先进先出

先进先出（FIFO，First to First Out）指令从表 TBL 中移走第一个数据（最先进入表中的数据），并将此数据输出到 DATA，表格中剩余的数据依次上移一个位置。每执行一次该指令，EC 值自动减 1。

【例 8-14】　先进先出指令实例，程序及执行结果如图 8-17 所示。

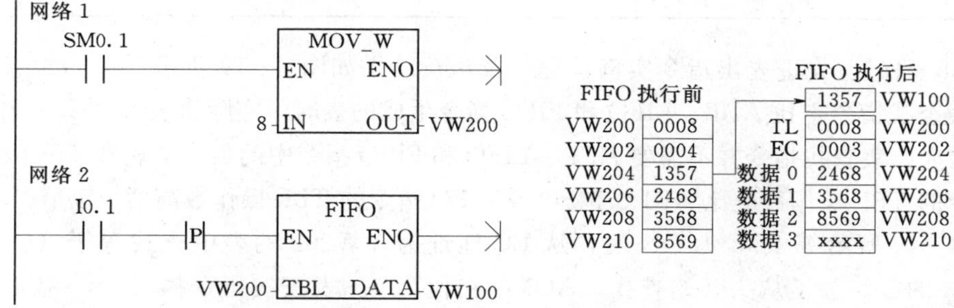

图 8-17　FIFO 指令应用实例

2. 后进先出

后进先出（LIFO，Last to First Out）指令从表 TBL 中移走最后放进的数据，并将此数据输出到 DATA，表格中其他数据的位置不变。每执行一次 LIFO 指令，EC 自动减 1。

【例 8－15】　后进先出指令实例，程序及执行结果如图 8－18 所示。

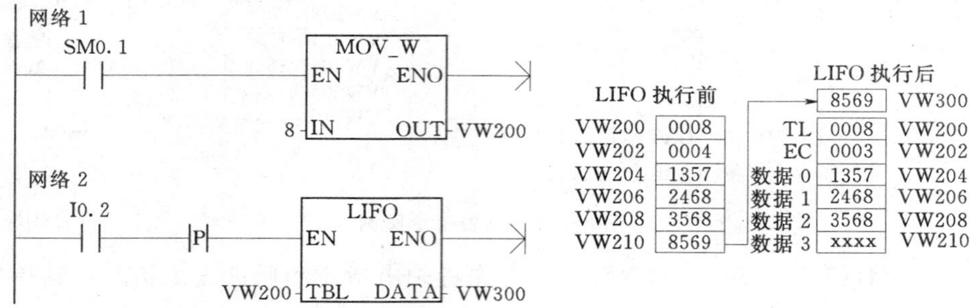

图 8－18　LIFO 指令应用实例

8.4.3　表查找指令

表查找指令（Table Find）从指针 INDX 所指的地址开始查表格 TBL，搜索与数据 PTN 的关系满足 CMD 定义条件的数据，表查找指令格式见表 8－24。命令参数 CMD＝1～4，分别代表“＝”、“〈 〉”（不等于）、“＜”和“＞”。如果发现了一个符合条件的数据，则 INDX 指向该数据。要查找下一个符合条件的数据，再次启动查表指令之前，应先将 INDX 加 1。如果没有找到，INDX 的数值等于 EC。一个表最多有 100 个填表数据，数据的编号为 0～99。

表 8－24　　　　**表查找指令格式**

LAD	STL	操作数及数据类型
TBL_FIND EN　ENO ????－TBL ????－PTN ????－INDX ????－CMD	FND＝TBL，PTN，INDX FND〈〉TBL，PTN，INDX FND＜ TBL，PTN，INDX FND＞ TBL，PTN，INDX	TBL：VW，IW，QW，MW，SW，SMW，LW，T，C。字型。 PTN：VW，IW，QW，MW，SW，SMW，AIW，LW，T，C，AC，常数。整数型。 INDX：VW，IW，QW，MW，SW，SMW，LW，T，C，AC。字型。 CMD：常数（范围取 1～4）。字节型

【例 8－16】　先进先出指令实例，程序及执行结果如图 8－19 所示。

用表查找指令查找 ATT、LIFO 和 FIFO 指令生成的表时，实际填表数（EC）和输入的数据相对应。表查找指令并不需要 ATT、LIFO 和 FIFO 指令中的最大填表数 TL。因此，表查找指令的 TBL 操作数应比 ATT、LIFO 或 FIFO 指令的 TBL 操作数高两个字节。

图 8－19 所示等 I0.3 为 ON 时，从 EC 地址为 VW202 的表中查找等于（CMD＝1）16＃2673 的数。为了从头开始查找，AC1 的初值为 0。表查找指令执行后，AC1＝2，找到了满足条件的数据 4。查找表中剩余的数据之前，AC1（INDX）应加 1。第二次执行后，AC1＝4，找到了满足条件的数据 4，将 AC1 再次加 1。第 3 次执行后，AC1 等于表

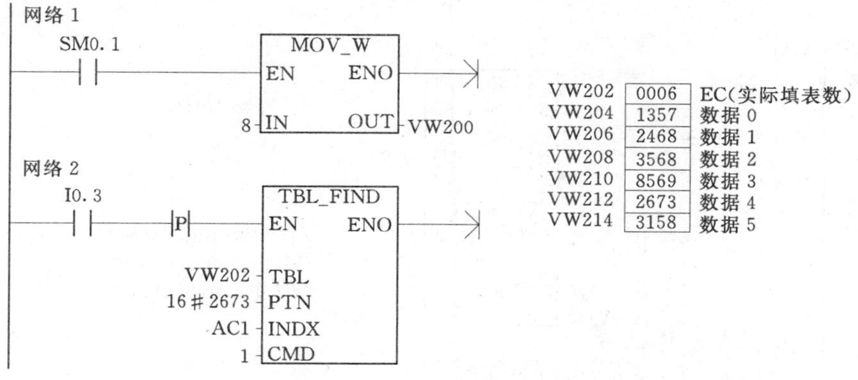

图 8-19　LIFO 指令应用实例

中填入的项数 6（EC），表示表已经查完，没有找到符合条件的数据。再次查表之前，应将 INDX 清零。

8.4.4 存储器填充指令（FILL）

存储器填充指令是指用输入值（IN）填充从输出单元（OUT）开始的 N 个字的内容。N 为 1～255。填充指令的梯形图和指令表格式见表 8-25。

表 8-25　　填充指令格式

LAD	STL	操作数及数据类型
FILL_N（EN ENO；???? IN OUT ????；???? N）	FILL　IN，OUT，N	IN：VW，IW，QW，MW，SW，SMW，LW，T，C，AIW，AC，常数。整数型。 N：VB，IB，QB，MB，SB，SMB，LB，AC，常数。字节型。 OUT：VW，IW，QW，MW，SW，SMW，LW，T，C，AQW。整数型

【例 8-17】　将 VW200 数据表中 6 个字的数据填充为 0，程序及运行结果，如图 8-20 所示。

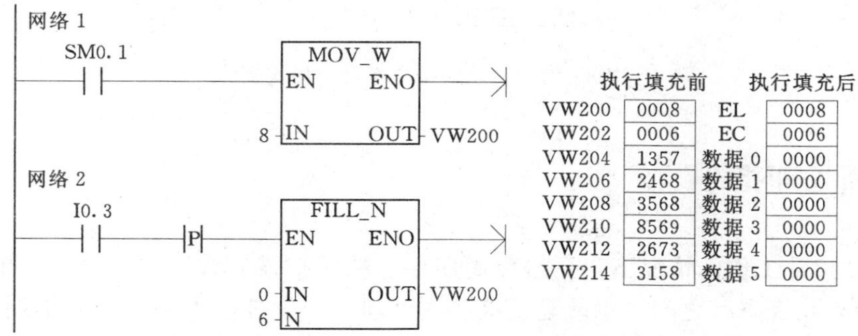

图 8-20　填充指令应用实例

【例 8-18】　前述表功能指令综合应用实例，如图 8-21 所示。

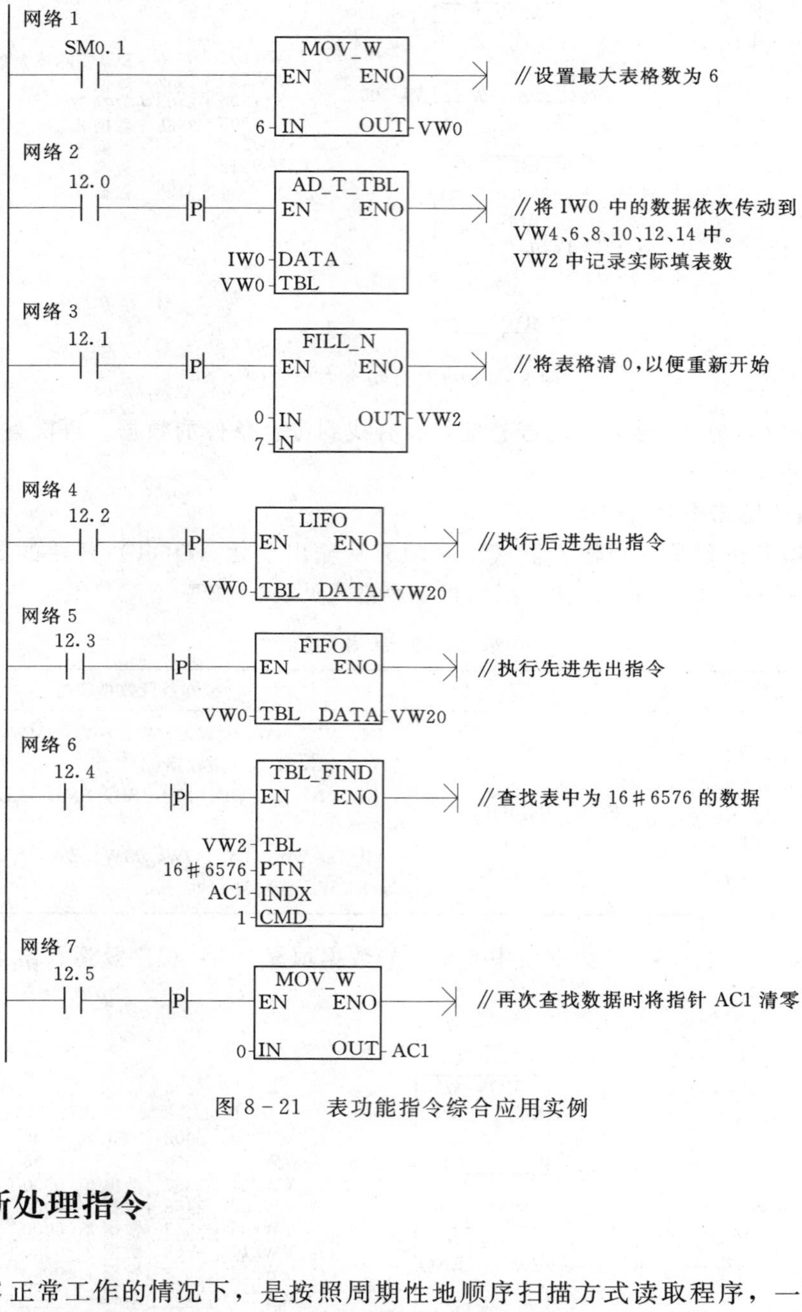

图8-21　表功能指令综合应用实例

8.5　中断处理指令

在PLC正常工作的情况下，是按照周期性地顺序扫描方式读取程序，一个扫描周期在几十毫秒到几百毫秒之间，也就是说接受或处理一个事件至少要一个扫描周期的时间。但是在某些情况下需要对某些事件进行立即处理，这时就要用到中断指令来处理了。

所谓中断，是当控制系统执行正常程序时，系统中出现了某些急需处理的异常情况或特殊请求，这时系统暂时中断现行的程序，立即对随机发生的更紧迫事件进行处理（执行

中断服务程序)，当该事件处理完毕后，系统自动回到原来被中断的程序继续读取程序。S7 - 200 设置的中断功能，用于实时控制、高速处理、通信和网络等复杂和特殊的控制任务。

8.5.1　建立中断程序

中断程序是为处理中断事件而事先写好的程序，它不像子程序要用指令调用，而是当中断事件发生后系统会自动执行中断程序，如果中断事件未发生，中断程序就不会执行。中断程序应尽量短小、简单，以减少中断程序的执行时间，缩短对正常工作的延迟。中断程序在执行完某项特定任务后，应立即返回主程序，否则可能引起主程序控制的设备操作异常。对中断而言，其原则是“越短越好”。

在 STEP 7 - Micro/WIN 软件程序编辑器界面中，系统默认提供了一个空的中断程序 INT _ 0，用户可以直接在其中输入程序。除此之外，用户还可以采用下面 3 种方法创建中断程序：

(1) 在程序编辑器界面窗口中单击鼠标右键，从弹出的菜单中选择“插入”→“中断程序”。

(2) 在“编辑”菜单中选择“插入”→“中断程序”。

(3) 鼠标右键单击指令树上的“程序块”图标，从弹出菜单中选择“插入”→“中断程序”。

中断程序创建成功后，程序编辑器将显示新的中断程序，程序编辑器底部出现新的中断程序标签，单击相应的标签就可以进入中断程序编程。如果需要编写第二个或更多的中断程序，用户再次重复以上三种任意一的操作即可。

8.5.2　中断事件与中断优先级

中断事件指的是能够发出中断请求的事件，又称为中断源。为了便于识别，系统为每个中断事件规定了一个中断事件号，中断事件由中断事件号来指定。响应中断事件而执行的程序称为中断服务程序，把中断事件号和中断服务程序关联起来才能执行中断处理功能。

S7 - 200 系列可编程控制器最多有 34 个中断源，分为 3 大类：通信中断、输入/输出 (I/O) 中断和时基中断。由于每类中断事件中又有多种中断事件，所以每类中断事件内部也要进行优先级别排队。中断事件号与中断优先级见表 8 - 26。

PLC 的中断处理规律主要有以下几点。

(1) 当多个中断事件发生时，按照事件的优先级顺序依次响应；对于同一级别的事件，则按先发生先响应的原则。

(2) 任何时刻只能执行一个用户中断程序，执行时不会响应更高级别的中断请求，直到当前中断程序执行完成。

(3) 在执行某个中断程序时，若有多个中断事件发生请求，这些中断事件则按优先级顺序排成中断队列等候。中断队列能保存的中断事件个数是有限制的，如果超出了队列的容量，则会产生溢出，将某些特殊标志继电器置位。S7 - 200 PLC 的中断队列容量及溢出置位继电器见表 8 - 27。

表 8-26　中断事件的优先级别顺序

中断优先级	中断事件号	中断事件描述	组内优先级
通信中断（最高）	8	端口 0：接收字符	0
	9	端口 0：发送完成	0
	23	端口 0：接收消息完成	0
	24	端口 1：接收消息完成	1
	25	端口 1：接收字符	1
	26	端口 1：发送完成	1
I/O 中断（中等）	19	PTO0 脉冲输出完成	0
	20	PTO0 脉冲输出完成	1
	0	I0.0 的上升沿	2
	2	I0.1 的上升沿	3
	4	I0.2 的上升沿	4
	6	I0.3 的上升沿	5
	1	I0.0 的下降沿	6
	3	I0.1 的下降沿	7
	5	I0.2 的下降沿	8
	7	I0.3 的下降沿	9
	12	HSC0 的 CV=PV（当前值=设定值）	10
	27	HSC0 输入方向改变	11
	28	HSC0 外部复位	12
	13	HSC1 的 CV=PV（当前值=设定值）	13
	14	HSC1 输入方向改变	14
	15	HSC1 外部复位	15
	16	HSC2 的 CV=PV（当前值=设定值）	16
	17	HSC2 输入方向改变	17
	18	HSC2 外部复位	18
	32	HSC3 的 CV=PV（当前值=设定值）	19
	29	HSC4 的 CV=PV（当前值=设定值）	20
	30	HSC4 输入方向改变	21
	31	HSC4 外部复位	22
	33	HSC5 的 CV=PV（当前值=设定值）	23
定时中断（最低）	10	定时中断 0：SMB34	0
	11	定时中断 1：SMB35	1
	21	定时器 T32：CT=PT 中断	2
	22	定时器 T96：CT=PT 中断	3

表 8－27　　S7－200 PLC 的中断队列容量及溢出置位继电器

中断队列	CPU 211、CPU 222、CPU 224	CPU 224 XP 和 CPU 226	溢出置位
通信中断队列	4	8	SM4.0
I/O 中断队列	16	16	SM4.1
定时中断队列	8	8	SM4.2

8.5.3　中断指令

S7－200 PLC 的中断指令有 6 条：中断允许指令、中断禁止指令、中断条件返回指令、中断连接指令、中断分离指令和清除中断事件指令。中断指令的格式见表8－28。

表 8－28　　中断指令格式

<table>
<tr><th>指令名称</th><th>LAD</th><th>STL</th><th colspan="2">操作数及数据类型</th></tr>
<tr><td>中断允许指令</td><td>—(ENI)</td><td>ENI</td><td rowspan="6">INT：字节型常数，范围为 0～127</td><td rowspan="6">EVNT：字节型常数，对于 CPU221 和 CPU222 的范围为0～12、19～23、27～33；对于 CPU224 的范围为 0～23、27～33；对于 CPU226 的范围为 0～33</td></tr>
<tr><td>中断禁止指令</td><td>—(DISI)</td><td>DISI</td></tr>
<tr><td>中断条件返回指令</td><td>—(RETI)</td><td>CRETI</td></tr>
<tr><td>中断连接指令</td><td>ATCH
EN ENO
???? INT
???? EVNT</td><td>ATCH INT，EVNT</td></tr>
<tr><td>中断分离指令</td><td>DTCH
EN ENO
???? EVNT</td><td>DTCH EVNT</td></tr>
<tr><td>清除中断事件</td><td>CLR_EVNT
EN ENO
???? EVNT</td><td>CEVNT EVNT</td></tr>
</table>

（1）中断允许指令 ENI（Enable Interrupt）。全局允许所有被连接的中断事件。

（2）中断禁止指令 DISI（Disable Interrupt）。全局禁止处理所有中断事件。允许中断事件排队等候，但不允许执行中断服务程序，直到用全局中断允许指令 ENI 重新允许中断。

当进入 RUN 模式时，中断被自动禁止。在 RUN 模式执行全局中断允许指令后，各中断事件发生时是否执行中断程序，取决于是否执行了该中断事件的中断连接指令。

(3) 中断条件返回指令 CRETI (Condition Return from Interrupt)。用于根据前面的逻辑操作的条件，从中断服务程序中返回，编程软件自动为各中断程序添加无条件返回指令。

(4) 中断连接指令 ATCH (Attach Interrupt)。将中断事件 EVNT 与中断程序号 INT 相关联，并使能该中断事件。也就是说，执行 ATCH 后，该中断程序在事件发生时被自动启动。因此，在启动中断程序之前，应在中断事件和该事件发生时希望执行的中断程序之间，用 ATCH 指令建立联系。

(5) 中断分离指令 DTCH (Detach Interrupt)。用来断开中断事件 EVNT 与中断程序 INT 之间的联系，从而禁止单个中断事件。

(6) 清除中断事件命令 CEVNT (Clear Event)。从中断队列中清除所有的中断事件，该指令可以用来清除不需要的中断事件。如果用来清除虚假 (Spurious) 的中断事件，首先应分离事件。否则，在执行该指令之后，新的事件将增加到队列中。

注意：执行中断服务程序前后，用户不需要进行现场保护和恢复，系统会自动保护和恢复中断的程序运行环境，以避免中断程序对主程序可能造成的影响。在中断程序中不能使用 DISI、ENI、HDEF、LSCR 和 END 等指令。

8.5.4　中断处理实例

【例 8-19】 利用前面介绍中断指令知识分析图 8-22 的功能。

其中图 8-22 (a) 所示为主程序，图 8-22 (b) 所示为名称为 INT _ 0 的中断程序。

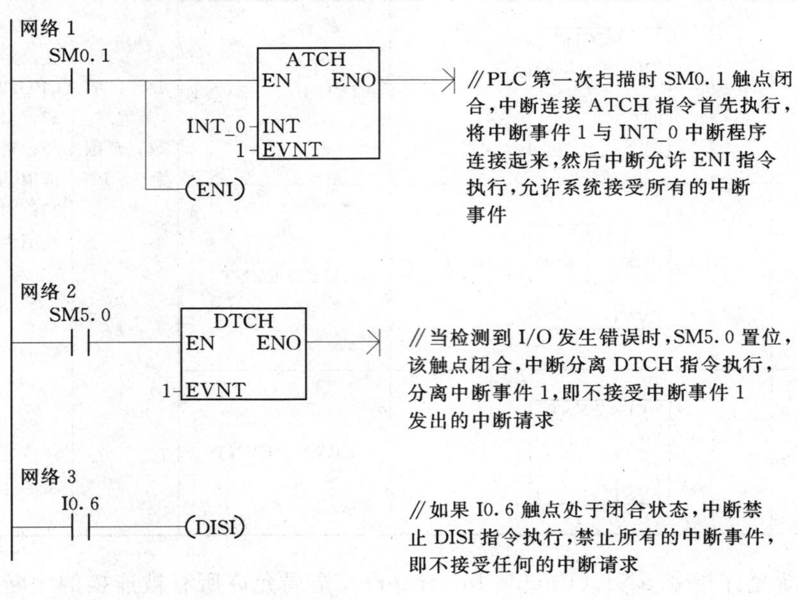

图 8-22 (一)　中断指令应用实例一

(a) 主程序

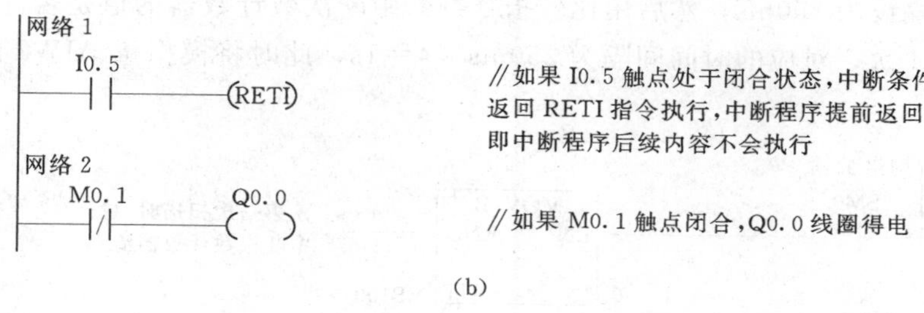

(b)

图8-22（二）　中断指令应用实例一

(b) 中断程序

在主程序运行时，若I0.0端口输入一个脉冲下降沿（如I0.0端口外接开关突然断开），马上会产生一个中断请求，即中断事件1产生中断请求，由于在主程序中已用ATCH指令将中断事件1与INT_0中断程序连接起来，故系统响应此请求，停止主程序的运行，转而执行INT_0中断程序，中断程序执行完成后又返回主程序。

在主程序运行时，如果系统检测到I/O发生错误，会使SM5.0触点闭合，中断分离DTCH指令执行，禁用中断事件1，即当I0.0端口输入一个脉冲下降沿时，系统不理会该中断，也就不会执行INT_0中断程序，但还会接受其他中断事件发出的请求；如果I0.6触点闭合，中断禁止DISI指令执行，禁止所有的中断事件。在中断程序运行时，如果I0.5触点闭合，中断条件返回RETI指令执行，中断程序提前返回，不会执行该指令后面的内容。

【例8-20】 用定时中断实现每1s读取模拟量的数值。

S7-200 CPU支持定时中断。可以用定时中断指定一个周期性的活动。周期以1ms为增量单位，周期时间从1～255ms。对于定时中断0，必须把周期时间写入SMB34；对于定时中断1，必须把周期时间写入SMB35。每当定时器的定时时间到时，执行相应的定时中断程序。通常可以用定时中断以固定的时间间隔取控制模拟量输入的采样或者执行一个PID程序。

当把某个定时中断程序连接到一个定时中断事件上，如果该定时中断被允许，那就开始计时。为了改变定时中断的时间间隔，首先必须修改SMB34或SMB35的值，然后重新把中断程序连接到定时中断事件上。当重新连接时，定时中断功能清除前一次连接时的定时值，并用新的定时值重新开始定时。

定时中断一旦允许，中断就连续地运行，每当定时时间到时，就会执行被连接到中断程序。如果退出RUN模式或分立定时中断，则定时中断被禁止。如果执行了全局中断禁止指令，定时中断事件仍会连续出现，每个出现的定时中断事件将进入中断队列（直到中断允许或队列满）。

定时器T32/T96中断允许及时地响应一个给定的时间间隔。这些中断只支持1ms分辨率的接通延时定时器（TON）和断开延时定时器（TOF）T32和T96。一旦中断被允许，当定时器的当前值等于预置值时，在CPU的1ms定时刷新中，执行被连接的中断程序。

图8-23所示为用定时中断1实现每1s读取模拟量AIW2数值的程序。将定时中断1

的定时时间间隔设为250ms，然后用比较指令判断中断次数计数器的值是否等于4。若相等，则中断了4次，对应的时间间隔为250ms×4＝1s，此时将模拟量AIW2的值读入到VW100中。

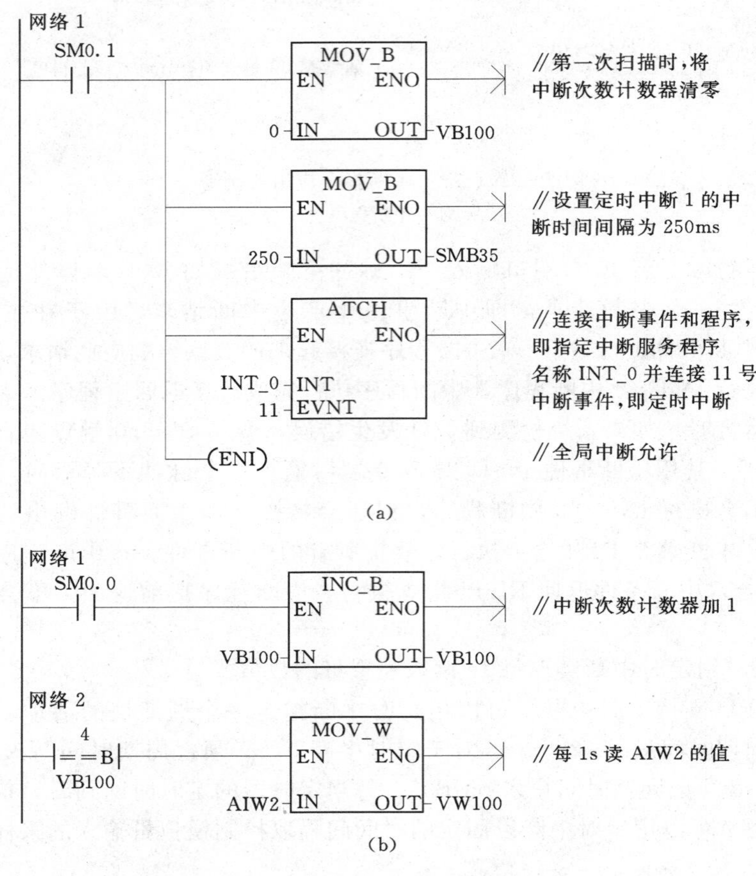

图8-23　中断指令应用实例二
(a)主程序；(b)中断程序

8.6　高速处理指令

高速处理类指令分为：高速计数器指令和高速脉冲输出指令。

8.6.1　高速计数器指令

通常计数器的计数是按照扫描周期方式工作的，扫描周期越长，计数速度越慢，即计数频率越低，一般仅为几十赫兹。普通计数器适用于计数器速度要求不高的场合。为了满足高速计数要求，S7-200 PLC专门设计了高速计数器，其计数速度很快，可以直接对高频率输入点的脉冲（可达30kHz）信号进行计数，它的计数方式是不受扫描周期影响的，因此，高速计数器经常被用于距离测量、电动机转速检测，实现高速运动的精确控制。当计数器的当前值等于预设值或发生重置时，计数器提供中断。因为中断的发生概率远远低

于高速计数器的计数速率，所以中断程序内装载新的预设值，使程序简单易懂。

1. 高速计数器简介

型号不同的 PLC 主机，其高速计数器的数量不同，使用时每个高速计数器都有地址编号 HSCn。HSC 表示该编程元件是高速计数器，n 为地址编号。每个高速计数器包含有两方面的信息：计数器位和计数器当前值。高速计数器的当前值为双字长的符号整数，且为只读值。

S7－200 系列 CPU 有 6 个高速计数器：HSC0～HSC5。

CPU 221 和 CPU 222 可使用高速计数器：HSC0、HSC3、HSC4 和 HSC5。

CPU 224、CPU 224XP 和 CPU 226 可使用高速计数器：HSC0～HSC5。

2. 输入点的连接和工作模式

(1) 输入点的连接。在正确使用一个高速计数器时，必须注意它的输入端连接。系统为高速计数器定义了固定的输入点，其对应关系见表 8－29。

表 8－29　高速计数器的输入点

高速计数器	计数器输入端			
HSC0	I0.0	I0.1	I0.2	
HSC1	I0.6	I0.7	I1.0	I1.1
HSC2	I1.2	I1.3	I1.4	I1.5
HSC3	I0.1			
HSC4	I0.3	I0.4	I0.5	
HSC5	I0.4			

使用时必须注意，高速计数器输入点、I/O 中断的输入点都包括在一般数字量输入点的编号范围内，同一个输入点不能同时用于两种不同的功能。对于高速计数器当前模式未使用的输入点可以用于其他功能。例如 HSC0 工作在模式 1 时只使用 I0.0 和 I0.2，此时 I0.1 可供 I/O 中断或 HSC3 用。

(2) 工作模式。高速计数器有以下四种基本类型。

1) 带内部方向控制的单相计数器（模式 0～2）。

2) 带外部方向控制的单相计数器（模式 3～5）。

3) 带 2 个计数脉冲输入的双相计数器（模式 6～8）。

4) 带 A/B 相正交计数器的双相计数器（模式 9～11）。

高速计数器四种基本类型对应的 12 种工作模式见表 8－30。每个高速计数器有多种不同的工作模式，对于相同的工作模式，全部计数器的运行方式均相同，但并非每种计数器均支持全部工作模式。

HSC0 和 HSC4 有模式 0、1、3、4、6、7、9、10。

HSC1 和 HSC2 有模式 0、1、2、3、4、5、6、7、8、9、10、11。

HSC3 和 HSC5 只有模式 0。

表8-30　　　　高速计数器工作模式

计数器类型	计数模式	计数器输入模式			
带有内部方向控制的单相计数器	0	计数脉冲			
	1	计数脉冲		复位	
	2	计数脉冲		复位	启动
带有外部方向控制的单相计数器	3	计数脉冲	方向		
	4	计数脉冲	方向	复位	
	5	计数脉冲	方向	复位	启动
带有增减计数脉冲的两相计数器	6	加计数脉冲	减计数脉冲		
	7	加计数脉冲	减计数脉冲	复位	
	8	加计数脉冲	减计数脉冲	复位	启动
A/B相正交计数器	9	A相脉冲	B相脉冲		
	10	A相脉冲	B相脉冲	复位	
	11	A相脉冲	B相脉冲	复位	启动

每种高速计数器有多种功能不同的工作模式。高速计数器的工作模式与中断事件密切相关。使用一个高速计数器，首先要定义高速计数器的工作模式，可由HDEF指令进行设置。还要设置高速计数器的有关控制字节和状态字，相关存储器读者可以参考《S7-200可编程控制器系统手册》相关内容。

3. 中断事件类型

高速计数器的计数和动作可采用中断方式进行控制。各种型号的CPU采用高速计数器的中断事件大致分为三种方式：当前值等于预设值、输入方向改变中断和外部复位中断。所有高速计数器都支持当前值等于预设值中断，但并不是所有高速计数器都支持三种方式。高速计数器产生的中断事件有14个。中断源优先级等详细资料可查阅《SIMATIC S7-200可编程控制器系统手册》

4. 高速计数器指令的使用

高速计数器指令有两条：高速计数器定义指令HDEF和高速计数器编程指令HSC。其指令格式见表8-31。

表8-31　　　　高速计数器指令格式

指令名称	高速计数器定义指令	高速计数器编程指令
LAD	HDEF EN　ENO ????-HSC ????-MODE	HSC EN　ENO ????-N
STL	HDEF　HSC，MODE	HSC　N

续表

指令名称	高速计数器定义指令	高速计数器编程指令
操作数及数据类型	HSC：高速计数器的编号，为常量（0～5）。 数据类型：字节型。 MODE：工作模式，为常量（0～11）。 数据类型：字节型	N：高速计数器的编号，为常量（0～5）。 数据类型：字型
ENO=0的出错条件	SM4.3（运行时间），0003（输入点冲突），0004（中断中的非法指令），000A（HSC重复定义）	SM4.3（运行时间），0001（HSC在HDEF之前），0005（HSC/PLS同时操作）

（1）每个高速计数器都有一个32位当前值和一个32位预置值，当前值和预置值均为带符号的整数值。要设置高速计数器的新当前值和新预置值，必须设置控制字节，令其第五位和第六位为1，允许更新预置值和当前值，新当前值和新预置值写入特殊内部标志位存储区。然后执行HSC指令，将新数值传输到高速计数器。当前值和预置值占用的特殊存储器标志位见表8-32。

表8-32　　HSC0～HSC5当前值和预置值占用的特殊存储器

待装载的HSC值	HSC0	HSC1	HSC2	HSC3	HSC4	HSC5
新的当前值	SMD38	SMD48	SMD58	SMD138	SMD148	SMD158
新的预置值	SMD42	SMD52	SMD62	SMD142	SMD152	SMD162

（2）执行HDEF指令之前，必须将高速计数器控制字节的位设置成需要的状态，否则将采用默认设置。默认设置为：复位和启动输入高电平有效，正交计数速率选择4×模式。执行HDEF指令后，就不能再改变计数器的设置，除非CPU进入停止模式。

（3）执行HSC指令时，CPU检查控制字节和有关的当前值和预置值。

【例8-21】 高速计数器的应用实例。

（1）主程序。如图8-24（a）所示，用首次扫描时接通一个扫描周期的特殊内部存储器SM0.1去调用一个子程序，完成初始化操作。

（2）初始化子程序。如图8-24（b）所示，第一条指令设置SMB47=16#F8，设定高速计数器为允许计数、更新当前值、更新预置值、更新计数方向为加计数、设定启动输入和复位输入为高电平有效、正交计数为×4模式；第二条指令是定义HSC1的工作模式为模式11（两路脉冲输入的双相正交计数，具有复位和启动输入功能）；第三条指令是对SMD48送零，这是清除HSC1的当前值；第四条指令是设定HSC1的预置值SMD52=50；第五条指令是当前值等于预设值时产生中断（中断事件13），中断事件13连接中断程序INT_0；第六条指令是设定全局开中断；第七条指令是对HSC1编程。

（3）中断程序INT_0。如图8-24（c）所示，第一条指令是把0送到SMD48中，对HSC1当前值清零；第二条指令把16#C0送入SMB47，是设定HSC1允许更新当前值；第三条指令是对HSC1编程。后面还可以增加指令用以记录中断次数，或者说记录HSC1从0计数到50的次数。

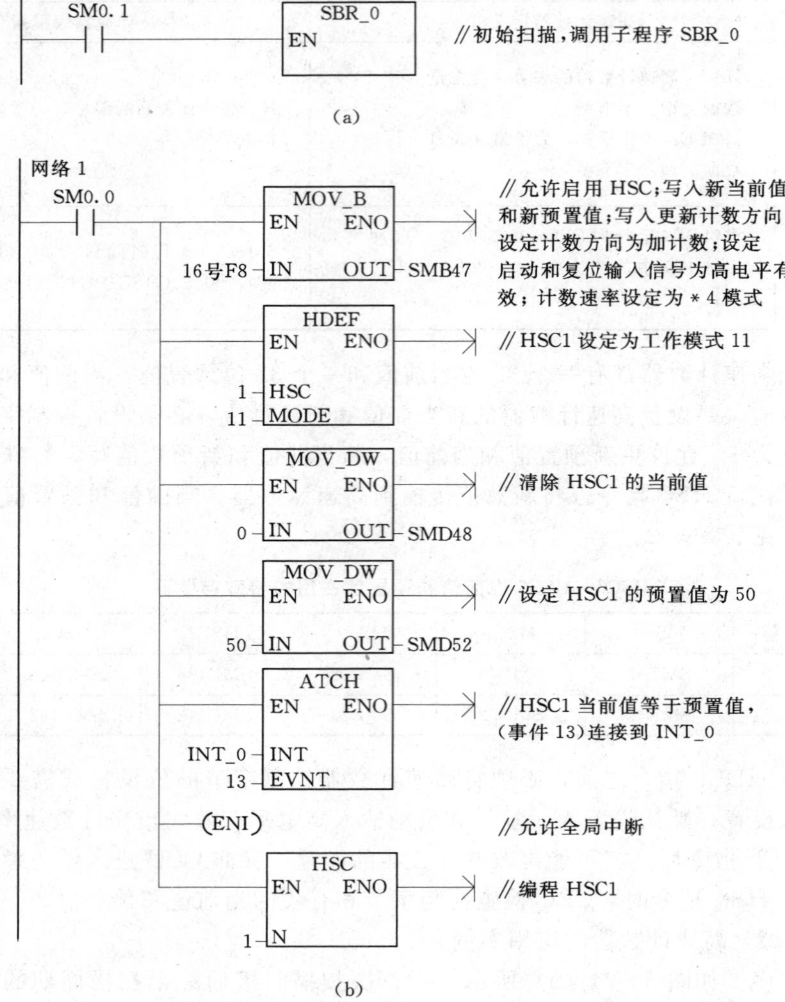

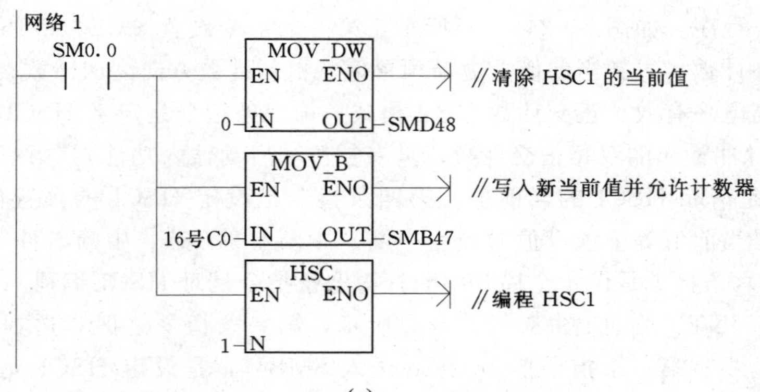

图8-24　高速计数器的应用

(a) 主程序；(b) 初始化子程序；(c) 中断程序 INT_0

8.6.2 高速脉冲输出指令

高速脉冲输出指令使PLC某些输出端产生高速脉冲，用来驱动负载实现精确控制，例如对步进电动机的控制。

1. 高速计数器输出的形式和输出端子的连接

(1) 高速脉冲的输出形式。高速脉冲输出有高速脉冲串输出PTO和宽度可调脉冲输出PWM两种形式。

高速脉冲串输出PTO主要是用来输出指定数量的方波（占空比为50%），用户可以控制方波的周期和脉冲数。高速脉冲串的周期以μs或ms为单位，它是一个16位无符号数据，周期变化范围50～65535μs或2～65535ms，编程时周期值一般设置成偶数。脉冲串的个数，用双字长无符号数表示，脉冲数取值范围是1～4294967295之间。

宽度可调脉冲输出PWM主要是用来输出占空比可调的高速脉冲串，用户可以控制脉冲的周期和脉冲宽度。宽度可调脉冲PWM的周期或脉冲宽度以μs或ms为单位，它是一个16位无符号数据，周期变化范围同高速脉冲串PTO。

(2) 输出端子的连接。每个CPU有两个PTO/PWM发生器产生高速脉冲串和脉冲宽度可调的波形，一个发生器分配在数字输出端Q0.0，另一个分配在Q0.1。PTO/PWM发生器和输出映象寄存器共同使用Q0.0和Q0.1，当Q0.0或Q0.1设定为PTO或PWM功能时，PTO/PWM发生器控制输出，在输出点禁止使用通用功能。输出映象寄存器的状态、强制输出、立即输出等指令的执行都不影响输出波形，当不使用PTO/PWM发生器时，输出点恢复为原通用功能状态，输出点的波形由输出映像寄存器来控制。

2. 相关的特殊功能寄存器

每个PTO/PWM发生器都有：8位的控制字节一个、16位无符号的周期时间值和脉宽值各一个、32位无符号的脉冲计数器一个。这些字都占有一个指定的特殊功能寄存器见表8-33。一旦这些特殊功能寄存器的值被设置成所需操作，可通过执行脉冲指令PLS来执行这些功能。

表8-33　脉冲输出（Q0.0或Q0.1）的特殊存储器

Q0.0	Q0.1	特殊存储器说明
SMB67	SMB77	PTO/PWM输出控制字节
SMW68	SMW78	PTO/PWM输出周期值
SMW70	SMW80	PTO/PWM输出脉宽值
SMD72	SMD82	PTO脉冲输出计数值
SMB166	SMB178	PTO脉冲输出多段操作

3. 脉冲输出指令

脉冲输出指令可以输出两种类型的方波信号，在精确位置控制中有很重要的应用。一种是：脉冲串输出（PTO=Pulse Train Output），另外一种是：脉宽调制（PWM=Pulse Width Modulation）输出。其高速脉冲由Q0.0和Q0.1输出，脉冲输出指令格式及功能见表8-34。

表 8－34　　脉冲输出指令格式及功能

LAD	STL	操作数及数据类型	功　能
PLS EN　ENO ????-Q0.X	PLS　Q	Q：常数（0 或 1）。 数据类型：字型	脉冲输出指令，当使能端输入有效时，检测用程序设置的特殊功能寄存器位，激活由控制位定义的脉冲操作。从 Q0.0 或 Q0.1 输出高速脉冲

说明：

（1）高速脉冲串输出 PTO 和宽度可调脉冲输出 PWM 都由 PLS 指令来激活输出。

（2）高速脉冲串输出 PTO 可采用中断方式进行控制，而宽度可调脉冲输出 PWM 只能由 PLS 指令来激活。

【例 8－22】　编写实现脉冲宽度调制 PWM 的程序。根据要求控制字节（SMB77）＝16＃DB，设定周期为 10000ms，脉冲宽度为 1000ms，通过 Q0.1 输出。

梯形图设计及程序说明如图 8－25 所示。

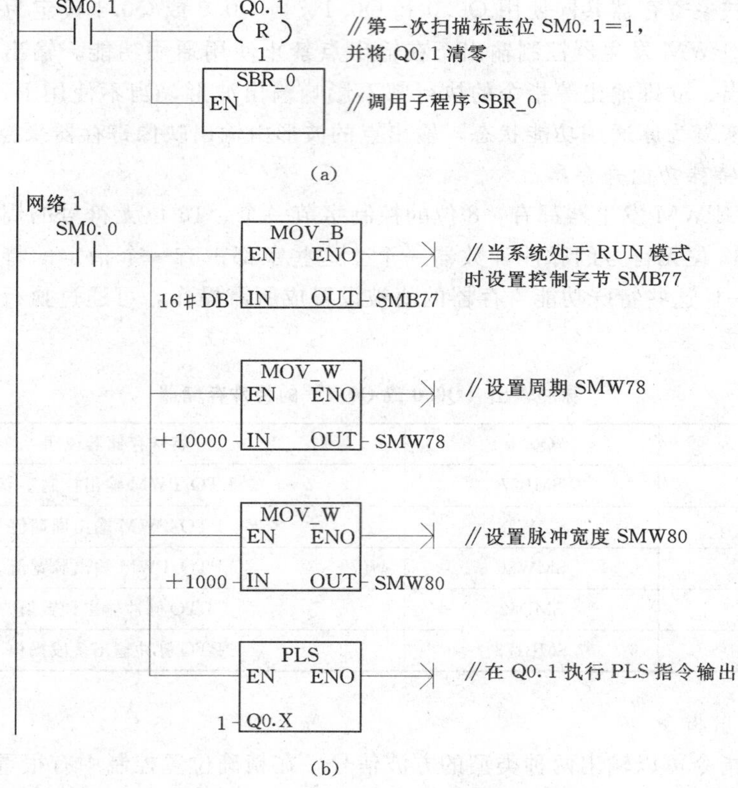

图 8－25　高速脉冲输出指令 PLS 应用实例

（a）主程序；（b）子程序

本 章 小 结

功能指令在工程实际中应用十分广泛，它是西门子公司不同型号 PLC 功能强弱的体现。通过本章的系统学习，读者应了解功能指令格式、操作数类型、指令功能和在 PLC 中的实现形式，并且重点掌握在梯形图中的编程方法。

1. 数据处理主要包括数据传送、数据移位、数据转换和字节交换等操作指令。数据传送指令可以实现各存储器单元之间的传送和复制；数据移位指令可以实现单个字节型、字型和双字型数据的移位操作；数据转换指令是对操作数的类型进行转换，并输出到指定目标地址中去；字节交换指令将字型输入数据高位字节与低位字节进行交换，又称为半字交换指令。

2. 运算类指令包括算术运算、加 1 与减 1、数学功能和逻辑运算指令。运算类指令使 PLC 对数据处理能力大大增强，开拓了 PLC 的应用领域。算术运算对有符号和大小含义的算术进行处理，包括加、减、乘、除运算指令；加 1 和减 1 指令实现数据的自增、自减功能，以实现累加计数和循环控制等程序的编制；数学功能指令包括平方根、自然对数、自然指数和三角函数指令等。逻辑运算指令是对无符号和大小含义的逻辑数进行处理的指令，包括逻辑与、逻辑或、逻辑异或和逻辑取反指令。学会使用这些指令的同时，还应学会结合数学方法能够灵活运用这些指令，完成较为复杂的运算和数据处理任务。

3. 表功能指令可以用来方便地建立和存取字型数据。表功能指令包括填表指令、表取数指令、表查找指令和存储器填充指令等。

4. 中断处理指令在 PLC 的人机联系、实时处理、通信处理和网络中占有重要地位。中断指令的应用，大大增强了 PLC 对可检测的和可预知的突发事件的处理能力。

5. 高速处理指令主要用来实现高速精确定位和数据快速处理。它包括高速计数器指令、高速脉冲输出指令。高速计数器可以使 PLC 不受扫描周期的限制，实现对位置、行程、角度、速度等物理量的高精度检测。高速脉冲输出可以实现对步进电机和伺服电机的高精度控制。

PLC 的功能指令应用十分广泛，本书只介绍了部分功能指令的应用，读者可以通过参考《SIMATIC S7-200 可编程控制器系统手册》深入学习其他功能指令。

习　　题

1. 编写一段检测上升沿变化的程序。每当 I0.0 接通一次，VB0 的数值增加 1，如果计数达到 18 时，Q0.1 接通，用 I0.2 使 Q0.1 复位。

2. 编写将 VW100 的高、低字节内容互换并将结果送入定时器 T37 作为定时器预置值的程序段。

3. 编写一段程序，将 VB100 开始的 50 个字的数据传送到 VB1000 开始的存储区。

4. 运用算术运算指令完成算式 [(100＋200)×10]/3 的运算，并画出梯形图。

5. 单方向顺序通断控制。8 盏灯，用两个按钮控制，一个作为位移按钮，一个作为复位按钮，实现 8 盏信号灯，单方向按顺序逐个亮或灭，相当于灯的亮灭按顺序作位置移动。当移位按钮按下时，信号灯依次从第一个灯开始向后逐个亮；按钮松开时，信号灯依次从第 1 个灯开始向后逐个灭。间隔时间为 0.5s。当复位按钮按下时，灯全灭。

6. 单方向顺序单通控制。8 盏灯，用 3 个按钮控制，实现单方向逐个按顺序亮，一次只有一盏灯亮，所以称单方向顺序单通控制。亮灯的位移方式有两种，一种为点动位移，用一按钮实现，按钮每按下一次，亮灯向后移动一位；另一种为连续位移，按钮一旦按下即可使亮灯持续向后位移，间隔 0.2s（用内部特殊触点）或间隔任意秒脉冲串（用计时器产生的脉冲串）。亮灯位移可以重复循环。按下复位按钮，灯全灭。

7. 正方向顺序全通、反方向顺序全断控制。6 盏灯，用两个按钮控制，一个为启动按钮，一个为停止按钮。按下启动按钮时，6 盏灯按正方向顺序逐个全亮；按下停止按钮时，6 盏灯按反方向顺序逐个全灭。灯亮或灯灭位移间隔 0.2s（用内部特殊触点）。

8. 计时器当前值显示控制。编一个简单的通电延时程序，将计时器当前值（十进制）用数据传送指令传送到某中间通道，再将秒位值传送到输出通道，并接至数码显示区观察计时器秒位倒计时变化情况。

9. 可逆计数器当前值显示控制。用三个按钮，分别作为加计数端、减计数端、复位端来控制数码显示器。每当按下加计数按钮或减计数按钮一次，数码显示器数据就做加 1 或减 1 一次。当按下复位按钮，数码器显示器复位为零。

10. 双方向可逆顺序单通控制。用一按钮信号和一开关信号实现 8 个信号灯，双方向可逆顺序单通控制。当开关不动作时，按下按钮，信号灯按正方向逐个亮；当开关动作时，按下按钮，信号灯按反方向逐个灭。

11. 全通全断叫响提示。用 3 个开关控制一个信号灯，实现 3 个开关完全 ON 时，信号灯发光，3 个开关完全 OFF 时，信号灯也发光的功能。（当开关数量增多时，如何简化程序？用数据比较指令实现的程序与用基本指令实现的程序相比较）

12. 10－4 编码控制。用 10 个按钮控制一位 BCD 数码显示。当按下 0 位按钮时，数码显示 0，按下 1 时，数码显示 1……按下 9 时数码显示 9。

用译码指令实现的程序与用基本指令实现的程序相比较。

13. 用定时中断实现每 5s 读取模拟量的数值。

第 9 章　西门子 S7－200 系列可编程控制器的通信及网络

【知识要点】

知识要点	掌握程度	相 关 知 识
S7－200 系列 PLC 通信的基本知识	熟悉	熟悉 S7－200 系列 PLC 的通信功能、支持的通信协议、波特率与网络地址、主站和从站、服务器和客户端、编程通信和数据通信等基本知识
S7－200 系列 PLC 网络通信协议	了解	了解 PPI 协议、MPI 协议、PROFIBUS 协议、与自由口协议等
S7－200 系列 PLC 组网的硬件	熟悉	熟悉 S7－200 系列 PLC 的通信端口、PPI 多主站电缆和 CP 通信卡、网络连接器、PROFIBUS 网络电缆、网络中继器等组网的硬件设备
S7－200 系列 PLC 的网络通信	熟悉	熟悉单主站单从站 PPI 网络、单主站多从站 PPI 网络、多主站单从站 PPI 网络、多主站多从站 PPI 网络、复杂 PPI 网络的结构

【应用能力要点】

应用能力要点	掌握程度	应 用 方 向
S7－200 系列 PLC 的编程通信	掌握	熟练掌握 PPI 编程通信的方法步骤，为从事实际工程的编程奠定基础
S7－200 系列 PLC 的网络通信	掌握	掌握单主站单从站 PPI 网络、单主站多从站 PPI 网络、多主站单从站 PPI 网络、多主站多从站 PPI 网络、复杂 PPI 网络的硬件组态，并能根据实际情况进行灵活配置和编程，满足工程需要

9.1　S7－200 系列 PLC 通信的基本知识

S7－200 系列 PLC 的通信包括 PLC 与上位机之间、PLC 与 PLC 之间、PLC 与现场设备或远程 I/O 之间、PLC 与其他智能设备之间的通信。

PLC 与计算机可以直接或通过通信处理单元、通信转接器相连构成网络，以实现信息的交换，并可以构成“集中管理、分散控制”的分布式控制系统，满足工厂自动化系统发展的需要，各 PLC 或远程 I/O 模块按功能各自放置在生产现场进行分散控制，然后用网络连接起来，构成集中管理的分布式网络系统。

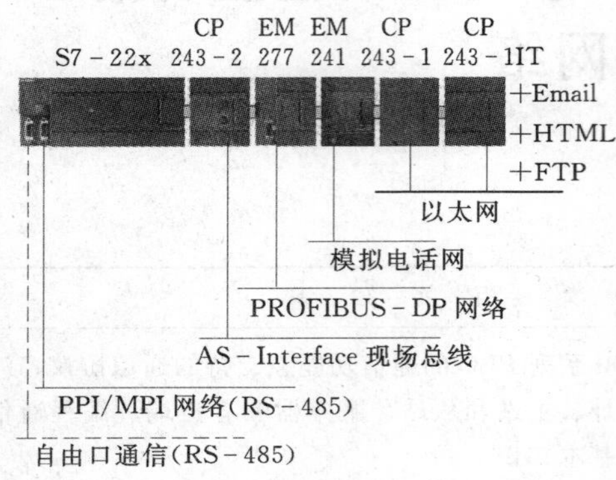

图 9-1　S7-200 系列 PLC 的通信能力

9.1.1　S7-200 系列 PLC 的通信功能

西门子 S7-200 系列 PLC 可以满足多种通信和网络需求，它不仅支持简单的网络，而且支持比较复杂的网络。同时，通过 STEP7-Micro/WIN 还可以使建立和配置网络显得非常简便和快捷。如图 9-1 所示可以清楚地反映出 S7-200 系列 PLC 的通信能力。

一些通信标准只支持一对一的通信方式，另一些支持网络通信，S7-200 支持多种网络通信方式。网络通信协议要比一对一的通信更为复杂。网络通信对网络中的设备也有一定的要求，通信设备能否完全符合网络通信协议的要求会影响、制约实现整个网络通信的完整功能。S7-200 系统支持的通信协议见表 9-1。

表 9-1　　S7-200 系统支持的通信协议

<table>
<tr><th>协议类型</th><th>端口位置</th><th>接口类型</th><th>传输介质</th><th>通信速率</th><th>备注</th></tr>
<tr><td rowspan="2">PPI</td><td>EM241 模块</td><td>RJ11</td><td>模拟电话</td><td>33.6k</td><td>数据传输速率</td></tr>
<tr><td rowspan="2">CPU 口 0/1</td><td rowspan="2">DB-9 针</td><td rowspan="2">RS-485</td><td>9.6k，19.2k，187.5k</td><td>主、从站</td></tr>
<tr><td rowspan="2">MPI</td><td>19.2k，187.5k</td><td>仅从站</td></tr>
<tr><td rowspan="2">EM277</td><td rowspan="2">DB-9 针</td><td rowspan="2">RS-485</td><td>19.2k，…，187.5k，…，12M</td><td rowspan="2">速率自适应
从站</td></tr>
<tr><td>PROFIBUS-DP</td><td>9.6k，19.2k，…，187.5k，…，12M</td></tr>
<tr><td>S7 协议</td><td>CP243-1/
CP243-1 IT</td><td>RJ45</td><td>以太网</td><td>10M，100M</td><td>自适应</td></tr>
<tr><td>AS-Interface</td><td>CP243-2</td><td>接线端子</td><td>AS-i 网络</td><td>5/10ms 循环周期</td><td>主站</td></tr>
<tr><td>USS</td><td rowspan="2">CPU 口 0</td><td rowspan="2">DB-9 针</td><td rowspan="2">RS-485</td><td rowspan="2">1200k，…，9.6k，…，115.2k</td><td>主站
自由口库指令</td></tr>
<tr><td rowspan="2">MODBUS RTU</td><td>主站/从站
自由口库指令</td></tr>
<tr><td>EM241</td><td>RJ11</td><td>模拟电话</td><td>33.6k</td><td>数据传输速率</td></tr>
<tr><td>自由口</td><td>CPU 口 0/1</td><td>DB-9 针</td><td>RS-485</td><td>1200k，…，9.6k，…，115.2k</td><td></td></tr>
</table>

9.1.2　波特率与网络地址

数据通过网络传输的速度称为波特率。其单位通常为千波特（kbaud）或兆波特（Mbaud）。波特率用于测量在给定时间内传输数据的数量。比如，波特率为 19.2kbaud 时，表示传输速率为每秒 19200 位。

在同一个网络中通信的每一设备都必须组态为以相同的波特率传送数据。因此，网络

的最高波特率取决于该网络上连接速度最慢的设备。表 9－2 中列出了 S7－200 支持的波特率。

表 9－2　　S7－200 支持的波特率

网　络	波特率	网　络	波特率
标准网络	9.6～187.5k	自由口模式	1200～115.2k
使用 EM277	9.6k～12M		

网络地址是为在网络中的每个设备分配的一个唯一编号。唯一的网络地址可以确保数据发送到正确的设备或者从正确的设备恢复。S7－200 支持范围为 1～126 的网络地址。对于带双端口的 S7－200，每个端口有一个网络地址。表 9－3 列出了 S7－200 设备地址的缺省（工厂）设置。

表 9－3　　S7－200 设备的缺省网络地址

S7－200 设备	缺省网络地址	S7－200 设备	缺省网络地址
STEP 7－Micro/WIN	0	S7－200 CPU	2
HMI（TD200、TP 或 OP）	1		

9.1.3　通信主站和从站

通信协议规定了通信设备在网络中的角色，可分为通信主站和从站。

（1）通信主站：可以主动发起数据通信，读写其他站点的数据。S7－200 CPU 在读写其他 S7－200 CPU 数据时（使用 PPI 协议）就作为主站（PPI 主站也能接受其他主站的数据访问）；S7－200 通过附加扩展的通信模块也可以充当主站。安装编程软件 STEP 7－Micro/WIN 的计算机一定是通信主站；所有的 HMI（人机操作界面）也是通信主站；与 S7－200 通信的 S7－300/400 往往也作为主站。

（2）通信从站：从站不能主动发起通信数据交换，只能响应主站的访问请求，提供或接收数据。从站不能访问其他从站。在多数情况下，S7－200 在通信网络中作为从站，响应主站设备的数据请求。

（3）单主站网络：只有一个主站，其他通信设备都处于从站通信模式的网络就是单主站网络。单主站网络的情况有以下几种。

1）STEP 7－Micro/WIN（编程计算机）和一个 S7－200 CPU 的通信。

2）一个 HMI（如 TD200）和一个 S7－200 CPU 的通信。

3）STEP 7－Micro/WIN 与多个 S7－200 CPU 联网（但它们都处于 PPI 从站模式时）的通信。

4）一个 HMI（如 TP170B 等）与多个 S7－200 CPU 联网的通信。

5）一个 S7－200 CPU 使用 USS 协议与一个或多个西门子驱动装置通信。

6）一个 MODBUS RTU 主站与从站的通信。

（4）多主站网络：一个通信网络中，如果有多个通信主站存在，就称为多主站网络。属于多主站网络的情况有以下几种。

1）一个 HMI 连接一个 S7－200 CPU，同时需要 STEP 7－Micro/WIN 的编程通信。

2）S7－200 CPU 联网，有 S7－200 CPU 做 PPI 使能主站访问其他从站 S7－200 CPU 的数据，同时需要 STEP 7－Micro/WIN 编程、监视。

3）S7－200 CPU 联网，有两个以上的 CPU 做 PPI 使能通信主站。

4）多个 HMI 连接一个 S7－200 CPU。

5）多个 HMI 连接联网的多个 S7－200 CPU。

单主站和多主站网络的状态并不总是绝对不变的。例如一个仅包括一个 S7－200 CPU 和一个 TD200 的单主站网络，如果要与 STEP 7－Micro/WIN 进行编程通信，它就变成了多主站网络。

并不是所有的设备都支持多主站网络通信。在多主站网络中，主站要轮流控制网络上的通信，这就要求它们有交换令牌的能力。不是所有的设备都有这个能力。

S7－200 CPU 使用自由口通信模式时，既可以做主站，又可以做从站。如 S7－200 用 USS 协议控制西门子驱动装置时是主站；使用 Modbus RTU 从站指令库时它就是从站。这说明所谓主、从是由通信协议决定的，用户在编制通信协议时自己定义各通信设备在通信活动中的角色。

9.1.4　服务器和客户端

服务器（Server）与客户端（Client）的关系有些像从站与主站的关系。服务器总是等待客户端发起数据访问。这个概念常常在以太网通信中使用。

一个通信对象是服务器还是客户端取决于它们在通信活动中的具体作用。例如，CP243－1 以太网模块既可以配置为服务器等待客户端来访问，也可以配置为客户端访问其他服务器。CP243－1 作为服务器时，运行在计算机上的 PC Access 软件作为客户端通过 CP243－1 访问 CPU 的数据；而 PC Access 软件本身是 OPC Server，OPC Client 软件（如支持 OPC 的 HMI 软件）可以访问它。

CP243－1/CP243－1 IT 与 S7－300/400 的以太网模块一样，既可以做服务器，也可以做客户端；S7－200 的 OPC Server－PC Access 与 CP243－1 连接时是客户端，同时对上位的监控软件是服务器。

9.1.5　编程通信和数据通信

（1）编程通信。使用编程软件 STEP 7－Micro/WIN，通过各种网络，最终对 S7－200 CPU 进行各种编程操作。如上传、下载程序，监视数据变量，进行诊断等。

（2）数据通信。S7－200 CPU 之间，S7－200 CPU 与上位的监控软件之间或与其他通信对象之间，进行数据读写、交换。数据可以是二进制位的状态、数值数据、字符串等。

一些通信方式既支持编程通信，又支持数据通信；但能进行数据通信的，不一定支持编程通信方式。

9.1.6　编程通信要点

要进行 S7－200 的编程通信，必须注意使通信双方（即安装了 STEP 7－Micro/WIN 的 PC 机和 S7－200 的 CPU 或通信模块上的通信口）的通信速率一致，通信协议相符合或兼容，否则不会成功通信。

在具体工作中，参与编程通信的设备未必一定符合上述要求。例如，它们的通信速率

就可能不一致。但是在编程时通过相应设置，必须保证以下几个通信速率的一致。

（1）S7－200 CPU 通信口的速率。一个新出厂的 S7－200 CPU，它的所有的通信口的速率都是 9.6k。要想改变 S7－200 CPU 通信口的速率，只能在 S7－200 项目文件中的“系统块”中设置，新的通信速率在系统块下载到 CPU 中后才起作用。

（2）通信电缆的通信速率。如果使用智能多主站电缆配合 STEP 7－Micro/WIN SP4 以上版本，只需将 RS－232/PPI 电缆的 DIP 开关 5 设置为“1”而其他设置为“0”；而 USB/PPI 电缆不需要设置。

（3）由 STEP 7－Micro/WIN 决定的 PC 机通信口（RS－232 口）的通信速率。这个速率实际上是去配合编程电缆使用的，在 STEP 7－Micro/WIN 软件中打开“设置 PG/PC 接口”，设置 PC 用于同编程电缆通信的速率。USB 口使用 USB/PPI 电缆，不需指定速率。

9.1.7　CP 卡通信

可用于 S7－200 编程的 CP 卡包括 CP5611（用于 PCI 总线的 PC 机），CP5511/CP5512（用于笔记本电脑）。

使用 CP 卡进行编程通信，应使用 MPI 电缆，或者 PROFIBUS 电缆连接 S7－200 CPU 上的编程口，或者带编程口的网络连接器上的扩展编程口，或者 EM277 模块上的通信口。

9.2　S7－200 系列 PLC 网络通信协议

S7－200 CPU 所支持的通信协议包括：PPI（点对点接口）协议，MPI（多点接口）协议，PROFIBUS（过程现场总线）协议，自由口协议，MODBUS 协议，USS 协议，TCP/IP 协议，AS－i 接口协议等。

9.2.1　PPI 协议

PPI 协议是一种主-从协议，是西门子公司专为 S7－200 系列 PLC 开发的通信协议，内置于 CPU 中。主站和从站在一个令牌环网（Token Ring Network）中，当主站检测到网络上没有堵塞时，将接收令牌，只有拥有令牌的主站才可以向网络上的其他从站发出指令，建立该 PPI 网络，也就是说 PPI 网络只在主站侧编写通信程序就可以了。主站得到令牌后可以向从站发出请求和指令，从站则对主站请求进行响应，从站设备并不启动消息，而是一直等到主站设备发送请求或轮询时才作出响应。

使用 PPI 可以建立最多包括 32 个主站的多主站网络，主站靠一个 PPI 协议管理的共享连接来与从站通信，PPI 并不限制与任意一个从站通信的主站数量，但是在一个网络中，主站的个数不能超过 32 个。当网络上不止一个主站时，令牌传递前，首先检测下一个主站的站号，为便于令牌的传递，不要将主站的站号设置得过高。当一个新的主站添加到网络中来的时候，一般将会经过至少 2 个完整的令牌传递后才会建立网络拓扑，接收令牌。对于 PPI 网络来说，暂时没有接收令牌的主站同样可以响应其他主站的请求。

S7－200 CPU 的通信口（Port0、Port1）支持 PPI 通信协议，S7－200 的一些通信模块（EM241）也支持 PPI 协议。

PPI 协议用于 S7－200 CPU 与编程计算机之间、S7－200 CPU 与 HMI 之间的通信。

PPI 协议也支持 S7－200 CPU 之间的数据通信。如果在用户程序中使用了 PPI 主站模式，S7-200 CPU 在 RUN 模式下可以作主站，可以用网络读/写（NETR/NETW）指令读写其他 S7-200 CPU 中的数据，实现 S7-200 CPU 之间的通信。S7-200 CPU 作 PPI 使能主站时，还可以作为从站响应来自其他主站的通信申请。

9.2.2　MPI 协议

MPI 协议允许主-主通信和主-从通信。S7-200 系列 PLC 在 MPI 协议网络中仅能作为从站。PC 机运行 STEP 7-Micro/WIN 与 S7-200 系列 PLC 通信时必须通过 CP 卡，且设备之间通信连接的个数受 S7-200CPU 和 PROFIBUS DP 模块（EM277）所支持的连接个数的限制。表 9-4 给出了这些设备支持的连接个数。

表 9-4　　S7-200 CPU 和 EM277 模块的连接个数

模　　块		波特率/bps	连　　接
S7-200 CPU	PORT0	9.6k、19.2k 或 187.5k	4
	PORT1	9.6k、19.2k 或 187.5k	4
EM277		9.6k～12M	6

9.2.3　PROFIBUS 协议

PROFIBUS 协议通常用于实现与分布式 I/O（远程 I/O）模块的高速通信。可以使用不同厂家的 PROFIBUS 设备，这些设备包括分布式 I/O 模块、电动机控制器及 PLC 等。PROFIBUS 网络通常可以有一个主站及若干个 I/O 从站。S7-200 系列 PLC 可作为从站通过 EM277 接入 PROFIBUS 网络。

9.2.4　自由口协议

自由口模式允许应用程序控制 S7-200 的 CPU 通信接口，因而 S7-200 系列 PLC 可以在自由口模式下与任何已知协议的智能设备通信。使用 PC/PPI 电缆还可以将 S7-200 连接到带有 RS-232 兼容标准接口的多种设备。S7-200 CPU 作为主站与 MODBUS RTU 通信、与西门子变频器的 USS 通信，就是建立在自由口模式基础上的通信协议。

此外，S7-200 系列 PLC 可以通过通信处理器，如 CP243-1 接入工业以太网，通过 CP243-1IT 接入互联网，通过 CP243-2 接入 AS-i 传感器执行器接口网络以及和变频器通信的 USS 等通信协议不再详述。

9.3　S7-200 系列 PLC 组网的硬件

9.3.1　通信端口

在每个 S7-200 CPU 上都有一个与 RS-485 兼容的 9 针 D 型端口（母口）。通过该端口可以和编程计算机通信，也可以把 S7-200 CPU 连到网络总线上。S7-200 CPU 通信口的外形及引脚顺序如图 9-2 所示。各引脚的功能见表9-5。

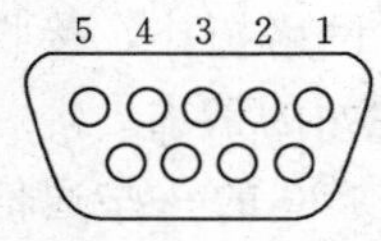

图 9-2　S7-200 CPU 通信口

9.3.2　PPI 多主站电缆和 CP 通信卡

STEP 7-Micro/WIN 支持 RS-232/PPI 多主站电缆和 USB/PPI 多主站电缆以及多种 CP 卡，并允许编程站（计算机或 SI-

MATIC 编程器）作为网络的主站。

表 9-5　　S7-200 CPU 通信口引脚功能

引　脚	PROFIBUS	端口 0/端口 1
1	屏蔽	机壳地
2	24V 返回	逻辑地
3	RS-485 信号 B	RS-485 信号 B
4	发送申请	RTS（TTL）
5	5V 返回	逻辑地
6	+5V	+5V，100Ω 串联电阻
7	+24V	+24V
8	RS-485 信号 A	RS-485 信号 A
9	不用	10 位协议选择（输入）
连接器外壳	屏蔽	机壳接地

1. PPI 多主站电缆

PPI 多主站电缆用于计算机与 S7-200 之间的通信。S7-200 的通信接口为 RS-485，计算机可以使用 RS-232 或 USB 通信接口，两者之间要进行通信，必须有装置将这两种信号相互转换。因此有 RS-232/PPI 和 USB/PPI 两种电缆。多主站电缆的价格便宜，使用方便，但是通信速率较低。

当通信波特率小于等于 187.5k 时，PPI 多主站电缆能以最简单和经济的方式将 STEP 7-Micro/WIN 连接到 S7-200 CPU 或 S7-200 网络。RS-232/PPI 多主站电缆带有 8 个 DIP 开关，其中 2 个是用来配置电缆。当用于 STEP 7-Micro/WIN 和 S7-200 之间的 PPI 编程和通信时，则需选择 PPI 模式（开关 5=1）和本地操作（开关 6=0）。图 9-3 为 RS-232/PPI 多主站电缆，图 9-4 所示为 RS-232/PPI 多主站电缆的 DIP 开关设置。

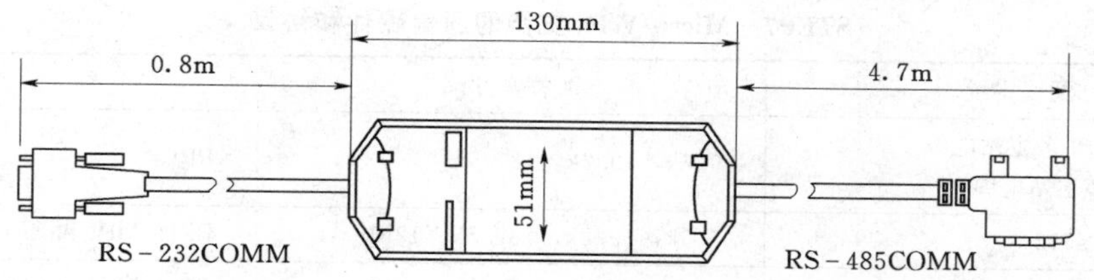

图 9-3　RS-232/PPI 多主站电缆

该电缆能将 PC 和 S7-200 网络隔离。要实现此功能，需将 PPI 电缆设为接口，并在本地连接标签下设置好 RS-232 端口，然后在 PPI 标签下，选定站地址和网络波特率。这时，协议将根据 RS-232/PPI 多主站电缆自动调整，因此您无需再做更多的设置。

USB/PPI 多台主站电缆是一种即插即用设备，可用于支持 USB V1.1 的 PC。在支持至多以 187.5k 波特率进行通信时，它将提供 PC 和 S7-200 网络之间的绝缘。此时，无须设置任何开关，只需连上电缆，将 PPI 电缆设为接口并选用 PPI 协议，然后在 PC 连接

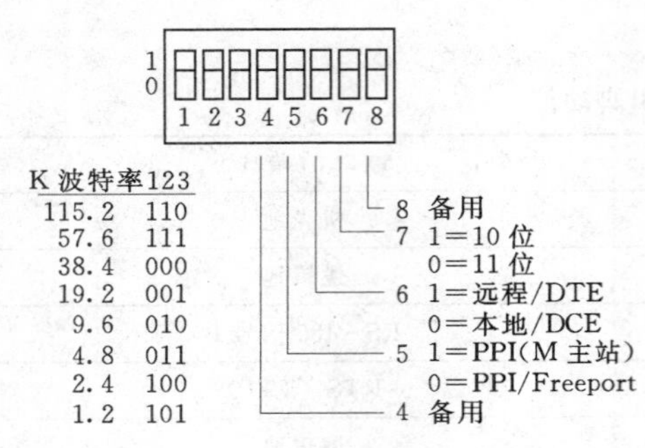

图 9-4　RS-232/PPI 多主站电缆的 DIP 开关设置

标签下设置好 USB 端口即可。但在使用 STEP 7-Micro/WIN 时，不能同时将多根 USB/PPI 多主站电缆连接到 PC 上。

RS-232/PPI 多主站电缆和 USB/PPI 多主站电缆都带有 LED，用来指示 PC 或网络是否在进行通信。

Tx LED：用来指示电缆是否在将信息传送给 PC。

Rx LED：用来指示电缆是否在接收 PC 传来的信息。

PPI LED：用来指示电缆是否在网络上传输信息。由于多主站电缆是令牌持有方，因此，当 STEP 7-Micro/WIN 发起通信时，PPI LED 会保持点亮。而当与 STEP 7-Micro/WIN 的连接断开时，PPI LED 会关闭。在等待加入网络时，PPI LED 也会闪烁，其频率为 1Hz。

2. CP 通信卡

可用于 S7-200 编程通信的 CP 卡包括 CP5611（用于 PCI 总线的 PC 机），CP5511/CP5512（用于笔记本电脑）。使用 CP 卡进行编程通信，应使用 MPI 电缆，或者 PROFIBUS 电缆连接 S7-200 CPU 上的编程口，或者带编程口的网络连接器上的扩展编程口，或者 EM277 模块上的通信口。

CP 卡为编程站管理多主网络提供了硬件，并且支持多种波特率下的不同协议。

如果您通过 CP 卡建立 PPI 通信，那么，STEP 7-Micro/WIN 将无法支持在同一块 CP 卡上同时运行两个应用。在通过 CP 卡将 STEP 7-Micro/WIN 连接到网络之前，您必须关掉另外一种应用。如果您使用的是 MPI 或 PROFIBUS 通信，那么，将允许多个 STEP 7-Micro/WIN 应用在网络上同时进行通信。

表 9-6 给出了可以供用户选择的 STEP7-Micro/WIN 支持的通信硬件和波特率。

表 9-6　　STEP7-Micro/WIN 支持的通信硬件和协议

配　置	波特率/bps	协　议
RS-232/PPI 多主站电缆 USB/PPI 多主站电缆	9.6k，19.2k，187.5k	PPI
CP5511/CP5512	9.6k，19.2k，187.5k，12M	PPI、MPI 和 PROFIBUS
CP5611（版本 3 以上）	9.6k，19.2k，187.5k，12M	PPI、MPI 和 PROFIBUS

9.3.3　网络连接器

网络连接器可以把多个设备很容易地连接到网络中，连接器都有两组螺丝端子，可以连接网络的输入和输出。

网络连接器有两种，一种连接器仅提供连接到 CPU 的接口，而另一种连接器增加了一个编程接口，带有编程接口的连接器可以把 PC、编程器或 HMI 增加到网络中，而不用改动现有的网络连接。通过网络连接器上的选择开关可以对网络进行偏置和终端匹配。

网络连接器及终端连接器接线如图 9－5 所示。

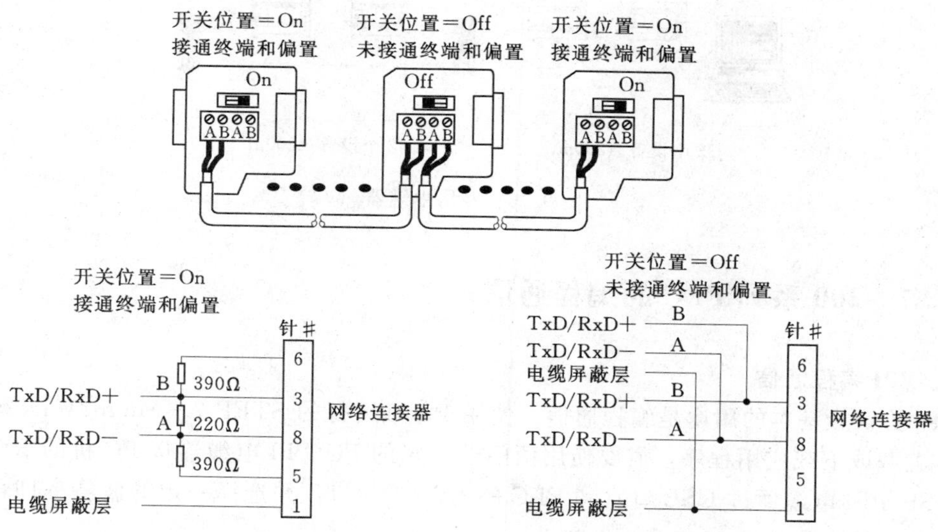

图 9－5　网络连接器及终端连接器接线

9.3.4　PROFIBUS 网络电缆

当通信设备相距较远时，可使用 PROFIBUS 电缆进行连接，表 9－7 列出了 PROFIBUS 网络电缆的性能指标。

表 9－7　　**PROFIBUS 网络电缆性能**

指　标	规　范	指　标	规　范
导线类型	屏蔽双绞线	电缆电容	＜60pF/m
导体截面积	24AWG（0.22mm²）或更粗	阻抗	100～200Ω

PROFIBUS 网络的最大长度有赖于波特率和所用电缆的类型。表 9－8 列出了采用满足表 9－7 中列出的规范电缆时网络段的最大长度。

表 9－8　　**PROFIBUS 网络段的最大电缆长度**

传输速率/(b/s)	网络段的最大电缆长度	传输速率/(b/s)	网络段的最大电缆长度
9.6～19.2k	1200m（3926ft）	187.5k	1200m（3280ft）

9.3.5　网络中继器

西门子公司提供连接到 PROFIBUS 网络环的网络中继器，如图 9－6 所示。利用中继器可以延长网络通信距离，允许在网络中加入设备，并且提供了一个隔离不同网络环的方法。在波特率是 9.6kbps 时，PROFIBUS 允许在一个网络环上最多有 32 个设备，这时通信的最长距离是 1200m。每个中继器允许加入另外 32 个设备，而且可以把网络再延长 1200m。在网络中最多可以使用 9 个中继器，但网络的总长度不得超过 9600m。每个中继器为网络环提供偏置和终端匹配。

EM277、CP243－1、CP243－2 等其他组网硬件请参考相关资料。

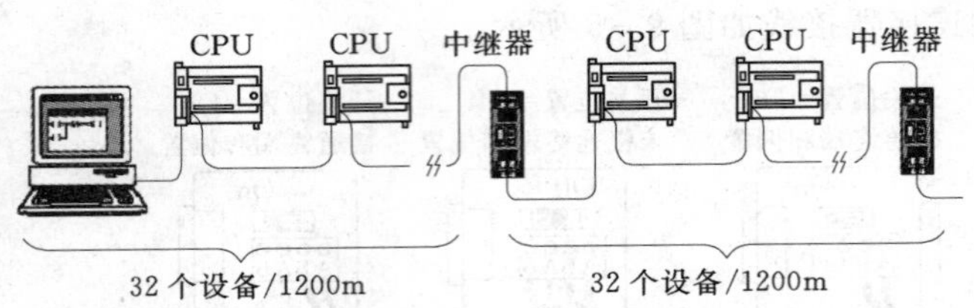

图 9－6　网络中继器

9.4　S7－200 系列 PLC 的编程通信

9.4.1　PPI 编程通信

PPI 协议最基本的用途是编程通信。使用 PC 机运行的 STEP 7－Micro/WIN 软件编程时，上载或下载应用程序，需要使用西门子公司的 PC/PPI 电缆连接 PC 机的 RS－232 口（USB/PPI 电缆通过 USB 口）和 PLC 的 RS－485 口，并选择一定的波特率即可。编程通信的连接方法如图 9－7 所示。

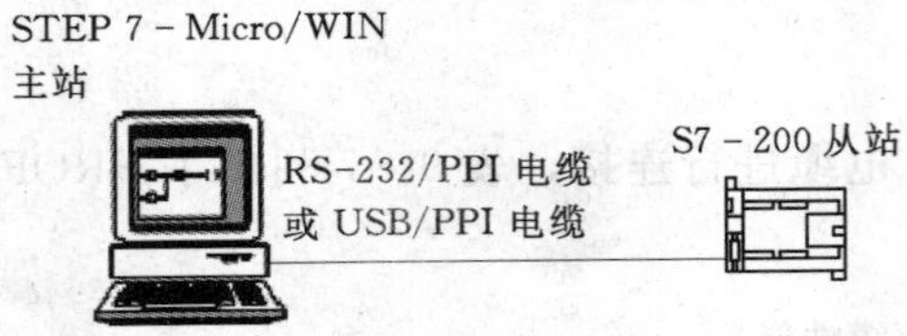

STEP 7－Micro/WIN
主站
RS-232/PPI 电缆
或 USB/PPI 电缆
S7－200 从站

图 9－7　PPI 编程通信的连接方式

1. 建立硬件连接

在建立 S7－200 CPU 与计算机的连接之前，最好先将 S7－200 CPU 切换到断电状态，并将 S7－200 CPU 前盖内的模式选择开关设置为“STOP”模式，然后再进行硬件连接。

如果使用的是 USB/PPI 多主站电缆，则需要将 USB/PPI 多主站电缆的 PPI 端口（标识为 PPI－RS485）连接到 S7－200 CPU 的 Port 0 或 Port 1，将 USB/PPI 多主站电缆的 USB 端口（标识为 PC－USB）连接到计算机的 USB 接口。

如果使用的是 RS－232/PPI 多主站电缆，则需要首先连接 RS－232/PPI 多主站电缆的 RS－232 端（标识为“PC”）到计算机的 COM 口上（如 COM 1），连接 RS－232/PPI 多主站电缆的 RS485 端（标识为“PPI”）到 S7－200 PLC 的 Port 0 或 Port 1 上。

对于 RS－232/PPI 多主站电缆不允许带电插拔 RS－232 接口，否则很容易造成计算机 COM 口的损坏。另外，目前的绝大多数笔记本电脑不再配置 COM 口，建议采用 USB/PPI 多主站电缆或 USB/MPI 电缆。

2. 为 STEP 7－Micro/WIN 设置通信参数

设置 STEP 7－Micro/WIN 与 S7－200 CPU 的通信参数，可按以下步骤进行。

(1) 打开通信参数设置对话框。启动 STEP 7－Micro/WIN 并新建或打开一个项目，点击左侧浏览条上的“通信”图标进入通信对话框，如图 9－8 所示。使用该对话框可以为 STEP 7－Micro/WIN 设置通信参数。

其中：

“本地地址”是指安装有 STEP 7－Micro/Win 的计算机（又称编程站）的 PPI 地址，即 PC/PPI 电缆的通信地址。

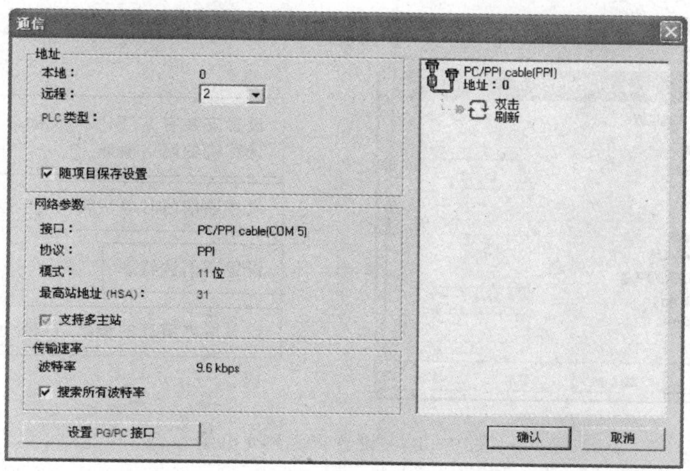

图 9－8　通信参数设置对话框

“远程地址”是指 S7－200 CPU 的 PPI 接口地址。

“传输速率”即波特率可以选择 9.6kbps、19.2kbps 或 187.5kbps，也可以选择搜索所有波特率。

“设置 PG/PC 接口”按钮，可以设置安装有 STEP 7－Micro/Win 的 PG/PC 所使用的通信接口，此选项需根据实际所用编程电缆或 CP 卡的情况进行设置。

在通信参数设置对话框的右侧显示安装有 STEP 7－Micro/Win 的计算机将通过 PC/PPI 电缆尝试与 S7－200 CPU 通信，并且 PG/PC 的通信地址是 0。可以双击进行刷新，以搜索目前在线的 S7－200 CPU。

（2）为网络选择通信接口。S7－200 可以支持各种类型的通信网络。用鼠标单击“设置 PG/PC 接口”按钮，系统开始搜索可用接口资源，并打开“设置 PG/PC 接口”对话框，如图 9－9 所示。

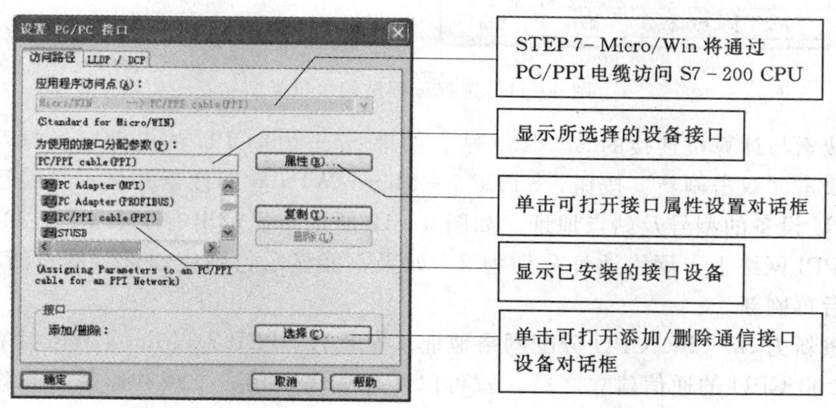

图 9－9　设置 PG/PC 通信接口

（3）设置 PC/PPI 电缆属性。在“设置 PG/PC 接口”对话框中选中“PC/PPI cable (PPI)”接口，然后单击“属性”按钮，打开如图 9－10 所示的 PC/PPI 电缆属性设置对话框。

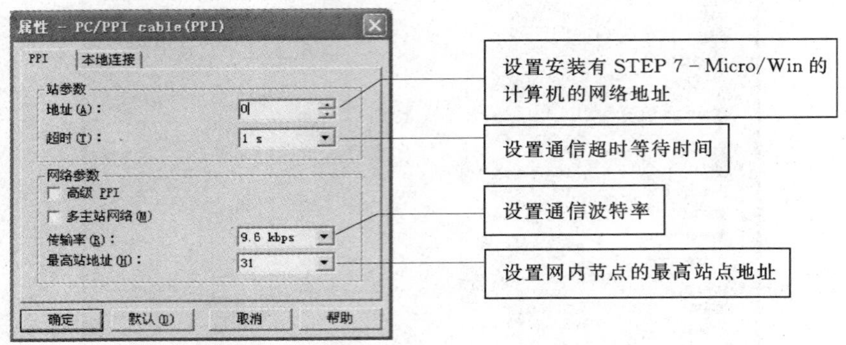

图 9 - 10　设置 PC/PPI 电缆

(4) 检查本地计算机通信口设置。切换到“本地连接”属性标签，如图 9 - 11 所示。如果所使用的 PC/PPI 电缆为 USB/PPI 多主站编程电缆，则选择计算机的接口为 USB 口；如果所使用的 PC/PPI 电缆为 RS - 232/PPI 多主站编程电缆，应根据实际连接的情况，选择计算机的接口为 COM1 或其他 COM 口。设置完成以后，单击“确定”按钮返回“设置 PG/PC 接口”对话框。再按“确定”按钮完成通信接口的设置。

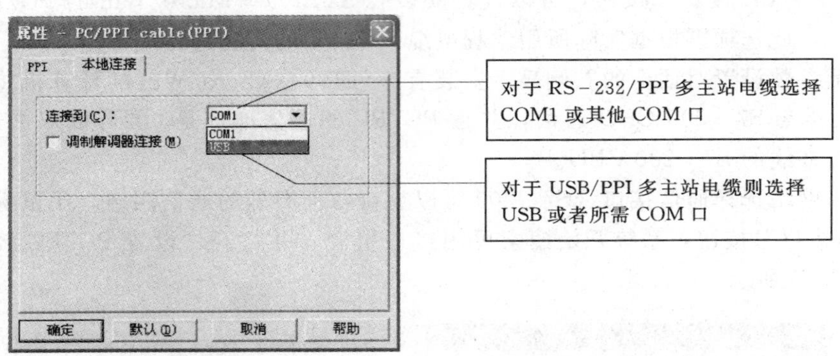

图 9 - 11　选择编程站的接口类型

(5) 搜索与计算机连接的 S7 - 200 站。如果 S7 - 200 CPU 的电源已经打开，在通信对话框中双击“双击刷新”按钮，STEP 7 - Micro/WIN 立即搜索并显示与编程站相连接的在线 CPU 设备的型号及站点地址。如图 9 - 12 所示，显示出有 1 个 CPU 224 CN REL 已连接到 PPI 网络上，网络地址分别为 2。如果不能显示，则应勾选“搜索所有波特率”选项，然后再刷新。

(6) 重新为 S7 - 200 CPU 分配网络地址。安装有 STEP 7 - Micro/Win 计算机即编程站与 S7 - 200 CPU 的通信建立之后，就可以实现程序上传、下载和监控等操作。如果需要，还可以展开资源窗口中的“系统块”，然后双击“通信端口”工具打开通信端口的参数设置对话框，如图 9 - 13 所示。在该对话框内可更改目标 CPU 的通信端口（必须是与编程电缆相连接的端口），及通信端口的 PPI 网络地址、最高网络地址、波特率、重复次数等端口参数。参数设置后，必须重新下载程序才能使新的通信参数生效。

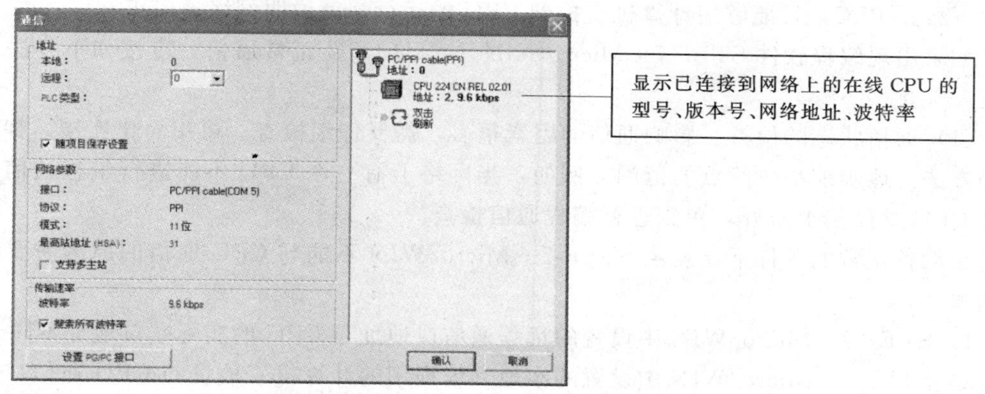

图 9－12　显示与编程站相连接的在线 CPU 设备

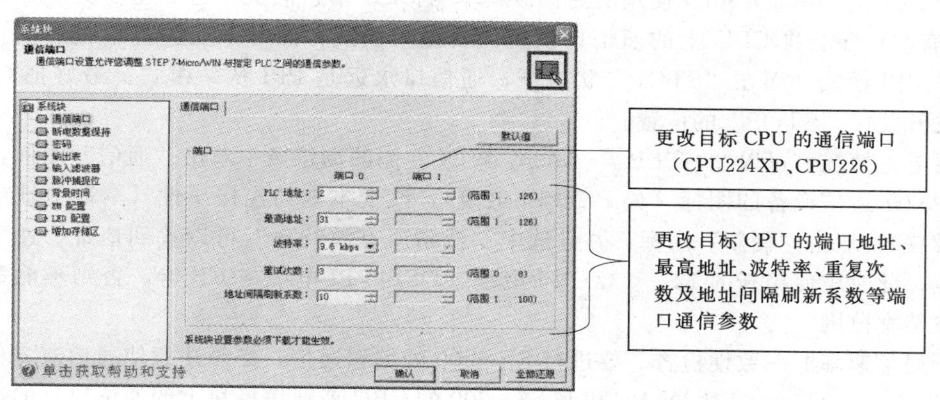

图 9－13　更改 CPU 的通信端口及端口参数

如果有多个 S7－200 CPU 相互间通过 Profibus 电缆相连接，如图 9－14 所示，且其中 1 个 S7－200 CPU 的端口所连接的是带编程接口的 Profibus 总线连接器，则该端口可以再通过 PC/PPI 多主站电缆与计算机连接，此时应分别设置各个 CPU 的 PPI 网络地址，并保证每个 CPU 网络地址的唯一性，最后将系统块参数分别下载到每个 CPU，下载完毕计算机就能够识别出所有的 CPU，并与之建立通信关系。如果所连接的 CPU 地址有冲突，就必须先断开与其他 CPU 的连接（或切断电源），单独用 PC/PPI 多主站电缆与计算机连接，重新分配网络地址，然后再与其他 CPU 连接。

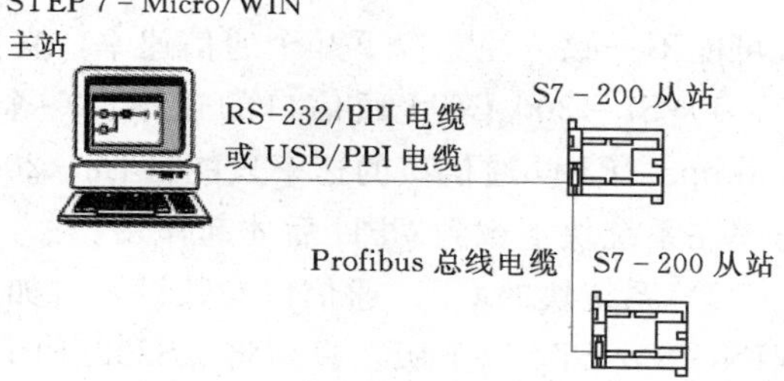

图 9－14　多从站 PPI 编程通信的连接方式

3. 方案调试

为了检阅 PPI 网络是否能够工作，可以为各个 S7－200 PLC 分别编写相应的调试程序，并分别下载到各 CPU，然后用计算机分别监视各个 CPU 的运行状态。只要程序能够正常下载到 PLC，且能够用计算机监控到 CPU 的运行，就说明网络通信正常。

如果出现编程软件 STEP 7 - Micro/WIN 不能与 CPU 正常通信，应按如下方法检查处理。

(1) 通信状态的检查。影响通信的因素很多，需要仔细检查。可用简化连接，替换设备等方法，逐步缩小故障点的范围。例如，当网络上有一个 CPU 不能进行编程通信，就要将 CPU 从网络上脱开，单独进行编程通信检查。

在设备正常的条件下，发生 STEP 7 - Micro/WIN 不能与 CPU 通信的原因主要有以下几项。

1) STEP 7 - Micro/WIN 中设置的远程通信口地址与 CPU 的实际端口地址不同。

2) STEP 7 - Micro/WIN 中设置的本地（编程用的计算机）地址与 CPU 通信口的地址相同了（应当将 STEP 7 - Micro/WIN 的本地地址设置为“0”)。

3) STEP 7 - Micro/WIN 使用的通信波特率与 CPU 端口的实际通信速率设置不同。

4) 有些程序会将 CPU 上的通信口设置为自由口模式，此时不能进行编程通信。编程通信是 PPI 模式。而在“STOP”状态下，通信口永远是 PPI 从站模式。最好把 CPU 上的模式开关拨“STOP”的位置。

针对上述情况，可以在 STEP 7 - Micro/WIN 左侧的浏览条中单击“通信”图标，在对话框中双击通信设备的图标（如 PC/PPI 电缆），改变本地的连接属性（本地地址或通信速率设置）；双击“刷新”图标，并且选中“搜索所有波特率”可以找到地址、速率不明的站点。此时应使用新的 RS - 232/PPI 电缆、USB/PPI 电缆或 CP 卡，否则不能覆盖所有的波特率范围。

(2) 通信速率的一致性检查。要进行 S7 - 200 的编程通信，必须注意使通信双方（即安装了 STEP 7 - Micro/WIN 的 PC 机和 S7 - 200 的 CPU 或通信模块上的通信口）的通信速率、通信协议相互兼容。否则，不能顺利连通。

在具体工作中，参与编程通信的设备未必一定符合上述要求。例如，它们的通信速率就可能不一致。注意以下几个通信速率，它们必须一致，如下所述。

1) S7 - 200 CPU 通信口的速率。一个新出厂的 CPU，其所有通信口的速率都是 9.6kbps。CPU 通信口的速率只能在 S7 - 200 项目文件中的“系统块”中设置，新的通信速率在系统块下载到 CPU 后才起作用。

2) 系统块的 CPU 通信口参数设置。如果使用智能多主站电缆配合 STEP 7 - Micro/WIN V3.2 SP4 以上版，只需将 RS232/PPI 电缆的 DIP 开关 5 设置为“1”而其他设置为“0”；而 USB/PPI 电缆不需要设置。旧版本的电缆需要按照电缆上的标记设置 DIP 开关。

3) 由 STEP 7 - Micro/WIN 决定的 PC 机通信口（RS - 232 口）的通信速率。这个速率实际上是去配合编程电缆使用的，在 STEP 7 - Micro/WIN 软件中打开“设置 PG/PC 接口”，设置 PC 用于同编程电缆通信的速率。USB 口使用 USB/PPI 电缆，不需指定速率。

9.4.2　MPI 编程通信

STEP 7 - Micro/WIN 可以与 S7 - 200 CPU 建立 MPI 主-从连接的编程通信，STEP 7 - Micro/WIN 作为 MPI 主站，S7 - 200CPU 只能做 MPI 从站。硬件上使用 CP5611 卡

（用于 PCI 总线的 PC 机）或 CP5511/CP5512（用于笔记本电脑）卡。使用 CP 卡进行编程通信，应使用 MPI 电缆或者 PROFIBUS 电缆连接 CPU 上的编程口、EM277 模块上的通信口。当有多个 S7－200CPU 从站时，应使用带编程口的网络连接器。另外需注意以下几点。

（1）CP5511/CP5512/CP5611 不能在 Windows XP Home 版下使用。

（2）CP 卡与 S7－200 通信时，不能选择“CP 卡（auto）”。

（3）MPI 的最低通信速率为 19.2k，最高 187.5k。

（4）MPI 编程通信主要用于取得更高的通信速率或编程网络上有 S7－300、S7－400 等 PLC 时采用的一种编程通信方式，如果只有 S7－200PLC 的编程网络上，一般不建议采用不经济的 MPI 编程通信方式，而采用 PPI 编程通信。MPI 主要应用于网络通信，所以关于 S7－200 系列 PLC 的 MPI 编程通信，不再做详细介绍。

9.5　S7－200 系列 PLC 的网络通信

S7－200 系列 PLC 的网络通信包括 PLC 与上位机之间、PLC 与 PLC 之间、PLC 与现场设备或远程 I/O 之间、PLC 与其他智能设备之间的通信。

9.5.1　单主站 PPI 网络

1. 单主站单从站 PPI 网络

单主站单从站 PPI 网络是指一个主站连接一个从站的网络。在前面的 STEP 7－Micro/WIN 与 S7－200 的编程通信就属于单主站单从站 PPI 网络通信。网络通信中的 PC 主站可以是 STEP 7－Micro/WIN 编程站，也可以是其他监控组态软件做主站，S7－200 是网络从站。

另外，人机界面（HMI）设备（例如 TD200、TP 或者 OP 等）也可以是网络主站，S7－200 是网络从站构成单主站单从站 PPI 网络通信。

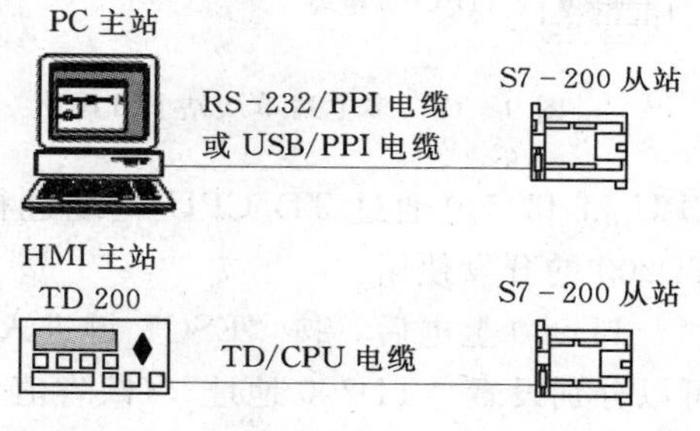

图 9－15　单主站单从站 PPI 网络

单主站单从站 PPI 网络如图 9－15 所示。编程通信时，在“PC/PPI cable（PPI）”的 PPI 属性标签中，不要选择多主站网络，也不要选中 PPI 高级选项。

2. 单主站多从站 PPI 网络

单主站多从站 PPI 网络是指一个主站连接多个从站的网络，如图 9－16 所示。主站每次只能和一个 S7－200 从站通信，但是主站可以访问网络上的任一个 S7－200。网络通信和组态与单主站单从站 PPI 网络相类似。主站可以是 PC，也可以是 HMI（如 TD200 等）。

9.5.2　多主站 PPI 网络

1. 多主站单从站 PPI 网络

图 9－17 所示为多主站单从站 PPI 网络。PC 主站同时作为编程站，PC 主站可以通过

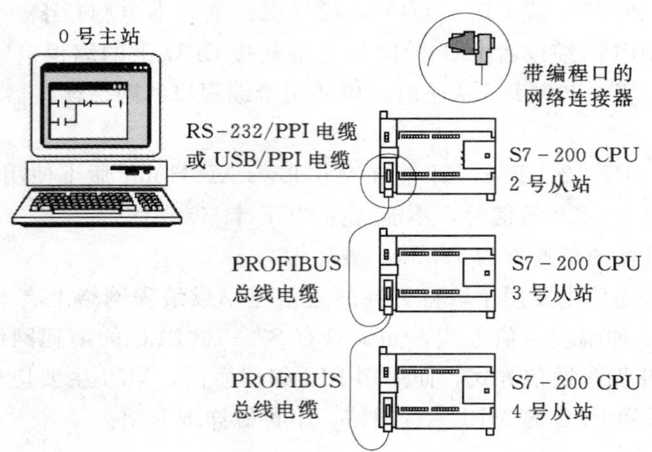

图9-16　单主站多从站PPI网络

PPI多主站电缆和S7-200通信，也可在PC主站上安装CP卡、采用MPI电缆和S7-200通信。PC和HMI必须有不同的网络地址。

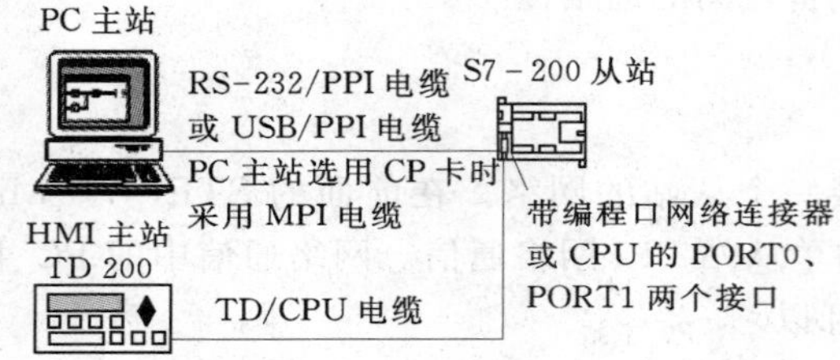

图9-17　多主站单从站PPI网络

TD200 HMI只是一个文本显示器，不需要对TD200进行组态和编程，所有组态信息全部保存在S7-200 CPU的V存储器中，TD200里只存储TD200的地址、所连接的CPU的地址、通信波特率和参数块的位置（要与CPU中的一致）。

STEP 7-Micro/WIN中，用TD200向导给CPU编程，完成编程并下载后，将CPU和TD200通过TD/CPU电缆进行正确连接，正确设置TD200的参数，即可完成TD200的开发使用。

TD200上电后，按“ESC”键进入“诊断菜单”，接着进入“TD200设置”选项，就可以分别设置“TD200地址”（缺省值为1）、“CPU地址”（缺省值为2）、“参数块地址”（缺省值为0）、“波特率”（缺省值为9.6k）。

2. 多主站多从站PPI网络

图9-18所示为多主站多从站PPI网络。PC主站和HMI主站可以对任意S7-200从站读写数据，所有主站和从站必须使用不同的网络地址，2号从站、4号从站的网络连接器需要带编程口，方便和主站连接。

9.5.3　复杂PPI网络

图9-19所示为多主站多从站复杂PPI网络。在复杂PPI网络中，不但PC和HMI主站可以通过PPI网络读写S7-200从站的数据，而且两个S7-200之间也可以按照PPI协议，使用V存储区的网络读（NETR）写（NETW）指令相互读写数据。

对于复杂的PPI网络，组态STEP 7-Micro/WIN使用PPI协议时，最好使能多主站，并选中PPI高级选项，如果使用的电缆是PPI多主站电缆，那么多主站网络和PPI

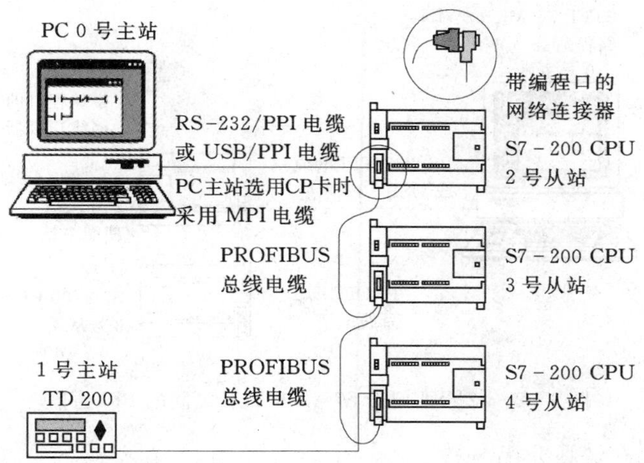

图 9－18　多主站多从站 PPI 网络

高级选项便可以忽略。

如果在用户程序中使能 PPI 主站模式，S7－200 CPU 在运行模式下可以作主站。在使能 PPI 主站模式之后，可以使用网络读写指令来读写另外一个 S7－200。当 S7－200 作 PPI 主站时，它仍然可以作为从站响应其他主站的请求。

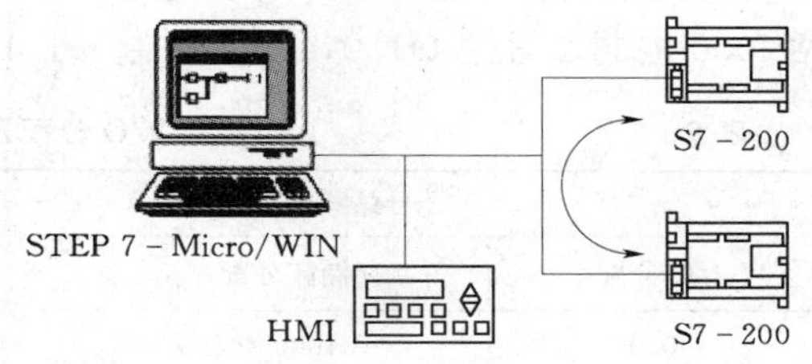

图 9－19　多主站多从站复杂 PPI 网络

S7－200 CPU 之间的 PPI 网络通信只需要两条简单的指令，它们是网络读（NETR）和网络写（NETW）指令。在网络读写通信中，只有主站需要调用 NETR/NETW 指令，从站只需编程处理数据缓冲区（取用或准备数据）。PPI 网络上的所有站点都应当有各自不同的网络地址。否则通信不会正常进行。

下面用一个简单的例子来讲解 2 台西门子 S7－200 PLC 之间的 PPI 通信。

1. 所需硬件及网路配置

（1）S7－224 CPU 两台。

（2）装有编程软件（STEP 7－Micro/WIN V4.0）的电脑一台。

（3）RS－232/PPI 或 USB/PPI 编程电缆一条。

（4）PPI 通信电缆一条。

（5）网络连接器 2 个（其中 1 个带编程口）。

（6）网络配置如图 9－20 所示。

在编程软件的系统块中，分别将 S7－200 CPU 的站地址设为 2 和 3，并将系统块下载到 CPU 中。用网络连接器和屏蔽双绞线通信电缆连接 2 块 CPU 的通信接口，2 个连接器的 A 端子和 A 端子连接，B 端子和 B 端子连在一起。其中 1 个连接器带有编程接口，RS－232/PPI 或 USB/PPI 编程电缆与编程口相连。2 台 S7－200 系列 PLC 与计算机通过 RS－485 通信接口，组成一个使用 PPI 协议的单主站通信网络。

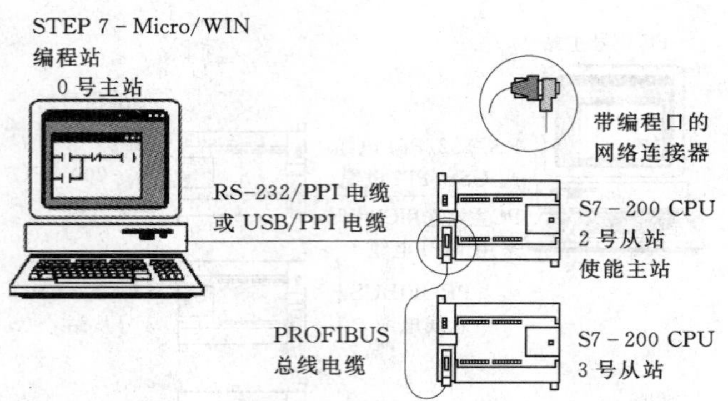

图9-20　2台西门子S7-200 PLC之间的PPI通信

2. I/O分配及存储区分配

2台PLC通过PORTO口实现互相PPI通信，设定2号站为使能主站，所以只需要在使能主站上编写通信程序。功能为2号站I0.0控制3号站Q0.0，I0.1控制Q0.1；3号站I0.0控制2号站Q1.0，I0.1控制Q1.1。I/O分配及存储区分配见表9-9。

表9-9　　I/O分配及存储区分配表

2号站（使能主站）			3号站（从站）	
I/O分配	存储区分配	指令	I/O分配	存储区分配
I0.0	V1000.0	NETW	Q0.0	V1000.0
I0.1	V1000.1	NETW	Q0.1	V1000.1
Q1.0	V1020.0	NETR	I0.0	V1020.0
Q1.1	V1020.1	NETR	I0.1	V1020.1

3. 用“NETR/NETW指令向导”编写网络读写程序

使用STEP 7 - Micro/WIN编程软件及编程电缆分别对2号站、3号站通信端口PORT0的PLC地址、波特率等进行设置。现将2号站（使能主站）地址设置为2，波特率使用9.6k，3号站（从站）地址设置为3，波特率9.6k（主从的波特率要一致）。

使用向导对2号站（使能主站）编写通信程序。打开编程软件，从指令树中展开“向导”，如图9-21所示。然后双击“NETR/NETW”，弹出如图9-22所示“NETR/NETW指令向导”对话框一。在“您希望配置多少项网络读/写操作?”中选择“2”。单击“下一步”按钮，弹出如图9-23所示“NETR/NETW指令向导”对话框二，选择PLC的通信端口为“0”，继续单击“下一步”按钮，弹出如图9-24所示“NETR/NETW指令向导”对话框三，按照图示作相应选项。然后单击“下一项操作”按钮，弹出如图9-25所示“NETR/NETW指令向导”对话框四，按照图示作相应选项。单击“下一步”按钮，弹出如图9-26所示“NETR/NETW指令向导”对话框五，单击“建议地址”按钮，再单击“下一步”按钮，弹出如图9-27所示“NETR/NETW指令向导”对话框六，单击“完成”按钮，完成“NETR/NETW指令向导”配置。

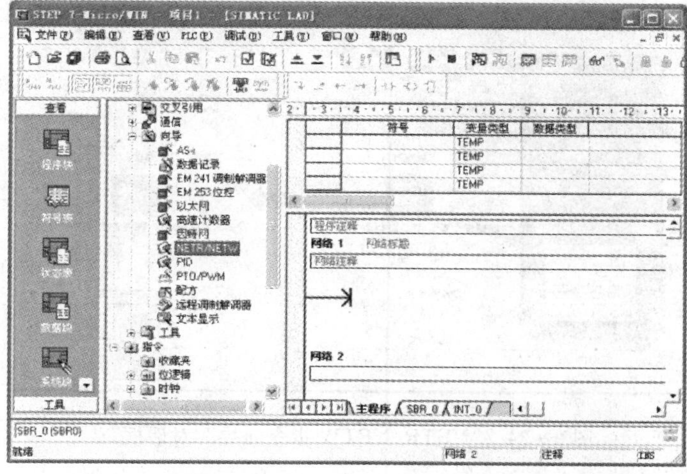

图 9 - 21　使用向导编写通信程序

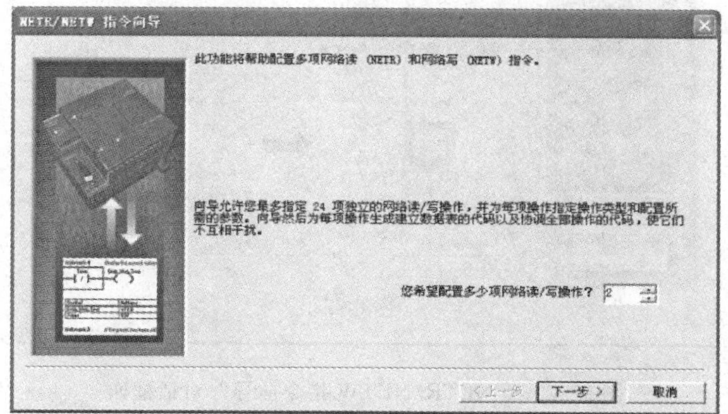

图 9 - 22　“NETR/NETW 指令向导”对话框一

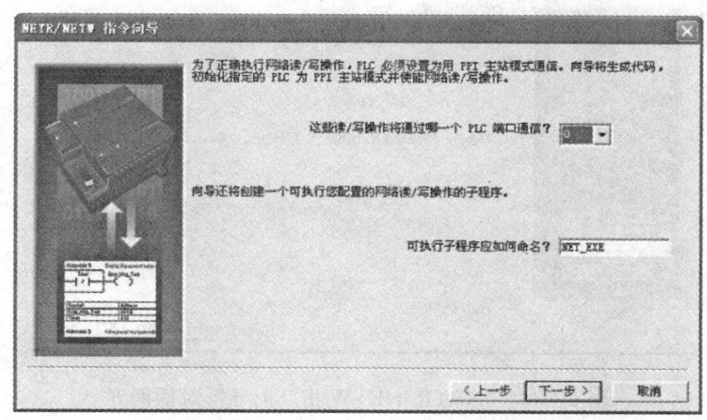

图 9 - 23　“NETR/NETW 指令向导”对话框二

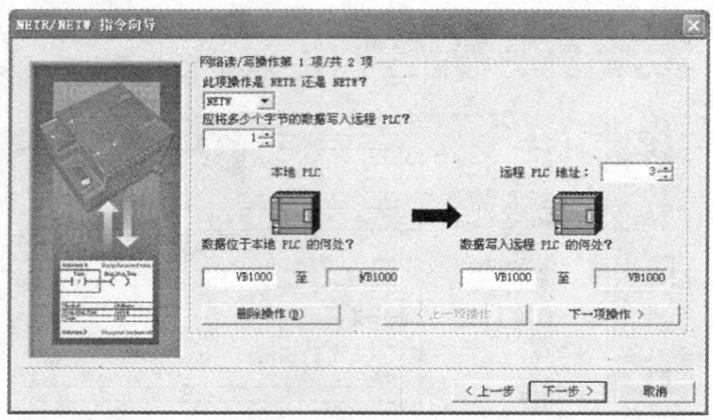

图 9 - 24　“NETR/NETW 指令向导”对话框三

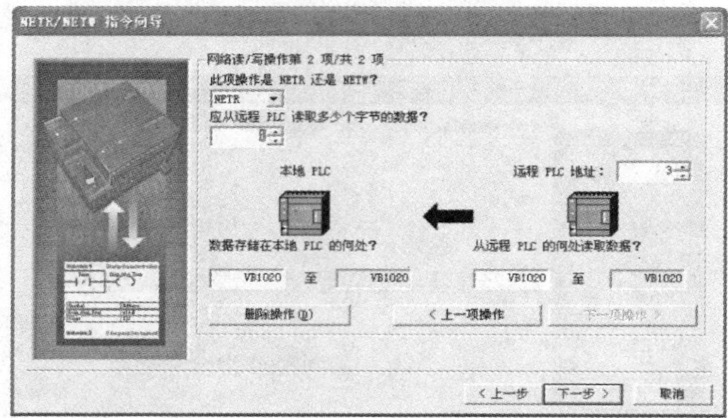

图 9 - 25　“NETR/NETW 指令向导”对话框四

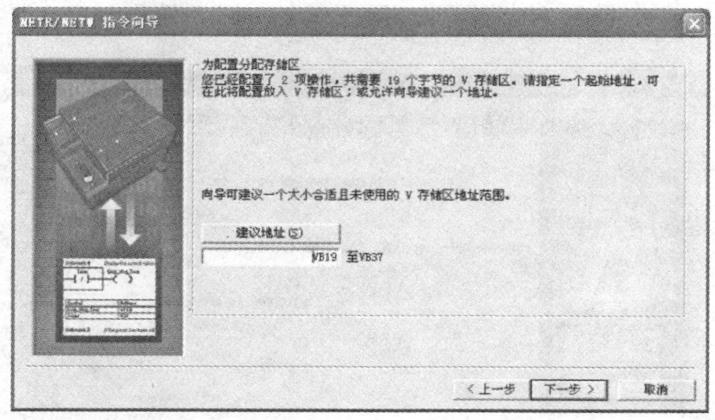

图 9 - 26　“NETR/NETW 指令向导”对话框五

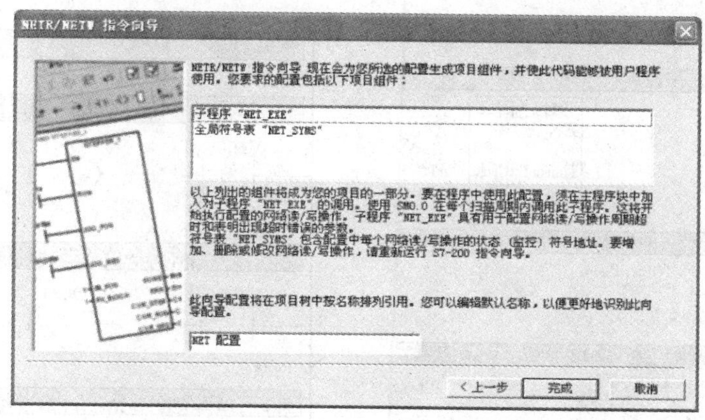

图 9－27　"NETR/NETW 指令向导"对话框六

4. 编写程序

（1）编写使能主站（2 号站）程序。要在程序中使用上面所完成的配置，必须在主程序块中加入对子程序"NET _ EXE"（刚才配置的网络程序）的调用，使用 SM0.0 在每个扫描周期内调用此子程序，这将开始执行配置的网络读/写操作。在调用时，用鼠标拖住子程序到编程区即可，如图 9－28 所示。

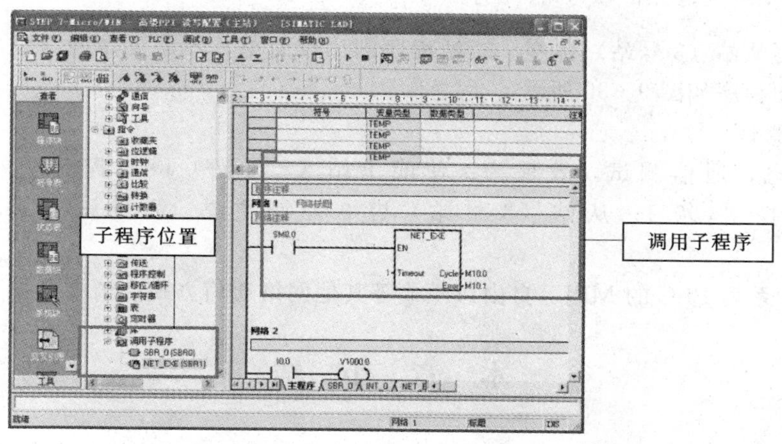

图 9－28　调用网络读/写子程序

由图 9－28 可见，NET _ EXE 有 Timeout、Cycle、Error 等几个参数，它们的含义如下所述。

1）Timeout。设定的通信超时时限，1～32767s，若＝0，则不计时。

2）Cycle。输出开关量，所有网络读/写操作每完成一次，Cycle 输出的状态切换一次。

3）Error。发生错误时报警输出。

然后再编写相应的控制程序，程序编写完成后下载到使能主站（2 号站）。使能主站（2 号站）的梯形图程序如图 9－29 所示。

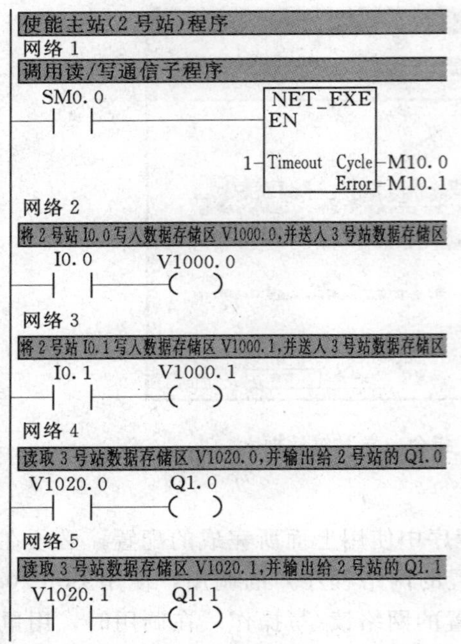

图9-29　使能主站（2号站）程序

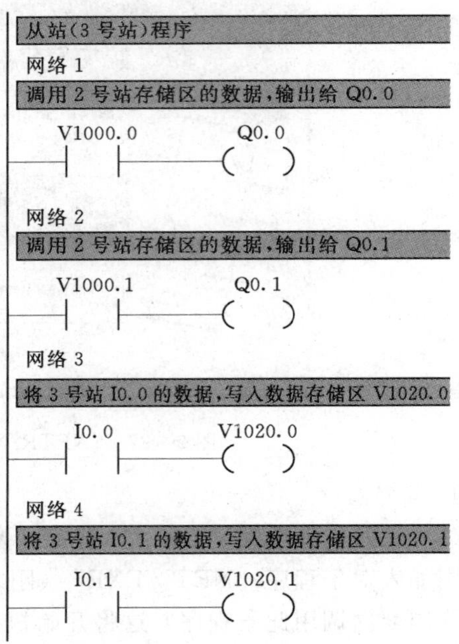

图9-30　从站（3号站）程序

（2）编写从站（3号站）程序。从站程序则比较简单，不需要做网络配置。从站（3号站）梯形图程序如图9-30所示。

5. 通信测试

PLC上电，通信测试。效果为：使能主站（2号站）I0.0控制从站（3号站）Q0.0，I0.1控制Q0.1。从站（3号站）I0.0控制主站（2号站）Q1.0，I0.1控制Q1.1。

S7-200系列PLC的MPI、自由口模式等其他网络通信方式，请参考相关资料。

本章小结

本章主要介绍了S7-200系列PLC通信的基础知识、通信协议、通信硬件设备和通信的实现方法。

1. S7-200系列PLC具有丰富的通信功能，支持多种通信协议，通过网络设备可以组成不同的PLC网络。

2. S7-200系列PLC的PPI编程通信是基础，详细介绍了PPI编程通信的方法和步骤。

3. S7-200系列PLC的网络包括单主站单从站PPI网络、单主站多从站PPI网络、多主站单从站PPI网络、多主站多从站PPI网络以及复杂PPI网络等。

4. 通过“NETR/NETW”网络读写指令向导，编写网络读写程序，实现2台PLC之间的PPI通信。

习　题

1. S7－200 系列 PLC 具有哪些通信功能？支持哪些通信协议？

2. 理解通信主站和从站、服务器和客户端、编程通信和数据通信的基本概念。

3. S7－200 系列 PLC 组网的硬件有哪些？

4. 熟练掌握 PPI 编程通信的方法和步骤。

5. S7－200 系列 PLC 有哪些组网方式？

6. 用“NETR/NETW”网络读写指令向导，实现 2 台 PLC 之间的通信。要求 A 机读取 B 机的 MB0 的值后，将它写入本机的 QB0，A 机将它的 MB0 的值写入 B 机的 QB0 中。B 机在通信中时被动的，它不需要通信程序，所以只要求 A 机的通信程序，A 机的网络地址为 2，B 机的网络地址为 3。

第 4 篇

三菱 FX 系列
可编程控制器

第 10 章　三菱 FX 系列可编程控制器概述

【知识要点】

知识要点	掌握程度	相关知识
三菱 FX 系列 PLC 概述	了解	了解三菱 PLC 的产品系列，性能参数和基本组成
三菱 FX_{2N} 系列 PLC 的硬件资源	熟悉	熟悉三菱 FX_{2N} 系列 PLC 基本单元和扩展单元模块的技术指标、类型和结构功能
三菱 FX_{2N} 系列 PLC 的编程元件	掌握	掌握三菱 FX_{2N} 系列 PLC 的编程元件及其功能应用

10.1　三菱 FX 系列 PLC 概述

日本三菱电机株式会社 Mitsubishi Electric Corp（三菱电机）创立于 1921 年，是三菱 MITSUBISHI 财团之一，全球 500 强。三菱电机公司于 20 世纪 70 年代开始研制 PLC，主要有 FX、K、A 等十几个系列几十种产品，在我国工业控制领域具有一定的市场占有率。三菱 FX 系列，是三菱 PLC 小型系列 PLC。主要分 FX_0、FX_2、FX_{0S}、FX_{0N}、FX_{3G}、FX_{3U}、FX_{2N}、FX_{1N}、FX_{1S} 等系列。

10.1.1　三菱 FX 系列 PLC 的特点

1. 外部结构美观

三菱 FX 系列 PLC 产品吸收了整体式和模块式 PLC 的优点，它的基本单元、扩展单元、扩展模块颜色、高度和宽度统一。各模块之间的连接不用基板，而是用一根扁平电缆连接，可紧密拼装组成一个整齐的长方体。

2. 提供多系列供用户选择

FX 系列产品旗下的子系列众多，它们外观相似，仅性价比上有差异。不同系列 PLC 可供不同的用户系统选用，避免了功能上的浪费，是用户能在节省投资的同时有可以满足系统要求。

FX_{0S} 的功能简单实用，价格便宜，可用于小型开关量控制系统；FX_{0N} 程序步数和 I/O 点数要高于 FX_{0S}，主要用于要求较高的中小型控制系统；FX_{2N} 的功能强大，扩展性好，可用于要求较高的系统。三种子系列 PLC 的性能比较见表 10－1。

3. 系统配置灵活多变

FX 系列 PLC 的系统配置灵活，用户除了可以选用不同型号的 FX 系列 PLC 外，同一系列下的 PLC 还有各种不同的基本单元供用户选择，另外还可以选用各种扩展单元和扩展模块，组合成不同规模和不同功能的控制系统。

表10-1　FX_{0S}、FX_{0N}、FX_{2N}性能比较

型号	基本指令执行时间/μs	I/O点数	用户程序步数	基本指令/条	功能指令/条	模拟量模块	通信功能
FX_{0S}	1.6～3.6	10～30	800步 EPROM	20	50	无	无
FX_{0N}	1.6～3.6	24～128	2000步 EPROM	20	55	有	较强
FX_{2N}	0.08	16～256	内附 8KB RAM	27	298	有	强

10.1.2　FX系列PLC型号名称的含义

FX系列PLC型号命名基本格式如图10-1所示。

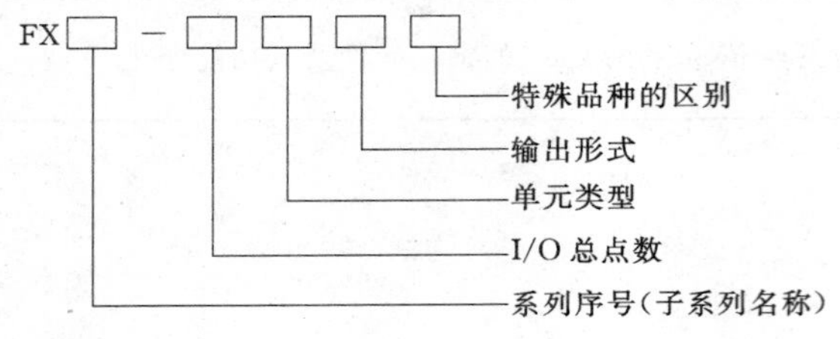

图10-1　FX系列PLC型号名称示意图

FX系列PLC型号各区间标示及含义如下。

（1）系列序号。即FX系列下属各子系列，包括0、2、0N、2C、2N等，如FX_0、FX_2、FX_{0S}、FX_{0N}、FX_{2N}等。

（2）I/O总点数。该模块自带的输入输出总点数，16～256点。

（3）单元类型。M为基本单元；E为输入输出混合扩展单元及扩展模块；EX为输入专用扩展模块；EY为输出专用扩展模块。

（4）输出形式。R为继电器输出型；T为晶体管输出型；S为晶闸管输出型。

（5）特殊品种区别。D为DC电源，DC输入；A1为AC电源，AC输入；H为大电流输出扩展模块；V为立式端子排的扩展模块；C为接插口输入/输出方式；F为输入滤波器为1ms的扩展模块；L为TTL输入型扩展模块；S为独立端子（无公共端）扩展模块。

如果特殊品种区别一项缺省（无符号），通常标示该模块为AC电源、DC输入、横式端子排。其中继电器输出2A/点；晶体管输出0.5A/点，晶闸管输出0.3A/点。

FX系列PLC还有一些特殊的功能模块，如模拟量输入输出模块、通信接口模块及外围设备等，使用时可以参照FX系列PLC产品手册。

【例10-1】　试说明FX_{2N}-48MR的参数意义。

FX_{2N}-48MR的参数意义为，该PLC是三菱FX_{2N}系列PLC，有48个I/O点的基本单元，输出类型为继电器输出型，使用DC24V电源。

10.1.3　FX系列PLC的基本组成

FX系列PLC为叠装式结构，它集合了整体式和模块式结构的优点，由基本单元、扩展单元及特殊功能模块构成，如图10-2所示。

基本单元包括了CPU、存储器、输入输出接口和电源，它们是三菱FX系列PLC的主要组成部分。PLC厂家通常根据输入输出接口数量、输出形式等差异，推出不同型号的基本单元供用户选择。

扩展单元（或扩展模块）内部无CPU、存储器，必须与基本单元一起使用，用扁平电缆连接。扩展单元主要用来扩展输入输出点数，内部有电源；扩展模块主要用于增加 I/O 点数和改变 I/O 点数的比例，内部无电源。FX 系列 PLC 的扩展单元（扩展模块）包括：输入输出混合扩展单元、输入专用扩展模块和输出专用扩展模块三种。

图 10－2　FX 系列 PLC 的基本单元、扩展单元和特殊功能模块

特殊功能模块是根据工业控制环境而研发出来的具有特殊用途的一些扩展单元，如进行模拟量控制的 A/D、D/A 转换模块，用于闭环控制的 PID 控制模块和用于高数计数的特殊功能模块（HC）等。特殊功能模块与扩展单元一样内部也没有 CPU 和存储器，用扁平电缆与基本单元连接配合使用。

因 FX 系列 PLC 型号众多，下面我们将以常用的 FX_{2N} 系列 PLC 为例具体介绍三菱 FX 系列 PLC 的组成。

10.2　三菱 FX_{2N} 系列 PLC 的硬件资源

10.2.1　FX_{2N} 系列 PLC 性能指标

FX_{2N} 是三菱 FX 家族中最先进、功能最强、处理速度最快的微型 PLC。用户可以选用多种基本单元、扩展单元和扩展模块，组合成不同 I/O 点和不同功能的控制系统，其硬件配置能像模块式 PLC 那样灵活，又具比模块式 PLC 更高的性价比。由于 FX_{2N} 系列具备如下特点：最大范围的包容了标准特点、程式执行更快、全面补充了通信功能、适合世界各国不同的电源以及满足单个需要的大量特殊功能模块，它可以为你的工厂自动化应用提供最大的灵活性和控制能力。FX_{2N} 系列可编程控制器的技术指标包括一般技术指标、电源技术指标、输入技术指标、输出技术指标和性能技术指标，分别见表 10－2～表 10－6。

表 10－2　FX_{2N} 一般技术指标

<table>
<tr><td>环境温度</td><td colspan="2">使用时：0～55℃，储存时：－20～＋70℃</td></tr>
<tr><td>环境温度</td><td colspan="2">35%～89%RH（不结露）使用时</td></tr>
<tr><td>抗振</td><td colspan="2">JIS C0911 标准 10～55Hz 0.5mm（最大 2G）3 轴方向各 2h（但用 DIN 导轨安装时 0.5G）</td></tr>
<tr><td>抗冲击</td><td colspan="2">JIS C0912 标准 10G 3 轴方向各 3 次</td></tr>
<tr><td>抗噪声干扰</td><td colspan="2">用噪声仿真器产生电压为 $1000V_{P-P}$，噪声脉冲宽度为 $1\mu s$，周期为 30～100Hz 的噪声，在此噪声干扰下 PLC 工作正常</td></tr>
<tr><td>耐压</td><td>AC1500V 1min</td><td rowspan="2">所有端子与接地端之间</td></tr>
<tr><td>绝缘电阻</td><td>5MΩ 以上（DC500V 兆欧表）</td></tr>
<tr><td>接地</td><td colspan="2">第三种接地，不能接地时，亦可浮空</td></tr>
<tr><td>使用环境</td><td colspan="2">无腐蚀性气体，无尘埃</td></tr>
</table>

表10-3　　FX_{2N} 电源技术指标

项　　目		FX_{2N}-16M	FX_{2N}-32M FX_{2N}-32E	FX_{2N}-48M FX_{2N}-48E	FX_{2N}-64M	FX_{2N}-80M	FX_{2N}-128M
电源电压		AC100～240V 50/60Hz					
允许瞬间断电时间		对于10ms以下的瞬间断电，控制动作不受影响					
电源熔丝		250V　3.15A，ϕ5×20mm		250V　5A，ϕ5×20mm			
电力消耗/VA		35	40(30E 35)	50(48E 45)	60	70	100
传感器电源	无扩展部件	DC24V 250mA以下		DC24V 460mA以下			
	有扩展部件	DC5V 基本单元290mA 扩展单元690mA					

表10-4　　FX_{2N} 输入技术指标

输入电压	输入电流		输入ON电流		输入OFF电流		输入阻抗		输入隔离	输入响应时间
	X000～7	X010以内	X000～7	X010以内	X000～7	X010以内	X000～7	X010以内		
DC24V	7mA	5mA	4.5mA	3.5mA	≤1.5mA	≤1.5mA	3.3kΩ	4.3kΩ	光电绝缘	0～60ms可变

注　输入端X0～X17内有数字滤波器，其响应时间可由程序调整为0～60ms。

表10-5　　FX_{2N} 输出技术指标

项　　目		继电器输出	晶闸管输出	晶体管输出
外部电源		AC 250V，DC 30V以下	AC 85～240V	DC 5～30V
最大负载	电阻负载	2A/1点；8A/4点共享； 8A/8点共享	0.3A/1点 0.8A/4点	0.5A/1点 0.8A/4点
	感性负载	80VA	15V A/AC 100V 30V A/AC 200V	12W/DC24V
	灯负载	100W	30W	1.5W/DC24V
开路漏电流		—	1mA/AC 100V 2mA/AC 200V	0.1mA以下/DC30V
响应时间	OFF到ON	约10ms	1ms以下	0.2ms以下
	ON到OFF	约10ms	最大10ms	0.2ms以下①
电路隔离		机械隔离	光电晶闸管隔离	光电耦合器隔离
动作显示		继电器通电时LED灯亮	光电晶闸管驱动时 LED灯亮	光电耦合器隔离驱动时 LED灯亮

①　响应时间0.2ms是在条件为24V/200mA时，实际所需时间为电路切断负载电流为0的时间，可用并接续流二极管的方法改善响应时间。大电流时为0.4mA以下。

表10-6　　FX_{2N} 功能技术指标

运算控制方式		存储程序反复运算方法（专用LSI），中断命令
输入输出控制方式		批处理方式（在执行END指令时），但有输入输出刷新指令
运算处理速度	基本指令	0.08μs/指令
	应用指令	(1.52μs～数百μs)/指令
程序语言		继电器符号+步进梯形图方式（可用SFC表示）

续表

项目			内容	
运算控制方式			存储程序反复运算方法（专用 LSI），中断命令	
程序容量存储器形式			内附 8K 步 RAM，最大为 16K 步（可选 RAM，EPROM EEPROM 存储卡盒）	
指令数	基本、步进指令		基本（顺控）指令 27 个，步进指令 2 个	
	应用指令		128 种 298 个	
输入继电器			X000～X267（8 进制编号）184 点	合计 256 点
输出继电器			X000～X267（8 进制编号）184 点	
辅助继电器	一般用①		M000～M499① 500 点	
	锁存用		M500～M1023② 524 点，M1024～M3071③ 2048 点	合计 2572 点
	特殊用		M8000～M8255 256 点	
状态寄存器	初始化用		S0～S9　10 点	
	一般用		S10～S499① 490 点	
	锁存用		S500～S899② 400 点	
	报警用		S900～S999③ 100 点	
定时器	100ms		T0～T199（0.1～3276.7s）　200 点	
	10ms		T200～T245（0.01～327.67s）　46 点	
	1ms（积算型）		T246～T249③（0.001～32.767s）　4 点	
	100ms（积算型）		T250～T255③（0.1～3276.7s）　6 点	
	模拟定时器（内附）		1 点③	
计数器	增计数	一般用	C0～C99①（0～32，767）（16 位）　100 点	
		锁存用	C100～C199②（0～32，767）（16 位）　100 点	
	增/减计数用	一般用	C220～C234①（32 位）　20 点	
		锁存用	C220～C234②（32 位）　15 点	
	高速用		C235～C255 中有：1 相 60kHz 2 点，10kHz 4 点或 2 相 30kHz 1 点，5kHz 1 点	
运算控制方式			存储程序反复运算方法（专用 LSI），中断命令	
数据寄存器	通用数据寄存器	一般用	D0～D199①　（16 位）　200 点	
		锁存用	D200～D511②　（16 位）312 点，D512～D7999③（16 位）　7488 点	
	特殊用		D8000～D8195（16 位）　106 点	
	变址用		V0～V7，Z0～Z7（16 位）　16 点	
	文件寄存器		通用寄存器的 D1000③ 以后在 500 个单位设定文件寄存（MAX7000 点）	
指针	跳转、调用		P0～P127　128 点	
	输入中断、计时中断		10□～18□　9 点	
	计数中断		I010～I060　6 点	
	嵌套（主控）		N0～N7　8 点	
常数	十进制 K		16 位：－32768～＋32767；32 位：－2147483648～＋2147483647	
	十六进制 H		16 位：0～FFFF（H）；32 位：0～FFFFFFFF（H）	
SFC 程序			○	

续表

运算控制方式	存储程序反复运算方法（专用 LSI），中断命令
注释输入	○
内附 RUN/STOP 开关	○
模拟定时器	FX_{2N}— 8AV — BD（选择）安装时 8 点
程序 RUN 中写入	○
时钟功能	○（内藏）
输入滤波器调整	X000～X017　0～60ms 可变；FX_{2N}－16M　X000～X007
恒定扫描	○
采样跟踪	○
关键字登录	○
报警信号器	○
脉冲列输出	20kHz/DC5V 或 10kHz/DC12～24V　1 点

① 非后备锂电池保持区。通过参数设置，可改为后备锂电池保持区。
② 由后备锂电池保持区保持，通过参数设置，可改为非后备锂电池保持区。
③ 由后备锂电池固定保持区固定，该区域特性不可改变。

10.2.2　FX_{2N}系列 PLC 硬件资源

FX_{2N}基本单元按 I/O 点数分有 16 点、32 点、48 点、64 点、80 点和 128 点 6 种，6 种基本单元都可以通过 I/O 扩展单元扩充为 256 个 I/O 点的 PLC，FX_{2N}系列 PLC 基本单元见表 10－7。

表 10－7　　FX_{2N}系列 PLC 的基本单元

型号			输入点数	输出点数	扩展模块可用点数
继电器输出	晶体管输出	晶闸管输出			
FX_{2N}－16MR－001	FX_{2N}－16MT－001	FX_{2N}－16MS－001	8	8	24～32
FX_{2N}－32MR－001	FX_{2N}－32MT－001	FX_{2N}－32MS－001	16	16	24～32
FX_{2N}－48MR－001	FX_{2N}－48MT－001	FX_{2N}－48MS－001	24	24	48～64
FX_{2N}－64MR－001	FX_{2N}－64MT－001	FX_{2N}－64MS－001	32	32	48～64
FX_{2N}－80MR－001	FX_{2N}－80MT－001	FX_{2N}－80MS－001	40	40	48～64
FX_{2N}－128MR－001	FX_{2N}－128MT－001	——	64	64	48～64

除 17 个基本单元外 FX_{2N}系列 PLC 还有 5 种扩展单元（见表 10－8）和 7 种扩展模块（见表 10－9），此外 FX_{2N}系列 PLC 还有许多特殊功能模块，如 A/D 转换模块、D/A 转换模块、高速计数模块、位置控制模块、RS－232/RS－422/RS－485 串行通信模块等，见表 10－10。

表 10－8　　FX_{2N}系列 PLC 的扩展单元

型号	输入点数	输出点数	扩展模块可用点数	输出类型
FX_{2N}－32ER	16	16	24～32	继电器输出
FX_{2N}－32ET	16	16	24～32	晶体管输出

续表

型　　号	输入点数	输出点数	扩展模块可用点数	输出类型
FX_{2N}-32ES	16	16	24～32	晶闸管输出
FX_{2N}-48ER	24	24	48～64	继电器输出
FX_{2N}-48ET	24	24	48～64	晶体管输出

表10-9　　FX_{2N}系列PLC的扩展模块

型　　号	输入点数	输出点数	输出类型
FX_{2N}-16EX	16	——	——
FX_{2N}-16EX-C	16	——	——
FX_{2N}-16EXL-C	16	——	——
FX_{2N}-16EYR	——	16	继电器输出
FX_{2N}-16EYS	——	16	晶闸管输出
FX_{2N}-16EYT	——	16	晶体管输出
FX_{2N}-16EYT-C	——	16	晶体管输出

表10-10　　FX_{2N}系列PLC的特殊功能模块（部分）

种　类	型　号	功能说明
模拟量输入模块	FX_{2N}-2AD	2通道模拟量输入
	FX_{2N}-4AD	4通道模拟量输入
	FX_{2N}-4AD-PT	4通道温度传感器信号输入（Pt100）
	FX_{2N}-4AD-TC	4通道温度传感器信号输入（热电偶）
模拟量输出模块	FX_{2N}-2DA	2通道模拟量输出
	FX_{2N}-4DA	4通道模拟量输出
功能扩展板	FX_{2N}-232-BD	RS-232通信扩展模块
	FX_{2N}-422-BD	RS-422通信扩展模块
	FX_{2N}-485-BD	RS-485通信扩展模块

10.2.3　FX_{2N}系列PLC实物认识

FX_{2N}系列PLC实物如图10-3所示，面板上包含PLC型号（Ⅰ区）、状态指示（Ⅱ区）、运行模式转换和通信接口（Ⅲ区）、扩展模块接口（Ⅳ区）、输入指示灯（Ⅴ区）、输出指示灯（Ⅵ区）、工作电源端子与输入端子（Ⅶ区）、输出端子（Ⅷ区）。

1. PLC型号（Ⅰ区）

PLC型号（Ⅰ区）区域反映PLC的型号，根据前一节PLC型号含义介绍可知，图10-3所示的PLC为三菱FX_{2N}系列，输入输出总点数为64点，为晶体管输出形式的基本单元。

2. 状态指示（Ⅱ区）

三菱FX_{2N}系列PLC提供POWER、RUN、BATT.V、PROG-E（CPU-E）4盏状

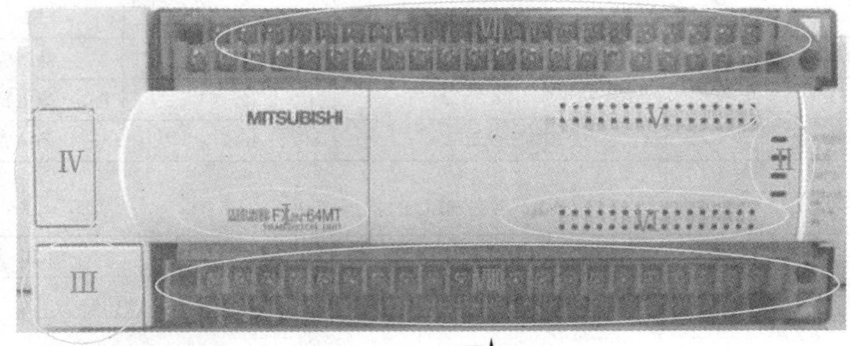

图 10-3　FX_{2N}系列 PLC 实物图

态指示灯，来体现 PLC 当前工作状态。各状态指示灯反映 PLC 状态信息见表 10-11。

表 10-11　　FX_{2N}系列 PLC 状态指示灯含义

序号	指　示　灯	指示灯状态显示信息
1	POWER—状态指示灯（绿色）	此灯为 PLC 电源指示，当 PLC 接通 AC220V 电源后该灯亮起，可以正常工作
2	RUN—运行指示灯（绿色）	当 PLC 处于运行工作模式下时，该灯绿色常亮；当 PLC 处于停止工作模式时，该灯熄灭
3	BATT. V—内部锂电池电压低指示灯（红色）	PLC 正常工作时此灯熄灭，当内部锂电池电压不足时，此红色指示灯亮起，提示更换电池
4	PROG-E（CPU-E）—程序出错指示灯（红色）	当程序语法错误、锂电池电压不足、定时器或计数器未设置常数、干扰信号使程序出错、程序执行时间超出允许时间等情况发生时，此灯红色闪烁

图 10-4　三菱 FX_{2N}系列 PLC 运行模式转换和通信接口

3. 运行模式转换和通信接口（Ⅲ区）

如图 10-4 所示为图 10-3Ⅲ区盖板掀开后的视图，该区域包含两个主要功能：①PLC 运行模式转换开关，拨动开关可以使 PLC 在 RUN 模式和 STOP 模式之间转换；②通信接口，此接口用来连接手持编程器或计算机，传送 PLC 用户程序等数据。

4. 扩展模块接口（Ⅳ区）

如图 10-5 所示为图 10-3Ⅳ区加装 RS-485-BD 通讯模块后的视图，该区域为基本单元上通信专用的扩展模块接口区域，加装通信扩展模块后，PLC 可以通过通信协议与其他智能设备进行信息交流，三菱 FX 系列 PLC 常用的通信协议为 RS422 通信协议。

5. 输入指示灯（Ⅴ区）、输出指示灯（Ⅵ区）

输入指示灯（Ⅴ区）、输出指示灯（Ⅵ区）区域主要用来指示 PLC 输入/输出接口电

路状态，当连接到某输入端子的外部电路接通时，对应编号的输入指示灯亮；当 PLC 程序执行结果为驱动某输出继电器时，对应编号的输出指示灯亮。

6. 工作电源端子与输入端子（Ⅶ区）

图 10－3 中Ⅶ区靠左部分，标有 L、N 接地符号为 PLC 工作电源端子，通过这部分端子为 PLC 提供交流 220V 电源（供电），当 PLC 正常提供工作电源时，电源指示灯（POWER 灯）绿色常亮。另外在Ⅶ区还有一组直流 24V 端子，这组端子为 PLC 对外围设备供电的端子，多用于三端传感器的供电。

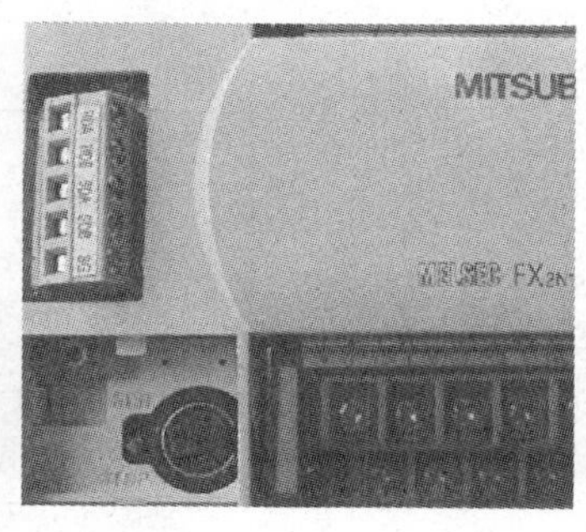

图 10－5　三菱 FX_{2N} 系列 PLC 的扩展模块接口区域

Ⅶ区除上述端子外，其他端子均属于 PLC 的输入端子，包括公共端（COM）和 X 端子。当 PLC 外接按钮、传感器、行程开关等外部元件作为输入信号时，其一端必须接输入公共端 COM；X 端子为 PLC 的输入继电器接线端子，是 PLC 接收外部信号的窗口，与程序内的输入继电器 X 一一对应。

输入模块的 PLC 内部电路中设有 RC 滤波电路，用来避免信号的抖动和外部干扰。输入电路有直流输入电路、一般交流/直流输入电路和双向二极管交流/直流输入电路三种类型。

直流输入模块的内部结构图如图 10－6 所示，图中输入触点直接接在公共端 COM 和输入点 X001 之间，不需要外接电源，因为 PLC 内部有自带的 DC24V 电源。当外部触点接通时，传感器输出信号，经电阻串联分压后形成稳定电压，使光电隔离器的发光二极管亮，光电三极管导通；外部触点断开时，光电隔离器中的发光二极管熄灭，光电三极管截止。图中公共端 COM、X000、＋24V 端子直接为传感器供电的接线示意图，由 PLC 为外部光电开关、接近开关等传感器提供 24V 直流电源。

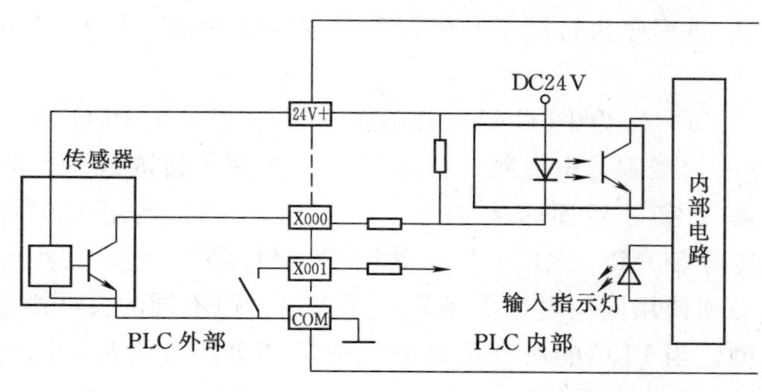

图 10－6　直流输入模块内部电路

一般交流/直流输入模块内部电路图如图 10－7 所示，带外部电路触点接通后，输入信号被限流电阻降压后经滤波整流，交流或直流电压信号被转换为直流电流，经发光二极管送给光电隔离器。图 10－8 为双向发光二极管交流/直流输入模块内部电路，交流信号输入也可采用双向发光二极管来保证信号连续，此电路也可接收直流信号与交流信号。

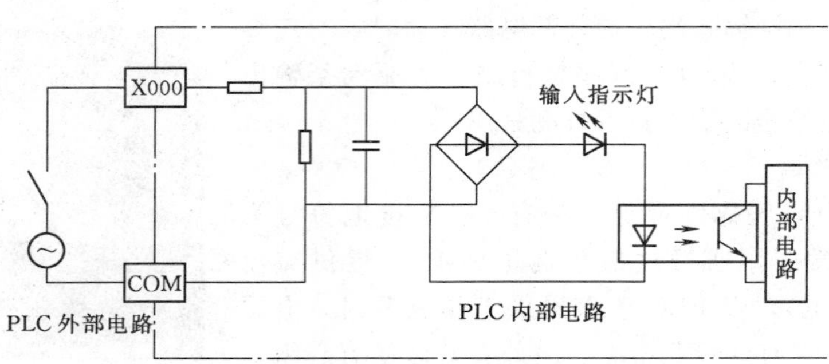

图10-7　一般交流/直流输入模块内部电路

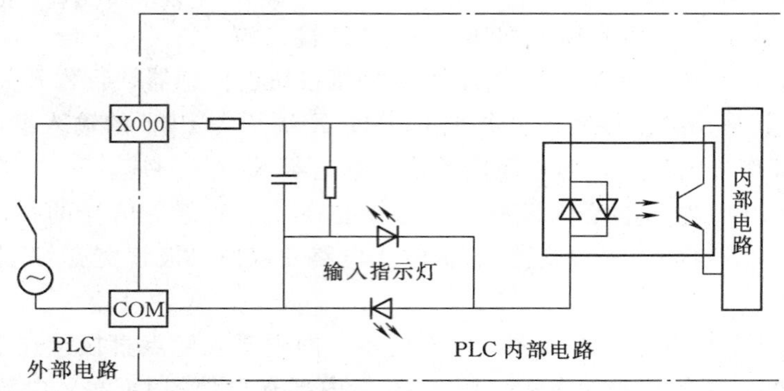

图10-8　双向二极管交流/直流输入模块内部电路

7. 输出端子（Ⅷ区）

输出端子与输入端子一样，包括输出公共端（COM＊）和Y端子两个部分。

Y端子，即输出端子，图中标有Y＊等字样的端子，它是PLC输出继电器Y所对应的硬件部分，是PLC将程序执行结果与外部负载连接的通道，与PLC内的输出继电器Y一一对应。

输出公共端（COM＊）为PLC输出部分的公共端子，是PLC输出端链接外部负载（如接触器线圈、继电器线圈、电磁阀、指示灯等）必须连接的端子，它与输入公共端子的区别在于COM英文字母后面带有编号。一般Y0～Y3共用COM1，Y4～Y7共用COM2，Y10～13共用COM3，Y14～Y17共用COM4，Y20之后共用COM5，共用同一输出公共端的负载必须使用同一电压类型和电压等级，但不同的公共端子可以使用不同的电压等级和电压类型。当PLC的所有负载电压类型和电压等级都相同时，可以用导线将所有输出公共端短接起来，如图10-9所示。

PLC输出方式按负载使用电源来分，有直流输出、交流输出和交直流输出三种。按输出开关器件的种类来分，有晶体管输出、晶闸管输出和继电器输出三种。

晶体管输出模块内部电路结构如图10-10所示，它只能带直流负载；晶闸管输出模块（又称双向可控硅输出模块）内部电路结构如图10-11所示，它只能带交流负载；继电器输出模块内部电路如图10-12所示，它既可带直流负载又可带交流负载。无论PLC是哪种输出形式，负载电源都需由用户自己提供，我国工业控制领域最常用的PLC外部

负载电源类型有 DC24V 和 AC220V 两种。

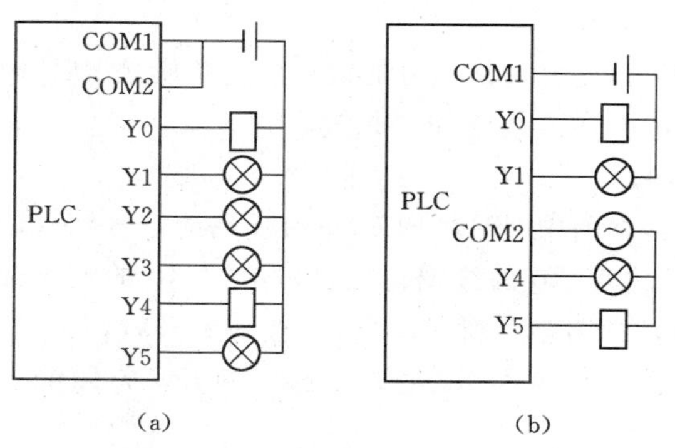

图 10－9　PLC 输出端子接线图

(a) 外部负载电压类型和电压等级相同；

(b) 外部负载电压类型和电压等级不同

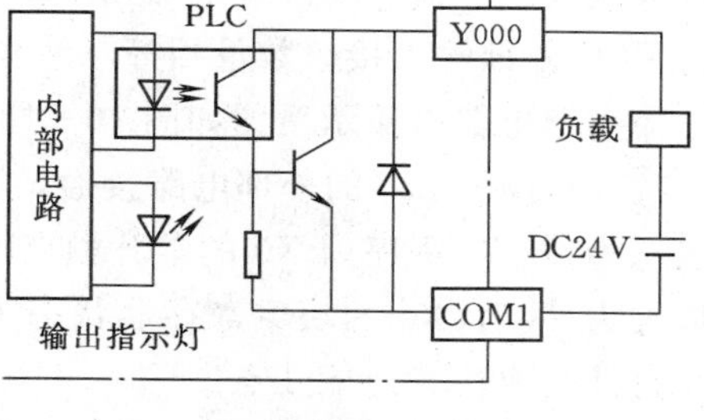

图 10－10　晶体管输出模块内部电路图

图 10－11　晶闸管输出模块内部电路图

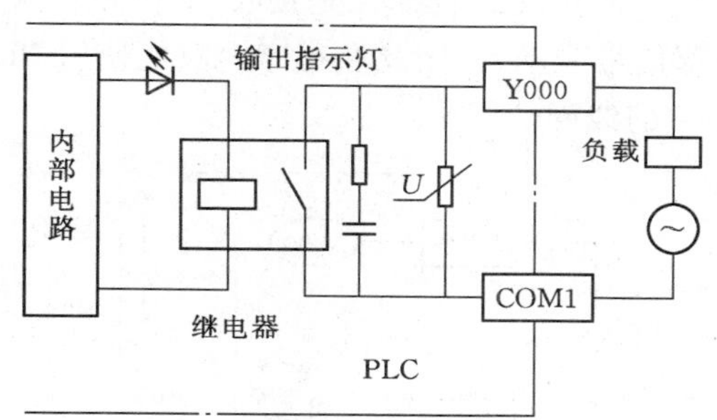

图 10－12　继电器输出模块内部电路图

10.3　三菱 FX_{2N} 系列 PLC 的编程元件

可编程控制器的实质是工业控制专用计算机，其控制原理是利用内部特定的寄存器状态来反映逻辑控制电路中的通断。这些特定的内部寄存器称为元件，由于这些元件都不用于真实的开关元件，所以又称之为软元件或软继电器，又因这些元件是 PLC 内部用于编程的寄存器单元，所以通常称之为编程元件。

编程元件一般由字母和数字两部分组成。字母表示编程元件的类型，如三菱 PLC 用 X 来表示输入继电器、西门子 PLC 用 I 来表示输入继电器；数字表示编程元件的元件号，如 X000、I0.0 等。不同厂家、不同系列的 PLC，其编程元件的字母、功能和元件编号方式也不相同，因此在编写 PLC 用户程序时，必须要掌握所选用的 PLC 各种编程元件的符号、编号及其功能。本节主要介绍三菱 FN_{2N} 系列 PLC 的编程元件及其功能。

在三菱 FX_{2N} 系列 PLC 中，用 X 表示输入继电器、Y 表示输出继电器、M 表示辅助继电器、T 表示定时器、C 表示计数器、S 表示状态继电器、D 表示数据寄存器。其中输入继电器 X 和输出继电器 Y 编号为八进制，如 X0～X7，X10～X17，遵循“逢八进一”的

规则，其他编程元件采用十进制编号。

10.3.1　输入继电器 X 及其功能

输入继电器 X 是 PLC 接收来自外部输入设备开关量信号的接口，其实质是 PLC 内部的输入映象寄存器。输入继电器与 PLC 面板上输入接线端子相连，并且一一对应，其数目与 PLC 外部输入接口数量相等，编号相同。

输入继电器电路示意图如图 10－13 所示，图中 SB 为 PLC 外的开关量信号输入，当 SB 按钮闭合时，X0 的外部电路接通，PLC 内部 X0 的线圈得电，对应的 X0 的映象寄存器状态为“1”，程序内 X0 的常开触点闭合，常闭触点断开；当 SB 按钮断开时，X0 的输入信号为“0”，X0 的映象寄存器状态为“0”，程序内 X0 的常开触点断开，常闭触点闭合。另外需要注意以下几点。

（1）输入继电器 X 与面板上的端子一一对应，及端子上 X0 对应程序内的 X0，X1 对应 X1，依次类推，X0 外部电路状态直接存储在其对应的输入映象寄存器中，因此程序内允许重复使用 X0 的常开和常闭触点，所有触点的状态都由对应的映象寄存器状态决定。

（2）输入继电器 X 是接收 PLC 外部信号的窗口，其状态由外部电路状态决定（即由外部信号驱动），因此在程序内只能使用 PLC 的触点（常开、常闭），不能出现输入继电器 X 的线圈。

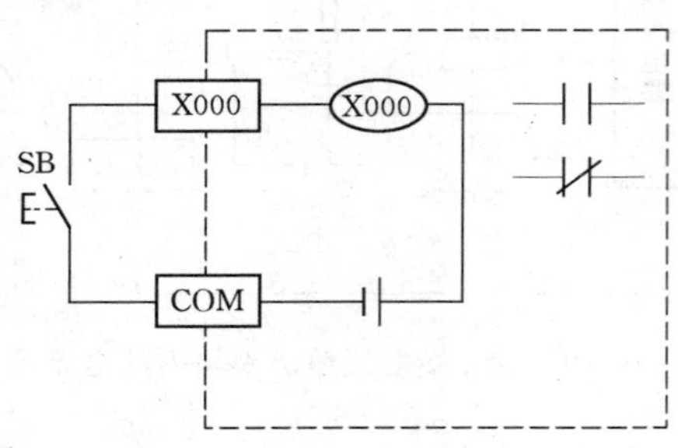

图 10－13　输入继电器电路示意图

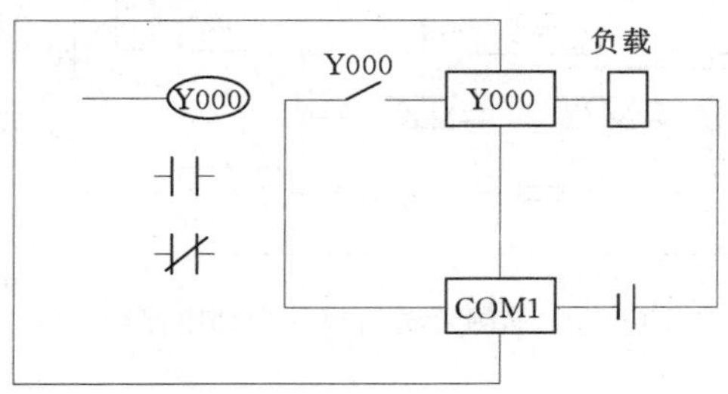

图 10－14　输出继电器电路示意图

10.3.2　输出继电器 Y 及其功能

输出继电器 Y 是 PLC 向外部负载发送指令的窗口，其实质是 PLC 内部的输出映象寄存器。与输入继电器相同的是，输出继电器与 PLC 面板上输出接线端子相连，并且一一对应，其数目与 PLC 外部输出接口数量相等，编号相同。

输出继电器电路示意图如图 10－14 所示，当 PLC 内程序执行结果为驱动输出继电器线圈 Y0 时，Y0 的映象寄存器状态为“1”，其常开触点闭合、常闭触点断开，图中 Y0 触点闭合，外部负载得电，被驱动；当程序执行结果为不驱动 Y0 线圈时，Y0 的映象寄存器状态为“0”，其常开触点断开、常闭触点闭合，图中 Y0 触点断开，外部负载失电，不工作。另外需要注意以下几点。

（1）输出继电器 Y 与面板上的端子一一对应，输出继电器是 PLC 驱动外部负载的窗口，其状态由程序执行结果决定，不能由外部电路状态决定。

（2）虽然图 10－14 中输出模块硬件继电器只有一对常开触点，但其状态依然来自于 PLC 对应的输出映象寄存器，因此编写用户程序时可以反复使用输出继电器的常开、常闭，其状态也由输出映象寄存器决定。

（3）一般在一个程序中，为避免程序运行错误，同一编号的输出继电器线圈只能出现一次，当多次使用输出继电器线圈时，最终输出状态由靠近 END 指令的线圈状态决定。

（4）因输出继电器 Y 与硬件端子一一对应，为节约端子使用量，若非驱动外部负载，一般不要使用输出继电器。

10.3.3 辅助继电器 M 及其功能

辅助继电器 M 相当于继电接触控制系统中的中间继电器，在程序中起中间过渡的辅助作用，它不能直接接收来自 PLC 外部的输入信号，也不能直接触动 PLC 外部负载，其功能由软件实现。当辅助继电器线圈得电时，其映象寄存器状态为“1”，程序内对应编号的辅助继电器常开闭合，常闭触点断开；当辅助继电器线圈失电时，其映象寄存器状态为“0”，程序内对应编号的辅助继电器常开触点断开，常闭触点闭合。其触点在程序内可反复使用。按照功能的差异辅助继电器分为通用辅助继电器、断电保持辅助继电器、特殊辅助继电器三种。

1. 通用辅助继电器

通用辅助继电器（M0～M499，共 500 点）没有后备电池支持，当 PLC 在运行过程中断电时，无论断电前通用辅助继电器是“1”还是“0”状态，再次通电后，除了因外部信号使其状态变为“1”以外，其余的辅助继电器状态将全部变为“0”。

2. 断电保持辅助继电器

断电保持辅助继电器（M500～M3071，共 2572 点）顾名思义具有断电保持功能，PLC 断电后，其状态由 PLC 内部的锂电池来保持，当重新通电后可以保持断电前的状态。某些控制系统要求断电记忆功能，可以使用这类辅助继电器。M500～M3071 可以用软件设定，使其变为非断电保持型辅助继电器。

3. 特殊辅助继电器

特殊辅助继电器（M8000～M8255，共 256 点）又称专用辅助继电器，FX_{2N} 系列 PLC 一共提供了 256 个特殊辅助继电器，它们用来表示 PLC 内的某些状态、提供时钟脉冲、设定 PLC 运行方式、设定计数器的计数方式、步进顺序控制、初始化、禁止中断等。特殊辅助继电器按其使用方式分为触点型特殊辅助继电器和线圈型辅助继电器两种。

（1）触点型特殊辅助继电器。触点型特殊辅助继电器是只能使用其触点的特殊辅助继电器，其线圈由 PLC 内部自动驱动，用户只能使用其触点，如下所述：

M8000：运行监控特殊辅助继电器，PLC 停止时 M8000 状态为“0”，PLC 运行时 M8000 状态为“1”。

M8002：初始化脉冲，M8002 仅在 PLC 由停止到运行切换时接通一个 PLC 的扫描周期，常用 M8002 的常开触点来驱动 PLC 内的某些元件或指令执行对元件寄存器的复位和清零（初始化）。

M8011～M8014：时钟脉冲，M8011～M8014 分别为周期 10ms、100ms、1s 和 1min 的时钟脉冲。

M8000、M8002、M8011 的功能波形图如图 10-15 所示。

（2）线圈型特殊辅助继电器。线圈型特殊辅助继电器由用户程序驱动其线圈，使

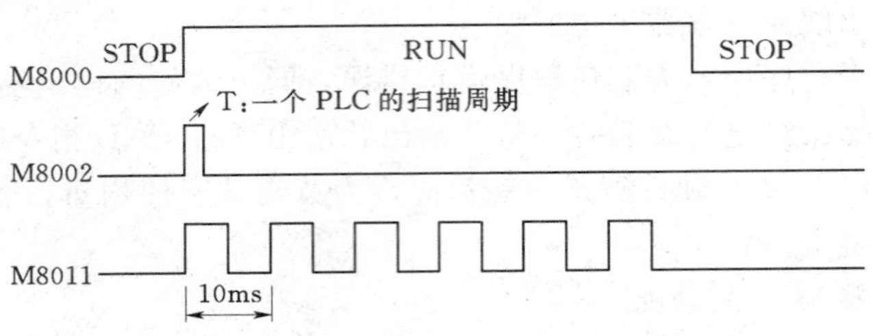

图 10－15　M8000、M8002、M8011 的功能波形图

PLC 执行特定的操作，实现该辅助继电器指定的功能，如下所述：

M8030：当用户程序驱动该线圈后，锂电池电压降低时，电池电压指示发光二极管熄灭。

M8033：线圈通电时，PLC 由运行状态进入停止状态后，映象寄存器与数据寄存器中的状态和数据保持不变。

M8034：线圈被驱动时，PLC 的全部输出被禁止。

10.3.4　状态继电器 S 及其功能

状态继电器 S 是用户编制步进顺序控制梯形图时专用的一种辅助继电器，通常与 STL 指令一起配合使用。状态继电器 S 按其功能特点不同，通常分为以下 5 种类型。

(1) 初始状态继电器。S0～S9，共 10 点，用于初始步的状态，无断电保持功能。

(2) 回零状态继电器。S10～S19，共 10 点，用于返回原点的状态，无断电保持功能。

(3) 通用状态继电器。S20～S499，共 480 点，用于通用状态，无断电保持功能。

(4) 断电保持状态继电器。S500～S899，共 400 点，用于断电保持状态。由 PLC 内置的锂电池支持，具备断电保持功能。

(5) 报警用状态继电器。S900～S999，共 100 点，用于报警的状态。

需要注意的是，当状态继电器 S 不与步进指令一起使用时，其功能和使用方法与辅助继电器 M 相同。另外需要注意以下几点：

1) PLC 未定义的继电器在编写用户程序时不能使用，如 M3072、M8256、S1000 等。

2) 状态继电器与辅助继电器相同，其常开、常闭触点在程序内可反复使用，触点状态由 S 的映象寄存器状态决定。

3) S 作为步进触点时，一般同一编号的步进触点在一个程序里面只能出现一次，后续介绍步进梯形图编制时将详细介绍。

10.3.5　定时器 T 及其功能

定时器 T 是 PLC 内用来实现延时控制的编程元件，相当于继电接触控制系统中的时间继电器。在继电接触控制系统中时间继电器有通电延时时间继电器和断电延时时间继电器两种，但是在三菱 FX_{2N} 系列 PLC 中定时器只有通电延时功能，必须通过编写断电延时程序才能实现功能。

定时器由三部分组成，即设定值寄存器（一个字长）、当前值寄存器（一个字长）和用来存储其触点状态的映象寄存器（一位）。这三个存储单元使用同一个元件编号，组成定时器，但使用场合不一样，意义也不同。定时器在使用时必须设置设定值，设定值可以用常数K或者数据寄存器D来进行设置，设定范围为1～32767。

三菱FX_{2N}系列PLC中定时器有通用定时器和积算定时器两种，它们通过一定周期的时钟脉冲进行累计而实现定时，时钟脉冲周期有1ms、10ms、100ms三种。定时器的设定值、当前值、映象寄存器满足如下关系。

当$T_{当前值}<T_{设定值}$时，T的映象寄存器状态为“0”，其常开触点断开，常闭触点闭合。

当$T_{当前值}=T_{设定值}$时，T的映象寄存器状态为“1”，其常开触点闭合，常闭触点断开。

通过三菱PLC编程软件监控可以发现，当定时器当前值达到设定值时，其当前值不再增加。

1. 通用定时器（T0～T245，共246点）

T0～T199为100ms通用定时器，共200点，其定时范围为0.1～3276.7s，其中T192～T199为子程序中断专用定时器。

T200～T245为10ms通用定时器，共46点，其定时范围为0.01～327.67s。

通用定时器不具备断电保持功能，当其线圈驱动信号断开或PLC断电时，当前值寄存器状态复位为“0”。其工作原理如图10-16所示，当输入信号X0接通时，定时器T0开始计时，其当前值开始累积增加，T0当前值等于设定值时，T0的映象寄存器状态为“1”，常开触点闭合，Y0被驱动。当输入信号X0断开时，T0的当前值立即复位，其状态继电器状态为“0”，常开触点断开，Y0失电，停止驱动。

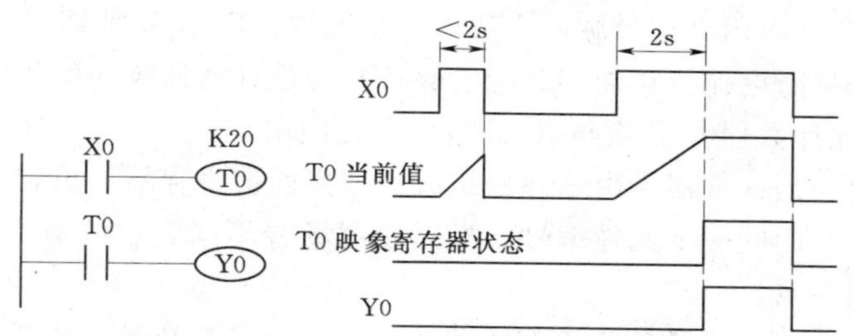

图10-16　通用定时器的工作原理图

2. 积算定时器（T246～T255，共10点）

T246～T249为1ms积算定时器，共4点，其定时范围为0.001～32.767s。

T250～T255为100ms积算定时器，共6点，其定时范围为0.1～3276.7s。

积算定时器具备断电保持功能，当定时器的输入信号断开时，积算定时器的当前值会保持断电前的值不变。积算定时器的工作原理如图10-17所示，当T250的输入信号X0接通时，开始计时，输入信号断开后其当前值保持不变，输入信号X0再次接通后，T250当前值在接通前的基础上继续计时，当前值达到设定值后保持不变，且T250的映象寄存器状态为“1”，Y0线圈被驱动。当输入信号再次断开后，因为当前值保持不变，所以T250的映象寄存器状态依然为“1”，Y0线圈继续被驱动。当复位信号X1接通后，RST指令对T250进行复位，其当前值复位为零，映象寄存器状态变为“0”，Y0线圈停止被驱动。另外需要注意以下几点。

（1）通用定时器没有保持功能，在输入电路断开或PLC断电时其当前值会自动复位

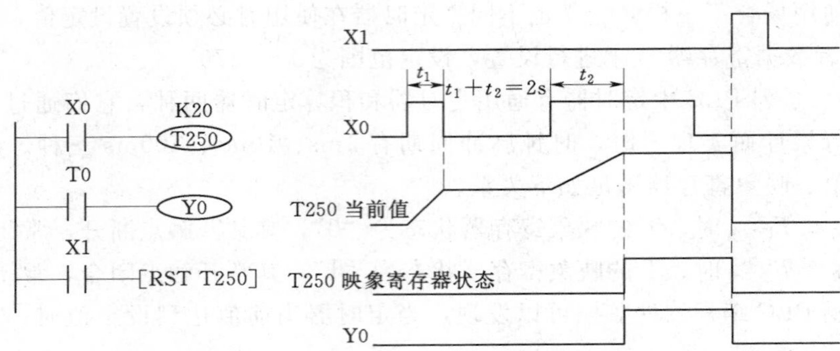

图 10-17　积算定时器的工作原理图

为零；积算定时器有断电保持功能，当输入信号断开时定时器当前值会保持不变，一般积算定时器要与 RST 指令配合使用。

（2）定时器在使用时，必须设定 K 值，否则程序会报错。

（3）与 Y、M 相似的是，同定时器的线圈在同一个程序中一般只能出现一次，但其常开、常闭触点可无限引用。

请思考：由定时器 T 的功能可知，PLC 内定时器只为用户停工了延时触点，那么当我们如果需要类似时间继电器那样的瞬动触点该怎么办呢？

10.3.6　计数器 C 及其功能

计数器 C 是 PLC 内用来记录脉冲个数的编程元件。FX_{2N}系列 PLC 内所有计数器均有内部电源支持，具备断电保持功能（此断电保持指的是计数器驱动信号断开后计数器当前值保持不变），因此计数器 C 必须与 RST 指令配合使用。

与定时器相同的是计数器也由三部分组成，即当前值寄存器、设定值寄存器和映象寄存器。三个寄存器共用同一个元件编号，根据使用场合不同表示的意义和功能也不一样。三者同样满足下列关系。

当 $C_{当前值}<C_{设定值}$时，C 的映象寄存器状态为“0”，其常开触点断开，常闭触点闭合。

当 $C_{当前值}=C_{设定值}$时，T 的映象寄存器状态为“1”，其常开触点闭合，常闭触点断开。

计数器在使用时必须设置设定值，可以用常数 K 或数据寄存器 D 来设置设定值，设定范围根据计数器类型不同而不同。

FX_{2N}系列 PLC 内计数器按其功能不同分为内部信号计数器和高速计数器两种。内部信号计数器可对 X、Y、M、S 的信号脉冲进行计数，又分为 16 位加计数器和 32 位加/减计数器；高速计数器仅对特定编号的 X 脉冲信号进行计数。

1. 16 位加计数器

16 位加计数器（C0～199，共 200 点）又称单向计数器，其设定范围为 1～32767。C0～C99 共 100 点为通用型，C100～C199 共 100 点是断电保持型（此断电保持指的是 PLC 电源断开时，计数器当前值可以由锂电池支持而保持不变）。

16 位加计数器工作原理如图 10-18 所示，计数器 C0 的设定值为 5，初始情况下，X0、X1 均为断开状态，C0 当前值为 0，C0 的常开触点断开，Y0 线圈未被驱动。当 X0 每次脉冲上升沿（X0 状态由“1”→“0”变换）到达时，C0 的当前值加 1 并保持。当第 5 个计数脉

冲到达时，C0 的当前值等于设定值，其常开触点闭合（常闭触点断开），Y0 被驱动。当第 6 个及以后的计数脉冲达到时，C0 的当前值保持不变，直到复位信号 X1 接通，执行 RST C0 指令，C0 的当前值复位为零，其常开触点断开（常闭触点闭合），Y0 停止驱动。

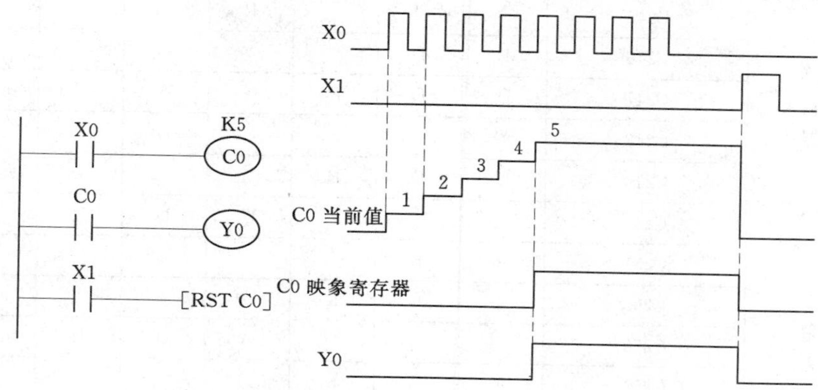

图 10-18　16 位加计数器的工作原理图

2. 32 位加/减计数器

32 位加/减计数器（C200～C234，共 35 点）又称双向计数器，其设定值范围为 －2147483648～＋2147483647。C200～C219 共 20 点为通用型，C220～C234 共 15 点为断电保持型。

32 位加/减计数器的计数方式由特殊辅助继电器 M8200～M8234 确定，例如，当 M8200 状态为“0”时，C200 为加计数器；当 M8200 状态为“1”时，C200 为减计数器。其他依次类推。其工作原理与 16 位计数器基本相同。

3. 高速计数器

高速计数器（C235～C255，共 21 点），按中断原则运行，共享 PLC 上的 X0～X5 这 6 个高速计数器输入端。表 10-12 为高速计数器对应输入端的接线分配表。

表 10-12　　高速计数器对应输入端的接线分配表

高速计数器类型	高速计数器地址编号	高速计数器输入端接线							
		X0	X1	X2	X3	X4	X5	X6	X7
单相单计数输入高速计数器	C235	U/D							
	C236		U/D						
	C237			U/D					
	C238				U/D				
	C239					U/D			
	C240						U/D		
	C241	U/D	R						
	C242			U/D	R				
	C243				U/D	R			
	C244	U/D	R					S	

续表

高速计数器类型	高速计数器地址编号	高速计数器输入端接线							
		X0	X1	X2	X3	X4	X5	X6	X7
单相双计数输入高速计数器	C245				R				S
	C246	L	D						
	C247	U	D	R					
	C248				U	D	R		
	C249	U	D	R				S	
	C250				U	D	R		S
双相双计数输入高速计数器	C251	A	B						
	C252	A	B	R					
	C253				A	B	R		
	C254	A	B	R				S	
	C255				A	B	R		S

注　U—加计数输入；D—减计数输入；B—B 相输入；A—A 相输入；R—复位输入；S—启动输入。X6 与 X7 只能用作启动信号，不能作计数信号用。

对于内部信号计数器：

（1）当计数脉冲与复位脉冲信号同时到达时，复位信号优先。

（2）计数器当前值加 1 必须满足三个条件。即复位信号为 0、计数脉冲信号达到、计数器当前值小于设定值。

对于高速计数器，其使用较为复杂，初学者了解即可，详细使用发放可参照三菱 FX_{2N}系列 PLC 编程手册。

请思考：为什么积算定时器和计数器 C 必须与 RST 指令配合使用？

10.3.7　数据寄存器 D 及其功能

数据寄存器 D 主要用于 PLC 在进行模拟量控制、位置控制、PID 运算控制、通信控制等场合进行数据存储和参数设置，它仅作为存储单元，在条件跳转指令和功能指令中使用，程序中既没有 D 的线圈也没有 D 的触点。每个数据寄存器为 16 位（即一个字长），最高位为符号位，0 表示正数，1 表示负数。两个数据寄存器合并在一起可以组合成一个 32 位（双字）数据寄存器，同样的最高位位符号位。数据寄存器数据格式如图 10－19 所示。

数据寄存可分为通用数据寄存器、断电保持数据寄存器和特殊数据寄存器三种。

1. 通用数据寄存器

通用数据寄存器（D0～D199，共 200 点）内的数据无断电保持功能，当 PLC 断电或由运行切换到停止模式时，寄存器内的数据会自动复位为零。但是当特殊辅助继电器 M8033 被置“1”时，通用数据寄存器将具备断电保持功能，PLC 由运行到停止切换时，寄存器内数据可以保持。

2. 断电保持数据寄存器

断电保持数据寄存器（D200～D7999，共 7800 点）有断电保持功能，当 PLC 由运行

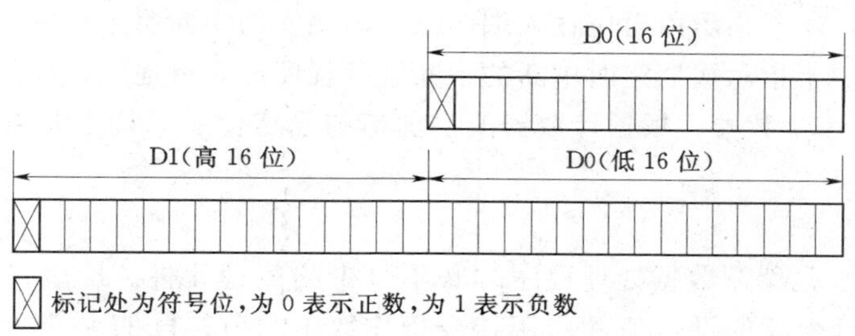

图10-19　数据寄存器数据格式

到停止切换时，断电保持数据寄存器内的数据会保持不变。要改变断电保持数据寄存器内的值有两种方式，一是重新写入新的数据，另一种方法是利用RST指令（或ZRST指令）对其复位。利用PLC外部参数设置，可以改变断电保持数据寄存器的范围。

断电保持数据寄存器中D1000～D7999还可以500点为一个单位，作为文件数据寄存器，可被外部设备存取。文件数据寄存器实际上属于PLC的参数区，可通过FX_{2N}系列PLC的块传送指令（BMOV）进行改写。

3. 特殊数据寄存器

特殊数据寄存器（D8000～D8255，共256点）主要用于监控PLC的运行状态，可反应电池电压、扫描时间、正在动作的状态的编号、日期等数据和状态。例如通过D8013、D8014、D8015、D8016、D8017、D8018、D8019分别读取PLC的时钟秒、分、时、日、月、年、星期的数值。

10.3.8　变址寄存器（V/Z）

三菱FX_{2N}系列PLC为用户提供有V0～V7和Z0～Z7共16个变址寄存器（均为16位数据寄存器）。变址寄存器除了具备普通数据寄存器的功能外，还可以在应用指令中与其他编程元件或数值组合使用，用来改变编程元件的元件编号。例如，当V0=3时，若执行“MOV D1 D2V0”指令，其结果是将D1内的数据内容传送到数据寄存器D5中去。

10.3.9　指针（P/I）

三菱FX_{2N}系列PLC中指针分为分支用指针P0～P127和中断用指针I0～I14两种。

1. 分支用指针P

分支用指针P0～P127共128点，用于指示程序跳转指令CJ的跳转目标和子程序调用指令CALL调用子程序的入口地址。其中P63为程序结束指针，只能用作跳转标记，不能用于子程序引导。

如图10-20所示，当X0接通时，执行跳转指令，程序直接跳到指针P0标记处执行后续指令。

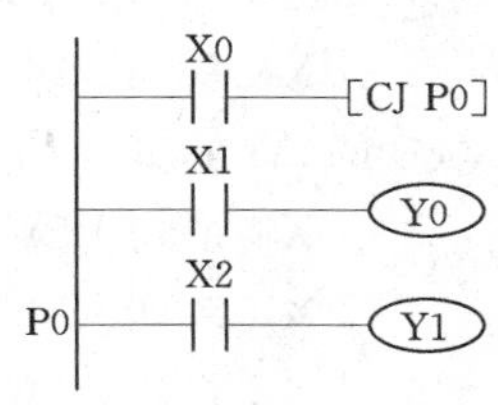

图10-20　分支用指针

2. 中断指针I

中断用指针用于指示某一中断程序的入口位置，执行到IRET指令（中断返回指令）时返回主程序。按功能不同，中断用指针分为输入中断用指针、定时器中断用指针和计数器中断用指针。

输入中断用指针，用于指示由对应输入端的信号而触发的中断服务程序的入口地址；定时器中断用指针，用于指示周期定时中断的中断服务程序的入口地址；计数器中断用指针用于PLC内置的高速计数器，根据计数器的当前值与设定值关系确定是否执行相应的中断服务子程序。

10.3.10　常数

常数（K/H）是编制数据处理程序时必不可少的编程元件。K表示十进制整数，用于指定定时器、计数器的设定值和应用指令操作数中的值；H表示十六进制数，主要用来表示应用功能指令的操作数值。例如，在编程时要表示十进制数30，可以用K30或H1E表示。

本章小结

本章内容主要包含三大部分即三菱可编程控制器的硬件结构、性能参数和编程元件。

1. 三菱FX系列PLC的硬件结构。三菱FX系列PLC的为叠装式结构，由基本单元、扩展单元和特殊功能模块组成。其中基本单元集成了CPU、电源、存储器和一定数量的I/O接口；扩展单元主要有输出扩展单元、输入扩展单元和输入输出混合扩展单元；特殊功能模块包括模拟量模块、PID模块、运动控制模块等。在实际应用中，需要结合工程实际选用特定的模块来完成控制，因此必须详细了解各种模块的结构、接线方式等。

2. 三菱FX系列PLC的性能参数。不同的工程控制项目对PLC的性能有不同的要求，如CPU处理速度、I/O点数、存储器容量、使用环境等。只有了解了PLC的各项性能参数，才能正确选择PLC的系列和型号。

3. 三菱FX系列PLC的编程元件。PLC的使用最主要的是两点，即硬件设计和软件设计。硬件设计是PLC外部线路的连接设计；软件设计简单来说是利用PLC的编程元件来完成各种逻辑控制的组合。因此，要学好、用好PLC必须掌握各种编程元件的功能和使用方法。本章主要介绍三菱FX_{2N}系列PLC的编程元件输入继电器X、输出继电器Y、辅助继电器M、状态继电器S、定时器T、计数器C、数据寄存器D和指针P/I等。

习　题

1. 简述FX系列PLC的特点有哪些？

2. FX_{2N}系列PLC型号中各部分表示的含义是什么？试根据型号名称的含义判断FX_{2N}-128M的基本信息。

3. FX_{2N}系列PLC定时器有哪些类型？各有什么特点？

4. FX_{2N}系列PLC计数器有哪些类型？各有什么特点？

5. FX_{2N}系列PLC输出类型有哪几种？各有什么特点？

6. 试分析图10-21程序，根据已知信号，绘制完成波形图。

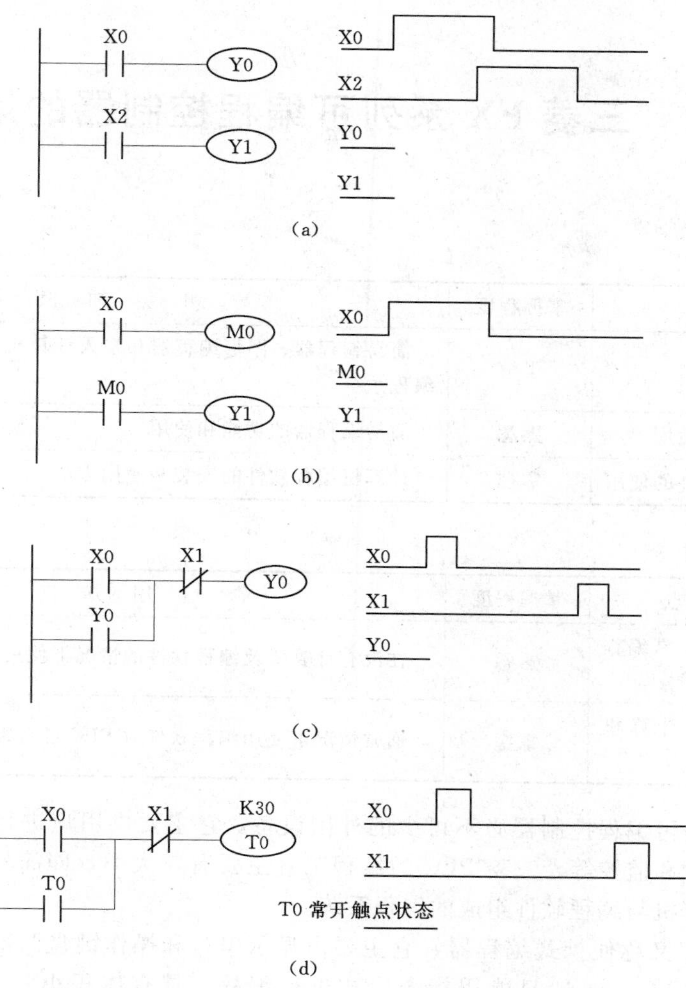

图 10－21　分析程序绘制波形图

7. 试设计一段程序，满足如下功能：当输入信号 X0 接通后，延时 1h，Y0 线圈被驱动。(提示：单个定时器最大可设置 3276.7s 延时。)

第 11 章　三菱 FX 系列可编程控制器的编程工具

【知识要点】

知识要点	掌握程度	相关知识
编程工具的类型	了解	简易编程器、图形编程器和个人计算机与编程软件组成的编程系统
简易编程器的使用	熟悉	简易编程器的功能和使用
计算机编程软件的使用	掌握	计算机编程软件的安装和使用方法

【应用能力要点】

应用能力要点	掌握程度	应用方向
FX－20P－E 简易编程器的使用	熟悉	在没有计算机及编程软件的情况下使用简易编程器
GX Developer 计算机编程软件的使用	掌握	通常情况下使用编程软件对 PLC 进行编程

编程工具是可编程控制器必不可少的外围设备，它主要供用户进行程序的编制、检查、修改、调试和监控等。三菱 PLC 的编程工具主要有三大类，即简易编程器、图形编程器和个人计算机与编程软件组成的编程系统。

简易编程器又称便携式编程器，它主要由显示串口和操作键盘两部分组成，通过专用电缆与 PLC 连接，一般只能用指令形式进行编程，具有体积小、价格便宜的优点，但功能较简单；图形编程器可以直接生产和编辑梯形图程序，使用起来直观方便，具有程序监控功能，但监控程序范围较小，价格较高，操作比较复杂；编程软件可以直接在个人计算机窗口内编辑、修改、监控、存储、打印程序，使用非常方便，具有很强的监控功能。

FX_{2N}系列 PLC 的常用编程器类型为 FX－20P－E 简易编程器、GP－80FX－E 图形编程器及 GX Developer 计算机编程软件。本章将主要介绍 FX－20P－E 简易编程器和 GX Developer 计算机编程软件。

11.1　FX－20P－E 简易编程器

FX－20P－E 简易编程器可以与三菱 FX 系列 PLC 通过专用电缆连接，向 PLC 内写入程序和监控 PLC 的运行状态。FX－20P－E 型编程器具有在线（ONLINE，或称联机）编程和离线（OFFLINE，或称脱机）编程两种工作方式。在线编程时编程器与

PLC 直接相连，编程器直接对 PLC 的用户程序存储器进行读写操作。若 PLC 内装有 EEPROM 卡盒，则程序写入该卡盒，若没有 EEPROM 卡盒，则程序写入 PLC 内的 RAM 中。在离线编程时，编制的程序首先写入编程器内的 RAM 中，以后再成批的传送 PLC 的存储器。

11.1.1　FX－20P－E 简易编程器简介

FX－20P－E 简易编程器由 16 字符×4 行的液晶显示器、ROM 写入器接口、存储器卡盒接口和含有功能键、指令键、软元件符号键、数字键等的专用键盘组成。其操作面板图如图 11－1 所示。

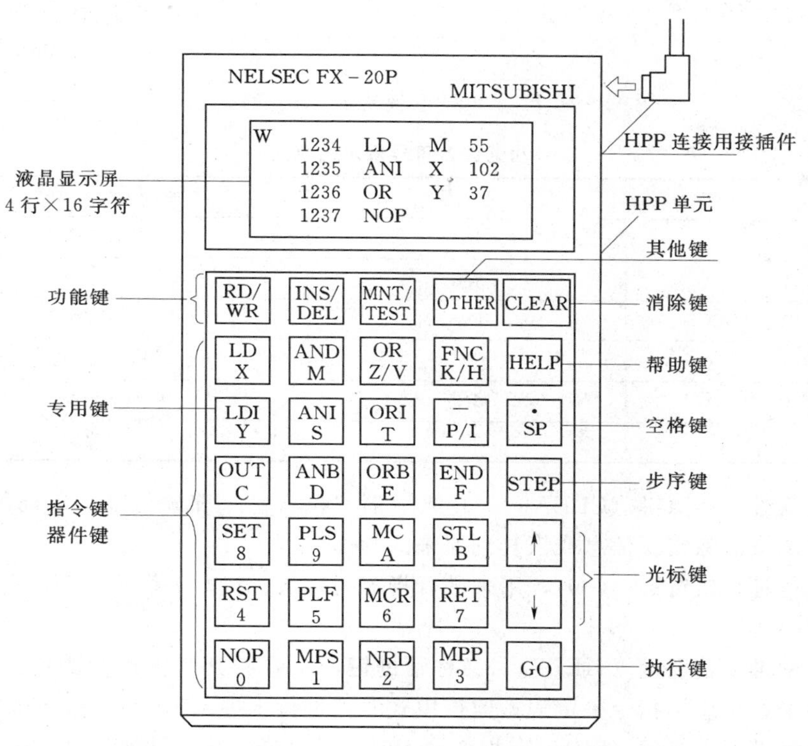

图 11－1　FX－20P－E 简易编程器的操作面板图

1. 16 字符×4 行的液晶显示器

FX－20P－E 简易编程器的液晶显示器在进行编程时，会生产如图 11－2 所示画面，画面上能显示编程器当前工作状态、指令、元件及元件编号等信息，每次最多能同时显示 4 行，每行 16 个字符，具体各列显示信息如图 11－2 所示。

2. 专用键盘

FX－20P－E 简易编程器的专用键盘共有 35 个按键，包括功能键、清除键、执行键、辅助键、空格键、步序键、光标键等，各键功能如下所述。

(1) 功能键。功能键由上、下两部分组成，如图 11－1 所示，上、下两部分交替作用，即按一次时选择键左上方表示的功能，再按一次选择键右下方表示的功能。按键上符号代表的功能见表 11－1。

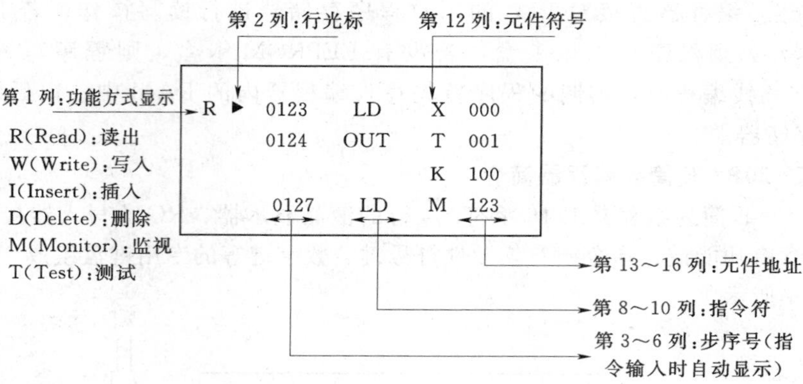

图 11-2　FX-20P-E 液晶显示器上的显示画面

表 11-1　**功能键各符号表示的意义**

序　号	符　号	功　能
1	RD	程序读出
2	WR	程序写入
3	INS	程序插入
4	DEL	程序删除
5	MNT	监视
6	TEST	测试

(2) 清除键。清除键（CLEAR），用来取消按执行键（即确认前）以前的输入数据，此键也可以用来清除错误信息或恢复到原来的画面。

(3) 执行键。执行键（GO），用来进行指令的确认、执行、显示后面画面的滚动以及再检索等。

(4) 辅助键。辅助键（HELP），又称帮助键，主要起到键输入时的辅助功能，输入模式时，用来显示应用指令一览表；监控模式时，进行十进制和十六进制的切换。

(5) 空格键。空格键（SP），在指令输入时，进行指定软元件地址号、指定常数。

(6) 步序键。步序键（STEP），设定步序号时使用。

(7) 光标键。光标键（↓、↑）移动行光标和提示符，指定已指定软元件前一个或后一个地址号的软元件以及行的滚动功能。

(8) 指令键、软元件符号键和数字键。这些键与功能键类似，每个按键包含两个功能，上面为指令符号，下面为编程元件符号或数字。上、下部分的功能会自动根据当前键入操作而切换，Z/V、K/H、P/I 三个按键为交替作用按键。

(9) 其他键。其他键（OTHER），在任何状态下按该键，将显示方式项目菜单画面。当安装 ROM 写入器模块时，在脱机方式项目菜单上进行项目选择。

11.1.2　FX-20P-E 简易编程器的编程操作

编程器与 PLC 连接后，无论是在线工作模式，还是离线工作模式，编程操作的步骤都大致相同，如图 11-3 所示。

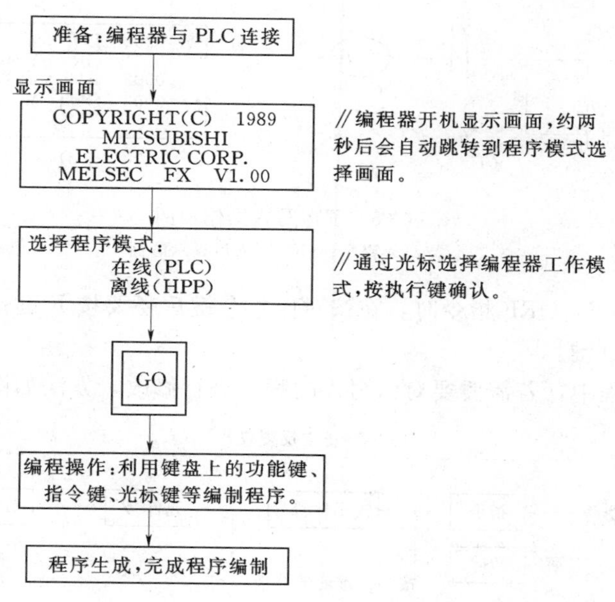

图 11－3　编程操作步骤

1. 用户程序存储器初始化

三菱FX_{2N}系列PLC内有锂电池支持，断电后用户程序会保存在存储器中，因此在输入新程序时，一般通过将NOP指令成批写入PLC内的存储器，已达到清除存储器中原有程序的目的。具体操作步骤如下。

首先确认PLC处于STOP模式下，RUN指示灯熄灭，通过功能键RD/WR选择写入功能（W），输入“NOP A”后按执行键（GO），这时会出现选择画面是否清除所有程序，选择OK即可。清除完成后会显示如图11－4所示画面，若不是此画面，可将上述操作重复一次。

```
W ▶    0  NOP
       1  NOP
       2  NOP
       3  NOP
```

图 11－4　程序清除完成示意图

2. 程序写入

完成用户程序存储器初始化操作后，即可进行程序的写入操作。按RD/WR键，使编程器处于W（写）工作方式，然后根据该指令所在的步序号，按STEP键后键入相应的步序号，接着按GO键，使“▶”移动到指定的步序号时，可以开始写入指令。如果需要修改刚写入的指令，在未按GO键之前，按下CLEAR键，刚键入的操作码或操作数被清除。若按了GO键之后，可按“↑”键，回到刚写入的指令，再作修改。

(1) 基本指令写入操作。基本指令的写入包含三种情况，即独立指令、“指令＋一个元件”和“指令＋两个元件”，三种情况输入方法基本相同，下面以图11－5（a）所示的程序为例，介绍简易编程器的程序写入操作。

在输入模式下依次输入：LD→X→0→GO→OR→Y→0→GO→ANI→X→1→GO→OUT→Y→0→GO。完成后即显示如图11－5（b）所示画面。

需要注意的是，在写入LDP、ANP、ORP指令时，在按对应指令键后还要按P/I

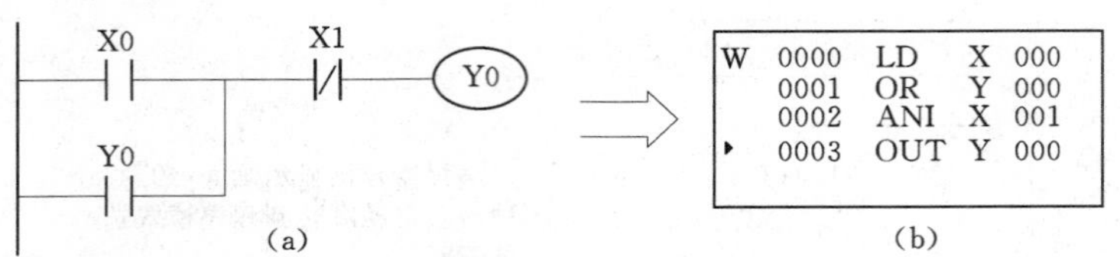

图 11-5　程序写入操作示例
(a) 待写入程序；(b) 写入后显示画面

键；写入 LDF、ANF、ORF 指令时，在按对应指令键后还要按 F 键；写入 INV 指令时，按 NOP、P/I 和 GO 键。

在程序写入过程中，若需要要对已写入的程序进行修改，方法如图 11-6 所示。

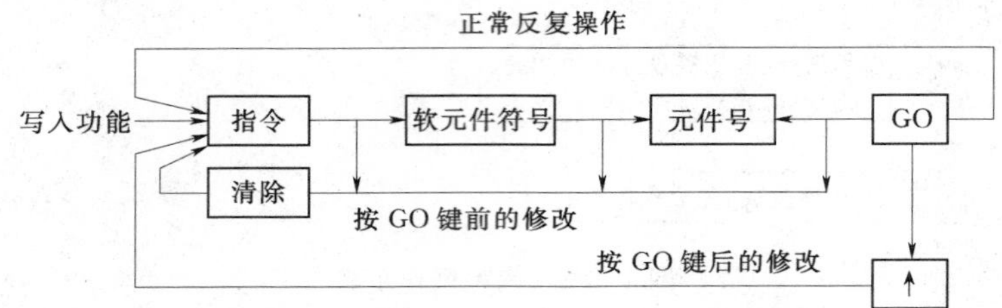

图 11-6　程序修改的操作方法

(2) 应用指令写入操作。应用指令写入基本操作如图 11-7 所示，按 RD/WR 键，使编程器处于 W（写）工作方式，将光标“▶”移动到指定的步序号位置，然后按 FNC 键，接着按该应用指令的指令代码对应的数字键，然后按 SP 键，再按相应的操作数。如果操作数不止一个，每次键入操作数之前，先按一下 SP 键，键入所有的操作数后，再按 GO 键，该指令就被写入 PLC 的存储器内。如果操作数为双字，按 FNC 键后，再按 D 键；如果是脉冲上升沿执行方式，在键入编程代码的数字键后，接着再按 P 键。

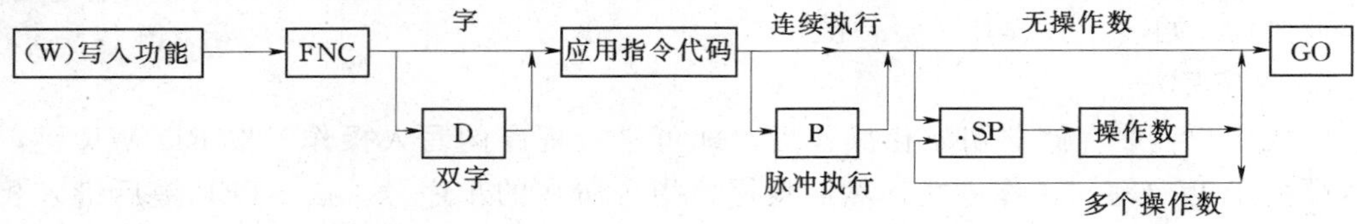

图 11-7　应用指令的写入操作

例如：写入数据传送指令［MOV K10 D0］。

MOV 指令的应用指令编号为 12，写入的操作步骤如下。

FUN→1→2→SP→K→1→0→SP→D→0→GO

(3) 指针的写入。写入指针的基本操作如图 11-8 所示。如写入中断用的指针，应连续按两次 P/I 键。

3. 程序的读出

(1) 根据步序号读出指令。基本操作如图 11-9 所示，先按 RD/WR 键，使编程器处于 R（读）工作方式，如果要读出步序号为 100 的指令，操作步骤如下。

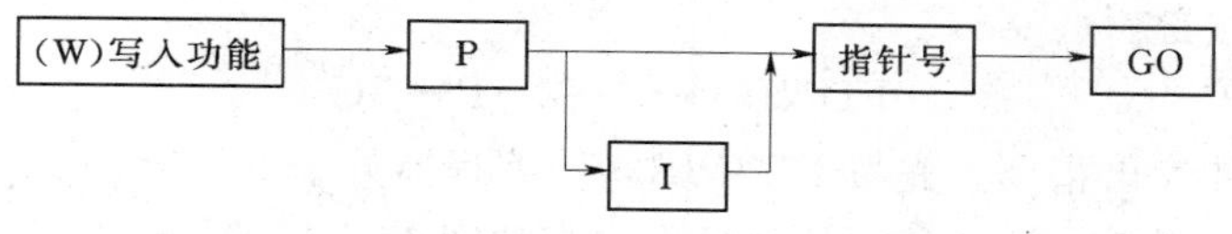

图 11-8　指针的写入操作

STEP→1→0→0→GO

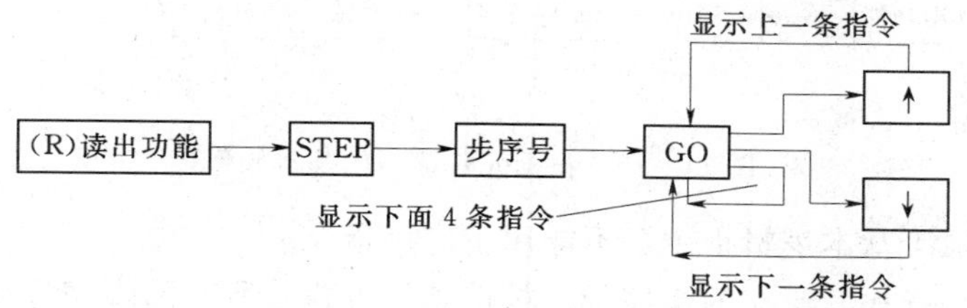

图 11-9　根据步序号读出的基本操作

若还需要显示该指令之前或之后的其他指令，可以按↑、↓或GO键。按↑、↓键可以显示上一条或下一条指令。按GO键可以显示下面4条指令。

(2) 根据指令读出。基本操作如图11-10所示，先按RD/WR键，使编程器处于R（读）工作方式，然后根据图11-10或图11-11所示的操作步骤依次按相应的键，该指令就显示在屏幕上。

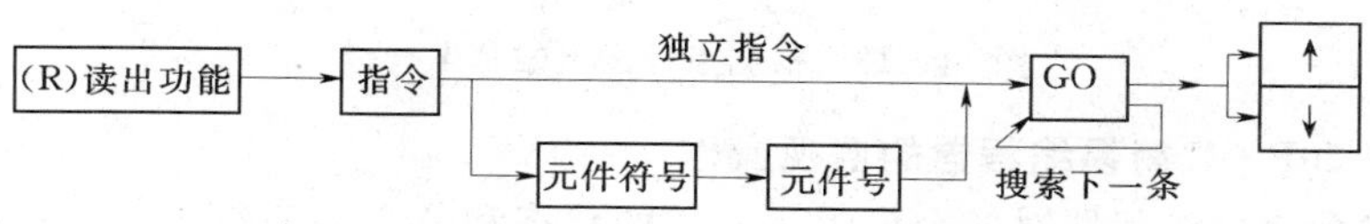

图 11-10　根据指令读出的基本操作

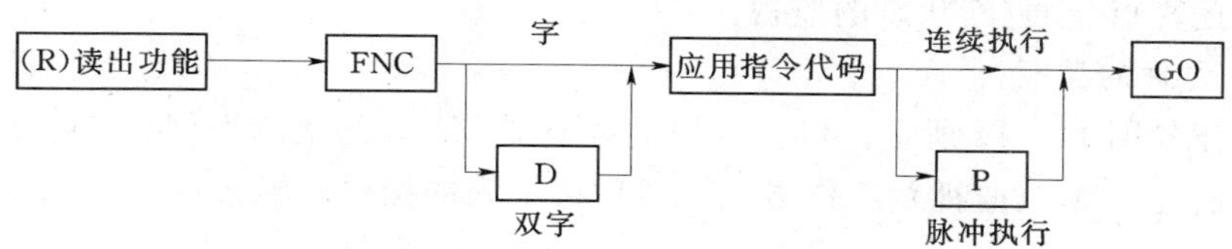

图 11-11　应用指令的读出

例如：指定指令LD X12，从PLC中读出该指令。

按RD/WR键，使编程器处于读（R）工作方式，然后按以下的顺序按键。

LD→X→1→2→GO

按GO键后屏幕上显示出指定的指令和步序号。再按GO键，屏幕上显示出下一条相同的指令及其步序号。如果用户程序中没有该指令，在屏幕的最后一行显示“NOT FOUND”（未找到）。按↑或↓键可读出上一条或下一条指令。按CLEAR键，则屏幕显示出原来的内容。

例如：读出数据传送指令（D）MOV（P）　K100　D10。

MOV指令的应用指令代码为12，先按RD/WR，使编程器处于R（读）工作方式，然后按下列顺序按键。

FUN→D→1→2→P→GO

(3) 根据元件读出指令。先按 RD/WR，使编程器处于 R（读）工作方式，在读（R）工作方式下读出含有 M0 的指令的基本操作步骤如图 11－12 所示。

SP→M→0→GO

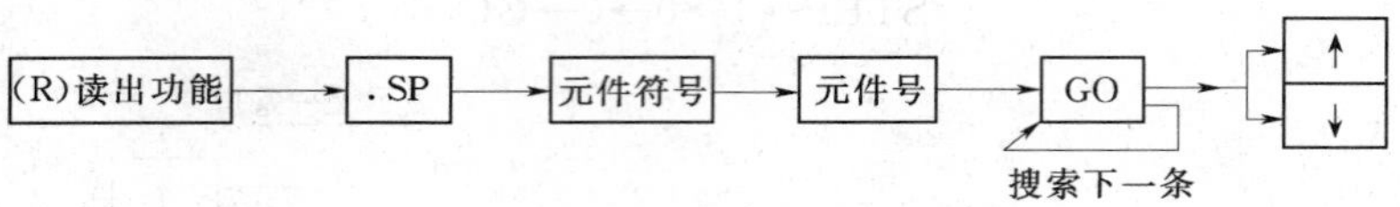

图 11－12　根据元件读出的基本操作

这种方法只限于基本逻辑指令，不能用于应用指令。

(4) 根据指针查找其所在的步序号。根据指针查找其所在的步序号基本操作如图 11－13 所示，在 R（读）工作方式下读出 6 号指针的操作步骤如下。

P→6→GO

屏幕上将显示指针 P6 及其步序号。读出中断程序指针时，应连续按两次 P/I 键。

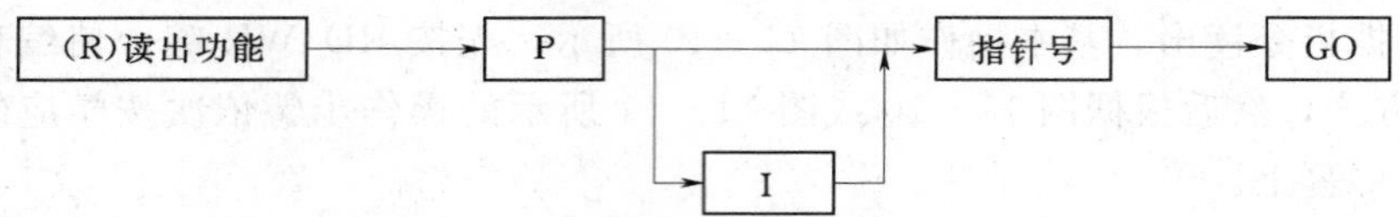

图 11－13　根据指针读出的基本操作

11.1.3　FX－20P－E 简易编程器的监视操作

监视功能是通过编程器对各个位编程元件的状态和各个字编程元件内的数据监视和测试，监视功能可测试和确认联机方式下 PLC 编程元件的动作和控制状态，包括对监视和对基本逻辑运算指令通/断状态的监视。

1. 对位元件的监视

基本操作如图 11－14 所示。以监视辅助继电器 M100 的状态为例，先按 MNT/TEST 键，使编程器处于 M（监视）工作方式，然后按下列的操作步骤按键。

SP→M→1→0→0→GO

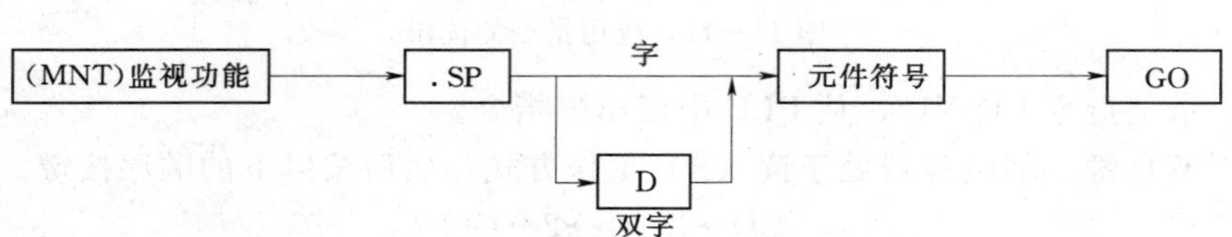

图 11－14　元件监视的基本操作

屏幕上就会显示出 M100 的状态，如图 11－15 所示。如果在编程元件左侧有字符"■"，表示该编程元件处于 ON（接通）状态；如果没有字符"■"，表示它处于 OFF（断开）状态。液晶屏上每次最多可以监视 8 个元件，按↑键或↓键，可以监视前面或后面的元件状态。

2. 监视16位字元件（D、Z、V）内的数据

以监视数据寄存器D100内的数据为例，首先按MNT/TEST键，使编程器处于M（监视）工作方式，接着按下面的顺序按键。

SP→D→1→0→0→GO

屏幕上就会显示出数据寄存器D100内的数据。再按功能键↓，依次显示D101，D102，D103内的数据。此时显示的数据均以十进制数表示，若要以十六进制数表示，可按功能键HELP，重复按功能键HELP，显示的数据在十进制和十六进制数之间切换。

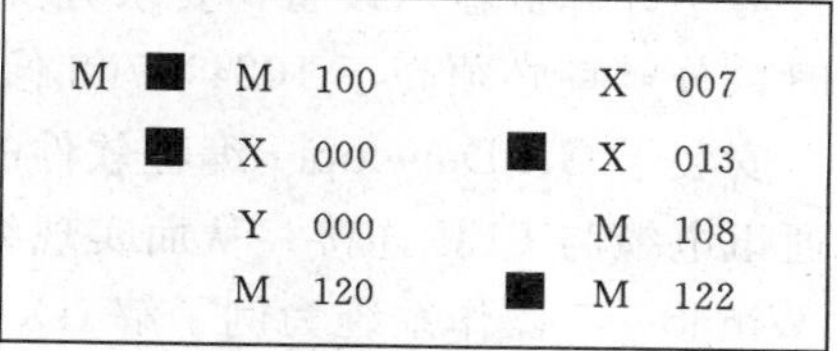

图11-15　位元件的监视

3. 监视32位字元件（D、Z、V）内的数据

以监视由数据寄存器D0和D1组成的32位数据寄存器内的数据为例，首先按MNT/TEST键，使编程器处于M（监视）工作方式，再按下面的顺序按键。

SP→D→D→0→GO

屏幕上就会显示出由数据寄存器D0和D1组成的32位数据寄存器内的数据。

4. 对定时器和计数器的监视

以监视定时器C6的运行情况为例，首先按MNT/TEST键，使编程器处于M（监视）工作方式，再按下面的顺序按键。

SP→C→6→GO

在实际使用过程中，FX-20P-E简易编程器的功能操作还有很多，如元件测试、指令删除等，操作方法与上述介绍的写入、读出和监视操作大致相同，详细操作可参照由三菱PLC厂商提供的《FX-20P-E手持编程器操作手册》。

11.2　GX Developer计算机编程软件

GX Developer计算机编程软件是应用于三菱FX系列PLC的中文编程软件，目前官方提供的安装程序已更新到8.86版本，可在Windows95及以上操作系统中运行使用。该软件功能十分强大，集成了程序编辑、编译、上传、下载、模拟仿真和程序调试等功能。

11.2.1　GX Developer编程软件安装环境

GX Developer编程软件只能使用在安装了Windows95及以上Windows操作系统的计算机上，对计算机CPU及需要内存见表11-2。

表11-2　GX Developer编程软件所需计算机配置要求表

操作系统	CPU要求	所需内存
Windows 95	Pentium　133MHz或更高	32MB或更高
Windows 98	Pentium　133MHz或更高	32MB或更高
Windows Me	Pentium　150MHz或更高	32MB或更高
Windows 2000	Pentium　133MHz或更高	64MB或更高
Windows XP	Pentium　300MHz或更高	128MB或更高
Windows Vista	Pentium　1GHz或更高	15G或更高

对于计算机显示设备，要求分辨率支持要高于800×600像素，且当需要使用诊断功能时，分辨率必须高于1024×768像素。

安装了GX Developer编程软件的计算机可以通过RS－232接口或USB接口两种方式经通讯电缆与PLC连接，从而实现编程软件对PLC的编程、监控与调试等功能。下面将以Windows7操作系统为例了解GX Developer8.86版本编程软件的安装和使用。

11.2.2　GX Developer编程软件的安装

如图11－16所示，为GX Developer编程软件安装文件夹内的文件及文件夹一览图，在安装编程软件之前，必须先安装该文件夹内的安装环境支持程序（EnvMEL），否则在安装编程软件时会弹出严重警告而无法安装，如图11－17所示。

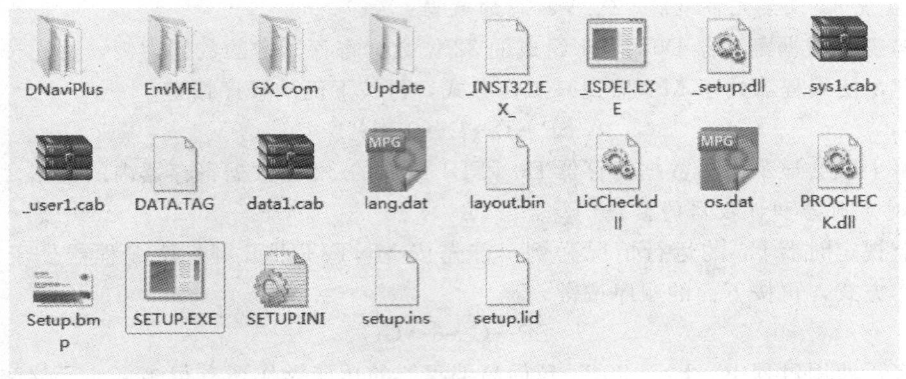

图11－16　GX Developer编程软件安装光盘内文件一览

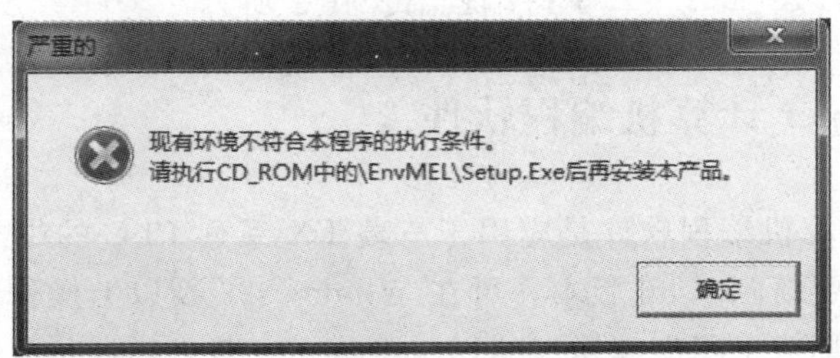

图11－17　环境不支持警告

三菱应用软件在安装时一般都需要先安装环境支持软件。其安装方法很简单，直接运行EnvMEL文件夹内的SETUP.EXE，所有弹出对话框直接选择一步，直到提示安装完成即可，如图11－18所示。

环境支持安装完成后返回图11－16所示GPPW－C安装文件夹，运行软件安装程序SETUP.EXE，开始GX Developer编程软件的安装，弹出如图11－19所示对话框。

在安装的时候，最好把其他应用程序关掉，包括杀毒软件、防火墙、IE、办公软件。因为这些软件可能会调用系统的其他文件，影响安装的正常进行。关闭其他软件后，在图11－19画面点击确定。

安装过程中按提示输入用户名和单位名称等信息，当弹出如图11－20所示画面时，

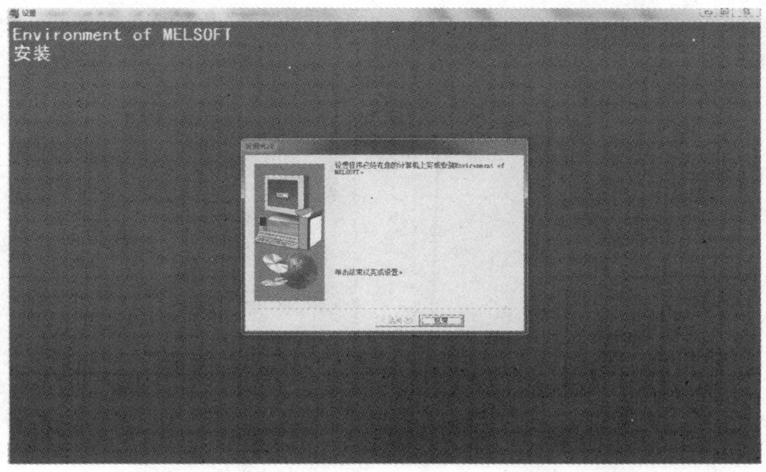

图 11-18　EnvMEL 环境支持安装完成

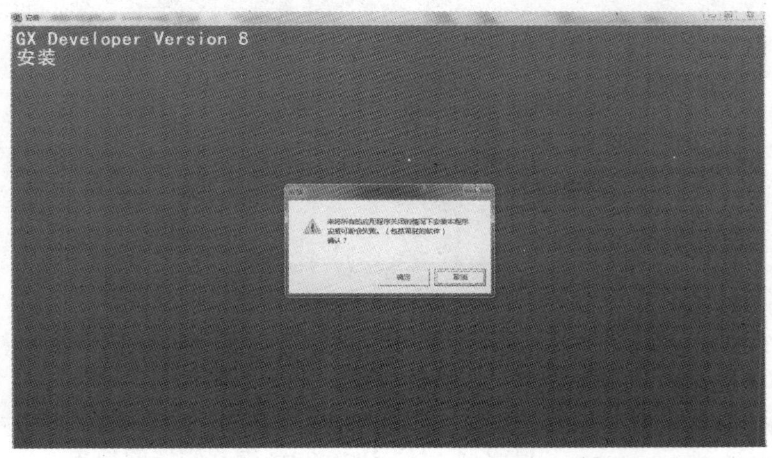

图 11-19　提示关闭其他软件

需要我们输入序列号，不同软件的序列号可能会不相同，序列号可以在下载后的压缩包里得到，也可以在三菱机电的中国官网上申请。

当安装过程中弹出如图 11-21 所示对话框时，注意，这里监视专用功能一般不要勾选，因为当勾选此功能部件时，软件将仅具备监视功能，而没有编程功能。这是很多初学者在安装软件时容易出错的地方。

后续安装进程直接选择缺省即可，直至弹出如图 11-22 所示对话框，表示软件已安装完成。

安装完成后可以从开始菜单找到编程软件，如图 11-23 所示，为方便使用可以将编程软件快捷方式发送到桌面。

打开程序，测试程序是否正常，如果程序不正常，有可能是因为操作系统的 DLL 文件或者其他系统文件丢失，一般程序会提示是因为少了哪一个文件而造成的。

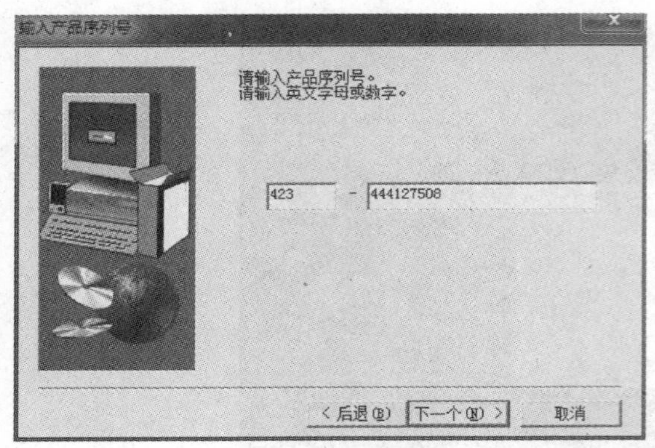

图11-20 输入产品序列号

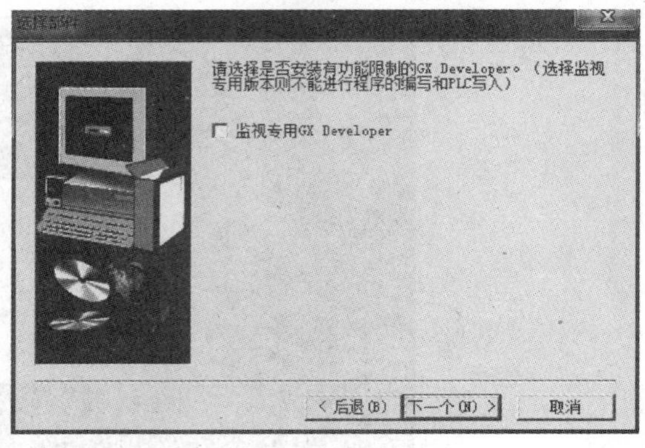

图11-21 监视专用选择对话框

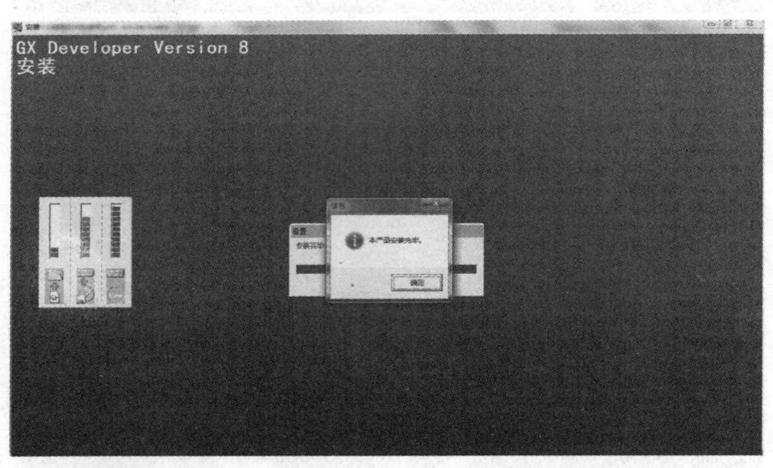

图11-22 安装完成对话框

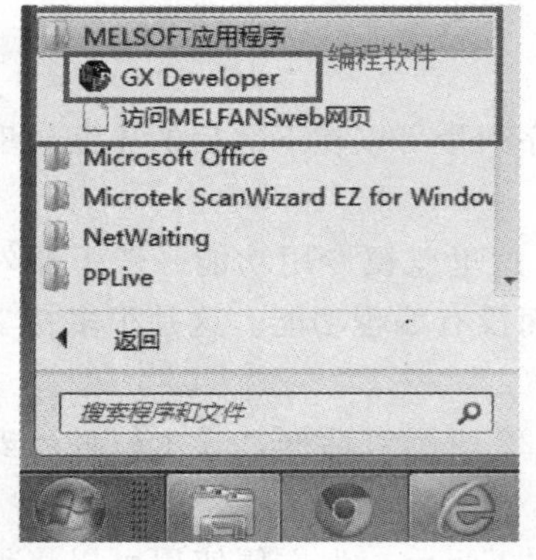

图11-23 开始菜单内的编程软件

11.2.3 GX Developer编程软件的使用

1. 创建新工程

打开GX Developer编程软件后点击工程→创建新工程→选择PLC系列和PLC类型→确定，如图11-24所示。注意此处PLC系列和PLC类型必须选择正确，否则编辑完的程序可能会出现无法写入PLC的情况。

新工程创建完成后会弹出如图11-25所示梯形图编辑画面，画面中包含四个部分：参数区主要是用来设置PLC的相关参数，包括程序、软元件注释、参数和软元件内存几个部分；工具栏主要是进行工程创建、打开、保存、程序编辑、在线等功能的选择；快捷键主要是常用功能的快捷按键，编程时常用快捷键及其功能如图11-26所示；程序区主要用来显示程序的编辑、监控等，程序区左右两条母线即为梯形图的

左右母线，编程时遵循从左到右、从上到下的原则。

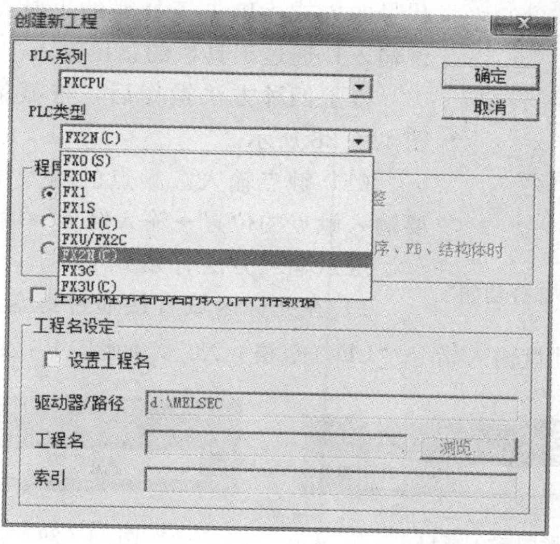

图 11-24　创建新工程

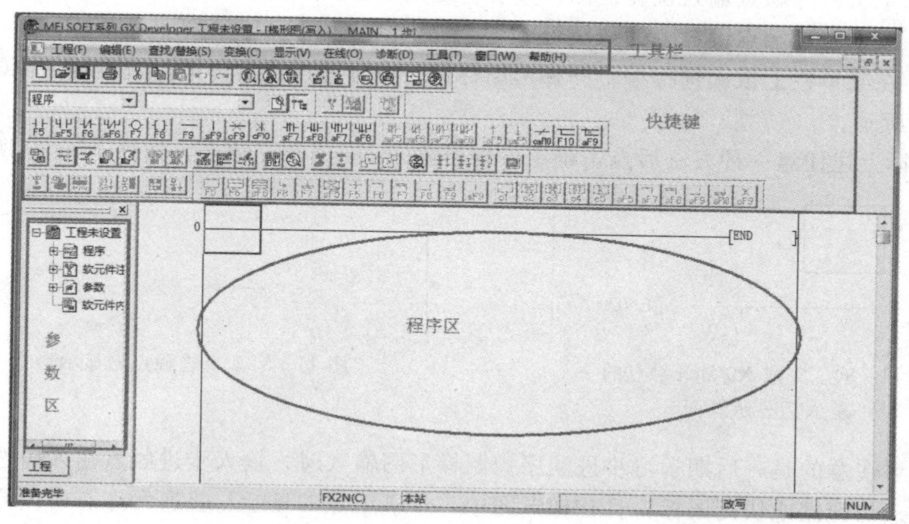

图 11-25　梯形图编辑画面

除创建新工程外，我们还可通过工程菜单进行工程的打开、关闭、保存、另存、删除、校验、复制等操作，如图 11-27 所示。操作方法与 Windows 系统下一般文件保存与打开类似。

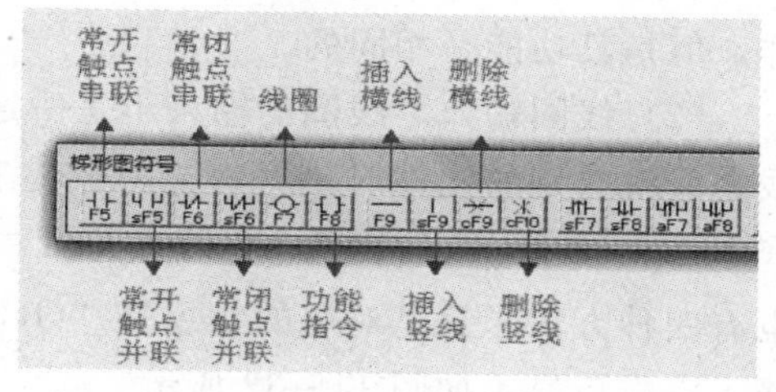

图 11-26　梯形图符号快捷键

2. 梯形图程序输入

新建工程或打开工程后，可以在图 11-25 所示的程序区进行梯形图程序的输入。梯形图

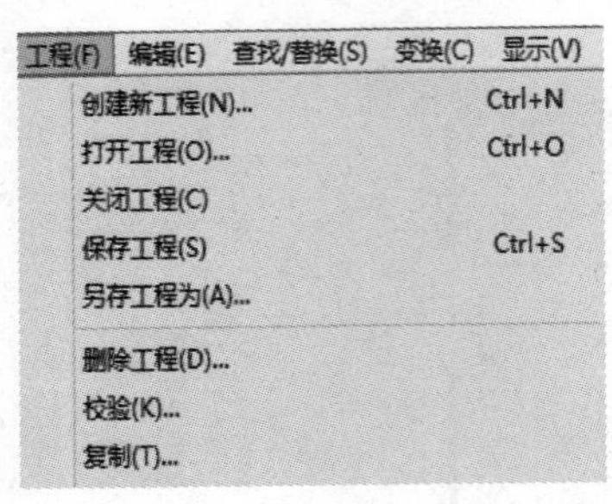

图 11 - 27　工程菜单的部分功能

输入方法有如下几种：在程序编辑区使用键盘输入指令代号的方式；单击工具栏的工具按钮输入；单击功能按键输入；通过工具栏的菜单输入。

以上四种方法操作后，将显示梯形图输入串口，如图 11 - 28 所示。

（1）触点输入。触点的输入步骤为：将光标移动至要输入触点的位置→输入触点→输入元件编号→确定。

触点输入方法有如下 4 种。

1）在光标区域直接通过键盘输入，如要输入 X0 的常开触点，直接通过键盘输入指令“LD（空格）X0”，如图 11 - 29 所示。

图 11 - 28　梯形图输入窗口

图 11 - 29　通过指令输入触点

2）单击常开触点输入快捷键图标后，通过键盘输入 X0，如图 11 - 28 所示。

3）按下常开触点键盘上的快捷键 F5 后输入 X0，如图 11 - 28 所示。

4）在菜单栏上依次选择编辑→梯形图标记符→常开触点后，通过键盘输入 X0，如图 11 - 28 所示。

选择上述任意一种方法后点击确定，即可输入 X0 的常开触点，如图 11 - 30 所示。

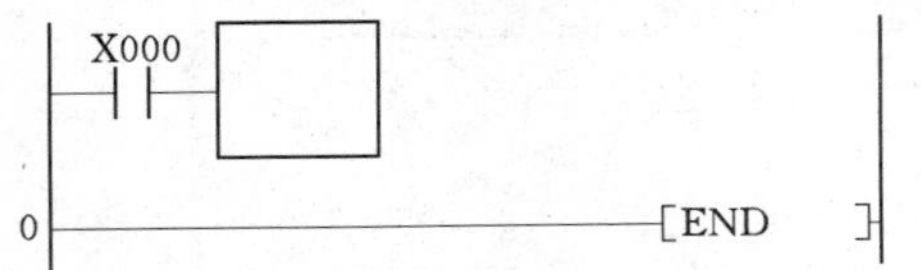

图 11 - 30　完成 X0 常开触点的输入后显示画面

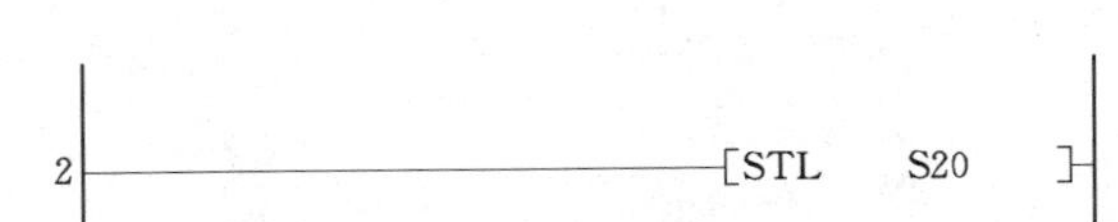

图 11 - 31　步进触点的显示形式

需要注意的是，后期学习步进顺序控制梯形图输入时，输入步进触点输入应选择应用指令输入快捷键或快捷图标，且在梯形图中，步进触点的显示与普通触点有所差异，如图 11 - 31 所示。

步进触点在 GX Developer 软件中的表现形式虽然与 FXGP - WIN - C 软件中的不一样，但是其功能是相同的。

（2）线圈输入。线圈的输入不是一定得把光标固定在靠近右母线位置，当触点与右母线之间没有别的元件时，可将光标固定在该行最后一个元件后直接输入触点，如图 11 - 30 所示，要在 X0 后输入 Y0 的线圈可直接在光标位置输入。输入方法与触点输入类似，也有四种方法，只是对应的指令是“OUT（空格）Y0”、快捷键图标是、快捷键是 F7。输入完成后显示如图 11 - 32 所示。

（3）应用指令的输入。应用指令的输入与线圈输入方式类似，同样有四种方式，对应

的快捷键图标是、快捷键是 F8。当要输入应用指令 RST T20 时，显示如图 11-33 所示。

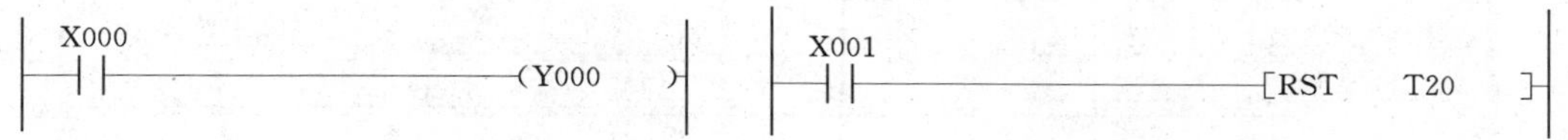

图 11-32　完成 Y0 线圈的输入后显示画面　　　图 11-33　应用指令输入后显示画面

（4）竖线与横线的输入。在三菱编程软件里面，横线的输入很简单，将光标固定在要输入横线的位置直接单击横线输入的快捷图标或按快捷键 F9 即可，其删除可通过快捷图标、快捷键“Ctrl＋F9”或选中要删除的横线后按 DEL 键实现，关于竖线的输入和删除很多初学者不会操作。

其实竖线的输入和删除只要把握一点，找准光标的位置即可。当要在某位置输入竖线或要删除某条竖线时，将光标固定在该位置的右上角，然后点击竖线添加或删除。竖线输入快捷图标是，快捷键是“Shift＋F9”；删除竖线的快捷图标是，快捷键是“Ctrl＋F10”。需要注意的是，除非选中整个梯级，否则竖线时无法通过 DEL 和删除键来进行删除操作的。

3. 创建软元件注释

在编写工程控制梯形图时，为了方便记忆元件对应功能和阅读梯形图程序，通常会给元件添加注释。创建软元件注释的操作步骤如下所述。

（1）在图 11-25 所示梯形图编辑画面的参数区点击软元件注释前面的“＋”标记，再双击“COMMENT”，即会弹出软元件注释编辑窗口，如图 11-34 所示。

（2）在图 11-34 窗口内软元件名后输入要添加注释的元件按回车或单击“显示”按键，就会显示所要注释的元件及其以后编号的元件，图 11-34 中即为所有 X 的软元件名。

（3）在注释栏目中选中要注释的软件添加注释，如图 11-35 所示，为 X0、X1、X2 分别添加注释启动、停止、紧急停车。需要注意的是，注释名不能超过 32 个字符，修改注释时，可直接选中修改，也可通过键盘上的删除键和 DEL 键删除后再修改。

（4）双击参数区 MAIN 显示梯形图编辑窗口，在菜单栏依次单击显示→注释显示，或直接按“Ctrl＋F5”快捷键，即可在程序中元件名下显示注释，如图 11-36 所示。

4. 程序变换

当程序编辑完后，当前界面处于活动状态，程序背景为灰色，如图 11-37 所示。未变换的程序属于无效程序，无法保存到计算机和写入 PLC 用户程序存储器中，因此必须对程序进行变换。若程序有错误，软件会弹出提示窗口，要求修改程序。程序变换的方法有三种，在菜单栏依次点击变换→变换，或点击变换的快捷图标，再或者直接点击变换的快捷键 F4。变换完成后，程序背景由灰色变为白色，如图 11-38 所示。

若需要对多个程序进行变换操作，可在变换下拉菜单内选择“变换（编辑中的全部程序）”，或直接点击快捷图标，或按组合快捷键“Ctrl＋Alt＋F4”。

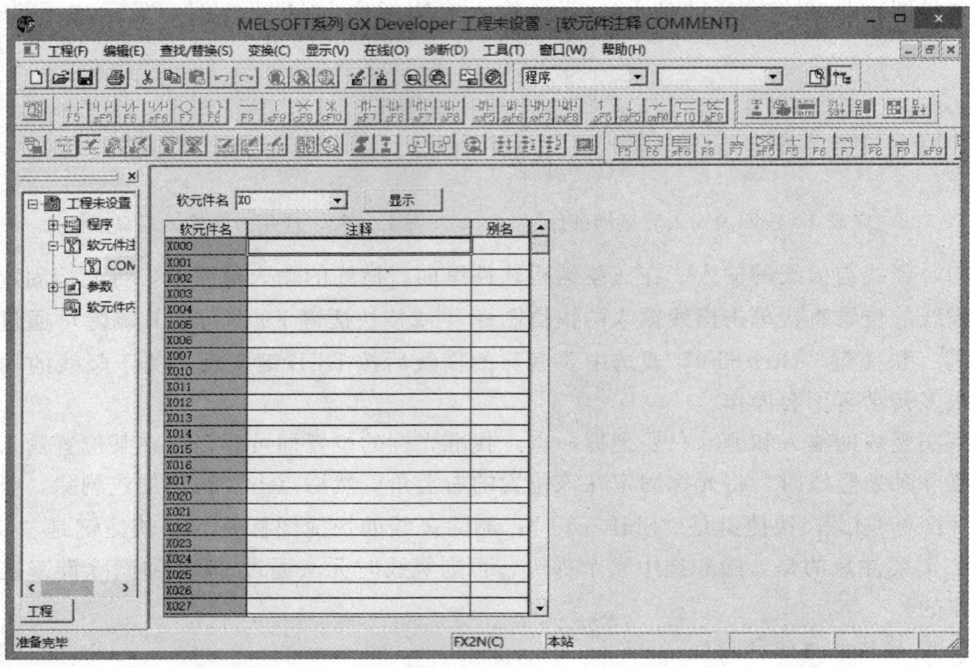

图 11－34　软元件注释编辑窗口

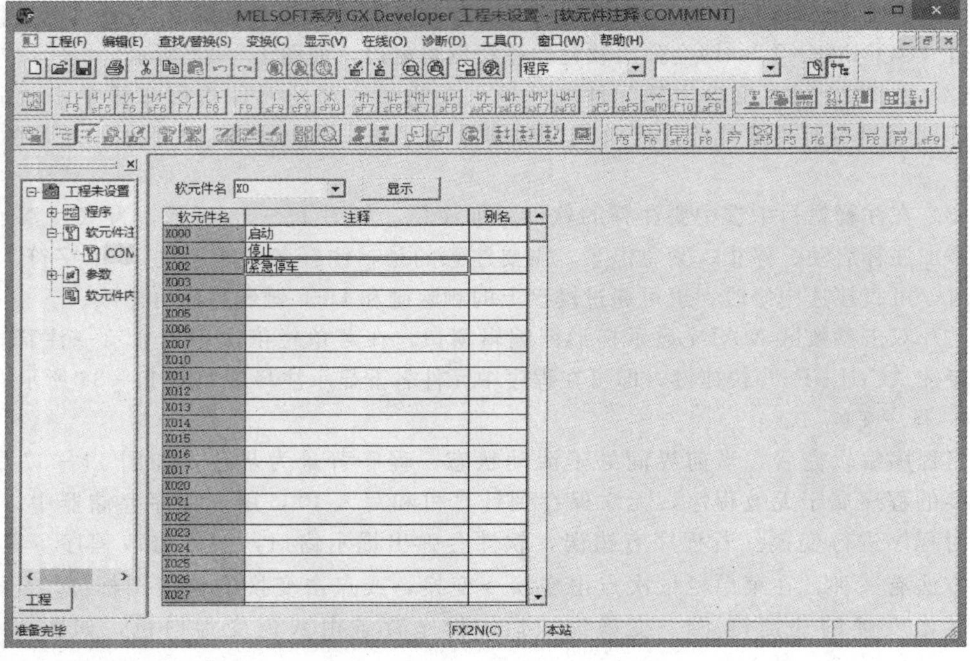

图 11－35　为软元件添加注释

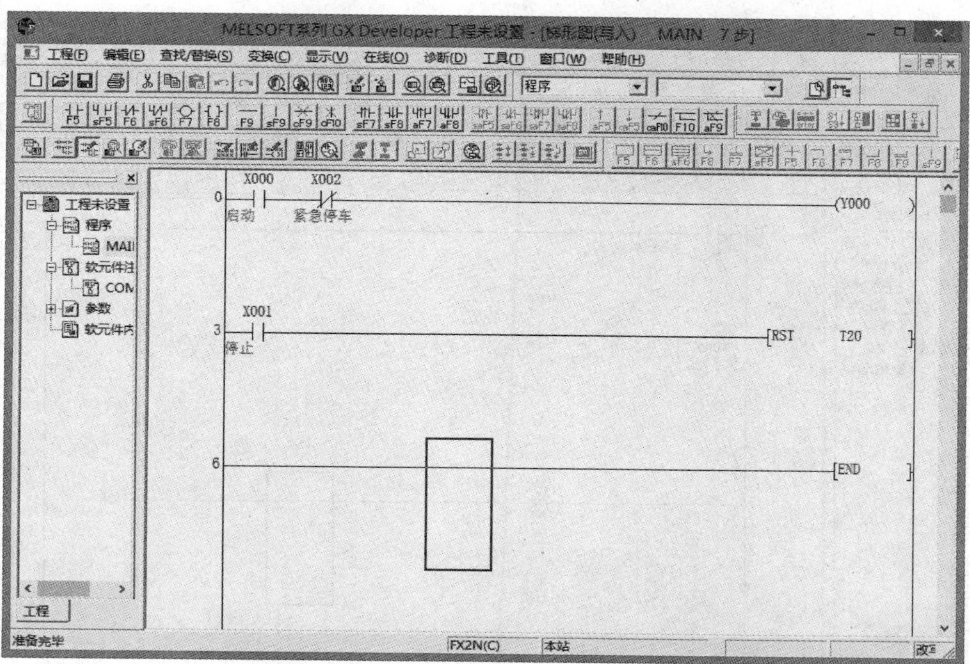

图 11－36　软元件注释显示

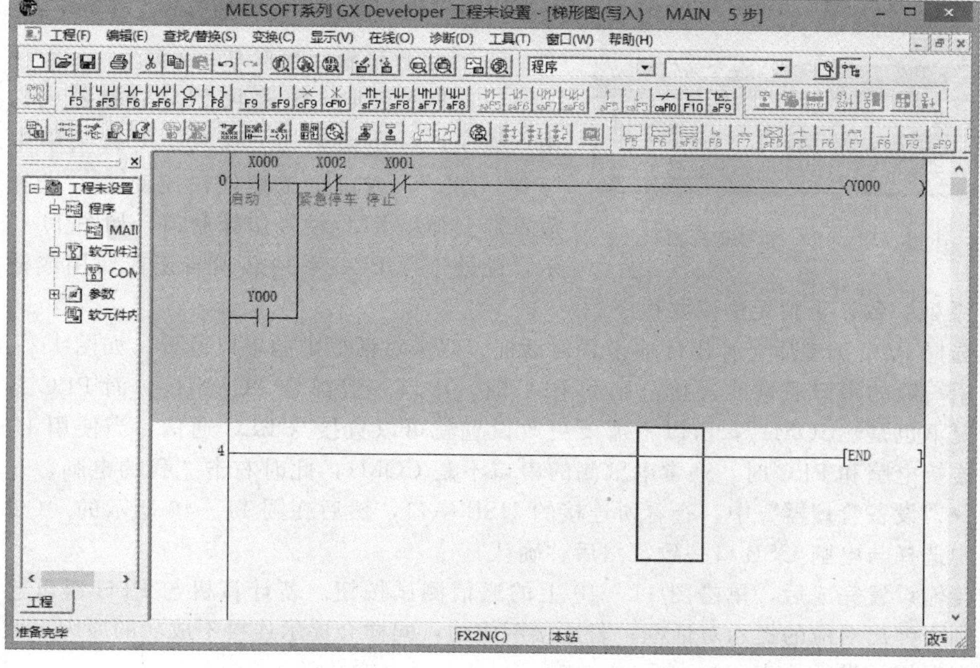

图 11－37　变换前的程序窗口

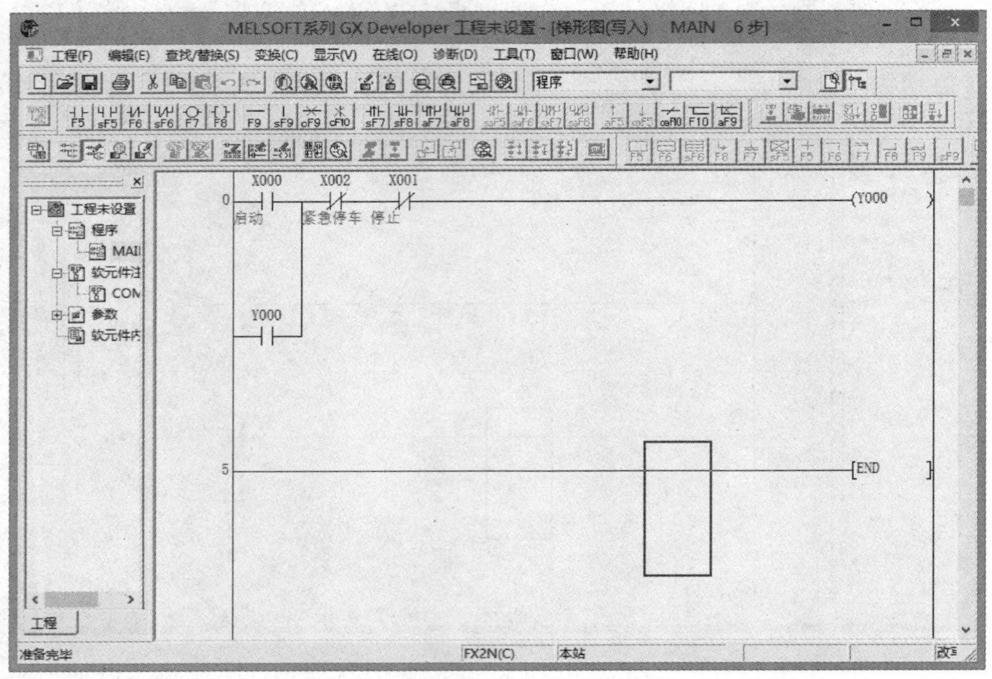

图 11－38　变换后的程序窗口

图 11－39　PLC 型号选择窗口

5. 程序的传输（读取与写入）

（1）程序读取。要读取 PLC 存储器内储存的用户程序，可在菜单栏“在线”下拉菜单中选择“PLC 读取”，或单击工具栏快捷键，选择读取后首选会弹出 PLC 型号选择窗口，如图 11－39 所示，此处选择 PLC 系列必须与正在使用或链接的 PLC 系列一致，否则无法读取程序。

选择 PLC 类型后会弹出传输设置对话框，双击对话框中的串口设置，如图 11－40 所示。用一般的串口通信线连接电脑和 PLC 时，串口一般都是“COM1”，而 PLC 系统默认情况下也是“COM1”，所以不需要更改设置就可以直接与 PLC 通信。当使用 USB 通信线连接电脑和 PLC 时，通常电脑侧的串口不是 COM1，此时右击“我的电脑”→“属性”→“设备管理器”中，查看所连接的 USB 串口，然后在图 11－40 所示的“COM 端口”中选择与电脑 USB 口一致，然后“确认”。

传输设置完成后，单击图 11－40 上的通信测试按钮。若计算机与 PLC 通讯连接成功，则会弹出对应的提示对话框；若连接不成功，同样会提示连接不成功的原因，此时我们可根据提示进行检查。

通信测试成功后单击确定，则会弹出 PLC 读取对话框，选择程序中的“MAIN”，单击执行即可将 PLC 中的程序读出，读出过程如图 11－41 所示。

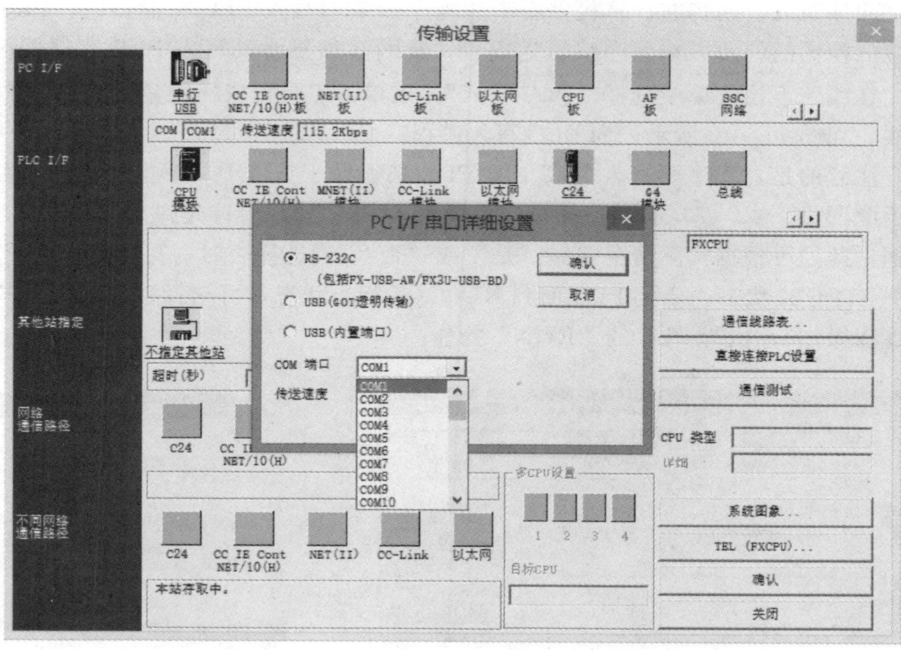

图 11－40　传输设置对话框

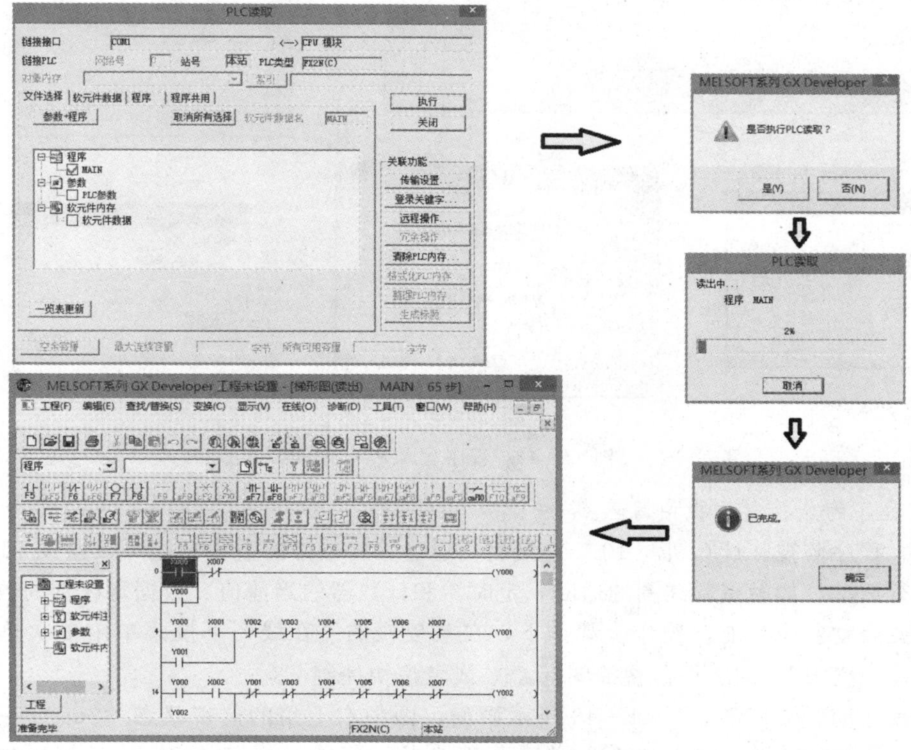

图 11－41　由 PLC 读取程序过程

（2）程序写入。用户在计算机上编辑的程序如果不写入 PLC 存储器内，PLC 是无法执行相应的控制的，所以在程序编辑完成后，我们必须要将其写入 PLC 存储器内。可在菜单栏“在线”下拉菜单中选择“PLC 写入”，或单击工具栏快捷键，将程序写入 PLC 内存储器。如图 11－42 所示，为 PLC 写入过程。

需要注意的是，程序要写入 PLC 内，PLC 必须处于 STOP（停止）状态，否则无法写入，因此图 11－42（3）必须选择是；程序写入 PLC 后，会首先弹出图 11－42（5）所示对话框，此处可根据实际情况选择“是”或“否”，当选择否时，写入完成后 PLC 会处于 STOP（停止）状态。要使 PLC 回到 RUN（运行）状态，可选择“在线”下拉菜单中选择“远程操作”，执行 PLC 的“RUN”操作。

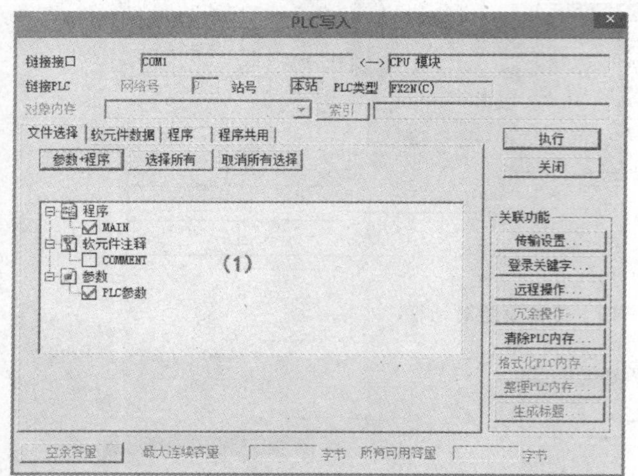

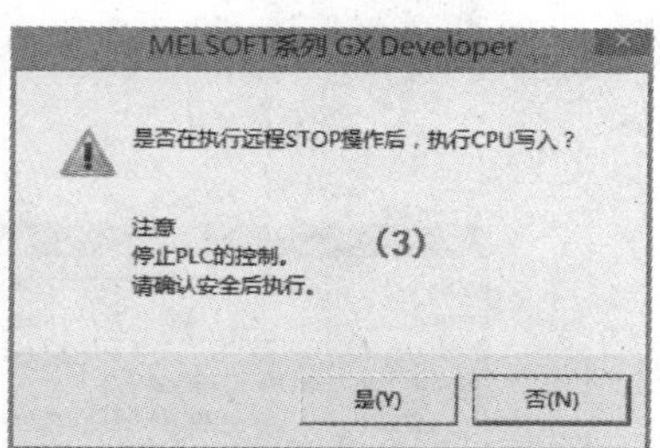

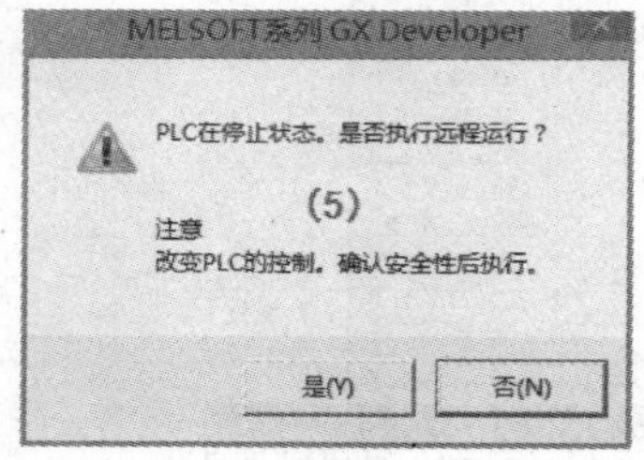

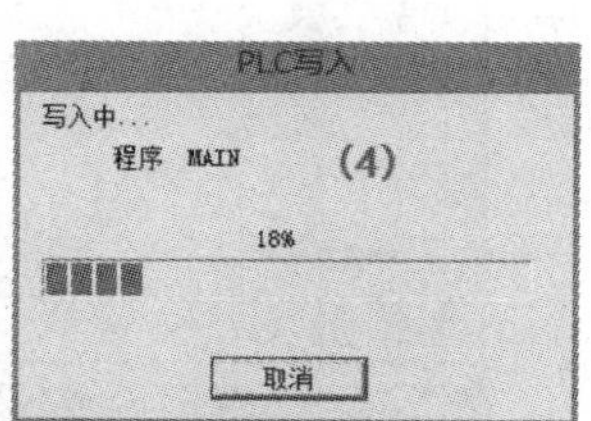

图 11－42　程序写入 PLC 过程

6. 程序的监视与监视中写入

（1）程序监视。计算机与 PLC 连接后，通过编程软件的监视功能可以监视 PLC 内程序的执行情况，如触点和线圈的通断、定时器和计数器的当前值、数据寄存器的数值等。

若要启动监视功能，操作步骤如下，在菜单栏的“在线”下拉菜单中依次选择“监视”、“监视模式”，或者单击快捷图标，或者按快捷键 F3。

监视启动后会显示如图 11－43 所示画面，图中右上角的监视状态“2ms”一栏显示的是 PLC 的扫描时间；“RUN”一栏显示 PLC 的运行状态；“RAM”一栏显示监视执行

状态，在监视过程中该栏会闪烁。

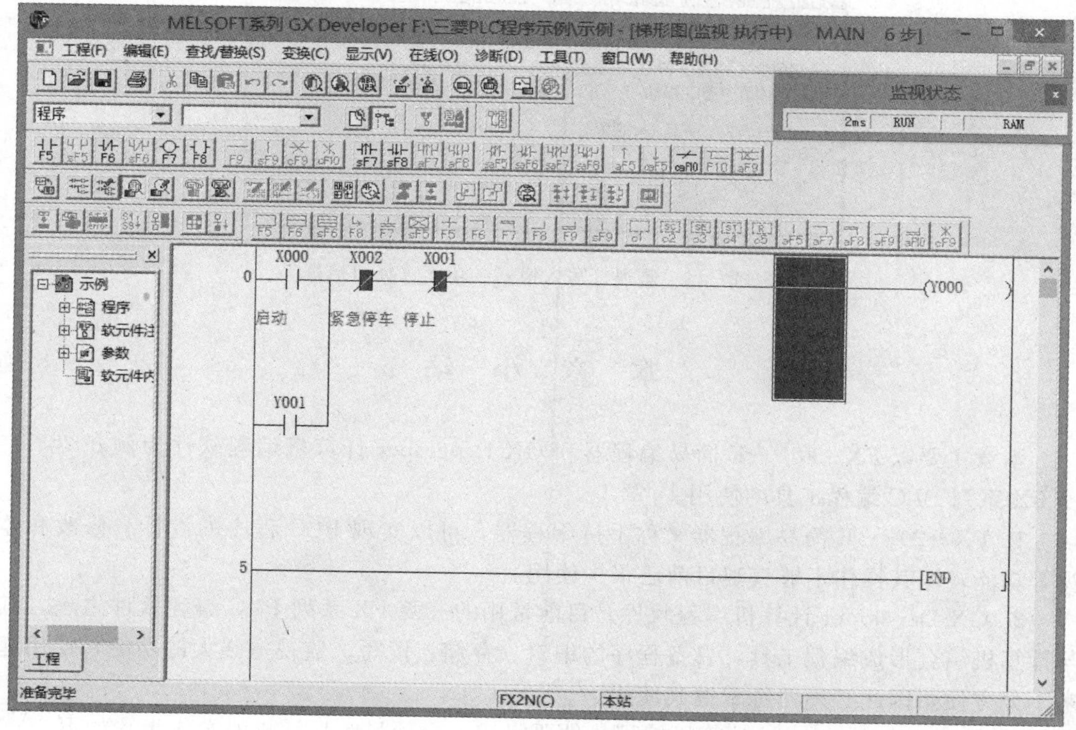

图 11－43　监视启动后画面

在监视状态下，界面中状态为“ON”的线圈或触点会显示为蓝色（默认情况下），状态为“OFF”的线圈或触点为原色背景。

若要停止监视功能，操作步骤如下，在菜单栏的“在线”下拉菜单中依次选择“监视”、“监视停止”，或者单击快捷图标，或者按快捷键 Alt＋F3。

（2）监视中写入。监视（写入模式）又称为在线编辑模式，选中此模式时可以在监视状态下编辑梯形图。具体操作方法如下，在菜单栏的“在线”下拉菜单中依次选择“监视”、“监视（写入模式）”，或者单击快捷图标，或者按快捷键 Shift＋F3。

选择监视（写入模式）后会弹出如图 11－44 所示对话框，选中相应功能单击确定即可。前一个功能选中后会在变为监视（写入模式）的同时，变更为运行中写入设置；“对照 PLC 和 GX Developer 的编辑工程”若被选中，在变为监视（写入模式）的同时，软件会将已打开的程序与 PLC 内的程序进行比较校验，防止运行中写入时的程序不一致。

关闭监视（写入模式）方法与停止监视模式方法类似。

7. 其他功能

除上述常用功能外，GX Developer 还有查找、替换、软元件使用情况检查、显示设置、调试、PLC 密码设置、程序校验、程序检查等功能。其操作方法大致相同，各功能的详细说明可查阅 GX Developer 编程软件操作手册。

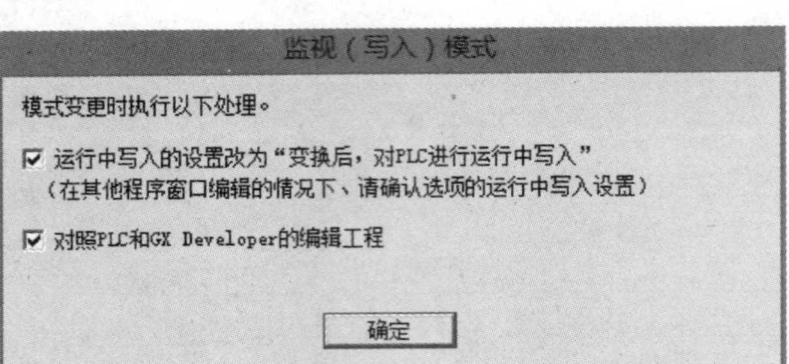

图11-44　监视（写入模式）功能选择对话框

本章小结

本章主要以FX-20P-E简易编程器和GX Developer计算机编程软件为例介绍了三菱FX系列PLC编程工具的使用。

1. FX-20P-E简易编程器又称手持编程器，可以实现PLC程序的设计、修改和监视等功能，因其操作不够直观目前已很少使用。

2. GX Developer计算机编程软件是目前常用的三菱FX系列PLC编程软件之一，其与计算机结合形成编程工具，具备程序的编辑、存储、读写、监视等强大的功能，使用起来十分方便，因此必须熟练掌握其使用。

3. 通过GX Developer计算机编程软件要完成一个项目的设计一般操作步骤如下。

创建新工程→输入梯形图程序→将程序写入PLC→监视程序执行情况→修改程序→再监视…

习题

1. 将图11-45所示梯形图程序输入到GX Developer计算机编程软件中，变换后传送到PLC，遥控PLC运行。记录梯形图对应的指令表程序。

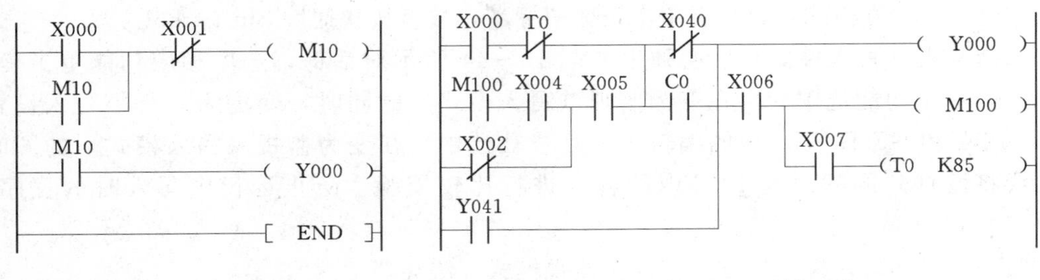

图11-45　习题1图　　图11-46　习题2图

2. 将图11-46所示梯形图程序输入到GX Developer计算机编程软件中，变换后传送到PLC，遥控PLC运行。记录梯形图对应的指令表程序。

3. 将图11-47所示梯形图程序输入到GX Developer计算机编程软件中，变换后传

送到PLC，遥控PLC运行。记录梯形图对应的指令表程序。

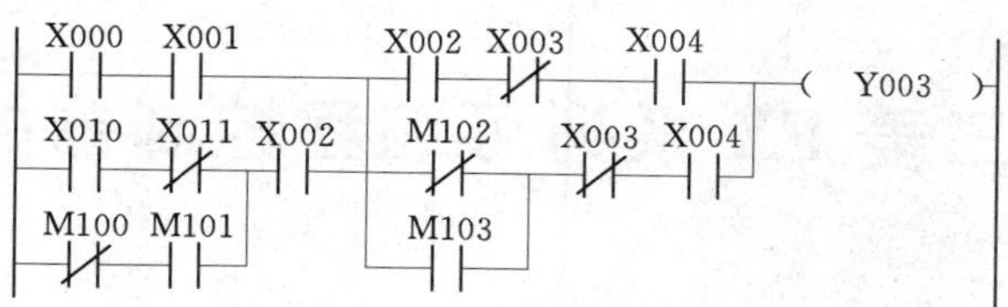

图11－47　习题3图

4. 将图11－48所示指令表程序输入到GX Developer计算机编程软件中，并传送到PLC，遥控PLC运行。记录指令表对应的梯形图程序。

```
0  LD   X003
1  OR   X004
2  OUT  Y001
3  LD   Y001
4  OR   M10
5  ANI  X005
6  ORI  M10
7  OUT  M10
8  END
```

图11－48　习题4图

```
0   LD   X001
1   OR   Y001
2   ANI  T0
3   AND  M10
4   LD   X002
5   AND  T0
6   ORB
7   ANI  X003
8   OUT  Y001
9   OUT  T0   K50
12  AND  T0
13  OUT  M10
14  END
```

图11－49　习题5图

5. 将图11－49所示指令表程序输入到GX Developer计算机编程软件中，并传送到PLC，遥控PLC运行。记录指令表对应的梯形图程序。

6. 将图11－50所示指令表程序输入到GX Developer计算机编程软件中，并传送到PLC，遥控PLC运行。记录指令表对应的梯形图程序。

```
0  LD   M8002  |  8   ANI  M100
1  ANI  X001   |  9   ORB
2  LD   X011   |  10  ANB
3  ANI  X005   |  11  OR   Y001
4  ORB         |  12  SET  M10
5  LDI  X002   |  13  RST  M12
6  AND  X003   |  14  OUT  Y000
7  LD   M101   |  15  END
```

图11－50　习题6图

第12章　三菱FX系列可编程控制器的基本指令

【知识要点】

知识要点	掌握程度	相关知识
梯形图和指令表	熟悉	梯形图的特点、主要规则，指令表的特点
基本逻辑指令的含义	掌握	27条基本逻辑指令的含义
基本指令的编制以及对应的指令表程序	掌握	熟练掌握LD、LDI、OUT指令；串联与并联指令；置位复位指令；堆栈指令；边沿检测指令；脉冲输出指令；主控指令等的应用

【应用能力要点】

应用能力要点	掌握程度	应用方向
PLC基本逻辑指令的应用	掌握	电机简单控制程序的设计
PLC编程的基本方法和技巧	掌握	综合应用基本逻辑指令进行电气控制程序的设计

FX系列可编程控制器的指令系统包括基本逻辑指令、步进指令和功能指令三大类。其中，基本逻辑指令有27条，掌握了基本逻辑指令便可以进行开关量控制系统的用户程序编制。

12.1　FX系列PLC梯形图与指令表

12.1.1　梯形图的主要特点

梯形图是一种图形语言，它沿用继电器的触点、线圈、串联、并联等术语和图形符号，并增加了一些继电接触控制电路中没有的符号，因此梯形图与继电接触控制电路图的形式及符号有许多相同和相似的地方。因此，工程技术人员易懂，而且使用起来很方便。梯形图的主要特点主要有以下几点。

1. 梯形图的规则

梯形图按从左到右，从上到下的顺序排列，左边的竖线称左母线（简称母线），然后按一定的控制要求和规则连接各触点，最后以继电器线圈结束，称为“逻辑行”或“梯形”。一般在最右边还加上一竖线，称右母线（右母线可不画出）。通常一个梯形图中有若干逻辑行（梯形），形似梯子，梯形图由此而得名。因为梯形图形象、直观、容易掌握，所以各厂家的可编程控制器都将梯形图作为第一编程语言。

2. 梯形图中的触点与线圈

(1) 梯形图中的触点分为常开触点和常闭触点。它们是输入继电器、输出继电器、辅助继电器、计数器、定时器、状态器等的触点，用继电器的元件编号以示区别，如 X1、Y2、M4 等。

(2) 梯形图中的继电器线圈包括输入继电器、输出继电器、辅助继电器等，其逻辑动作只有线圈接通之后，才使其对应的常开触点、常闭触点动作。

(3) 梯形图中触点可以任意串联或并联，但继电器线圈只能并联不能串联。

3. 梯形图程序执行顺序

(1) 可编程控制器是按循环扫描方式沿梯形图的先后顺序从左到右、从上到下执行程序，在同一扫描周期中的结果保留在输出映象寄存器中，所以输出点的值在用户程序中可以当条件使用。

(2) 内部继电器、计数器等均不能直接控制外部负载，只能作中间结果供可编程控制器内部使用。

12.1.2 指令表

指令表语言又称为助记符语言，与微型计算机的汇编语言类似，是可编程控制器的命令语句表达式。指令表是由一系列操作指令组成的语句表，对控制流程进行的描述，并通过编程器送到可编程控制器中。编程时，一般先根据控制要求编制梯形图程序，然后将梯形图转换成指令表。

每条指令由助记符（指令码）和操作数（参数，如作用元件编号）等组成。助记符（指令码）用来指定要执行的功能，指定 CPU 进行相应操作；操作数（如编程元件号）包含为执行这一操作所需的数据，指定 CPU 用什么编程元件的数据执行此操作。需要注意的是，不同厂家的可编程控制器，其指令表语言使用的助记符有一定的区别，但其基本原理是相似的。

12.2 LD、LDI、OUT 指令

(1) LD (Load)，取指令，用于编程元件的常开触点与母线的连接指令。

(2) LDI (Load Inverse)，取反指令，用于编程元件的常闭触点与母线的连接指令。

(3) OUT (Out)，驱动线圈输出指令，用于编程元件线圈输出逻辑运算结果。

指令的使用说明如下所述。

(1) LD 和 LDI 是对编程元件的触点操作，适用于任一常开、常闭触点开始的逻辑行。作为特殊处理，LD 和 LDI 还可以与后述的“块与”ANB、“块或”ORB 和“主控”MC、“步进”STL 等指令配合使用，用于分支电路的起点。LD 和 LDI 指令的操作元件为 X、Y、M、T、C 和 S，不做任何逻辑运算，只取编程元件本身的值（0 或 1）。

(2) OUT 属于线圈操作指令，操作元件为 Y、M、T、C 和 S，但是不能驱动输入继电器 X。OUT 指令可以连续使用若干次，相当于线圈的并联。当 OUT 的操作元件为定时器 T 和计数器 C 时，应设置常数 K。

LD、LDI 和 OUT 指令的使用方法如图 12－1 所示。

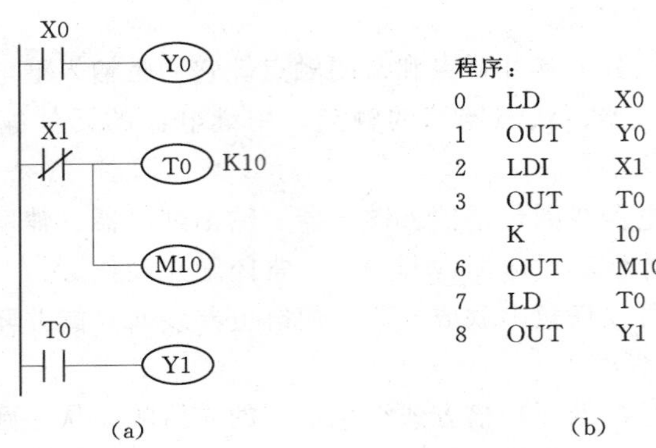

图 12－1　LD、LDI 和 OUT 指令的使用

(a) 梯形图；(b) 指令表

12.3　串联指令与并联指令

12.3.1　串联指令

(1) AND (And)，与指令，用于单个常开触点串联连接的指令。

(2) ANI (And Inverse)，与非指令，用于单个常闭触点串联连接的指令。

AND 和 ANI 指令的操作元件为 X、Y、M、T、C 和 S。

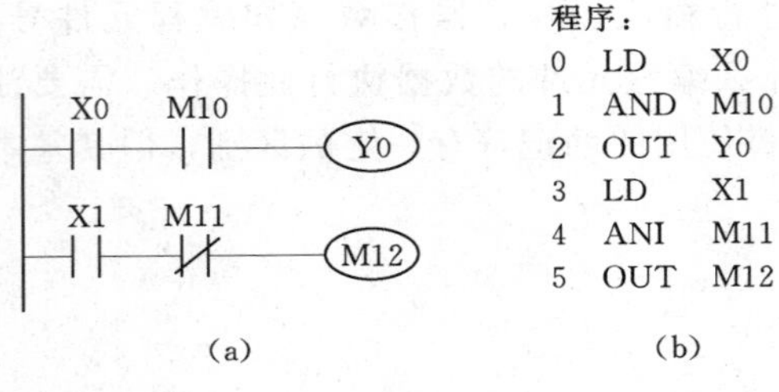

图 12－2　AND 与 ANI 指令的使用

(a) 梯形图；(b) 指令表

指令的使用说明如下所述。

(1) AND 和 ANI 仅用于单个触点的串联连接，串联触点的个数没有限制，该指令可以多次重复使用。

(2) 当有多个输出线圈并联时，在线圈前面可以串联触点，但有触点的支路应放在无触点支路的下面。

触点串联指令用法如图 12－2 所示。

12.3.2　并联指令

(1) OR (Or)，或指令，用于单个常开触点的并联连接指令。

(2) ORI (Or Inverse)，或非指令，用于单个常闭触点的并联连接指令。

OR 和 ORI 指令的操作元件为 X、Y、M、T、C 和 S。

指令使用说明如下所述。

OR 和 ORI 用于并联连接单个触点，并联的次数不限制。并联多个串联的触点不能用该指令。图 12－3 所示为梯形图和指令表说明了其用法。

12.3.3　串联电路块的并联指令

ORB (Or Block)，块或指令。用于两个或两个以上触点连接电路之间的并联，称为串联电路块的并联连接。

(a)

程序：

1	LD	X1
2	OR	X2
3	OUT	Y1
4	LD	Y1
5	OR	M10
6	ANI	X3
7	ORI	M10
8	OUT	M10

(b)

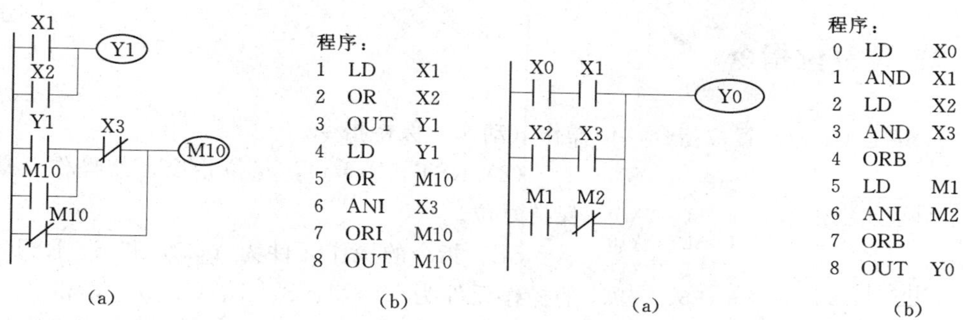

图 12－3　OR 与 ORI 指令的使用
(a) 梯形图；(b) 指令表

(a)

程序：

0	LD	X0
1	AND	X1
2	LD	X2
3	AND	X3
4	ORB	
5	LD	M1
6	ANI	M2
7	ORB	
8	OUT	Y0

(b)

图 12－4　ORB 指令的使用
(a) 梯形图；(b) 指令表

指令使用说明如下所述。

ORB 指令为独立指令，无操作元件。多个串联电路块并联连接时，每个串联电路块的开始都要用 LD 或 LDI 指令，电路块的结束用 ORB 指令。ORB 指令的用法如图 12－4 所示。

12.3.4　并联电路块的串联指令 ANB

ANB（And Block），块与指令。用于两个或两个以上触点并联连接电路之间的串联，称为并联电路块的串联连接。

指令使用说明如下所述。

(1) 将并联电路块与前面的电路串联时用 ANB 指令。并联电路块中各支路的起点用 LD 或 LDI 指令，并联电路块结束后，使用 ANB 指令与前面电路串联。

(2) ANB 指令是独立指令，无操作元件。

ANB 指令的使用方法如图 12－5 所示。

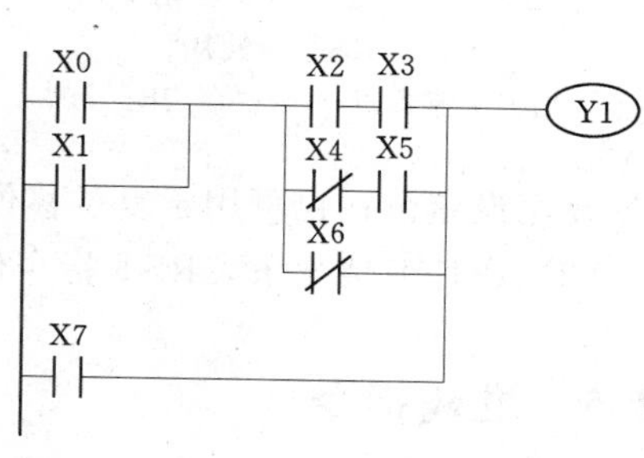

(a)

程序：

0	LD	X0	6	ORB	
1	OR	X1	7	ORI	X6
2	LD	X2	8	ANB	
3	AND	X3	9	OR	X7
4	LDI	X4	10	OUT	Y1
5	AND	X5			

(b)

图 12－5　ANB 指令的使用
(a) 梯形图；(b) 指令表

【例 12－1】 要求设计一个自锁控制程序。启动/停止按钮分别接输入继电器 X0、X1 端口，负载接触器接输出继电器 Y0 端口。

自锁控制程序如图 12－6 所示。与继电器控制线路相似，用输出继电器 Y0 的常开触点与 X0 并联即实现自锁功能。

程序：

0	LD	X000
1	OR	Y000
2	ANI	X001
3	OUT	Y000
4	END	

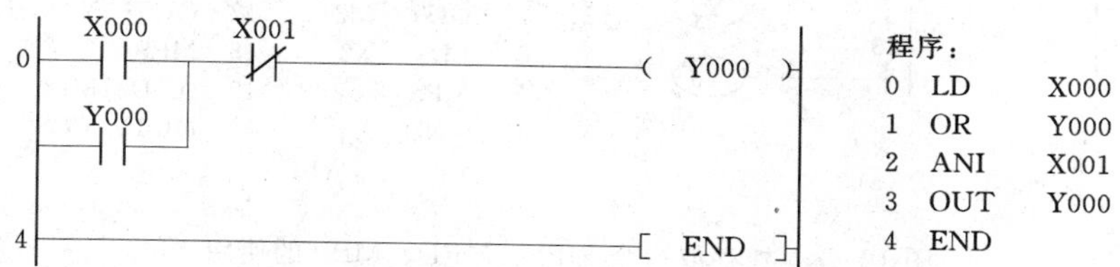

图 12－6　自锁控制程序

12.4　置位复位指令

（1）SET（Set），置位指令，使操作（动作）保持指令。

（2）RST（Reset），复位指令，使操作（动作）保持复位。

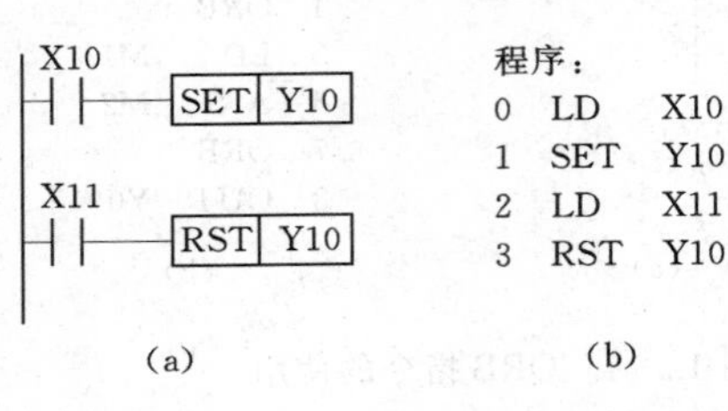

图 12-7　置位与复位指令 SET、RST 的使用

(a) 梯形图；(b) 指令表

SET 指令的操作元件为 Y、M 和 S，RST 指令的操作元件为 Y、M、S、T、C、D、V 和 Z。SET 指令使用方法如图 12-7 所示，当 X10 接通后，即使再断开，Y10 也保持接通。X11 接通后，即使再断开 Y0 也将保持断开。

指令使用说明如下所述。

（1）RST 指令可用于计数器的复位，使其当前值恢复至设定值；也可用于复位移位寄存器清除当前内容。

（2）在任何情况下，RST 指令优先。

12.5　堆栈指令

（1）MPS（Push），进栈指令，记忆下用 MPS 指令存储中间运算结果的状态（0 或 1）。

（2）MRD（Read），读栈指令，调出用 MPS 指令存储的状态（0 或 1），并使用。

（3）MPP（Pop），出栈指令，调出用 MPS 指令存储的状态，并进行状态更新（复位）。

FX 系列可编程控制器提供了存储中间运算结果的栈存储器。使用一次 MPS 指令，此时将逻辑运算结果压入栈的第一层，栈中原有数据依次向下一层推移。使用 MPP 指令时，各层的数据依次向上移动一层，最上层的数据在读出后从栈内消失。MRD 指令用来读出最上层所存的数据。

栈存取指令用于多重输出电路，使用方法如图 12-8 所示。

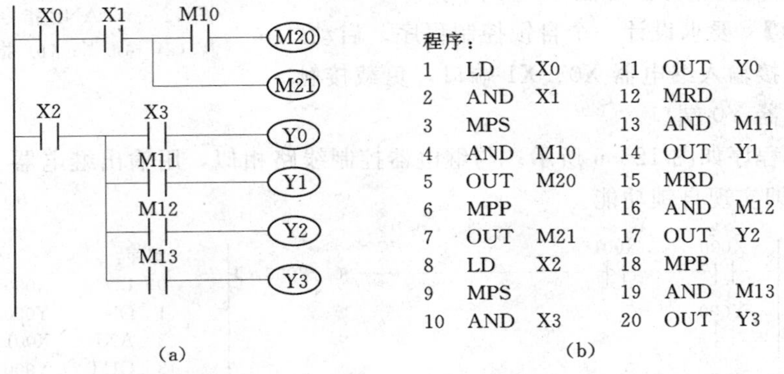

图 12-8　栈存取指令 MPS、MRD、MPP 的使用

(a) 梯形图；(b) 指令表

12.6　边沿检测指令

LDP、ANDP、ORP 指令是用作上升沿检测的触点指令，仅在指定位元件的上升沿（OFF→ON）时接通一个扫描周期。边沿检测触点指令可用于 X、Y、M、T、C 和 S。如图 12－9 所示，在 X0 的上升沿或 X1 的上升沿，Y0 仅接通一个扫描周期。

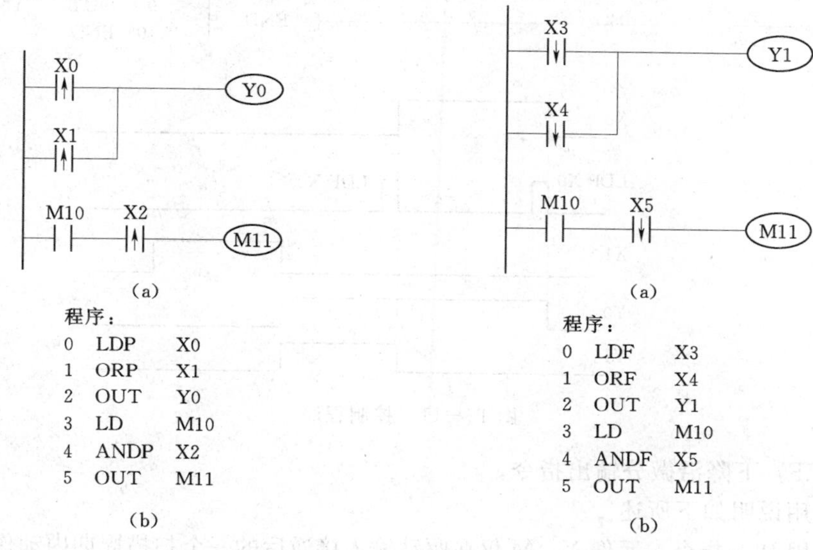

图 12－9　上升沿检测指令 LDP、ANDP、ORP 的使用
(a) 梯形图；(b) 指令表

图 12－10　下降沿检测指令 LDF、ANDF、ORF 的使用
(a) 梯形图；(b) 指令表

LDF、ANDF、ORF 指令是用作下降沿检测的触点指令，仅在指定位元件的下降沿（ON→OFF）时接通一个扫描周期。如图 12－10 所示，在 X3 的下降沿或 X4 的下降沿，Y1 仅接通一个扫描周期。

【例 12－2】 有两台电动机 M1 和 M2。启动/停止按钮分别接输入继电器 X0、X1 端口，交流接触器分别接入输出继电器 Y0 和 Y1 端口。为了减小两台电动机同时启动对供电线路的影响，让电动机 M2 延迟启动。控制要求：按下启动按钮，电机 M1 启动，延迟几秒钟后，松开启动按钮，电机 M2 才启动；按下停止按钮，电机 M1、M2 同时停止运行。

根据控制要求，启动第一台电动机用 LDP 指令，启动第二台电动机用 LDF 指令，控制程序如图 12－11 所示。

12.7　脉冲输出指令

（1）PLS（Pulse），上升沿微分输出指令。

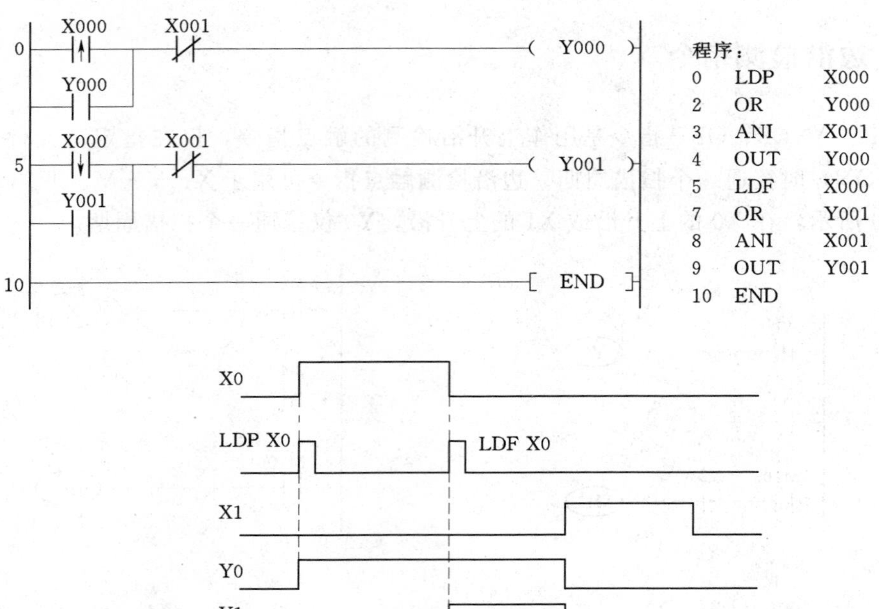

图 12－11　控制程序

(2) PLF，下降沿微分输出指令。

指令使用说明如下所述。

(1) 使用 PLS 指令，元件 Y、M 仅在驱动输入接通后的一个扫描周期内动作（置 1）。

(2) 使用 PLF 指令，元件 Y、M 仅在驱动输入断开后的一个扫描周期内动作（置 1）。

(3) 特殊辅助继电器不能用作 PLS 或 PLF 的操作元件。

PLS、PLF 指令用法如图 12－12 所示。

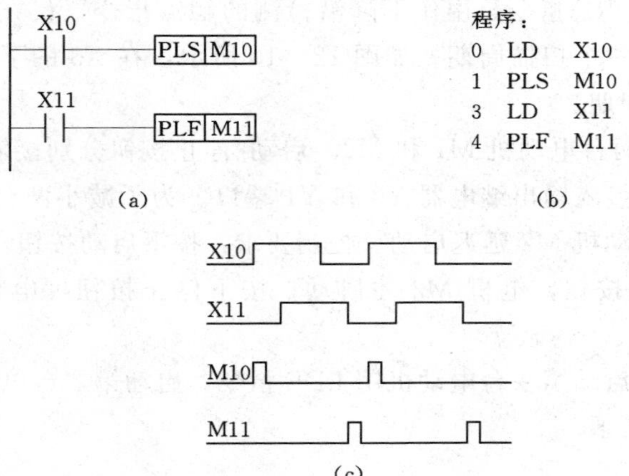

图 12－12　脉冲输出指令 PLS 与 PLF 的使用

(a) 梯形图；(b) 指令图；(c) 时序图

12.8　主控指令

在编程时，经常遇到许多线圈同时受一个或一组触点控制的情况，这一触点就是主控触点。在梯形图中，主控触点是与母线相连的常开触点，是控制一组电路的总开关。如图 12-13 所示，M10 是主控触点，主控触点在梯形图中与一般的触点垂直。

(1) MC (Master Control)，主控指令，用于在主母线上设置主控触点，即公共串联触点的连接。

(2) MCR (Master Control Reset)，主控复位指令，用于主控触点的解除，即公共串联触点的解除，MC 指令的复位指令。

MC、MCR 指令可用于输出继电器 Y、辅助继电器 M。

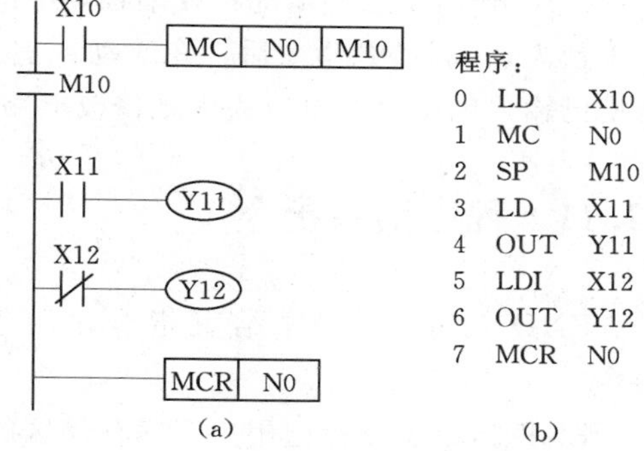

图 12-13　主控指令 MC、MCR 的使用
(a) 梯形图；(b) 指令表

图 12-13 所示为 X10 的常开触点接通时，执行 MC 与 MCR 之间的指令。当输入条件断开时，积算定时器、计数器、用置位、复位指令驱动的软元件保持其当时的状态，非积算定时器和用 OUT 指令驱动的元件复位。

使用 MC 指令后，母线移到主控触点的后面，即与主控触点相连的触点必须用 LD 或 LDI 指令，最后使用 MCR 指令，则母线回到原来的位置。

MC 和 MCR 指令通常配对使用。在 MC 指令控制的电路内使用 MC 指令称嵌套。在没有嵌套结构时，通常用 N0 编程，N0 的使用次数没有限制。在嵌套结构时，嵌套级 N 的编号顺序递增：N0－N1－N2－N3－N4－N5－N6－N7。返回时用 MCR 指令，从大的嵌套级开始解除。

12.9　取反指令

INV (Inverse)，取反指令，将执行 INV 指令之前的运算结果取反。如图 12-14 所示，当 X0 为 ON 时，则 Y0 为 OFF；当 X0 为 OFF 时，则 Y0 为 ON。

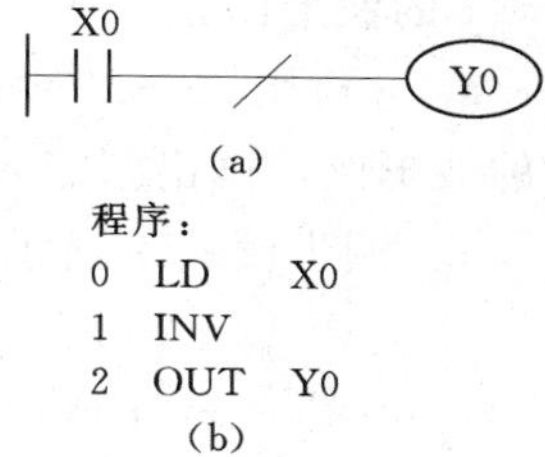

图 12-14　取反指令 INV 的使用
(a) 梯形图；(b) 指令表

12.10　空操作指令

NOP (No Operation)，空操作指令。

NOP指令执行后，不产生任何结果。该指令是一条无动作、无操作元件的一程序步指令。NOP用于三种情况：在编程器中尚未输入指令的程序步自动生成NOP指令；在程序中预先加入NOP指令后，在改动或追加程序时，可减少步序号的改变；用NOP指令替换已输入的指令，可以人为地修改电路结构，达到修改程序的目的。

12.11　程序结束指令

END (End)，程序结束指令，用于表示程序的结束，是无操作元件的程序步指令。

END指令用来标记用户程序存储区的最后一个单元。PLC在执行程序时，按顺序从第一步执行到END指令止。如没有END指令，将从用户程序存储器的第一步执行到最后一步。因此，在程序结束处使用END指令可以缩短扫描时间。

本章小结

本章主要介绍了三菱FX系列可编程控制器的基本指令和编程的基本原则。对于FX系列的基本指令，应掌握27条基本逻辑指令的含义、助记符、操作元件及使用方法。可结合后续章节的编程实例加以理解，逐步掌握应用梯形图进行程序设计的方法。

习　题

1. 电路块串联指令与触点串联指令有什么区别？电路块并联指令与触点并联指令有什么区别？

2. 画出图12－15中Y0、Y1的时序（输入/输出波形图）图。

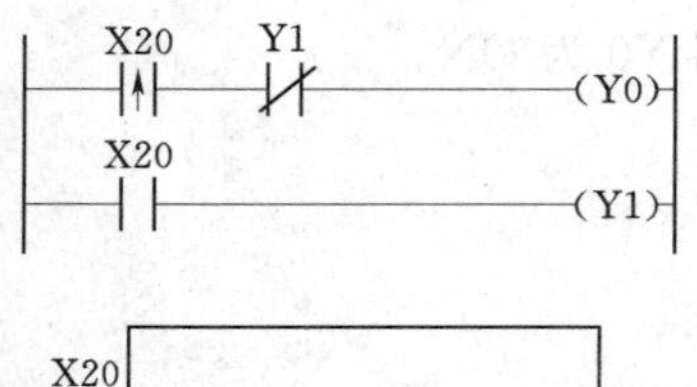

图12－15　习题2图

3. 如图12－16所示，已知X0、X1、X2的波形，画出Y1的波形图。

4. 分析图12－17和图12－18所示的梯形图和给定元件的波形图，画出指定元件的波形图。

5. 将图12－19所示的梯形图改写成指令表程序。

6. 将图12－20所示的梯形图改写成指令表程序。

7. 将图12－21所示的指令表程序改画成梯形图程序。

8. 将图12－22所示的指令表程序改画成梯形图程序。

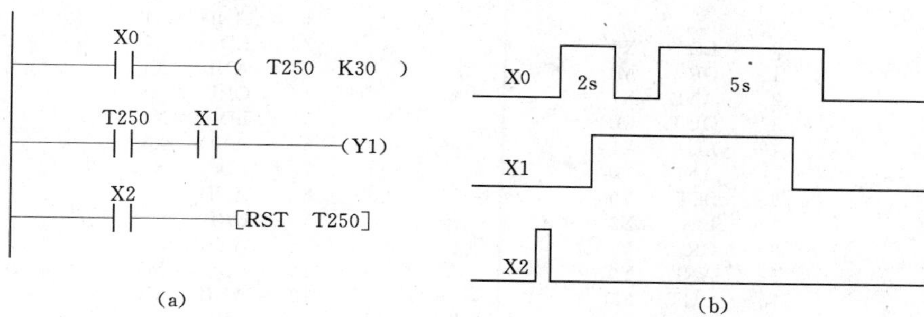

图 12－16　习题 3 图

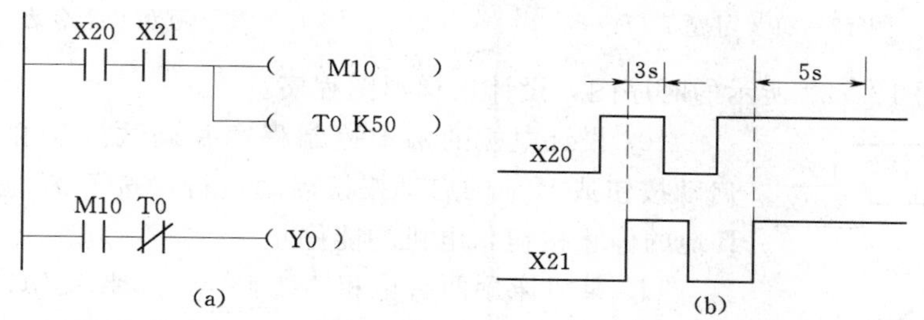

图 12－17　习题 4（1）图

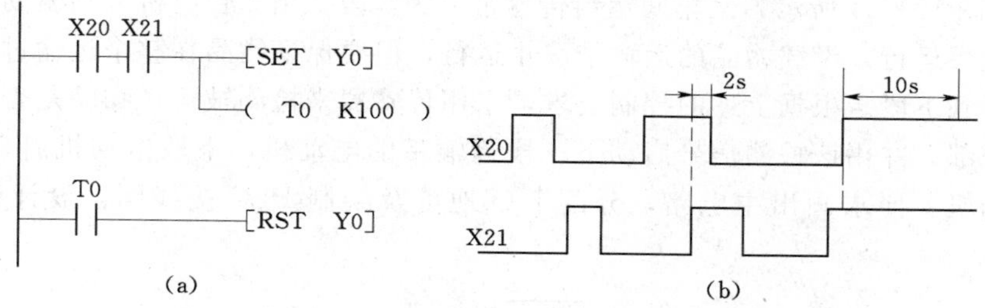

图 12－18　习题 4（2）图

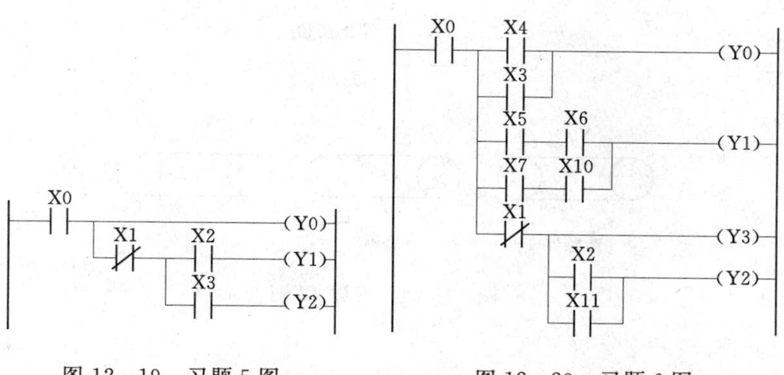

图 12－19　习题 5 图　　　　图 12－20　习题 6 图

```
0    LD    X0
1    OR    M1
2    AND   X1
3    OUT   M1
4    LD    X1
5    ANI   M1
6    SET   Y0
7    LD    X2
8    OR    M0
9    ANI   Y0
10   OUT   M0
11   LD    X3
12   RST   Y0
13   END
```

图 12－21　习题 7 指令表

```
0    LD    X0
1    AND   X1
2    LD    X2
3    ANI   X3
4    ORB
5    LD    X4
6    AND   X5
7    LD    X6
8    AND   X7
9    ORB
10   ANB
11   LD    M0
12   AND   M1
13   ORB
14   AND   M2
15   OUT   Y2
```

图 12－22　习题 8 指令表

9. 根据图 12－23 所示的时序图，设计出梯形图程序。

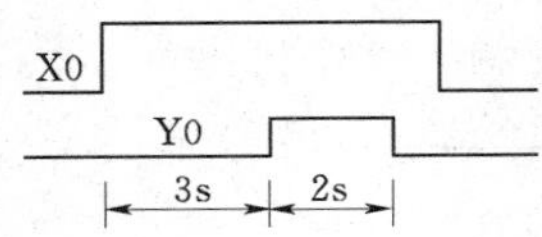

图 12－23　习题 9 图

10. 设计电机的两地控制程序并调试。要求：按下 A 地的启动按钮或 B 地的启动按钮启动运行，按下 A 地的停止按钮或 B 地的停止按钮，电机均能停止。

11. 某机床用两台电机 M1 和 M2。要求 M1 启动后 M2 才能启动；当任一台电机过载时，两电机均停止；按下停止按钮时，两电机同时停止。画出电机的主电路，设计 PLC 程序并进行调试。

12. 如图 12－24 所示，某车间运料传输带分为 3 段，由 3 台电机分别驱动。要求载有物品的运输带运行，没载物品的运输带停止运行，但要保证物品在整个运输过程中连续的从上段运行到下段。根据上述的控制要求，采用传感器来检测被运送物品是否接近两段运输带的结合部，并用该检测信号启动下一段运输带的电动机，下段电动机启动 2s 后停止上段的电动机。要求画出主电路，分配 I/O 地址及绘制 PLC 接线图，设计程序并进行调试。

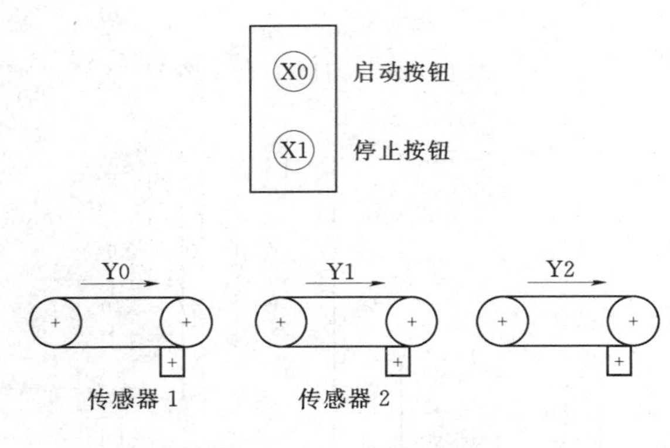

图 12－24　习题 12 图

第 13 章　三菱 FX 系列可编程控制器的功能指令

【知识要点】

知识要点	掌握程度	相　关　知　识
FX 系列功能指令的基本知识	掌握	功能指令的表示格式、数据长度、指令类型、操作数的形式
常用功能指令	掌握	各种功能指令的含义，使用方法

【应用能力要点】

应用能力要点	掌握程度	应　用　方　向
常用功能指令的综合应用	掌握	复杂电气控制程序的设计

13.1　FX 系列可编程控制器的功能指令概况

13.1.1　功能指令的表示格式

功能指令与基本指令的表示格式不同。功能指令是按其编号（FNC00－FNC294）编排的，每条功能指令都有表示其内容的助记符。如图 13－1 所示，FNC45 的助记符是 MEAN，用来表示取平均值。

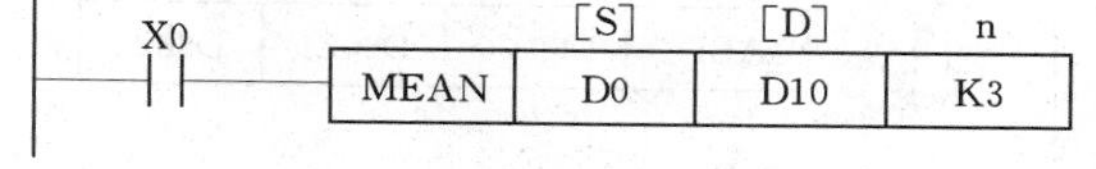

图 13－1　功能指令的表示格式

一般功能指令的表达方式：功能指令名称－源操作数－目标操作数－数据个数。大多数功能指令有 1～4 个操作数，有的功能指令没有操作数。如图 13－1 所示，MEAN 为一个计算平均值指令，有三个操作数，[S] 表示源操作数，[D] 表示目标操作数。如果使用变址功能，则可表示为 [S1・]、[S2・]、[D1・]、[D2・]。用 n 和 m 表示其他操作数，它们常用来表示常数 K 和 H，或作为源操作数和目标操作数的补充说明。

图 13－1 中源操作数为 D0、D1、D2，目标操作数为 D10，K3 表示有 3 个数。当 X0 由 OFF→ON 时，取出 D0、D1、D2 中的三个数求和后除以 3，结果保存在 D10 中。

13.1.2　数据长度和指令类型

1. 数据长度

功能指令可以处理 16 位或 32 位的数据。为了加以区别，处理 32 位数据的指令是在助记符前加“D”标志；无此标志时，则为处理 16 位数据的指令。如图 13－2 所示，若 MOV 指令前面加“D”，则表示当 X10 由 OFF→ON 时，执行 D11D10→D13D12（32

位）。在处理 32 位数据时，建议使用首编号为偶数的操作数。

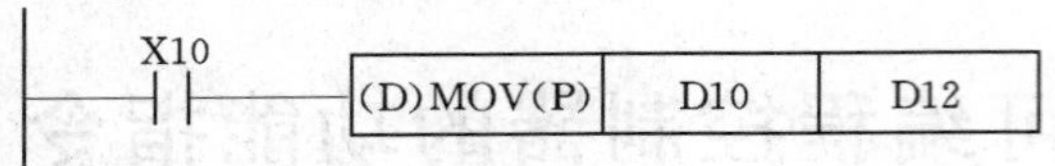

图 13-2　功能指令的数据长度和指令类型

应注意，C200～C255 是 32 位计数器，不能作为 16 位指令的操作数。

2. 指令类型

功能指令的执行方式有连续执行和脉冲执行两种类型。如图 13-2 所示，若 MOV 指令后面加“P”，表示脉冲执行方式，则当 X10 由 OFF→ON 时，在满足条件后第一个扫描周期内只执行一次，将 D10 中的数据传送到 D12 中；若 MOV 指令后没有“P”，表示连续执行方式，则当 X10 为 ON 时，每一个扫描周期指令都要被执行。

13.1.3　操作数的形式

1. 位元件与字元件

存放操作数的软元件有字软元件和位软元件。只处理 ON/OFF 信息的软元件称为位元件，如 X、Y、M、S 等；可处理数值的软元件则称为字元件，如 T、C、D 等，一个字元件由 16 位二进制数组成。

功能指令处理的大多数元件为字元件，为使输入、输出继电器 X、Y 等也能参与功能指令的操作，PLC 设置了专门将位元件组合成字元件的方法。当进行组合时，每连续 4 个位元件为一单元，通用表示方法是由 Kn 加起始的软元件号组成，n 为单元数。例如 K2M0 表示由 M0～M7 组成的两个位元件组，M0 为数据的最低位（首位）。

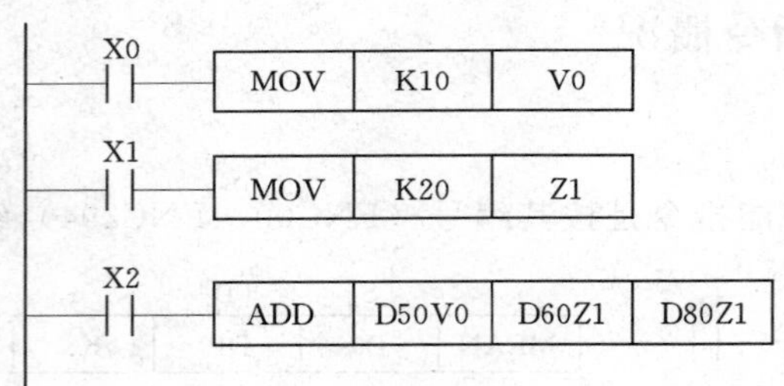

图 13-3　变址寄存器的使用

2. 数据格式

在 FX 系列 PLC 内部，数据是以二进制（BIN）补码的形式存储，所有的四则运算都使用二进制数。二进制补码的最高位为符号位，正数符号位为 0，负数符号位为 1。

为实现更精确地运算，在 FX 系列 PLC 中提供了二进制浮点运算和十进制浮点运算，并设有将二进制浮点数与十进制浮点数相互转换的指令。

13.1.4　变址寄存器 V、Z

在传送、比较等指令中，变址寄存器用来改变操作对象的元件号（元件地址），使用时将 V、Z 放在各种寄存器的后面。操作数的实际地址就是寄存器的当前值和 V 或 Z 内容的和。[S·] 和 [D·] 表示指令可以利用 V、Z 来改变元件地址。

如图 13-3 所示，当图中各触点接通时，第一行指令将变址寄存器 V0 赋值为 10；第二行指令将变址寄存器 Z1 赋值为 20；第三行指令将 D50V0 和 D60Z1 内容相加，结果送入 D80Z1。

其中，D50V0＝D(50＋10)＝D60；D60Z1＝D(60＋20)＝D80；D80Z1＝D(80＋20)＝D100。

所以，ADD 指令执行的是 (D60)＋(D80)→(D100)。

13.2　程序流程控制指令

程序流程控制指令用于控制程序的执行顺序，总共有 10 条。程序流程控制指令（FNC00～FNC09）分别是 CJ（条件跳转）、CALL（子程序调用）、SRET（子程序返回）、IRET（中断返回）、EI、DI（中断允许与中断禁止）、FEND（主程序结束）、WDT（监控定时器刷新）和 FOR、NEXT（循环开始和循环结束）。

通常情况下，PLC 是按所编程序的前后顺序逐条执行的。但在一些特殊情况下，程序需要改变其执行的顺序。这些情况包括：根据控制信号的不同从而执行不同的程序段、调用子程序、发生中断、主程序结束、循环执行某段程序。

13.2.1　条件跳转指令 CJ

条件跳转指令 CJ（Conditional Jump）用来表示某段程序执行或不执行。条件跳转指令 CJ（P）的编号为 FNC00，操作数为指针标号 P0～P127，其中 P63 为 END 所在步序，不需要标记。CJ 和 CJP 占 3 个程序步，标号 P 占一个程序步。

如图 13－4 所示，当 X10 接通时，则由 CJ P10 指令跳转到标号为 P10 的指令处开始执行，被跳过的程序不执行。如果 X10 断开，跳转不会执行，则程序按原顺序执行。

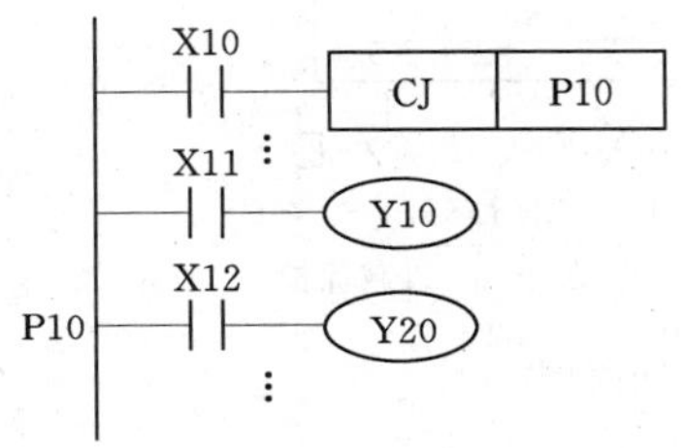

图 13－4　CJ 指令的应用

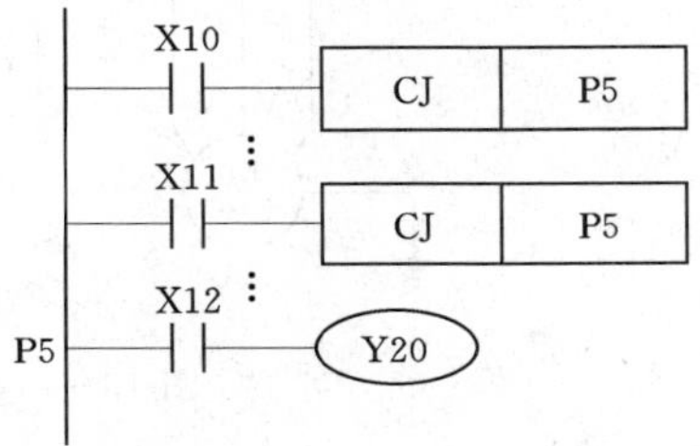

图 13－5　两条跳转指令使用同一标号

同一编程元件的线圈可以在跳转条件相反的两个跳转程序中分别出现一次如图 13－5 所示，在这种情况下，允许双线圈输出。跳转指令可用在许多地方，如图 13－6 所示自动/手动程序切换，当自动、手动切换开关 X20 接通时，跳转指令 CJ P0 条件满足，将跳过自动程序，执行手动程序。相反，当 X20 断开时，则执行自动程序，跳过手动程序。

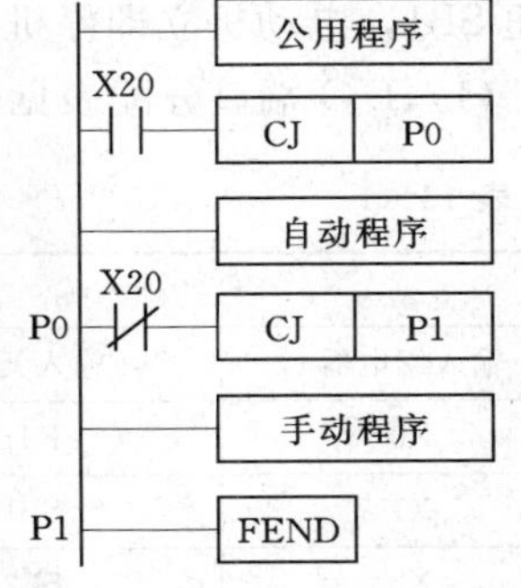

图 13－6　手动/自动程序切换

CJ 指令使用说明如下所述。

（1）在一个程序中一个标号只能出现一次，但可以多条跳转指令使用同一标号。如图 13－5 所示，两次都可以跳到相同处。

（2）在跳转执行期间，即使被跳过程序的驱动条件改变，但其线圈（或结果）仍保持跳转前的状态。

（3）如果用辅助继电器 M8000 作为 CJ 指令的工作条件，跳转就成为无条件跳转，因

为 M8000 总是“ON”状态。

（4）跳转程序中有定时器 T192～T199 和高速计数器 C235～C255 时，若这些定时器和计数器开始工作后程序跳转，则这些定时器和计数器继续计时和计数。

（5）若积算定时器和计数器的复位（RST）指令在跳转区外，即使跳转程序生效，但对它们的复位仍然有效。

【例 13-1】 某台设备的控制线路如图 13-7 所示，该设备具有手动/自动两种操作方式。SB3 是操作方式选择开关，当 SB3 处于断开状态时，选择自动操作方式；当 SB3 处于接通状态时，选择手动操作方式，不同操作方式进程如下所述。

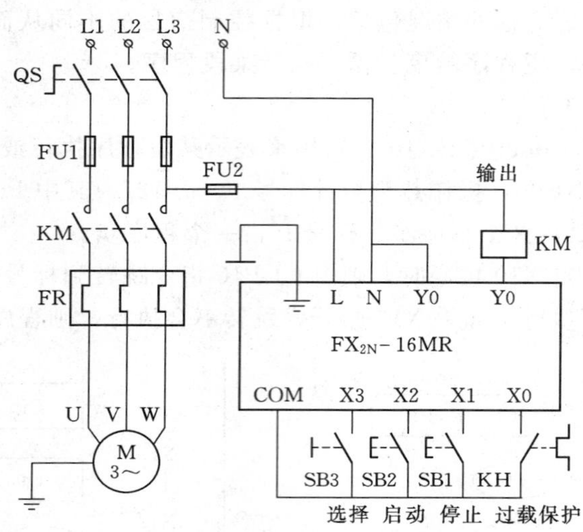

图 13-7　控制设备线路图

手动操作方式进程。按启动按钮 SB2，电动机运转；按停止按钮 SB1，电动机停机。

自动操作方式进程。按启动按钮 SB2，电动机连续运转 1min 后，自动停机；按停止按钮 SB1，电动机立即停机。

（1）I/O 端口分配表见表 13-1。

表 13-1　　**I/O 端口分配表**

输入			输出	
输入继电器	输入元件	作用	输出继电器	输出元件
X0	KH	过载保护	Y0	交流接触器 KM
X1	SB1	停止按钮		
X2	SB2	启动按钮		
X3	SB3	手动/自动选择开关		

（2）根据输入/输出端口分配表以及控制要求，设计梯形图程序如图 13-8 所示。

（3）程序工作原理。

1）自动工作方式。当 SB3 处于断开状态时，X3 常开触点断开，程序不执行第一个

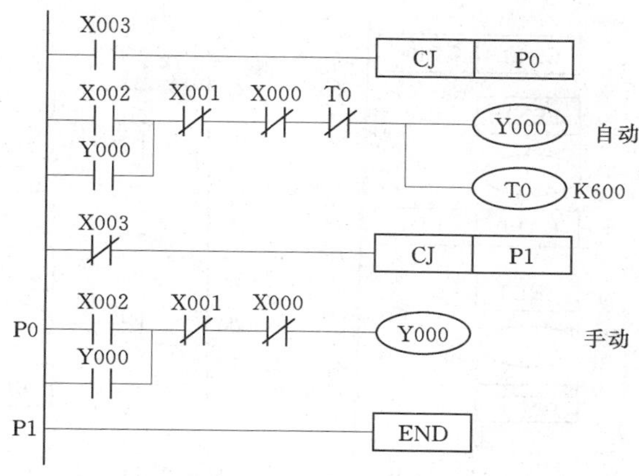

图 13-8　设计梯形图

跳转指令语句，而顺序执行后续的自动程序段。此时，由于 X3 常闭触点闭合，程序执行第二个跳转指令语句，跳过手动工作方式程序段到结束指令语句。

2）手动工作方式。当 SB3 处于接通状态时，X3 常开触点闭合，程序执行第一个跳转指令语句，跳过自动程序段，到“P0”处。程序按顺序执行手动工作方式程序段，直到结束指令语句。

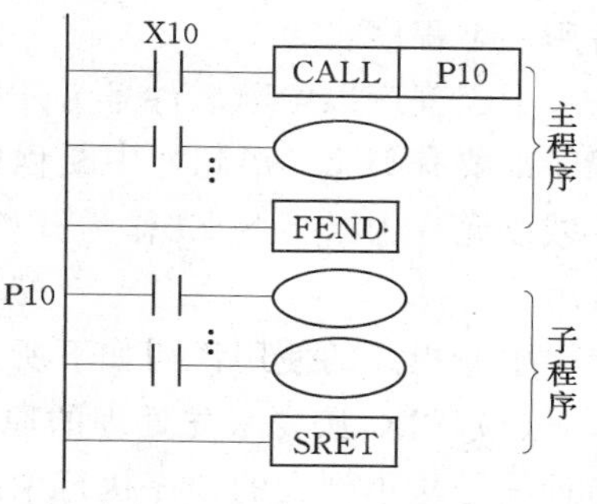

图 13-9　子程序指令的使用

13.2.2　子程序调用与子程序返回指令

如果某段程序在整个程序中的不同位置多次出现，可以把这段程序作为子程序来处理。另外，也可以将具有相对独立功能的程序段作为子程序处理。

子程序调用指令 CALL 的编号为 FNC01，操作数为 P0～P127，此指令占用 3 个程序步。子程序返回指令 SRET 的编号为 FNC02，无操作数，占用 1 个程序步。

有子程序时，主程序排在最前面，主程序最后一条语句用主程序结束指令 FEND，子程序按顺序排在 FEND 指令之后，每一段子程序用子程序返回指令 SRET 作为结束语句，如图 13-9 所示。

子程序指令在梯形图中使用的情况如图 13-9 所示。当图中 X10 为“ON”时，则 CALL 指令使程序转移到标号 P10 处去执行子程序。执行 SRET 指令后，程序返回到主程序进行执行，直到 FEND 指令处。

使用子程序调用与返回指令时应注意：转移编号不能重复，也不可与跳转指令的标号重复。

子程序可以嵌套使用，最多可有 5 级嵌套。如图 13-10 所示，当 X10 为“ON”时，程序跳到 P10 处顺序向下执行。当执行子程序 1 时，如果 X11 为“ON”时，CALL P11 指令被执行，程序跳到 P11 处，执行子程序 2。执行完子程序 2 中的 SRET 指令后，返回子程序 1 中 CALL P11 指令的下一条指令，执行完第一条 SRET 指令后，返回主程序中 CALL P10 指令的下一条指令。

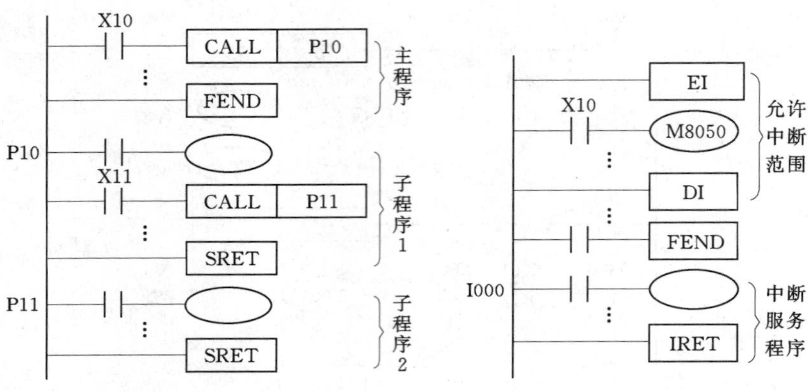

图 13-10　子程序嵌套调用　　　图 13-11　中断指令的使用

13.2.3　与中断有关的指令

与中断有关的三条应用指令是：中断返回指令 IRET，编号为 FNC03；允许中断指令 EI，编号为 FNC04；禁止中断指令 DI，编号为 FNC05。以上三条指令均无操作数，分别占用一个程序步。

中断程序以中断事件号为开始标记，以中断返回指令 IRET 作为结束标记，每个中断程序都要有 IRET 语句。中断程序放在主程序结束指令 FEND 之后。主程序中允许中断区域以允许中断指令 EI 作为开始标志，以禁止中断指令 DI 作为结束标志，如图 13-11 所示。

中断指令的使用说明如下所述。

(1) PLC 按先来先处理的原则处理中断事件。若多个中断信号同时产生，则按中断指针编号从小到大的顺序执行中断。

(2) 中断程序是否执行，由特殊辅助继电器控制。当 M8050～M8058 为 ON 时，禁止执行相应 I0□□～I8□□的中断。当 M5089 为 ON 时，则禁止所有计数器中断。

(3) 无需禁止中断时，可只用 EI 指令，不必用 DI 指令。

(4) 执行一个中断服务程序时，如果在中断服务程序中有 EI 和 DI，可实现二级中断嵌套。

13.2.4　主程序结束指令

主程序结束指令 FEND（First End）的编号为 FNC06，无操作数，占用 1 个程序步。FEND 表示主程序结束，当执行到 FEND 时，PLC 进行输入/输出处理，监控定时器刷新，完成后返回启始步。

使用 FEND 指令时，FEND 指令不能出现在子程序和中断服务程序中，并且子程序和中断服务程序必须写在 FEND 和 END 之间。当一个程序中有多个 FEND 指令时，子程序或中断服务程序要放在最后的 FEND 指令和 END 之间。

13.2.5　监视定时器指令

监视定时器 WDT（Watch Dog Timer）指令的功能是对 PLC 的监控定时器进行刷新，又称看门狗指令。WDT 指令的编号为 FNC07，无操作数，占用 1 个程序步。

FX 系列 PLC 的监视定时器缺省值为 200ms（可用 D8000 来设定），正常情况下 PLC 扫描周期小于此定时时间。如果由于有外界干扰或程序本身的原因，扫描周期大于监视定时器的设定值，则 PLC 的 CPU 出错灯亮并停止工作。可通过在适当位置加 WDT 指令复位监视定时器，使程序能继续执行到 END。

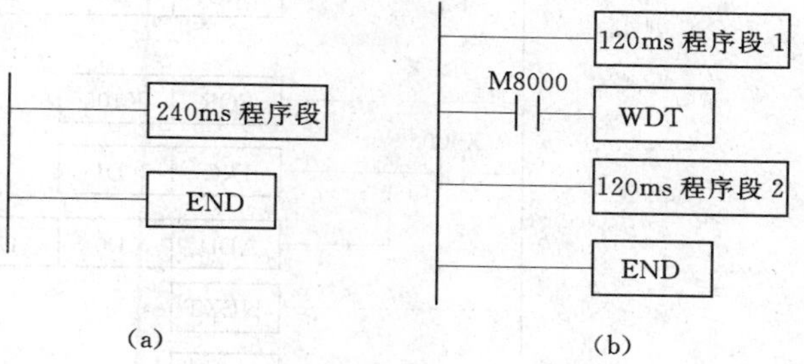

图 13-12　监视定时器指令的使用

(a) 不能正常执行；(b) 能正常执行

如图 13-12（a）所示，若执行某段程序的扫描周期为 240ms，由于监视定时器的设定值是默认值 200ms，则这段程序将不能被正常执行。利用 WDT 指令可以使这段程序被正常执行，方法是将 240ms 的程序分成两段，使每段程序的执行时间都小于 200ms。然后在两段程序之间插入 WDT 指令，则不再会出现报警停机，如图 13-12（b）所示。

WDT 指令的使用说明如下所述。

（1）如果在后续的 FOR-NEXT 循环中，执行时间可能超过监视定时器的定时时间，可将 WDT 指令插入循环程序。

（2）当与条件跳转指令 CJ 对应的指针标号在 CJ 指令之前时（即程序往回跳），就有可能连续反复跳步使它们之间的程序反复被执行，使执行时间超过监视时间，可在 CJ 指令与对应标号之间插入 WDT 指令。

13.2.6　循环指令

循环指令共有两条：循环开始指令 FOR，编号为 FNC08，占 3 个程序步；循环结束指令 NEXT，编号为 FNC09，占用 1 个程序步，无操作数。

循环指令的使用说明如下所述。

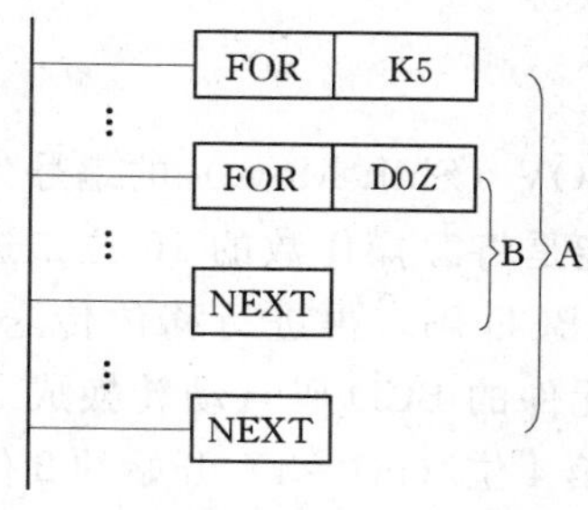

图 13-13　循环指令的使用

（1）循环程序用 FOR 指令作为开始标志，用 NEXT 指令作为结束标志，FOR 指令和 NEXT 指令必须成对使用，并且 FOR 指令应放在 NEXT 指令之前，而 NEXT 指令应在 FEND 和 END 之前。

（2）在程序运行时，位于 FOR～ENXT 之间的程序反复执行 n 次（由操作数决定）后，再继续执行后续程序。循环的次数 $n=1\sim32767$。如果循环次数 n 指定为 $-32767\sim0$，则当作 $n=1$ 处理。

（3）循环可以嵌套，但嵌套不能超过 5 层。在循环中还可利用 CJ 指令在循环没结束时跳出循环体。

如图 13-13 所示为一个二重嵌套循环，外层执行 5 次。如果 D0Z 中的数为 6，则外层 A 每执行一次则内层 B 将执行 6 次。

【例 13-2】　求 0+1+2+3+…+100 的和，并将和存入 D0 中。

根据要求设计梯形图程序，如图 13-14 所示。

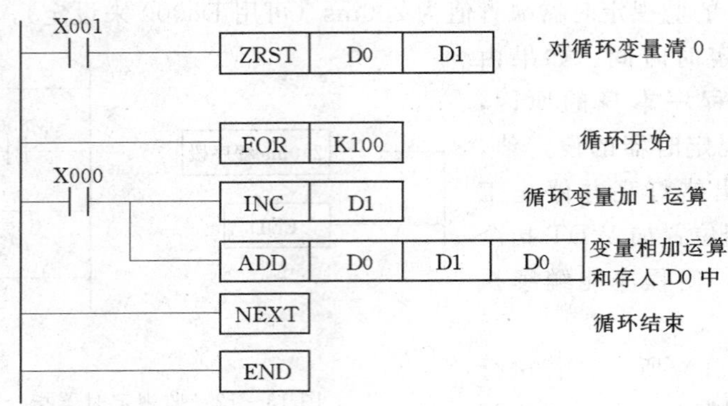

图13－14　程序梯形图

13.3　数据传送指令和比较指令

数据传送指令是将数据按照需要传送到某个特定的地址和软元件中，比较指令是实现数据间的各种比较操作，总共有10条。数据传送和比较指令（FNC10～FNC19）分别是CMP（比较指令）、ZCP（区间比较）、MOV（传送指令）、SMOV（移位传送指令）、BMOV（块传送指令）、FMOV（多点传送指令）、CML（取反传送指令）、XCH（数据交换指令）、BCD（BCD码转换指令）、BIN（转换指令）。

13.3.1　数据传送指令

1. 传送指令

传送指令MOV（Move）的编号为FNC12，该指令的功能是将源操作数中的数据传送到目标操作数去。如图13－15所示，当X0为ON时，则将源操作数［S］中的数据K100传送到目标操作元件［D］，即D10中。在指令执行时，常数K100会自动转换成二进制数。当X0为OFF时，则指令不执行，数据保持不变。

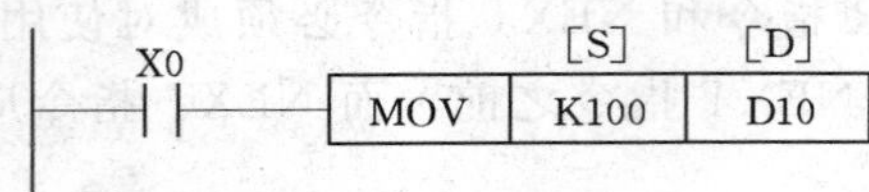

图13－15　传送指令的使用

2. 移位传送指令

移位传送指令SMOV（Shift Move）的编号为FNC13。该指令的功能是将源操作数的16位二进制数自动转换成4位BCD码，再进行移位传送，传送后的目标操作数元件的BCD码自动转换成二进制数。如图13－16所示，当X0为ON时，将D10中右起第4位（m1＝4）开始的2位（m2＝2）BCD码传送到目标操作数D20的右起第3位（n＝3）和第2位。然后D20中的BCD码会自动转换为二进制数，而D20中的第1位和第4位BCD码保持不变。

3. 块传送指令

块传送指令BMOV（Block Move）的编号为FNC15，是将源操作数指定元件开始的n个数据组成的数据块传送到目标操作数。待传送数据块的首地址由［S］指定，待存放数据块的首地址由［D］指定，数据长度由n指定。如图13－17所示，传送顺序既可从高元件号开始，也可从低元件号开始，传送顺序自动决定。若源操作数和目标操作数均使

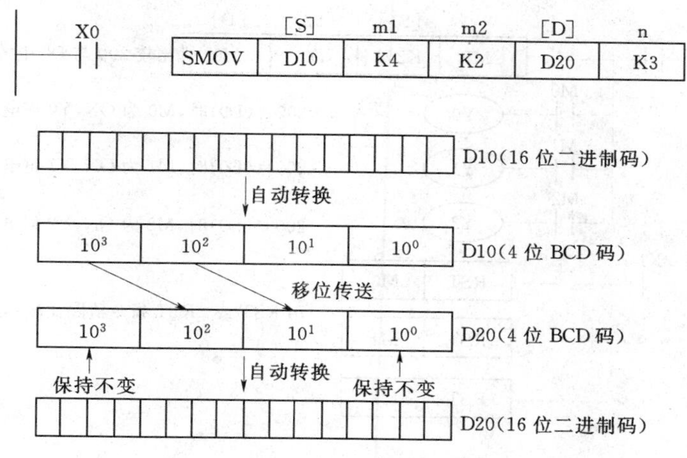

图 13－16　移位传送指令的使用

用位组合元件时，二者位数应相等。

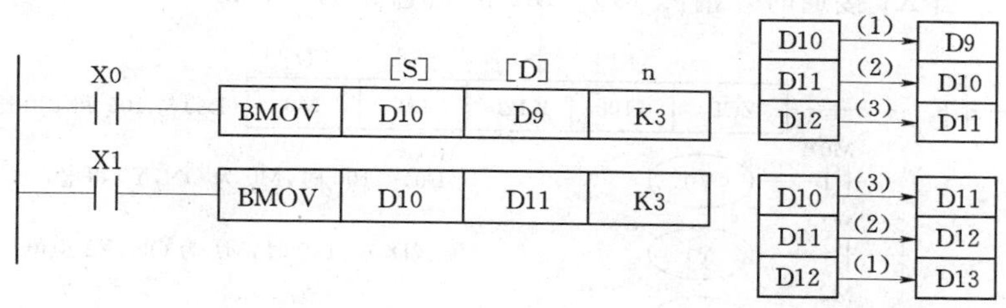

图 13－17　块传送指令的使用

13.3.2　比较指令

1. 单值比较指令

比较指令 CMP（Compare）指令的编号为 FNC10，是将源操作数［S1］和［S2］的数据进行比较，比较结果用目标操作数［D］的状态来表示。其中，［S1］、［S2］可取任意数据格式，目标操作数［D］可取 Y、M 和 S。单值比较指令的用法如图 13－18 所示，当 X0 接通时，将常数 200 与 D0 中的数进行比较，比较的结果送入 M0、M1、M2 中。X0 断开后，M0～M2 保持断开前的状态。当 X1 接通时，清除 M0～M2 的状态。

单值比较指令执行时，源操作数按有符号的二进制数处理。指令的执行条件成立时，执行比较操作，比较结果自动用［D］指定起始编号的连续 3 个软元件来记录。不再执行比较操作时，比较结果也不会自动消失，只有用 RST 指令或 ZRST 指令才可以清除比较结果。

2. 区间比较指令

区间比较指令 ZCP（Zone Compare）的编号为 FNC11，是将源操作数［S］和［S1］与［S2］的内容进行比较，并将比较结果送到目标操作数［D］中。其中，［S1］、［S2］可取任意数据格式，目标操作数［D］可取 Y、M 和 S，并且［S2］的数值不能小于［S1］。区间比较指令的用法如图 13－19 所示，当 X0 为 ON 时，将 D0 中的数据与 K100

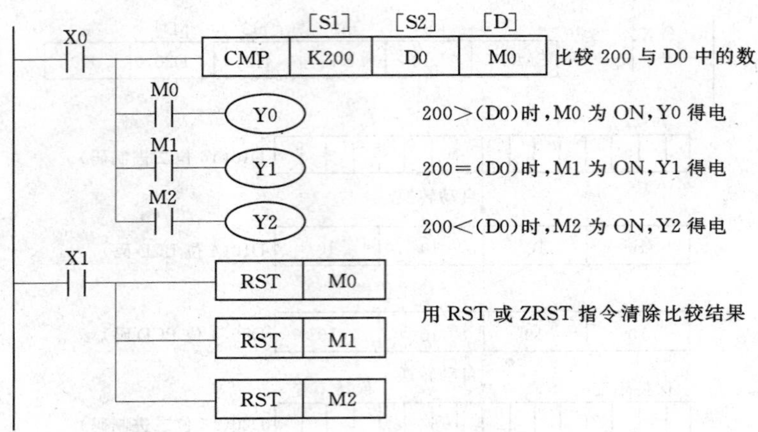

图 13-18　单值比较指令的使用

和 K120 相比较，将结果送 M0、M1、M2 中。当 X0 断开后，则 ZCP 指令不执行，M0～M2 状态不变。当 X1 接通时，清除 M0～M2 的状态。

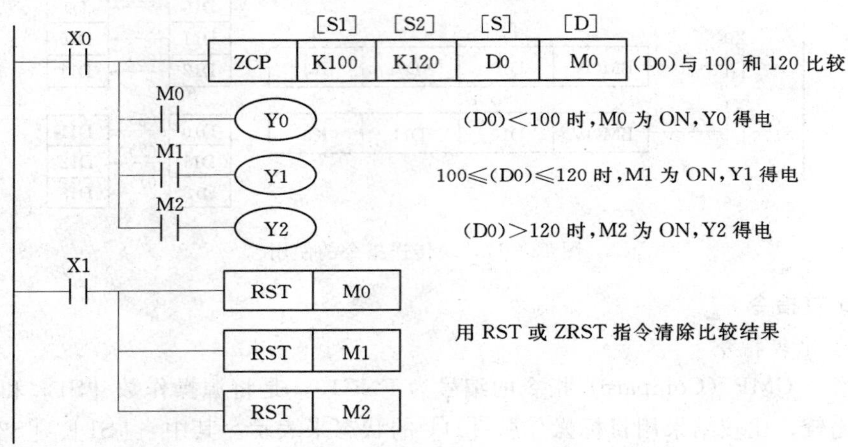

图 13-19　区间比较指令的使用

【例 13-3】 现要求设计一把密码锁。控制要求是：密码锁有 3 个置数开关，分别代表 3 个十进制数；如所拨数据与密码锁设定值符合，2s 后，可开启锁，20s 后，重新上锁。

（1）I/O 端口的分配。

输　入		输　出	
输入继电器	功能	输出继电器	功能
X0～X3	密码个位	Y0	密码锁控制信号
X4～X7	密码十位		
X10～X13	密码百位		

(2) 根据 I/O 端口分配表设计梯形图程序，如图 13-20 所示。

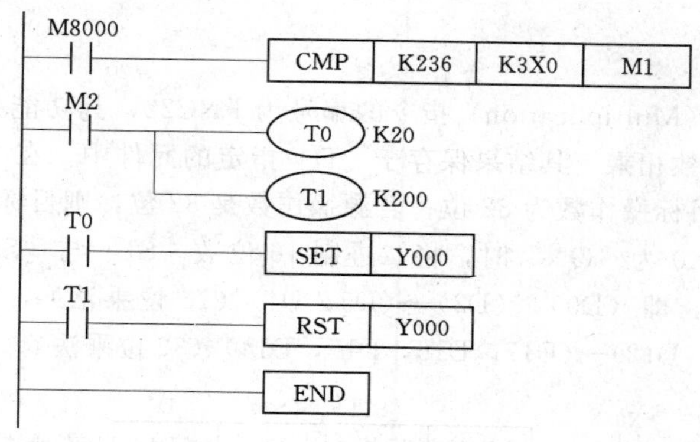

图 13-20　程序梯形图

(3) 程序工作原理。密码锁的密码由程序设定，该程序设定为 K236。将 K3X0 上送入的数据与设定密码相比较，如二者相符，则 M2 接通，T0 延时后使 Y0 置位开锁。为安全起见，延时 T1 后要重新锁上。若二者不相符，则 M2 断开。

13.4　四则运算和逻辑运算指令

四则运算和逻辑运算指令编号为：FNC20～FNC29，分别是：ADD（加法指令）、SUB（减法指令）、MUL（乘法运算）、DIV（除法运算）、INC（加 1 指令）、DEC（减 1 指令）、WAND（逻辑与指令）、WOR（逻辑或指令）、WXOR（逻辑异或指令）、NEG（求补指令）。

13.4.1　四则运算指令

1. 加法指令

加法指令 ADD（Addition）指令的编号为 FNC20，其功能是将 [S1] 和 [S2] 中的二进制数相加，其结果保存于 [D] 指定的元件中。如图 13-21 所示，当 X0 为“ON”时，执行 (D10)+(D12)→(D14)。

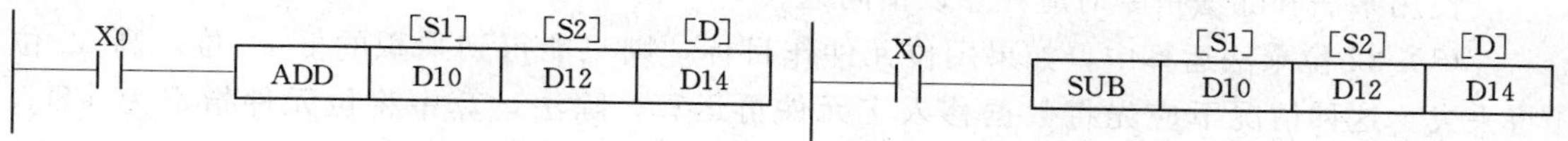

图 13-21　加法指令的使用

图 13-22　减法指令的使用

执行 ADD 指令后，影响标志寄存器 M8020（零标志）、M8021（借位标志）和 M8022（进位标志）。

2. 减法指令

减法指令 SUB（Subtraction）指令的编号为 FNC21，其功能是将 [S1] 指定元件中的内容以二进制形式减去 [S2] 指定元件的内容，其结果保存于 [D] 指定的元件中。如图 13-22 所示，当 X0 为“ON”时，执行 (D10)-(D12)→(D14)。

执行 SUB 指令后，影响标志寄存器：M8020（零标志）、M8021（借位标志）和 M8022（进位标志）。

3. 乘法指令

乘法指令 MUL（Multiplication）指令的编号为 FNC22，其功能是将［S1］和［S2］中带有符号的二进制数相乘，其结果保存于［D］指定的元件中。在 MUL 指令中，若源操作数是 16 位，则目标操作数为 32 位；若源操作数是 32 位，则目标操作数为 64 位。如图 13-23 所示，当 X0 为“ON”时，将二进制 16 位数［S1］与［S2］相乘，结果送入［D］中。D 为 32 位，即（D0）×（D2）→（D5，D4）（16 位乘法）；当 X1 为“ON”时，（D11，D10）×（D13，D12）→（D17，D16，D15，D14）（32 位乘法）。

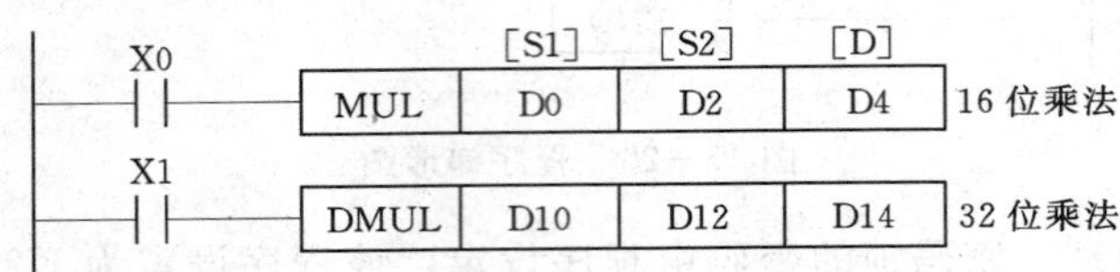

图 13-23　乘法指令的使用

4. 除法指令

除法指令 DIV（Divsion）指令的编号为 FNC23，其功能是将［S1］与［S2］中带有符号的二进制数相除，商保存于［D］指定的目标元件中，余数送到［D］的下一个元件中。其中，［S1］是被除数，［S2］是除数。如图 13-24 所示，当 X0 为“ON”时，（D0）÷（D2）→（D4）商，（D5）余数（16 位除法）；当 X1 为“ON”时，（D11，D10）÷（D13，D12）→（D15，D14）商，（D17，D16）余数（32 位除法）。

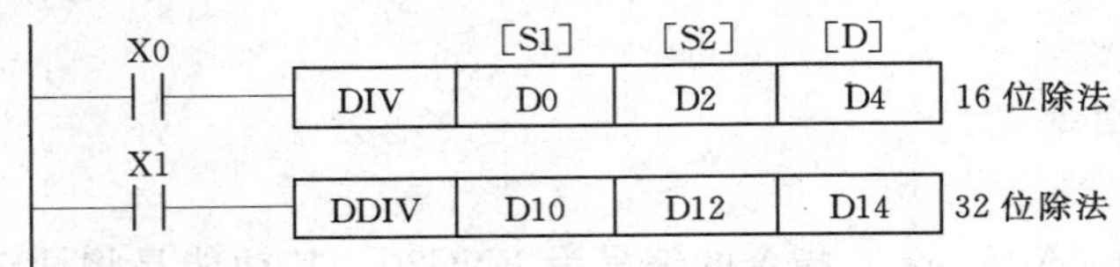

图 13-24　除法指令的使用

使用乘法和除法指令时应注意以下问题。

（1）32 位乘法运算中，如果用位元件作目标，则只能得到乘积的低 32 位，高 32 位将丢失。这种情况下应先将数据移入字元件再运算，除法运算中将位元件指定为［D］，则无法得到余数，除数为 0 时发生运算错误。

（2）积、商和余数的最高位为符号位。

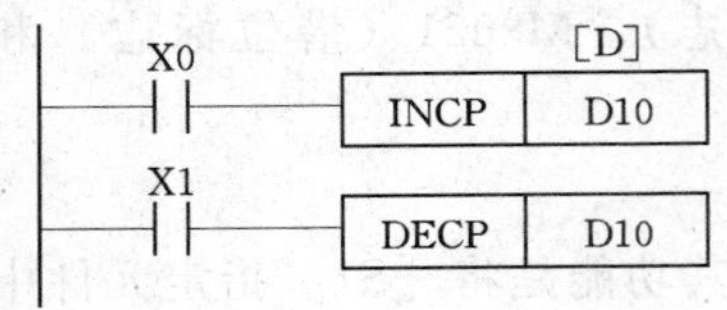

图 13-25　加 1 和减 1 指令的使用

5. 加 1 和减 1 指令

加 1 指令 INC（Increment）的编号为 FNC24；减 1 指令 DEC（Decrement）的编号为 FNC25。INC 和 DEC 指令分别是当条件满足则将指定元件的内容加 1 或减 1。如图 13-25 所示，当 X0 为“ON”时，（D10）＋1→（D10），当 X1 为“ON”时，（D10）－1→（D10）。若指令

是连续指令，则每个扫描周期均作一次加 1 或减 1 运算。

13.4.2　逻辑运算指令

（1）逻辑与指令 WAND 的编号为 FNC26，是将两个源操作数按位进行与操作，结果送指定元件。

（2）逻辑或指令 WOR 的编号为 FNC27，是对两个源操作数按位进行或运算，结果送指定元件。

（3）逻辑异或指令 WXOR（Exclusive Or）的编号为 FNC28，是对源操作数位进行逻辑异或运算，结果送指定元件。

（4）求补指令 NEG（Negation）的编号为 FNC29，其功能是将［D］指定的元件内容的各位先取反再加 1，将其结果再存入原来的元件中。

WAND、WOR、WXOR 和 NEG 指令的使用方法如图 13－26 所示。

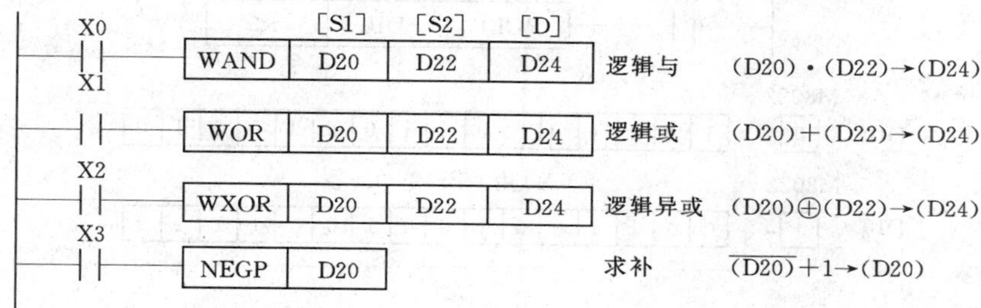

图 13－26　逻辑运算指令的使用

13.5　循环移位指令与移位指令

循环与移位指令的功能编号为：FNC30～FNC39。分别是：ROR、ROL（右，左循环移位指令），RCR、RCL（带进位的右、左循环移位指令），SFTR、SFTL（移位寄存器右、左移位指令），WSFR、WSFL（字右移、字左移指令），SFWR、SFRD（先入先出写入和移位读出指令）。

13.5.1　循环移位指令

1. 循环移位指令

右、左循环移位指令 ROR（Rotation Right）和 ROL（Rotation Left）分别为 FNC30 和 FNC31。执行这两条指令时，目标操作数中的数据向右或向左循环移动 n 位，最后一次移出来的一位同时存入进位标志 M8022 中。对于位组合元件，只有 K4（16 位指令）和 K8（32 位指令）有效，如图 13－27 和图 13－28 所示。

2. 带进位的循环移位指令

带进位的循环右、左移位指令 RCR（Rotation Right with Carry）和 RCL（Rotation Left with Carry）编号分别为 FNC32 和 FNC33。执行这两条指令时，各位数据连同进位（M8022）向右或向左循环移动 n 位，如图 13－29 所示。

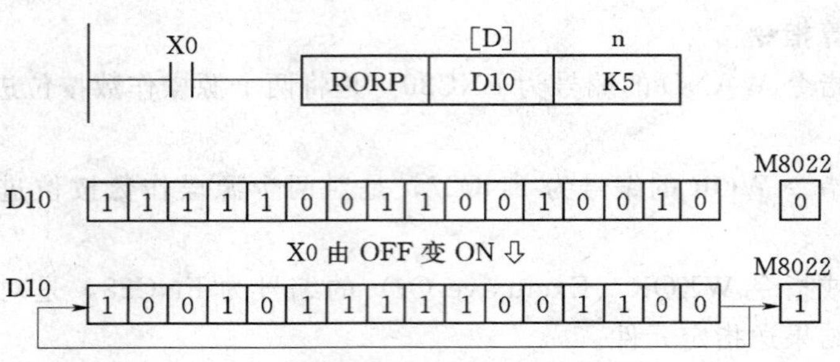

图 13-27　右循环移位指令的使用

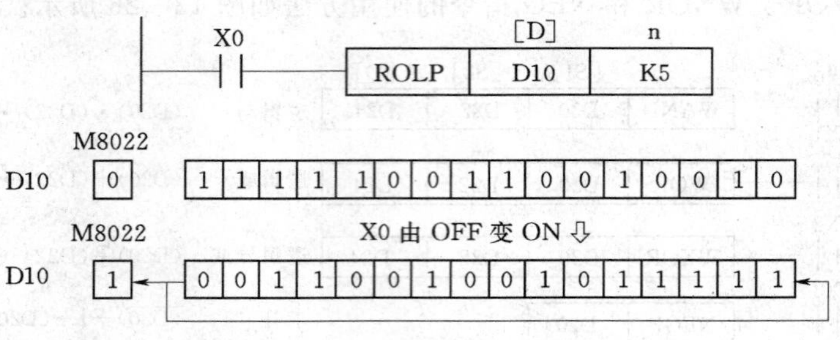

图 13-28　左循环移位指令的使用

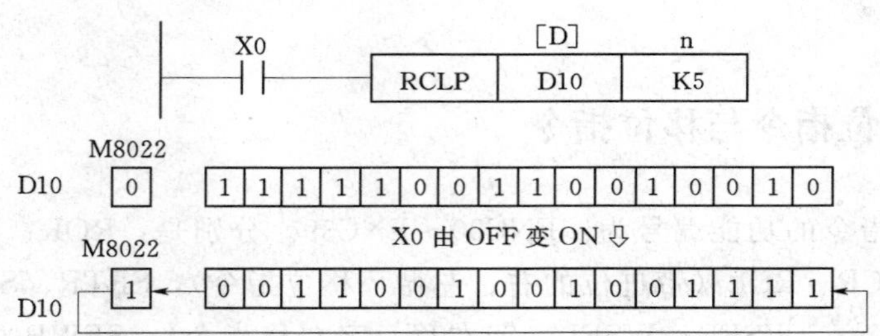

图 13-29　带进位的循环左移位指令的使用

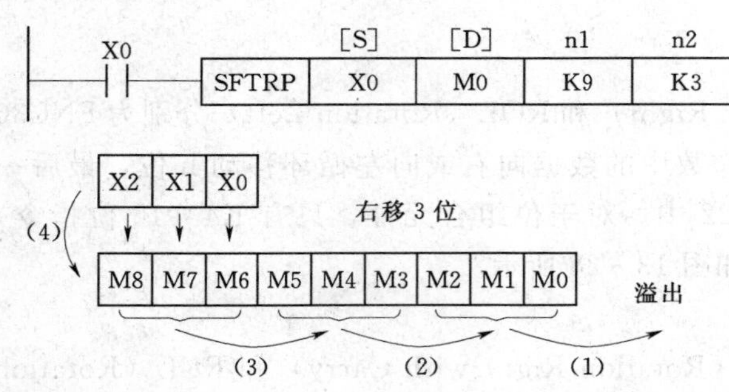

图 13-30　位右移指令的使用

13.5.2　位右移和位左移指令

位右、左移指令 SFTR（Shift Right）和 SFTL（Shift Left）的编号分别为 FNC34 和 FNC35。其功能是使位元件中的状态成组地向右或向左移动。其源操作数可取 X、Y、M、S，目标操作数可取 Y、M、S，只有 16 位运算。n1 指定位元件的长度，n2 指定移位位数，n1 和 n2 的关系及范围因机型不同而有差异，一般为 $n2 \leqslant n1 \leqslant 1024$。位右移指令使用方法如图 13-30

所示。

13.5.3　字右移和字左移指令

字右移和字左移指令 WSFR（Word Shift Right）和 WSFL（Word Shift Left）指令编号分别为 FNC36 和 FNC37。字右移和字左移指令以字为单位，它们的源操作数、目标操作数都可取 X、Y、M、S、T、C 和 D。其工作的过程与位移位相似，是将 n1 个字成组地右移或左移 n2 个位，n1 和 n2 的关系为 n2≤n1≤512。

13.5.4　FIFO 写入/读出指令

1. 先入先出写入指令

先入先出写入指令 SFWR（Shift Register Write）的编号为 FNC38，该指令使［S］中的数据写入到指定的单元中。指令执行一次，写入一个数据，总共可写入 n－1 个数据，每写入一个数据，［D］中的数自动加 1。当［D］中的数超过（n－1）时，不再执行 SFWR 指令，同时置位 M8022。

先入先出写入指令 SFWR 的使用方法如图 13－31 所示，当 X0 由 OFF→ON 时，SFWR 指令执行，D0 中的数据写入 D11，而 D10 变成指针，其值为 1（D10 必须先清 0），当 X0 再次由 OFF→ON 时，D0 中的数据写入 D12，D10 变为 2，依次类推，D0 中的数据依次写入数据寄存器。D0 中的数据从右边的 D11 顺序存入，源数据写入的次数放在 D10 中，当 D10 中的数达到 n－1 后不再执行上述操作，同时进位标志 M8022 置 1。

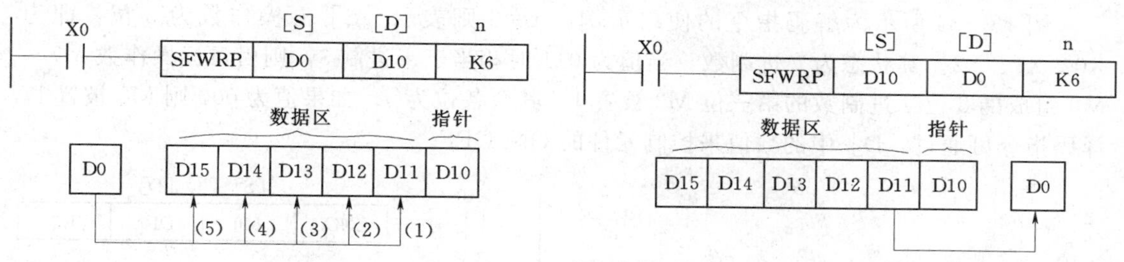

图 13－31　先入先出写入指令的使用

图 13－32　先入先出读出指令的使用

2. 先入先出读出指令

先入先出读出指令 SFRD（Shift Register Read）的编号为 FNC39，该指令使［S］为首地址的第二个单元中的数据转移到［D］中，同时［S］为首地址的第二个单元以后各单元的内容依次右移。［S］中的数减 1，执行一次 SFRD 指令，就进行一次这样的操作。［S］中应预先置（n－1），当［S］中的数减为 0 时，SFRD 指令不再被执行，且 M8020 置位。

先入先出读出指令 SFRD 的使用方法如图 13－32 所示，当 X0 由 OFF→ON 时，D11 中的数据送入 D0 中，同时指针 D10 的数据减 1，D12～D15 的数据向右移一个字。依次类推，数据总是从 D11 读出送入 D0 中，当指针 D10 为 0 时，不再执行上述操作且 M8020 置 1。

13.6　数据处理指令

13.6.1　区间复位指令

区间复位指令 ZRST（Zone Reset）的编号为 FNC40，是将指定范围内的同类元件成

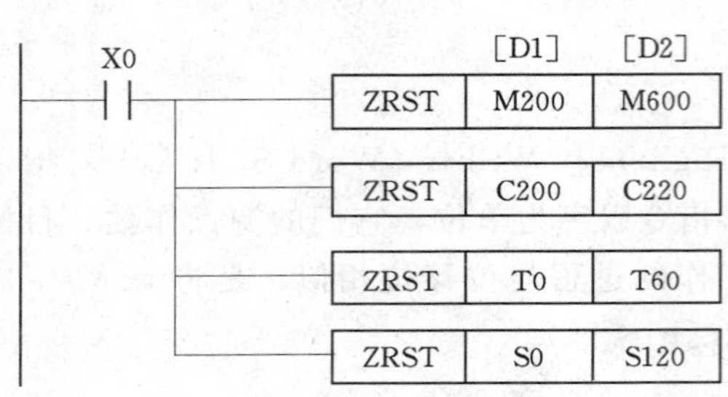

图 13－33　区间复位指令的使用

批复位。如图 13－33 所示，当 X0 为“ON”时，辅助继电器 M200～M600 复位，32 位计数器 C200～C220 复位，定时器 T0～T60 复位，状态继电器 S0～S120 复位。

区间复位指令使用说明如下所述。

(1)［D1］与［D2］应为同类元件，同时［D1］的元件号应小于［D2］指定的元件号，若［D1］的元件号大于［D2］的元件号，则只有［D1］指定元件被复位。

(2) ZRST 指令只有 16 位处理，占 5 个程序步，但［D1］、［D2］也可以指定 32 位计数器。

13.6.2　解码与编码指令

1. 解码指令

解码指令 DECO (Decode) 的编号为 FNC41，是将［S］中低 n 位进行解码。若［S］中的低 n 位对应十进制数为 m，则解码结果为 2^m，保存在［D］的低 2^n 中；若［S］是位元件，则是对以［S］为起始地址的连续 n 位位元件的值进行解码；若［D］是位元件，解码结果保存在以［D］为首地址的连续 2^n。

图 13－34 所示为解码指令的使用示例，n＝3 则表示［S］源操作数为 3 位，即为 X0、X1、X2。其状态为二进制数，当值为 011 时相当于十进制 3，则由目标操作数 M7～M0 组成的 8 位二进制数的第三位 M3 被置 1，其余各位为 0。如果值为 000 则 M0 被置 1。译码指令可通过［D］中的数值来控制元件的 ON/OFF。

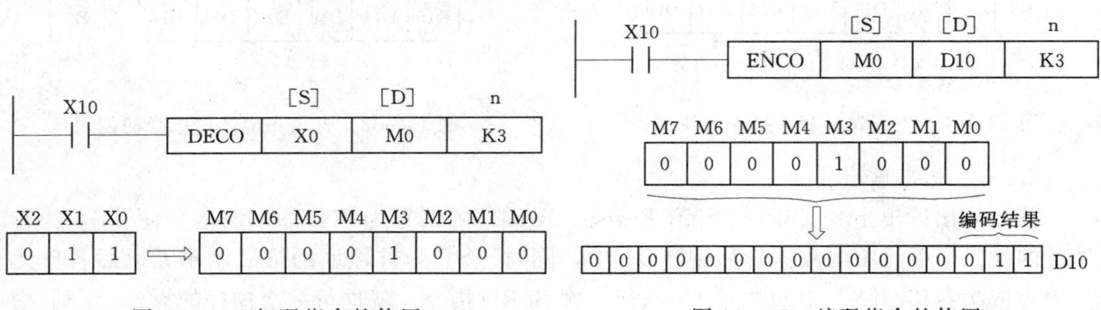

图 13－34　解码指令的使用

图 13－35　编码指令的使用

2. 编码指令

编码指令 ENCO (Encode) 的编号为 FNC42，是对［S］中低 2^n 位进行编码，编码的结果存在［D］的低 n 位，［D］的其余位全部清 0。若编码的 2^n 位数中有 1 个 1，且 1 的位号是 m，则编码结果为 m；若编码的 2^n 位数中有多个 1，则只有最高位的 1 有效，最高位 1 的位号为 m，则编码结果为 m。

图 13－35 所示为编码指令的使用示例，当 X10 为“ON”时，执行编码指令，将［S］中最高位的 1 (M3) 所在位数 3 放入目标元件 D10 中，即把 011 放入 D10 的低 3 位。

本 章 小 结

本章主要对功能指令的使用方法及应用作简单介绍，并对部分功能指令的应用进行举例介绍。需要注意对功能指令的格式、位长、执行方式、位元件组合的理解。初学者对基本指令的编程应用尚未完全得心应手时，建议读者在熟练应用基本指令编程后，再结合本教材和其他参考书详细学习功能指令的应用。

习 题

1. (D) MOV (P) 指令中，D、P 的含义是什么？
2. M8000 的功能是什么？
3. “K2Y0”表示什么意思？
4. 什么是位元件？“K2M0”表示什么意思？
5. 如图 13－36 所示，若闭合 X1，则 Y3、Y2、Y1、Y0 中________亮。

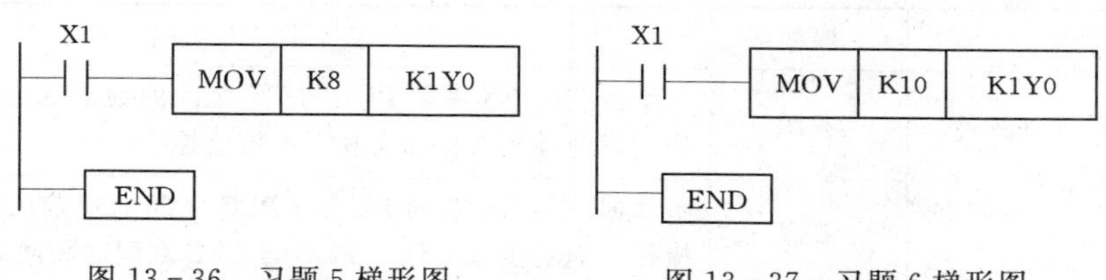

图 13－36　习题 5 梯形图　　　　图 13－37　习题 6 梯形图

6. 如图 13－37 所示，若闭合 X1，则 Y3、Y2、Y1、Y0 中________、________亮。
7. 如图 13－38 所示，若 Y0～Y3 均接灯泡，则当闭合 X10 时，则 Y3、Y2、Y1、Y0 中________亮。

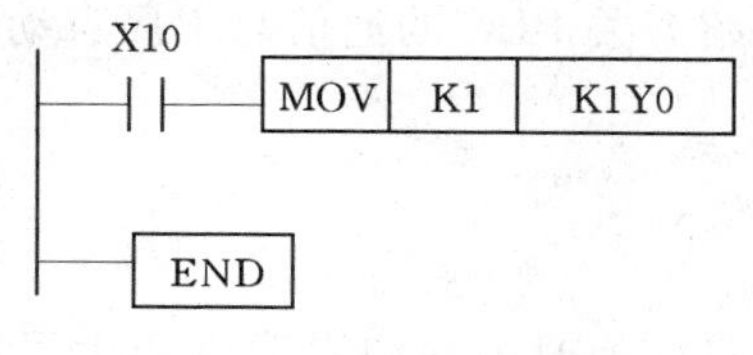

图 13－38　习题 7 梯形图

8. 现要求设计一把由两组数据锁定的密码锁。开锁时，只有输入两组正确的密码，锁才能打开。锁打开后，经过 5s 再重新锁定。
9. 设计停车场显示装置控制程序。假设有一汽车停车场，最大容量只能停 50 辆，为了表示停车场是否有空位，可以用 PLC 来实现控制。若停车场有空位，用 Y0 显示，若停车场无空位，用 Y1、Y2 显示。

第 14 章　三菱 FX 系列可编程控制器的通信

【知识要点】

知识要点	掌握程度	相　关　知　识
PLC 通信基础	熟悉	熟悉并行通信与串行通信、单工通信与双工通信、异步通信与同步通信、基带传输与频带传输等通信方式，了解双绞线、同轴电缆、光纤等通信介质。了解 RS-232C、RS-422、RS-485 等通信接口
PLC 网络技术	熟悉	熟悉三菱 PLC 网络系统结构和各部分的功能

【应用能力要点】

应用能力要点	掌握程度	应　用　方　向
PLC 与计算机通信	掌握	掌握三菱 FX 系列 PLC 与 PC 之间的通信的连接和通信操作，以便顺利编程和实现上微机监控
PLC 与 PLC 之间的通信	掌握	掌握三菱 FX 系列 PLC 与 PLC 之间的通信的连接和通信操作，满足实际工程中 PLC 与 PLC 之间的联网通信

近年来，工厂自动化网络得到了迅速的发展，相当多的企业已经在大量地使用可编程设备，如 PLC、工业控制计算机、变频器、机器人、柔性制造系统等。将不同厂家生产的这些设备连在一个网络上，由企业集中管理，相互之间进行数据通信，已经是很多企业必须考虑的问题。本章主要介绍有关 PLC 的通信与工厂自动化通信网络方面的初步知识。

14.1　PLC 通信基础

当任意两台设备之间有信息交换时，它们之间就产生了通信。PLC 通信是指 PLC 与 PLC、PLC 与计算机、PLC 与现场设备或远程 I/O 之间的信息交换。

PLC 通信的任务就是将地理位置不同的 PLC、计算机、各种现场设备等，通过通信介质连接起来，按照规定的通信协议，以某种特定的通信方式高效率地完成数据的传送、交换和处理。本节就通信方式、通信介质、通信协议及常用的通信接口等内容加以介绍。

14.1.1　通信方式

1. 并行通信与串行通信

数据通信主要有并行通信和串行通信两种方式。

(1) 并行通信是以字节或字为单位的数据传输方式，除了 8 根或 16 根数据线、一根公共线外，还需要数据通信联络用的控制线。并行通信的传送速度快，但是传输线的根数

多，成本高，一般用于近距离的数据传送。并行通信一般用于 PLC 的内部，如 PLC 内部元件之间、PLC 主机与扩展模块之间或近距离智能模块之间的数据通信。

(2) 串行通信是以二进制的位 (bit) 为单位的数据传输方式，每次只传送一位，除了地线外，在一个数据传输方向上只需要一根数据线，这根线既作为数据线又作为通信联络控制线，数据和联络信号在这根线上按位进行传送。串行通信需要的信号线少，最少的只需要两三根线，适用于距离较远的场合。计算机和 PLC 都备有通用的串行通信接口，工业控制中一般使用串行通信。串行通信多用于 PLC 与计算机之间、多台 PLC 之间的数据通信。

2. 单工通信与双工通信

串行通信按信息在设备间的传送方向又分为单工、双工两种方式。

(1) 单工通信方式只能沿单一方向发送或接收数据。双工通信方式的信息可沿两个方向传送，每一个站既可以发送数据，也可以接收数据。

(2) 双工方式又分为全双工和半双工两种方式。数据的发送和接收分别由两根或两组不同的数据线传送，通信的双方都能在同一时刻接收和发送信息，这种传送方式称为全双工方式；用同一根线或同一组线接收和发送数据，通信的双方在同一时刻只能发送数据或接收数据，这种传送方式称为半双工方式。在 PLC 通信中常采用半双工和全双工通信。

3. 异步通信与同步通信

在串行通信中，通信的速率与时钟脉冲有关，接收方和发送方的传送速率应相同，但是实际的发送速率与接收速率之间总是有一些微小的差别，如果不采取一定的措施，在连续传送大量的信息时，将会因积累误差造成错位，使接收方收到错误的信息。为了解决这一问题，需要使发送和接收同步。按同步方式的不同，可将串行通信分为异步通信和同步通信。

异步通信发送的数据字符由一个起始位、7～8 个数据位、1 个奇偶校验位（可以没有）和停止位（1 位、1.5 或 2 位）组成。通信双方需要对所采用的信息格式和数据的传输速率作相同的约定。接收方检测到停止位和起始位之间的下降沿后，将它作为接收的起始点，在每一位的中点接收信息。由于一个字符中包含的位数不多，即使发送方和接收方的收发频率略有不同，也不会因两台机器之间的时钟周期的误差积累而导致错位。异步通信传送附加的非有效信息较多，它的传输效率较低，一般用于低速通信，PLC 一般使用异步通信。

4. 基带传输与频带传输

基带传输是按照数字信号原有的波形（以脉冲形式）在信道上直接传输，它要求信道具有较宽的通频带。基带传输不需要调制解调，设备花费少，适用于较小范围的数据传输。基带传输时，通常对数字信号进行一定的编码，常用数据编码方法有非归零码 NRZ、曼彻斯特编码和差动曼彻斯特编码等。后两种编码不含直流分量、包含时钟脉冲、便于双方自同步，所以应用广泛。

频带传输是一种采用调制解调技术的传输形式。发送端采用调制手段，对数字信号进行某种变换，将代表数据的二进制“1”和“0”，变换成具有一定频带范围的模拟信号，以适应在模拟信道上传输；接收端通过解调手段进行相反变换，把模拟的调制信号复原为

“1”或“0”。常用的调制方法有频率调制、振幅调制和相位调制。具有调制、解调功能的装置称为调制解调器，即 Modem。频带传输较复杂，传送距离较远，若通过市话系统配备 Modem，则传送距离可不受限制。

PLC 通信中，基带传输和频带传输两种传输形式都被采用，但多采用基带传输。

14.1.2　通信介质

通信介质就是在通信系统中位于发送端与接收端之间的物理通路。通信介质一般可分为导向性和非导向性介质两种。导向性介质有双绞线、同轴电缆和光纤等，这种介质将引导信号的传播方向；非导向性介质一般通过空气传播信号，它不为信号引导传播方向，如短波、微波和红外线通信等。

以下仅简单介绍几种常用的导向性通信介质。

1. 双绞线

双绞线是一种廉价而又广为使用的通信介质，它由两根彼此绝缘的导线按照一定规则以螺旋状绞合在一起的。这种结构能在一定程度上减弱来自外部的电磁干扰及相邻双绞线引起的串音干扰。但在传输距离、带宽和数据传输速率等方面双绞线仍有其一定的局限性。

双绞线常用于建筑物内局域网数字信号传输。这种局域网所能实现的带宽取决于所用导线的质量、长度及传输技术。只要选择、安装得当，在有限距离内数据传输率达到 10Mbps。当距离很短且采用特殊的电子传输技术时，传输率可达 100Mbps。

2. 同轴电缆

同轴电缆由内、外层两层导体组成。内层导体是由一层绝缘体包裹的单股实心线或绞合线（通常是铜制的），位于外层导体的中轴上；外层导体是由绝缘层包裹的金属包皮或金属网。同轴电缆的最外层是能够起保护作用的塑料外皮。同轴电缆的外层导体不仅能够充当导体的一部分，而且还起到屏蔽作用。这种屏蔽一方面能防止外部环境造成的干扰，另一方面能阻止内层导体的辐射能量干扰其他导线。

与双绞线相比，同轴电线抗干扰能力强，能够应用于频率更高、数据传输速率更快的情况。对其性能造成影响的主要因素来自衰损和热噪声，采用频分复用技术时还会受到交调噪声的影响。虽然目前同轴电缆大量被光纤取代，但它仍广泛应用于有线电视和某些局域网中。

3. 光纤

光纤是一种传输光信号的传输媒介。处于光纤最内层的纤芯是一种横截面积很小、质地脆、易断裂的光导纤维，制造这种纤维的材料可以是玻璃也可以是塑料。纤芯的外层裹有一个包层，它由折射率比纤芯小的材料制成。正是由于在纤芯与包层之间存在着折射率的差异，光信号才得以通过全反射在纤芯中不断向前传播。在光纤的最外层则是起保护作用的外套。通常都是将多根光纤扎成束并裹以保护层制成多芯光缆。

在实际光纤传输系统中，还应配置与光纤配套的光源发生器件和光检测器件。目前最常见的光源发生器件是发光二极管（LED）和注入激光二极管（ILD）。光检测器件是在接收端能够将光信号转化成电信号的器件，目前使用的光检测器件有光电二极管（PIN）和雪崩光电二极管（APD），光电二极管的价格较便宜，然而雪崩光电二极管却具有较高

的灵敏度。

与一般的导向性通信介质相比，光纤具有很多优点。

(1) 光纤支持很宽的带宽，其范围大约在 $10^{14}\sim10^{15}$ Hz 之间，这个范围覆盖了红外线和可见光的频谱。

(2) 具有很快的传输速率，当前限制其所能实现的传输速率的因素来自信号生成技术。

(3) 光纤抗电磁干扰能力强，由于光纤中传输的是不受外界电磁干扰的光束，而光束本身又不向外辐射，因此它适用于长距离的信息传输及安全性要求较高的场合。

(4) 光纤衰减较小，中继器的间距较大。采用光纤传输信号时，在较长距离内可以不设置信号放大设备，从而减少了整个系统中继器的数目。

当然光纤也存在一些缺点，如系统成本较高、不易安装与维护、质地脆易断裂等。

14.1.3 PLC 常用通信接口

PLC 通信主要采用串行异步通信，其常用的串行通信接口标准有 RS-232C、RS-422A 和 RS-485 等。

1. RS-232C

RS-232C 是美国电子工业协会 EIA 于 1969 年公布的通信协议，它的全称是“数据终端设备（DTE）和数据通信设备（DCE）之间串行二进制数据交换接口技术标准”。RS-232C 接口标准是目前计算机和 PLC 中最常用的一种串行通信接口。

2. RS-422

针对 RS-232C 的不足，EIA 于 1977 年推出了串行通信标准 RS-499，对 RS-232C 的电气特性作了改进，RS-422A 是 RS-499 的子集。

RS-422 在最大传输速率 10Mbps 时，允许的最大通信距离为 12m。传输速率为 100kbps 时，最大通信距离为 1200m。一台驱动器可以连接 10 台接收器。

3. RS-485

RS-485 是 RS-422 的变形，RS-422A 是全双工，两对平衡差分信号线分别用于发送和接收，所以采用 RS422 接口通信时最少需要 4 根线。RS-485 为半双工，只有一对平衡差分信号线，不能同时发送和接收，最少只需二根连线。

14.2 PLC 与计算机通信

为了适应 PLC 网络化要求，扩大联网功能，几乎所有的 PLC 厂家，都为可编程控制器开发了与上位机通信的接口或专用通信模块。一般在小型可编程控制器上都设有 RS422 通信接口或 RS232C 通信接口；在中大型可编程控制器上都设有专用的通信模块。如：三菱 F、F1、F2 系列都设有标准的 RS422 接口，FX 系列设有 FX-232AW 接口、RS232C 用通信适配器 FX-232ADP 等。可编程控制器与计算机之间的通信正是通过可编程控制器上的 RS422 或 RS232C 接口和计算机上的 RS232C 接口进行的。可编程控制器与计算机之间的信息交换方式，一般采用字符串、双工或半双工、异步、串行通信方式。因此，可以这样说，凡具有 RS232C 口并能输入输出字符串的计算机都可以用于和可编程控制器的通信。

运用 RS－232C 和 RS－422 通道，可容易配置一个与外部计算机进行通信的系统。该系统中可编程控制器接受控制系统中的各种控制信息，分析处理后转化为可编程控制器中软元件的状态和数据；可编程控制器又将所有软元件的数据和状态送入计算机，由计算机采集这些数据，进行分析及运行状态监测，用计算机可改变可编程控制器的初始值和设定值，从而实现计算机对可编程控制器的直接控制。

14.2.1　通信方式

面对众多生产厂家的各种类型 PLC，它们各有优缺点，能够满足用户的各种需求，但在形态、组成、功能、编程等方面各不相同，没有一个统一的标准，各厂家制订的通信协议也千差万别。目前，人们主要采用以下三种方式实现 PLC 与 PC 的互联通信。

(1) 通过使用 PLC 开发商提供的系统协议和网络适配器，来实现 PLC 与 PC 机的互联通信。但是由于其通信协议是不公开的，因此互联通信必须使用 PLC 开发商提供的上位机组态软件，并采用支持相应协议的外设。可以说这种方式是 PLC 开发商为自己的产品量身定作的，因此难以满足不同用户的需求。

(2) 使用目前通用的上位机组态软件，如组态王、InTouch、WinCC、力控等，来实现 PLC 与 PC 机的互联通信。组态软件以其功能强大、界面友好、开发简洁等优点，目前在 PC 监控领域已经得到了广泛的应用，但是一般价格比较昂贵。组态软件本身并不具备直接访问 PLC 寄存器或其他智能仪表的能力，必须借助 I/O 驱动程序来实现。也就是说，I/O 驱动程序是组态软件与 PLC 或其他智能仪表等设备交互信息的桥梁，负责从设备采集实时数据并将操作命令下达给设备，它的可靠性将直接影响组态软件的性能。但是在大多数情况下，I/O 驱动程序是与设备相关的，即针对某种 PLC 的驱动程序不能驱动其他种类的 PLC，因此组态软件的灵活性也受到了一定的限制。

(3) 利用 PLC 厂商所提供的标准通信端口和由用户自定义的自由口通信方式来实现 PLC 与 PC 机的互联通信。这种方式由用户定义通信协议，不需要增加投资，灵活性好，特别适合于小规模的控制系统。

通过上述分析不难得出，掌握如何利用 PLC 厂商提供的标准通信端口和自由口通信方式，以及大家所熟悉的编程语言来实现 PC 与 PLC 之间的实时通信是非常必要的。

14.2.2　采用 RS－232 实现三菱 FX 系列 PLC 与 PC 之间的通信

三菱 FX 系列 PLC 提供了 4 种通信方式：N 网络通信、无协议串口通信、平行网络通信和程序口通信。如果传输的数据量少，大多数 PLC 与计算机之间通信均可采用串行通信，通信接口均为 PLC 与工业控制计算机上的 RS－232 接口。由于 RS－232 采用非平衡方式传输数据，传输距离近，对于大功率、长距离，且单机监测信息量多，控制要求复杂的 PLC 通信，直接采用 RS－232 方式不能满足传输距离要求。因此，可采用 RS－485 方式。因为 RS－485 采用平衡差动式进行数据传输，适合于远距离传输，并具有较强抗干扰能力。图 14－1 所示为采用 RS－232/RS－485 通信转换器实现远距离通信的示意图。

1. 通信系统的连接

图 14－1 中是采用 FX－232ADP 接口单元，将一台通用计算机与一台 FX2 系列 PLC 连接进行通信的示意图。

2. 通信操作

FX2 系列 PLC 与通信设备间的数据交换，由特殊寄存器 D8120 的内容指定，交换数据的点数、地址用 RS 指令设置，并通过 PLC 的数据寄存器和文件寄存器实现数据交换。下面对其使用做一简要介绍。

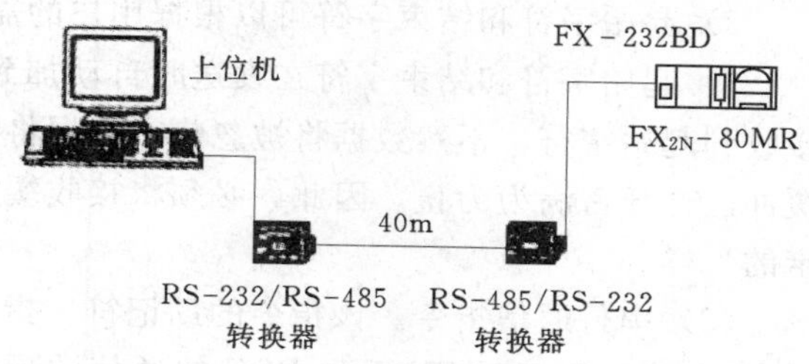

图 14 - 1　RS - 232/RS - 485 通信转换器实现远距离通信示意图

(1) 通信参数的设置。在两个串行通信设备进行任意通信之前，必须设置相互可辨认的参数，只有设置一致，才能进行可靠通信。这些参数包括波特率、停止位和奇偶校验等，它们通过位组合方式来选择，这些位存放在数据寄存器 D8120 中，具体规定见表14 - 1。

表 14 - 1　串行通信数据格式

D8120 的位	说　明	位状态	
		0 (OFF)	1 (ON)
b0	数据长度	7 位	8 位
b1 b2	校验 (b2 b1)	(00)：无校验 (01)：奇校验 (11)：偶校验	
b3	停止位	1 位	2 位
b4 b5 b6 b7	波特率 (b7 b6 b5 b4)	(0011)：300bps (0100)：600bps (0101)：1200bps (0110)：2400bps (0111)：4800bps (1000)：9600bps (1001)：19200bps	
b8	起始字符	无	D8124
b9	结束字符	无	D8125
b10	握手信号类型 1	无	H/W1
b11	模式 (控制线)	常规	单控
b12	握手信号类型 2	无	H/W2
b13～b15	可取代 b8～b12 用于 FX - 485 网络		

参数设置使用说明如下。

1) 如果 D8120＝0F9EH，则选择下列参数。

E＝7 位数据位、偶校验、2 位停止位。

9＝波特率为 19200bps。

F＝起始字符、结束字符、硬件 1 型 (H/W1) 握手信号、单线模式控制。

0＝硬件 2 型 (H/W2) 握手信号为 OFF。

2）起始字符和结束字符可以根据用户的需要自行修改。

3）起始字符和结束字符在发送时自动加到发送的信息上。在接收信息过程中，除非接收到起始字符，不然数据将被忽略；数据将被连续不断地读进直到接到结束字符或接收缓冲区全部占满为为止。因此，必须将接收缓冲区的长度与所要接收的最长信息的长度设定的一样。

（2）串行通信指令。该指令的助记符、指令代码、操作数、程序步如下所示。

RS 指令用于对 FX 系列 PLC 的通信适配器 FX－232ADP 进行通信控制，实现 PLC 与外围设备间的数据传送和接收。RS 指令在梯形图中使用的情况如下所述。

[S] 指定传送缓冲区的首地址。

[m] 指定传送信息长度。

[D] 指定接收缓冲区的首地址。

[n] 指定接收数据长度，即接收信息的最大长度。

RS 指令使用说明如下所述。

1）发送和接收缓冲区的大小决定了每传送一次信息所允许的最大数据量，缓冲区的大小在下列情况下可加以修改。

发送缓冲区——在发送之前，即 M8122 置 ON 之前。

接收缓冲区——信息接收完后，且 M8123 复位前。

2）在信息接收过程不能发送数据，发送将被延迟（M8121 为 ON）。

3）在程序中可以有多条 RS 指令，但在任一时刻只能有一条被执行。

14.3　PLC 与 PLC 之间的通信

对于多控制任务的复杂控制系统，多采用多台 PLC 连接通信来实现。这些 PLC 有各自不同的任务分配，进行各自的控制，同时它们之间又有相互联系，相互通信达到共同控制的目的。PLC 与 PLC 之间的通信，常称之为同位通信。

14.3.1　通信系统的连接

PLC 与 PLC 之间的通信，只能通过专用的通信模块来实现。用于 RS－485 通信板的适配器 FX2－485－BD 和双绞线并行通信适配器 FX2－40AW，都是常用的 PLC 通信模块。利用它们可以方便地实现两台 PLC 之间的数据通信。

根据通信模块的联结方式，可将 PLC 之间的通信分为单级系统和多级系统。单级系统是指一台 PLC 只连接一个通信模块，并且通过连接适配器将两台 PLC 或两台以上的 PLC 进行连接，以实现相互之间进行通信的系统。图 14－2 所示为两台 PLC 通过通信适配器进行互联并行运行的示意图。

如果一台 PLC 连接了多个通信模块，然后通过多个通信模块与多台 PLC 进行互联，由此所组成的通信系统被称为多级系统。这时各级之间相互独立，不受限制，不存在上、下级的关系，最多可以有四级通信系统组成。多级 PLC 连接组成多级系统的示意图如图 14－3 所示。

在大规模控制场合，常采用单级或多级通信系统。因为它们在通信过程中不会占用系

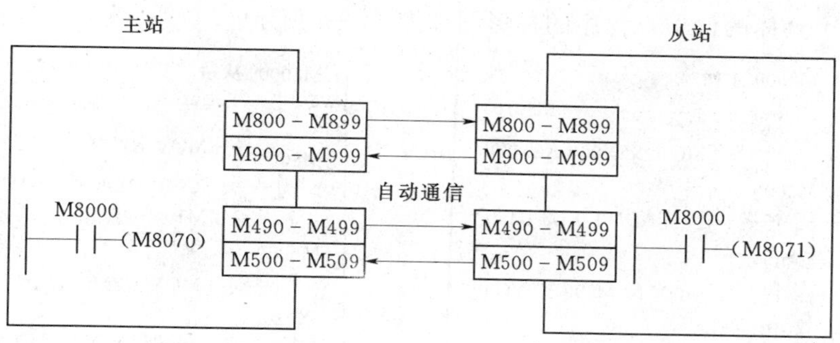

图 14－2　两台 PLC 通过适配器进行互联并行运行的示意图

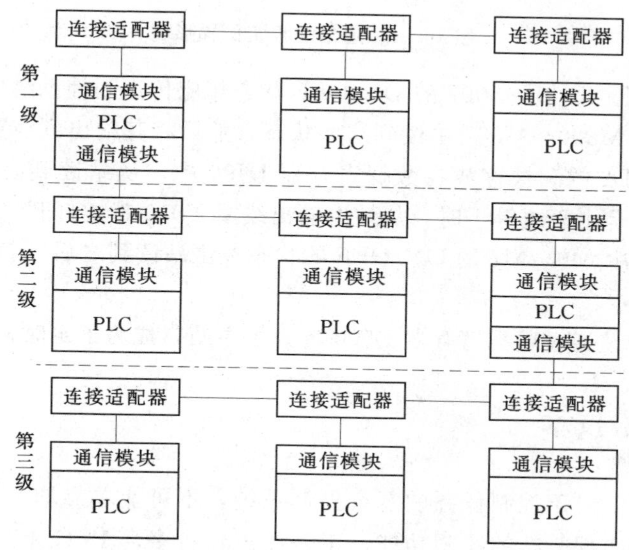

图 14－3　多级系统连接示意图

统的 I/O 点数，只要在辅助继电器、数据寄存器中专门开辟一块地址区域，按照特定的编号分配给各 PLC。对于某些地址区域来说，有些 PLC 可以对其进行写操作，而另外的 PLC 可以对其进行读操作。各个组件之间状态信息就可以进行互换，就可以相应地控制本身软元件的状态，达到了通信的目的。

由此可见，对于任何一台互联中的 PLC 的操作，相当于独立操作一台普通的 PLC，没有增加互联后的操作复杂度。由于存在这种状态信息的交换，使得任何一台 PLC 都可以对其他 PLC 上的组件进行控制，从而拓展了单台 PLC 的控制范围和能力。

14.3.2　通信系统的操作

主站和从站间的通信可以是 100/100 点的 ON/OFF 信号和 10 字/10 字的 16 位数据。用于通信的辅助继电器是 M800～M999，数据寄存器是 D490～D509。

如果主站想要将某些输入的 ON/OFF 状态让从站知道，可以将这些 ON/OFF 状态存放到辅助继电器 M800～M899 中。同样的，从站可以将传送给主站的 ON/OFF 状态存放到辅助继电器 M900～M999 中。

来看一个具体的例子，程序的梯形图如图 14-4 所示。

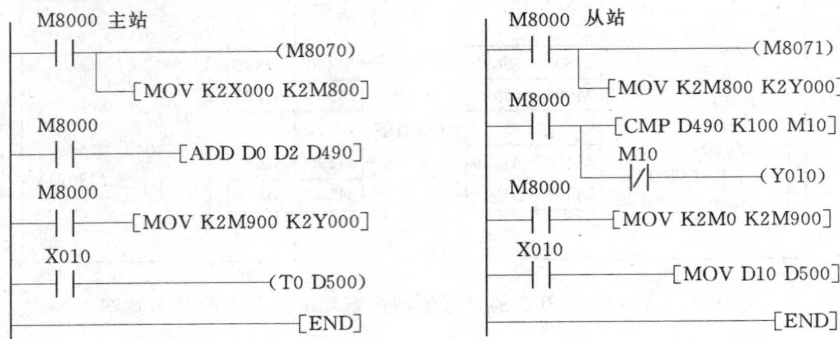

图 14-4　通信编程实例梯形图

主站的输入线圈 X000～X007 的 ON/OFF 状态相应传送到辅助继电器 M800～M807，从站在辅助继电器 M800～M807 中读到这些状态，然后将其输出到线圈 Y000～Y007。

主站中 D0 和 D2 的和被存放在数据寄存器 D490 中，从站读到之后，将其与 100 比较，当比较的结果是小于或等于时，从站中输出线圈 Y010 就被打开。

同样的，从站中 M0～M7 的 ON/OFF 的状态被主站读到之后，就被相应地输出到线圈 Y000 到 Y007。

从站中 D10 的值通过数据寄存器 D500 传到了主站，成为了定时器 T0 的定时值。

14.4　PLC 网络技术

在工业控制中，对于控制任务的复杂控制系统，不可能单靠增大 PLC 的输入、输出点数或改进机型来实现复杂的控制功能，于是便想到将多台 PLC 相互连接形成网络。要想使多台 PLC 能联网工作，其硬件和软件都要符合一定的要求。硬件上，一般要增加通信模块、通信接口、终端适配器、网卡、集线器、调制解调器、缆线等设备或器件；软件上，要按特定的协议，开发具有一定功能的通信程序和网络系统程序，对 PLC 的软件、硬件资源进行统一管理和调度。

14.4.1　PLC 网络系统

根据 PLC 网络的连接方式，可将其网络结构分为总线形结构、环形结构和星形结构三种基本形式，如图 14-5 所示，每种结构都有各自得优点和缺点，可根据具体情况选择。总线结构，以其结构简单、可靠性高、易于扩展，被广泛应用。

14.4.2　三菱 PLC 网络

三菱公司 PLC 网络继承了传统使用的 MELSEC 网络，并使其在性能、功能、使用简便等方面更胜一筹。Q 系列 PLC 提供层次清晰的三层网络，针对各种用途提供最合适的网络产品，如图 14-6 所示。

1. 管理层/Ethernet（以太网）

管理息层为网络系统中最高层，主要是在 PLC、设备控制器以及生产管理用 PC 之间

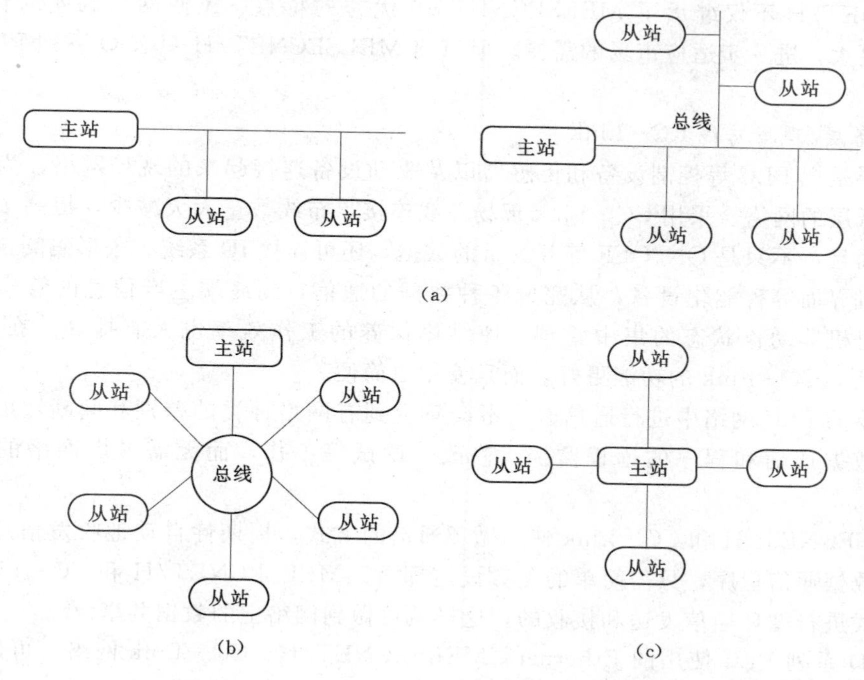

图 14-5　PLC总线结构
(a) 总线形结构；(b) 环形结构；(c) 星形结构

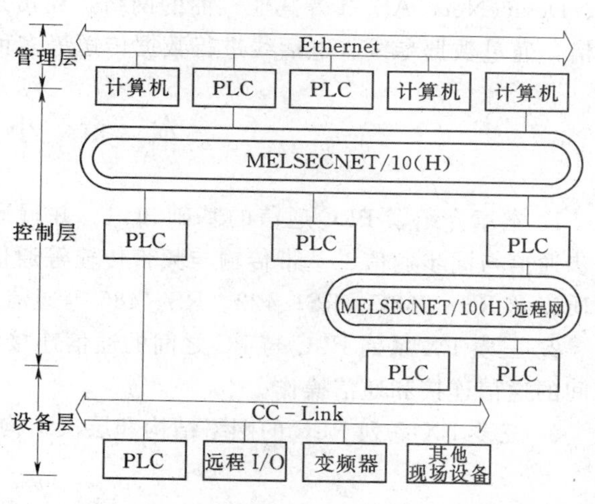

图 14-6　三菱PLC网络系统结构

传输生产管理信息、质量管理信息及设备的运转情况等数据，管理层使用最普遍的Ethernet。它不仅能够连接Windows系统的PC、UNIX系统的工作站等，而且还能连接各种FA设备。Q系列PLC系列的Ethernet模块具有了日益普及的因特网电子邮件收发功能，使用户无论在世界的任何地方都可以方便地收发生产信息邮件，构筑远程监视管理系统。同时，利用因特网的FTP服务器功能及MELSEC专用协议可以很容易的实现程序的上传/下载和信息的传输。

2. 控制层/MELSECNET/10 (H)

控制层是整个网络系统的中间层，是在PLC、CNC等控制设备之间方便且高速地进行处理数据互传的控制网络。作为MELSEC控制网络的MELSECNET/10，以它良好的实时性、简单的网络设定、无程序的网络数据共享概念，以及冗余回路等特点获得了很高的市场评价，被采用的设备台数在日本达到最高，在世界上也是屈指可数的。而

MELSECNET/H不仅继承了MELSECNET/10优秀的特点，还使网络的实时性更好，数据容量更大，进一步适应市场的需要。但目前MELSECNET/H只有Q系列PLC才可使用。

3. 设备层/现场总线CC-Link

设备层是把PLC等控制设备和传感器以及驱动设备连接起来的现场网络，为整个网络系统最低层的网络。采用CC-Link现场总线连接，布线数量大大减少，提高了系统可维护性。而且，不只是ON/OFF等开关量的数据，还可连接ID系统、条形码阅读器、变频器、人机界面等智能化设备，从完成各种数据的通信，到终端生产信息的管理均可实现，加上对机器动作状态的集中管理，使维修保养的工作效率也大有提高。在Q系列PLC中使用，CC-Link的功能更好，而且使用更简便。

在三菱的PLC网络中进行通信时，不会感觉到有网络种类的差别和间断，可进行跨网络间的数据通信和程序的远程监控、修改、调试等工作，而无需考虑网络的层次和类型。

MELSECNET/H和CC-Link使用循环通信的方式，周期性自动地收发信息，不需要专门的数据通信程序，只需简单的参数设定即可。MELSECNET/H和CC-Link是使用广播方式进行循环通信发送和接收的，这样就可做到网络上的数据共享。

对于Q系列PLC使用的Ethernet、MELSECNET/H、CC-Link网络，可以在GX Developer软件画面上设定网络参数以及各种功能，简单方便。

另外，Q系列PLC除了拥有上面所提到的网络之外，还可支持PROFIBUS、Modbus、DeviceNet、AS-i等其他厂商的网络，还可进行RS-232/RS-422/RS-485等串行通信，通过数据专线、电话线进行数据传送等多种通信方式。

本章小结

1. 本章介绍了PLC通信的基础知识。并行通信与串行通信、单工通信与双工通信、异步通信与同步通信、基带传输与频带传输等通信方式，双绞线、同轴电缆、光纤等通信介质以及RS-232C、RS-422、RS-485等通信接口。

2. 三菱FX系列PLC与PC之间的通信连接和通信操作；三菱FX系列PLC与PLC之间的通信连接和通信操作。

3. 三菱FX系列PLC的网络结构和层次结构。

习题

1. PLC通信的通信方式、通信介质、通信接口有哪些？
2. 三菱FX系列PLC与PC之间通信参数的设置方法？
3. 如何实现三菱FX系列PLC与PLC之间的通信？
4. 三菱PLC的网络结构分为几层？各层有什么功能？

第 5 篇

系 统 设 计

第 15 章 可编程控制器控制系统设计

【知识要点】

知识要点	掌握程度	相关知识
PLC 控制系统设计的基本原则	了解	了解 PLC 控制系统设计的 5 项基本原则
PLC 控制系统设计的步骤和方法	掌握	掌握 PLC 控制系统设计的 10 个步骤，以及每一步的具体方法
减少 PLC 输入和输出点数的方法	熟悉	熟悉减少 PLC 输入和输出点数的方法
提高 PLC 控制系统可靠性的措施	熟悉	熟悉提高 PLC 控制系统可靠性的 5 项基本措施

【应用能力要点】

应用能力要点	掌握程度	应用方向
PLC 控制系统设计的步骤和方法	掌握	掌握 PLC 控制系统设计的 10 个步骤和方法，有助于在实际工程中把握 PLC 控制系统的整体设计，满足用户需求
提高 PLC 控制系统可靠性的措施	掌握	掌握提高 PLC 控制系统可靠性的措施，并在实际工程中加以应用，可以保证 PLC 控制系统的可靠运行

15.1 PLC 控制系统设计的基本原则

在设计 PLC 控制系统时，应遵循以下基本原则。

1. 最大限度地满足控制要求

充分发挥 PLC 功能，最大限度地满足被控对象和生产工艺的控制要求，是设计中最重要的原则。设计人员要深入现场进行调查研究，收集资料。同时要注意和现场工程管理和技术人员及操作人员紧密配合，共同解决设计中出现的各种问题。

2. 保证系统的安全可靠

保证 PLC 控制系统能够长期安全、可靠、稳定运行，是设计控制系统的重要原则。

3. 力求简单、经济、使用与维修方便

在满足控制要求的前提下，一方面要注意不断地扩大工程的效益，另一方面也要注意不断地降低工程的成本，不宜盲目追求自动化和高指标。

4. 适应发展的需要

适当考虑到今后控制系统发展和完善的需要。这就要求在选择 PLC、输入/输出模块和内存容量时，要适当留有余量。

5. 人机界面友好

人机界面（Human Machine Interface）又称人机接口，简称 HMI，泛指计算机（包括 PLC）与操作人员交换信息的设备或软件。对于系统中作为人机交流的界面，应充分体现以人为本的理念，设计出的人机操作界面要使用户感到便捷、易懂。

15.2 PLC控制系统设计的步骤和方法

PLC 控制系统设计的步骤如图 15-1 所示。PLC 控制系统按照上述设计步骤，具体的设计方法如下。

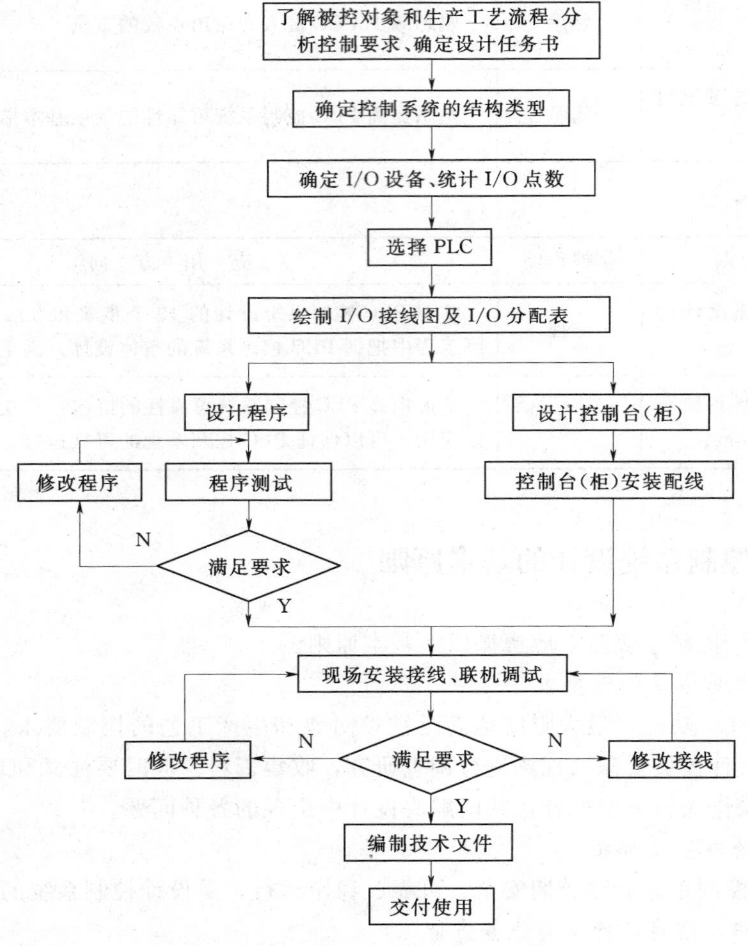

图 15-1 PLC 控制系统设计的步骤

15.2.1　拟定设计任务

在进行 PLC 控制系统设计之前，设计人员搜集相关资料，并和机械、电气、液压、气动、仪表、工艺等专业技术人员以及操作、管理人员密切配合，对被控对象和生产工艺流程进行深入调查和分析，明确控制要求，拟定出 PLC 控制系统设计任务书。设计任务书是 PLC 控制系统设计的原始依据，也是工程竣工验收的重要参考，必要时需要设计人员和用户双方签字认可。当然，在控制系统设计过程中遇到问题时，双方应及时沟通，协商解决，并对设计任务书中要达到的控制目标进行修改，但要有双方签字的书面备忘。

设计任务书的主要内容包括以下几项。

(1) 项目概况。项目来源，所要完成的生产任务及经济、社会效益，新建还是改造等。

(2) 生产工艺流程以及机械、电气、液压、气动、仪表等设备性能参数和动作要求等基本情况。

(3) 控制方式、人机界面、通信联网、报警、保护、联锁等。

设备控制有手动、自动、停止三种控制方式。

1) 手动。手动方式的设立主要是方便于设备调试、维护，在手动方式下，可任意起停各相对独立的每一可动部件，如每一气缸的运动、马达的起停等。

2) 自动。自动分为全自动和单步自动。全自动是指系统收到开机运行指令后，持续或循环工作，直至接收到停止或故障命令为止；单步自动是指设备按进行全自动工作进行工作，但不能自动步进，需要手动按钮驱动。

3) 停止。由于设备自动工作后，一直处于不断自动循环工作状态，所以，设备停止分为自然停止和紧急停止。自然停止是指按下停止按钮后，设备并不马上停止，而是进行完当前一周期并返回到原位后停止下来；紧急停止是指为发生意外或故障时设立的停止方式，按下紧急按钮时，机器马上中止当前的工作。

根据控制系统规模的大小和实际运行环境、管理要求等考虑工控机、触摸屏、文本显示器等人机界面。同时考虑是否有通信联网以及报警、保护、联锁等。

(4) 任务目标。控制系统最终要达到的具体目标、参数、性能指标、精度等要求。任务目标会作为项目竣工验收时的重要依据，所以，一定要根据被控对象和工艺流程的要求、技术条件、性价比等合理确定。

(5) 控制系统设计所参考的规范、标准等。

(6) 其他要求。

15.2.2　确定控制系统的结构类型

根据被控对象的规模和任务分析确定控制系统的结构类型。常用 PLC 控制系统的结构类型有以下几种。

1. 单机控制系统

单机控制系统由 1 台 PLC 控制 1 台设备或 1 条简易生产线，如图 15-2 所示。如数控机床、恒压供水、注塑机、包装机、原料皮带运输机及灌装流水线等都可以通过 1 台 PLC 实现控制，单机控制系统对输入/输出点要求相对较少，存储容量小，根据生产工艺等实际情况决定是否需要人机界面。

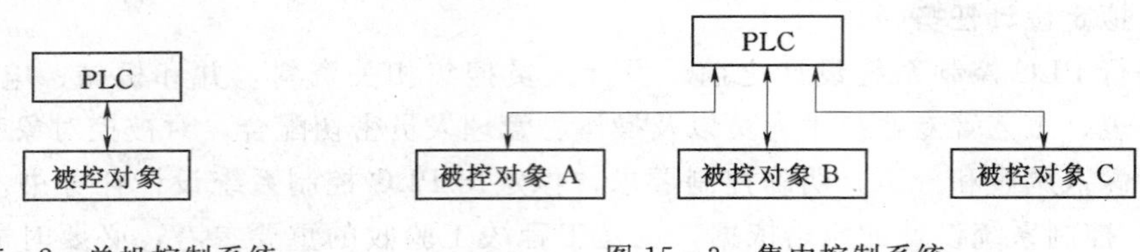

图 15－2 单机控制系统　　　　图 15－3 集中控制系统

2. 集中控制系统

集中控制系统由 1 台 PLC 控制多台设备或几条简易生产线，如图 15－3 所示。集中控制系统中的多个被控对象在地理位置上相距比较近，便于实现集中控制，但是一旦 PLC 出现故障，整个系统就会瘫痪。因此，应考虑冗余设计，并根据生产工艺等实际情况决定是否需要人机界面。

3. 分布式控制系统

分布式控制系统有多个被控对象，每个被控对象由 1 台 PLC 控制，上位机通过数据总线与多台 PLC 进行通信，各个 PLC 之间也可以进行数据交换，如图 15－4 所示。分布式控制系统中的多个被控对象分布的区域较广，相互之间的距离较远，每台 PLC 通过数据总线与上位机通信，同时每台 PLC 之间也可以进行数据交换。当某一个被控对象或 PLC 出现故障时，不会影响其他部分的正常运行，所以相对于集中控制系统，分布式控制系统成本较高，但灵活性、可靠性较好。

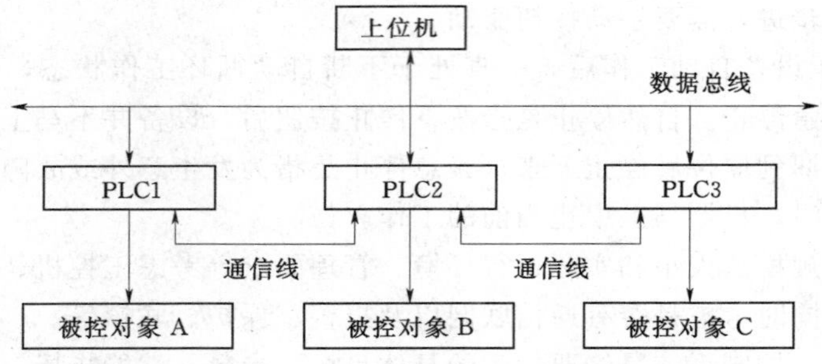

图 15－4 分布式控制系统

15.2.3 确定 I/O 设备及 I/O 点数统计

根据被控对象对 PLC 控制系统的要求，确定系统所需 I/O 设备。常用的输入设备有按钮、操作开关、行程开关、传感器等，常用的输出设备有继电器、接触器、指示灯等，输出设备驱动的控制对象一般为电动机、电磁阀等。

同时，应确定哪些信号需要输入给 PLC，哪些负载需要由 PLC 驱动，并分类统计出系统的 I/O 点数，I/O 信号类型（数字量/模拟量），电流、电压等级，是否有其他特殊控制要求等因素，为 PLC 选型和硬件配置提供依据。

表 15－1 为常用电气元件及典型传动设备所需的 I/O 点数（数字量）。压力、温度、液位、流量等传感器的变送器一般均为 1 个模拟量输入点，根据控制要求变频器一般需要多个数字量输出点和多个模拟量 I/O 点。

表 15-1　　**常用电气元件及典型传动设备所需的 I/O 点数**

电气元件或设备	输入点数	输出点数	I/O 点总数	电气元件或设备	输入点数	输出点数	I/O 点总数
按钮开关	1		1	Y-△启动笼型电机	4	3	7
行程开关	1		1	单向运行笼型电机	4	1	5
接近开关	1		1	单向变极笼型电机	5	3	8
光电管开关	2		2	可逆运行笼型电机	5	2	7
三档开关	3		3	单向运行直流电机	9	6	15
拨码开关	4		4	可逆运行直流电机	12	8	20
位置开关	2		2	单线圈电磁阀	2	1	3
信号灯		1	1	双线圈电磁阀	3	2	5
抱闸		1	1	比例阀	3	5	8
风机		1	1	可逆变极电动机	6	4	10

15.2.4　PLC 选择

PLC 是控制系统的核心部件，正确选择 PLC 对于保证整个控制系统的技术性能指标起着极为重要的作用。PLC 选择包括 CPU 型号的选择、存储容量的选择、I/O 模块的选型、特殊功能模块的选择以及电源容量的选择等。下面以西门子 S7-200 系列 PLC 为例介绍 PLC 的选择。

1. CPU 型号的选择

S7-200 系列 PLC 的 CPU 模块性能有很大区别，在选择 CPU 模块时，主要应考虑 CPU 模块本体集成的 I/O 点数、最大 I/O 点数、电源/输入/输出类型、电源/输入/输出电压、输出电流、RS-485 通信端口数、存储器容量等。选择 CPU 型号时参考的主要技术参数如表 15-2 所示，具体订货时要参考《S7-200 可编程序控制器产品样本》，并选择相应的订货号。

表 15-2　　**选择 CPU 型号时参考的主要技术参数**

CPU 型号（集成 I/O）	电源/输入/输出类型 电源/输入/输出电压	输出电流	RS-485 接口数	存储器容量	最大 I/O 点数（I/O/Σ）	
CPU221（6DI/4DO）	DC/DC/DC 24V/24V/24V	最大 0.75A	1	程序 4K	数字量	6/4/10
				数据 2K		
CPU222（8DI/6DO）			1	程序 4K	数字量	48/46/94
				数据 2K	模拟量	16/8/16
CPU224（14DI/10DO）			1	程序 12K	数字量	114/110/224
	AC/DC/Relay 85-264V/24V/5-30VDC 或 5-250VAC	最大 2A		数据 8K	模拟量	32/28/44
CPU224XP(si)（14DI/10DO）（2AI/ADO）			2	程序 16K	数字量	114/110/224
				数据 10K	模拟量	32/28/44
CPU226（24DI/16DO）			2	程序 24K	数字量	128/128/256
				数据 10K	模拟量	32/28/44

PLC的I/O点数的确定应以系统实际I/O点数为基础。当CPU集成I/O点数不能满足系统需要时，可以扩展I/O模块，但是某一种型号CPU扩展后的I/O点数不得超过容许最大I/O点数（CPU221不能扩展I/O模块）。最终配置的PLC的I/O点数应留有适当的裕量，通常按实际需要点数的20%～30%考虑裕量。

CPU模块的电源电压和类型有24VDC和85－264VAC两种，根据工业现场的具体情况选择，以取用方便为原则。

CPU模块的输入电压和类型为24VDC，用来检测来自现场（如按钮、行程开关、接近开关、操作开关等）的电平信号，并将其转换为CPU内部的低电平信号。24VDC输入的延迟时间较短，但传输距离不宜太远。

CPU模块的输出电压和类型为24VDC（晶体管）和5－30VDC或5－250VAC Relay（继电器），其中24VDC的最大输出电流为0.75A，5－30VDC或5－250VAC Relay（继电器）最大输出电流为2A。对于频繁通断的直流负载，应采用无触点开关元件（晶体管），即选用24VDC输出；继电器输出属于有触电元件，其动作速度较慢、寿命较短，适用于驱动较大电流负载，电压范围较宽，导通压降较小，不频繁通断的负载。

CPU模块的输出电流必须大于负载电流的额定值，如果负载电流较大，CPU模块输出不能直接驱动，则应增加中间放大环节。对于电容性负载、热敏电阻负载，考虑到接通时有冲击电流，故要留有足够的裕量。

2. 存储容量的选择

存储器容量是PLC本身能提供的硬件存储单元的大小，包括程序存储器容量和数据存储器容量。程序存储器用于存储用户编制的程序，程序存储器容量的大小决定用户程序的复杂程度。数据存储器包括变量存储器（V）、输入映像寄存器（I）、输出映像寄存器（Q）、内部标志位存储器（M）、特殊标志位存储器（SM）等，数据存储器容量的大小决定用户可以使用的各种存储器的数量，也影响CPU可扩展的I/O点的数量。

程序容量是指用户所编制的程序的大小。程序容量必须小于CPU程序存储器容量才能保证用户程序的正常运行，一般考虑程序存储器容量要在程序容量的1.1～1.2倍以上。用户程序只有在调试完成后才能精确知道用户程序容量的大小，而在CPU选型时很难精确知道用户程序的大小。在CPU选型时为了正确选择程序存储器的容量，我们一般采用以下公式估算程序容量。

$$程序容量(KB)=\frac{K(DI\times 10+DO\times 8+AI\times 100+AO\times 200+CP\times 300)}{1024}$$

式中　K——裕量系数1～1.25；

DI——数字量输入点数；

DO——数字量输出点数；

AI——模拟量输入点数；

AO——模拟量输出点数；

CP——通信接口总数。

一般情况下，对于整体式小型PLC应用场合相对简单，程序存储器的容量足够使用。

3. I/O模块的选型

通过选择I/O模块可以扩展系统的I/O点数，选择好CPU的型号之后，根据I/O点

数统计情况和可供选择的 I/O 模块类型，确定 I/O 模块的型号和数量。

数字量输入模块的输入电压一般为 24VDC 和 120/230VAC。24VDC 输入方式和 CPU 的 24VDC 输入方式相同，可以直接与按钮、行程开关、接近开关、操作开关等输入装置连接；交流输入方式适合于在有油污、粉尘的恶劣环境下使用，或者输入点距离 I/O 模块较远的情况下使用。

数字量输出模块的输出电压一般为 24VDC（晶体管）、5－30VDC 或 5－250VAC（继电器）和 120/230VAC（晶闸管）。按输出方式不同分为继电器输出、晶体管输出、晶闸管输出等，此外输出电压值和输出电流值也各有不同。I/O 模块的继电器输出、晶体管输出方式的适用范围和 CPU 模块中的继电器输出、晶体管输出方式的适用范围相同，只是晶闸管输出方式适合于频繁通断的交流负载。

另外数字量输出模块同时接通点数的电流累计值必须小于公共端所允许通过的电流值。一般来讲，同时接通的点数不要超出同一公共端输出点数的 60%。

模拟量输入/输出模块的量程一般为 0～20mA、0～＋5V、0～＋10V、±10V、±5V、±2.5V 等，可根据实际需要选用，同时还应考虑其分辨率和转换精度等。另外特殊的模拟量输入模块可以用来直接接收低电平信号（如热电阻 RTD、热电偶等信号）。

4. 特殊功能模块的选择

特殊功能模块包括位置控制模块、称重模块、通信模块等，详见《S7－200 可编程控制器产品样本》。

5. 电源容量的计算

S7－200 CPU 模块有一个内部电源，它为本机单元、扩展模块提供 24VDC 和 5VDC 电源。其中 24VDC 传感器电源，为本机输入点和扩展模块内部继电器线圈提供 24VDC，如果电源要求超出了 CPU 模块 24VDC 电源的定额，可以增加一个外部 24VDC 电源来供给扩展模块的 24VDC；当有扩展模块连接时 CPU 模块也为其提供 5V 电源，如果扩展模块的 5V 电源需求超出了 CPU 模块的电源定额，必须卸下扩展模块，直到需求在电源预定值之内才行。

表 15－3 列出了各种型号 CPU 在满足内部继电器线圈电源和 24VDC 通信端口电源需求后，可以提供的 24VDC 传感器电源以及背板总线＋5VDC 电源。表 15－4 列出了常用数字量、模拟量 I/O 扩展模块输入端及内部继电器输出 24VDC 电源需求和背板总线＋5VDC 电源需求。其他功能模块的电源需求详见《S7－200 可编程控制器产品样本》。

表 15－3　　CPU 提供的 24VDC 传感器电源及背板总线＋5VDC 电源

CPU 名称及描述	功耗/W	电流供应	
		＋5VDC/mA	＋24VDC/mA
CPU221 DC/DC/DC	3	0	180
CPU221 AC/DC/Relay	6	0	180
CPU222 DC/DC/DC	5	340	180
CPU222 AC/DC/Relay	7	340	180
CPU224 DC/DC/DC	7	660	280

续表

CPU 名称及描述	功耗/W	电　流　供　应	
		+5VDC/mA	+24VDC/mA
CPU224 AC/DC/Relay	10	660	280
CPU224XP (si) DC/DC/DC	8	660	280
CPU224XP AC/DC/Relay	11	660	280
CPU226 DC/DC/DC	11	1000	400
CPU226 AC/Relay	17	1000	400

表 15-4　　I/O 扩展模块输入端、内部继电器输出以及背板总线电源需求

I/O 模块名称及描述	功耗/W	VDC 需　求	
		+5VDC/mA	+24VDC
EM221 DI8×24V DC	2	30	接通：4mA/输入
EM221 DI8×120/230V AC	3	30	—
EM221 DI16×24V DC	3	70	接通：4mA/输入
EM222 DO4×24V DC-5A	3	40	—
EM222 DO4×继电器-10A	4	30	接通：20mA/输出
EM222 DO8×24V DC	2	50	—
EM222 DO8×继电器	2	40	接通：9mA/输出
EM222 DO8×120/230V AC	4	110	—
EM223 24V DC 4 入/4 出	2	40	接通：4mA/输入
EM223 24V DC 4 入/4 继电器	2	40	接通：9mA/输出 4mA/输入
EM223 24V DC 8 入/8 出	3	80	接通：4mA/输入
EM223 24V DC 8 入/8 继电器	3	80	接通：9mA/输出 4mA/输入
EM223 24V DC 16 入/16 出	6	160	接通：4mA/输入
EM223 24V DC 16 入/16 继电器	6	150	接通：9mA/输出 4mA/输入
EM223 24V DC 32 进/32 出	9	240	接通：4mA/输入
EM223 24V DC 32 进/32 继电器	13	205	接通：9mA/输出 4mA/输入
EM231 模拟量输入，4 输入	2	20	60mA
EM231 模拟量输入，8 输入	2	20	60mA
EM232 模拟量输出，2 输出	2	20	70mA
EM232 模拟量输出，4 输出	2	20	100mA
EM235 模拟量组合，4 输入/1 输出	2	30	60mA

在 PLC 选型结束后，一定要核算电源容量，否则不能保证 PLC 能够长期可靠工作。

另外需要注意以下两点。

（1）将 S7 - 200 DC 传感器电源与外部 24VDC 电源采用并联连接时，将会导致两个电源的竞争而影响它们各自的输出。这种竞争的结果会缩短设备的寿命，也会使得一个电源或两者同时失效，并且使 PLC 系统产生不正确的操作。

（2）S7 - 200 DC 传感器电源和外部电源应该分别给不同的点提供电源，可以把它们的公共端连接起来。

表 15 - 5 所示为一个 S7 - 200PLC 电源需求量计算的例子，它包括以下模块：CPU224 AC/DC/继电器（14DI/10DO），3 个 EM223 24V DC 8 入/8 继电器，1 个 EM221 DI8×24V DC。该配置共有 46 个输入点和 34 个输出点。

表 15 - 5　　针对一个配置实例的电源计算

CPU 电源预算	5VDC	24VDC
CPU224 AC/DC/继电器	660mA	280mA
减		
系统要求	5VDC	24VDC
CPU224，14 输入		14×4mA=56mA
3×EM223，5V 电源需求	3×80mA=240mA	
1×EM221，5V 电源需求	1×30mA=30mA	
3×EM223，每个 8 输入		3×8×4mA=96mA
3×EM223，每个 8 继电器线圈		3×8×9mA=216mA
1×EM221，每个 8 输入		8×4mA=32mA
总需求	270mA	400mA
等于		
电流平衡	5VDC	24VDC
总电流平衡	剩 390mA	缺 120mA

通过上表的电源预算，可以看出 CPU 模块为扩展模块提供了足够的 5V 电源，但是它没有给所有的输入和输出线圈提供足够的 24VDC 电源。本例中 I/O 要求 400mA 的 24VDC 电源，但是 CPU 只能提供 280mA。因此，本配置需要提供额外 120mA 电流的 24VDC。

15.2.5　绘制 I/O 接线图及 I/O 分配表

PLC 机型及 I/O 模块选择之后，首先应设计出 PLC 系统总体配置图。然后依据工艺流程图或系统原理图，将输入信号与输入点、输出信号与输出点一一对应画出 I/O 接线图（PLC 输入输出电气接线图）和 I/O 分配表。

例如某地区排水泵站的无人值班改造工程中，基于 S7 - 200 PLC、GPRS DTU 和接入 Internet 的后台监控主机，构成分布式远程无线监控系统。其中一个排水泵站控制系统的 PLC 总体配置图如图 15 - 5 所示，CPU226 主要用来监视水泵的状态，EM221 主要用于泵站区域的红外监控，EM231 用于采集液位的模拟量。PLC 的 CPU 模块部分的 I/O 接线图如图 15 - 6 所示，现场布防有红外监控功能，一旦有人强行进入可以进行远程喊话。CPU 模块部分的 I/O 分配见表 15－6。通过图 15－6 和表 15－6 可以熟悉 I/O 接线图和 I/O 分配表的绘制方法。

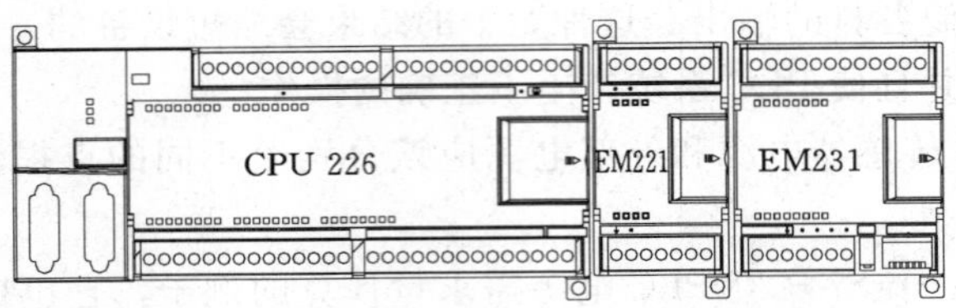

图 15－5　PLC 配置图

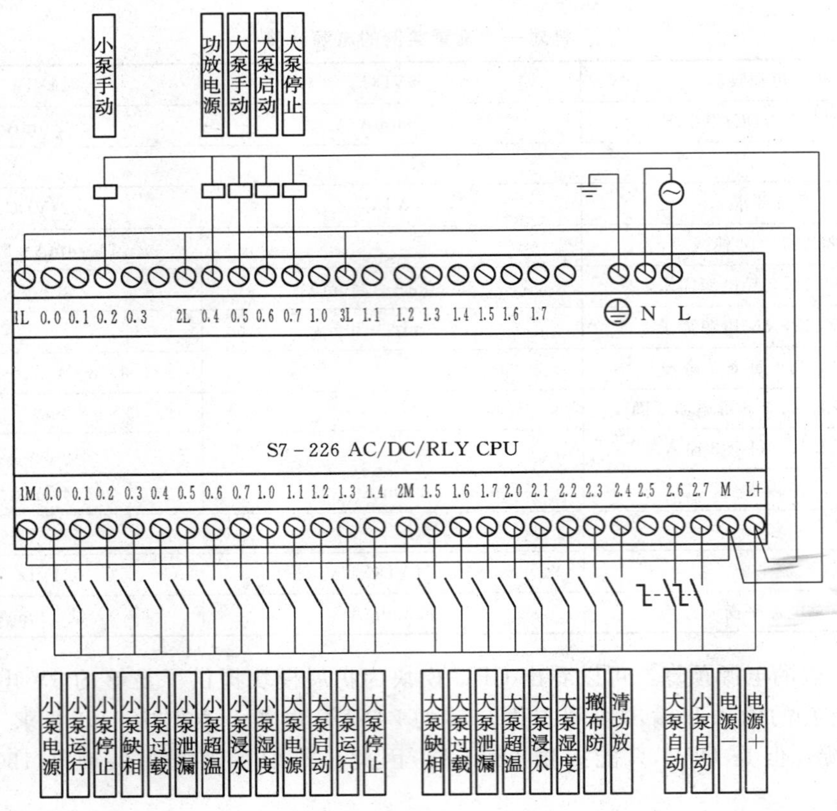

图 15－6　PLC I/O 接线图

表 15－6　　　　I/O　分　配　表

元件	作用	地址分配	元件	作用	地址分配
输入			继电器 K4 常开触点	监视小泵过载	I0.4
继电器 K0 常开触点	监视小泵电源	I0.0	继电器 K5 常开触点	监视小泵泄漏	I0.5
继电器 K1 常开触点	监视小泵运行	I0.1	继电器 K6 常开触点	监视小泵超温	I0.6
继电器 K2 常开触点	监视小泵停止	I0.2	继电器 K7 常开触点	监视小泵浸水	I0.7
继电器 K3 常开触点	监视小泵缺相	I0.3	继电器 K8 常开触点	监视小泵湿度	I1.0

续表

元件	作用	地址分配
输入		
继电器 K9 常开触点	监视大泵电源	I1.1
继电器 K10 常开触点	监视大泵启动	I0.2
继电器 K11 常开触点	监视大泵运行	I1.3
继电器 K12 常开触点	监视大泵停止	I1.4
继电器 K13 常开触点	监视大泵缺相	I1.5
继电器 K14 常开触点	监视大泵过载	I1.6
继电器 K15 常开触点	监视大泵泄漏	I1.7
继电器 K16 常开触点	监视大泵超温	I2.0
继电器 K17 常开触点	监视大泵浸水	I2.1
继电器 K18 常开触点	监视大泵湿度	I2.2

<table>
<tr><th>元件</th><th colspan="2">作用</th><th>地址分配</th></tr>
<tr><td>继电器或操作开关触点</td><td colspan="2">撤销现场布防</td><td>I2.3</td></tr>
<tr><td>继电器或操作开关触点</td><td colspan="2">清除现场功放电源</td><td>I2.4</td></tr>
<tr><td colspan="4">输出</td></tr>
<tr><td>继电器 K01 线圈</td><td colspan="2">通断小泵手动开关（自动启停泵）</td><td>Q0.2</td></tr>
<tr><td>继电器 K02 线圈</td><td colspan="2">功放电源上电</td><td>Q0.4</td></tr>
<tr><td>继电器 K03 线圈</td><td>接通大泵手动开关</td><td rowspan="2">自动启泵</td><td>Q0.5</td></tr>
<tr><td>继电器 K04 线圈</td><td>接通大泵启动按钮</td><td>Q0.6</td></tr>
<tr><td>继电器 K05 线圈</td><td colspan="2">发出停大泵指令</td><td>Q0.7</td></tr>
</table>

绘制完成 I/O 接线图及 I/O 分配表之后，就可以同时做软件设计和硬件设计，即一方面做控制程序的开发、调试，另一方面做控制柜的电气设计（元件布置图、安装接线图）和安装配线。

15.2.6　设计程序

PLC 的程序设计即软件设计，在绘制 I/O 接线图及 I/O 分配表之后就可以着手程序设计，程序设计可与控制台（柜）的设计同步进行，以便缩短设计周期。

软件设计包括设计系统初始化程序、主程序、子程序、中断程序、故障应急措施和辅助程序等，小型开关量控制系统一般只有主程序。

对于简单的系统可以用经验设计法直接设计出控制系统的梯形图。经验设计法要求设计者具有丰富的实践经验，掌握较多典型应用程序的基本环节。根据被控对象对控制系统的要求，凭经验选择基本环节，并把它们有机地组合起来。其设计过程是逐步完善的，一般不易获得最佳方案。程序初步设计后，还需反复调试、修改和完善，直至满足要求。

由于经验设计法的设计不规范，又没有一个普遍的规律可循，加之又具有一定的试探性和随机性，程序设计的质量和设计者的经验密切相关。所以对于复杂的控制系统的设计，用经验设计法进行设计一般难于掌握，设计出的程序可读性差，给调试、维护带来诸多不便。对于简单的控制系统的设计，用经验法进行设计简单、易行、效率高。

对于复杂的控制系统一般用顺序控制设计法（顺序功能图）设计。工业控制中，许多场合要应用顺序控制的方式进行控制。所谓顺序控制，就是按照生产工艺预先规定的顺序，在各个输入信号的作用下，根据内部状态和时间的顺序，在生产过程中各个执行机构自动地、有序地进行操作的生产控制方式。使用顺序功能图法进行控制系统应用程序设计时，首先根据生产工艺画出顺序功能图（SFC），然后根据顺序功能图画出梯形图。

顺序功能图并不涉及所描述的控制功能的具体技术，它是一种通用的技术语言，可供进一步设计和不同专业的人员进行技术交流使用。顺序功能图以功能为主线，表达准确、条理清晰、规范、简洁，是设计 PLC 顺序控制程序的重要工具。顺序功能图主要由步、有向连线、转换、转换条件和动作（或命令）组成。

15.2.7 程序测试

梯形图程序编制完成后，就可下载到PLC中进行测试，程序的测试是整个程序设计工作中一项很重要的内容，它可以初步检查程序的实际效果。程序测试和程序的编制是分不开的，程序的许多功能都是在测试中通过修改而完善的。测试时，先从各功能单元入手，设定输入信号，观察输出信号的变化情况，必要时可以借用某些仪器进行检测。各功能单元的程序测试完成之后，再贯通整个程序，测试各部分的接口情况，直到满意为止。

程序的测试大多是在实验室完成的，虽然已经通过测试，但还是不能马上投入应用，还要到现场与硬件设备进行联机统调。在现场调试时，可将PLC系统与现场信号隔离，可以使用暂停输入输出服务指令，也可以切断输入/输出模块的外部电源，以免引起不必要、甚至可能造成事故的机械设备动作。当整个调试工作完成之后，可将程序固化在EPROM中。一般情况下，还需要编制技术说明书以及对设计资料进行备份。

15.2.8 设计控制台（柜）

PLC控制台（柜）的设计是在绘制I/O接线图及I/O分配表之后进行的，PLC控制台（柜）的设计可与程序设计同步进行，以便缩短设计周期。

在进行PLC控制台（柜）的设计之前，应根据I/O接线图以及输入输出设备、主电路等，画出整个系统的原理接线图，从而确定所有设备的情况，以便绘制电器元件布置图和电气接线图以及端子排图等。

绘制完成电器元件布置图、电气接线图以及端子排图后，即可进行控制柜的安装接线以及现场安装施工。

15.2.9 控制系统联机调试

在PLC软、硬件设计和控制柜设计安装以及现场施工完成后，就可以进行整个系统的联机调试。对调试过程中发现的问题，要逐一排除，直至调试成功。

在现场调试时，可将PLC系统与现场信号隔离，可以使用暂停输入/输出服务指令，也可以切断输入/输出模块的外部电源，以免引起不必要、甚至可能造成事故的机械设备动作。当整个调试工作完成之后，可将程序下载在EEPROM中。

15.2.10 编制系统的技术文件

在控制系统联机调试完成之后，就可以交付用户使用。同时要编制相应的技术文件。技术文件一般包括：设计说明（功能说明）、电气原理图、安装接线图、电气布置图、电气元件明细表、PLC梯形图、使用说明书等。

15.3 减少PLC输入和输出点数的方法

可编程控制器的每一个I/O点的平均价格高达数10元，减少所需I/O点数是降低系统硬件费用的主要措施。

15.3.1 减少PLC输入点数的方法

1. 分时分组输入

自动程序和手动程序不会同时执行，自动和手动这两种工作方式分别使用的输入量可

以分成两组输入，如图 15－7 所示。I1.0 用来输入自动/手动命令信号，供自动程序和手动程序切换之用。

图 15－7 中的二极管用来切断寄生电路。假设图中没有二极管，系统处于自动状态，S1、S2、S3 闭合，S4 断开，这时电流从 L＋端子流出，经 S3、S1、S2 形成的寄生回路流入 I0.1 端子，使输入位 I0.1 错误地变为 ON。各开关串联了二极管后，切断了寄生回路，避免了错误输入的产生。

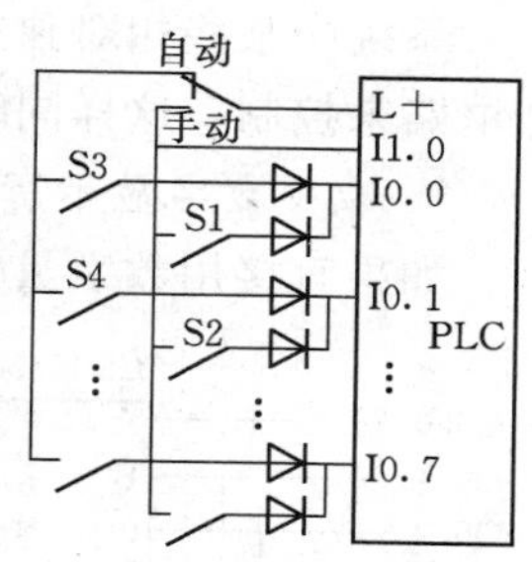

图 15－7　分时分组输入

2. 输入触点的合并

如果某些外部输入信号总是以某种“与或非”组合的整体形式出现在梯形图中，可以将它们对应的触点在可编程控制器外部串、并联后作为一个整体输入可编程控制器，只占可编程控制器的一个输入点。

例如某负载可在多处启动和停止，可以将三个启动信号并联，将三个停止信号串联，分别送给可编程控制器的两个输入点，如图 15－8 所示。与每一个启动信号和停止信号占用一个输入点的方法相比，不仅节约了输入点，还简化了梯形图电路。

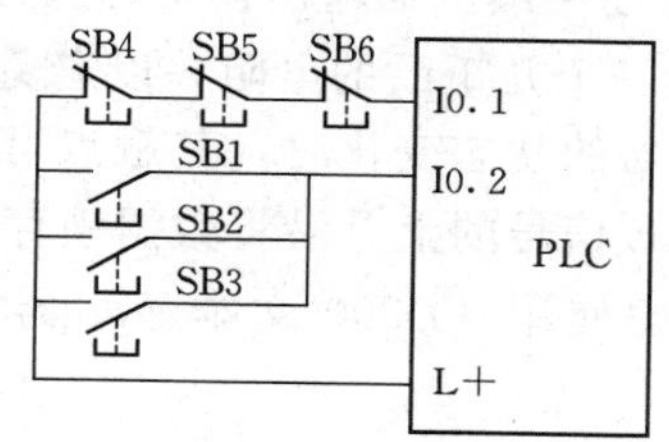

图 15－8　输入触点的合并

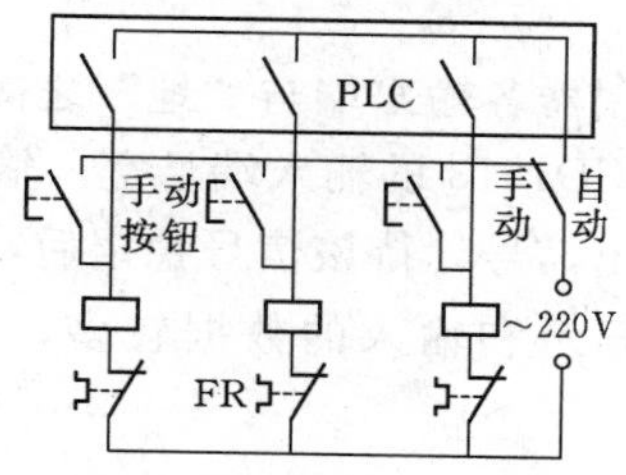

图 15－9　信号设在 PLC 之外

3. 将信号设置在可编程控制器之外

系统的某些输入信号，如手动操作按钮、保护动作后需手动复位的电动机热继电器 FR 的常闭触点提供的信号，可以设置在可编程控制器外部的硬件电路中，如图 15－9 所示。某些手动按钮需要串接一些安全联锁触点，如果外部硬件联锁电路过于复杂，则应考虑仍将有关信号送入可编程控制器，用梯形图实现联锁。

15.3.2　减少 PLC 输出点数的方法

1. 共用输出点

在可编程控制器的输出功率允许的条件下，通/断状态完全相同的多个负载并联后，可以共用一个输出点，通过外部的或可编程控制器控制的转换开关的切换，一个输出点可以控制两个或多个不同时工作的负载。与外部元件的触点配合，可以用一个输出点控制两个或多个有不同要求的负载。用一个输出点控制指示灯常亮或闪烁，可以显示两种不同的信息。

在需要用指示灯显示可编程控制器驱动的负载（如接触器线圈）状态时，可以将指示灯与负载并联，并联时指示灯与负载的额定电压应相同，总电流不应超过允许的值。可选用电流小、工作可靠的 LED（发光二极管）指示灯。

可以用接触器的辅助触点来实现可编程控制器外部的硬件联锁。

系统中某些相对独立或比较简单的部分，可以不进行可编程控制器控制，直接用继电器电路来控制，这样同时减少了所需的可编程控制器的输入点和输出点。

2. 减少数字显示所需输出点数的方法

如果直接用数字量输出点来控制多位 LED 七段显示器，所需的输出点是很多的。

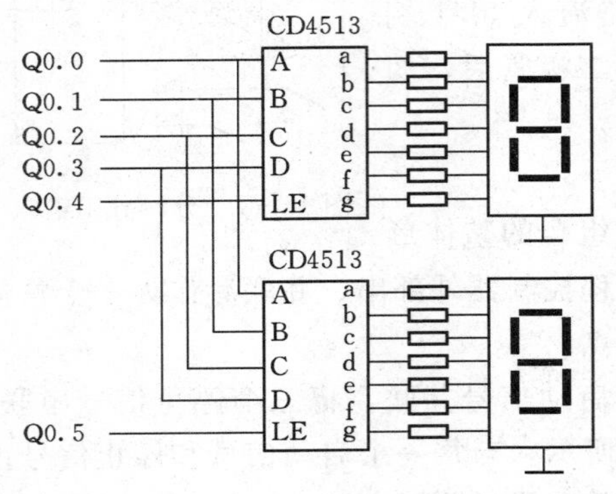

图 15－10　PLC 数字显示电路

在图 15－10 所示电路中，用具有锁存、译码、驱动功能的芯片 CD4513 驱动共阴极 LED 七段显示器，两只 CD4513 的数据输入端 A～D 共用可编程控制器的 4 个输出端，其中 A 为最低位，D 为最高位。LE 是锁存使能输入端，在 LE 信号的上升沿将数据输入端输入的 BCD 数锁存在片内的寄存器中，并将该数译码后显示出来。如果输入的不是十进制数，显示器熄灭。LE 为高电平时，显示的数不受数据输入信号的影响。显然，N 个显示器占用的输出点数 P＝4＋N。

如果使用继电器输出模块，应在与 CD4513 相连的可编程控制器各输出端与“地”之间分别接一个几千欧的电阻，以避免在输出继电器的触点断开时 CD4513 的输入端悬空。输出继电器的状态变化时，其触点可能抖动，因此应先送数据输出信号，待该信号稳定后，再用 LE 信号的上升沿将数据锁存进 CD4513。

如果需要显示和输入的数据较多，可以考虑使用 TD200 文本显示器或其他操作员面板。

15.4　提高 PLC 控制系统可靠性的措施

PLC 是专门为工业环境设计的控制装置，一般不需要采取什么特殊措施就可以直接在工业环境下使用。但是如果环境过于恶劣，电磁干扰特别强烈，或安装使用不当，都不能保证系统的正常安全运行。干扰可能使 PLC 接收到错误的信号，造成误动作，或使 PLC 内部的数据丢失，严重时甚至会使系统失控。在系统设计时，应采取相应的可靠性措施，以消除或减少干扰的影响，保证系统的正常运行。

15.4.1　PLC 适宜的工作环境

1. 温度

通常 PLC 要求环境温度在 0～55℃。因此，安装时不能把发热量大的元件放在 PLC 下面；PLC 四周通风散热的空间应足够大；控制柜上、下部应有通风的百叶窗，如果控制柜温度太高，应该在柜内安装风扇强迫通风；不要把 PLC 安装在阳光直接照射或离暖气、加热器、大功率电源等发热器件很近的场所。

2. 湿度

为了保证 PLC 的绝缘性能，空气的相对湿度一般应小于 85％（无凝露），湿度太大也会影响模拟量输入/输出装置的精度。因此，不能将 PLC 安装在结露、雨淋的场所。

3. 振动

应使 PLC 远离强烈的振动和冲击场所，尤其是连续、频繁的振动。必要时可以采取相应措施（例如减振橡胶）来减轻振动和冲击的影响，以免造成接线或插件的松动。

4. 空气

如果空气中有较浓的粉尘、腐蚀性气体和盐雾，尤其是有腐蚀性气体的地方，易造成元件及印刷线路板的腐蚀。在温度允许时，可以将 PLC 封闭，或者将 PLC 安装在密闭性较好的控制室内，并安装空气净化装置。

5. 远离强干扰源

PLC 应远离强干扰源，如大功率晶闸管装置、高频设备和大型动力设备等，同时 PLC 还应该远离强电磁场和强放射源，以及易产生强静电的地方。

15.4.2　供电系统设计

在对 PLC 系统供电时，既要考虑抗干扰，同时还要考虑供电的可靠性。一般采用以下几种方案。

1. 使用隔离变压器的供电系统

图 15－11 所示为使用隔离变压器的供电系统图，PLC 和 I/O 系统分别由各自的隔离变压器供电，并与主电路电源分开。这样当某一部分电源出现故障，不会影响其他部分，当输入/输出供电中断时 PLC 仍能继续供电，提高了供电的可靠性。

2. UPS 供电系统

不间断电源 UPS 是计算机的有效保护配置，当输入交流电断电时，UPS 能自动切换到输出状态继续向控制器供电。图 15－12 所示是 UPS 的供电系统图，根据 UPS 的容量在交流电断电后可继续向 PLC 供电 10～30min。对于非长时间停电的系统，其效果比较显著。

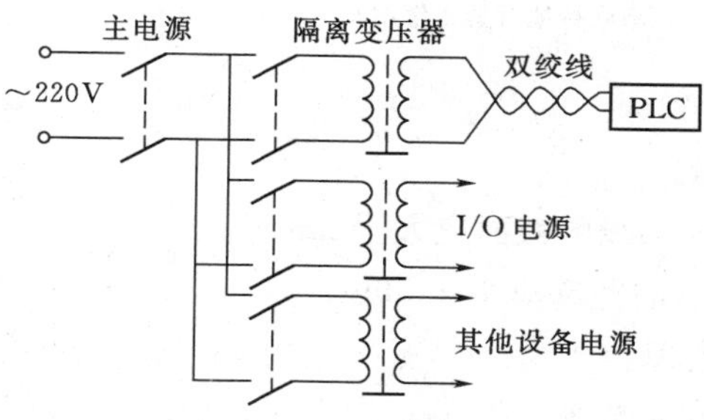

图 15－11　使用隔离变压器的供电系统

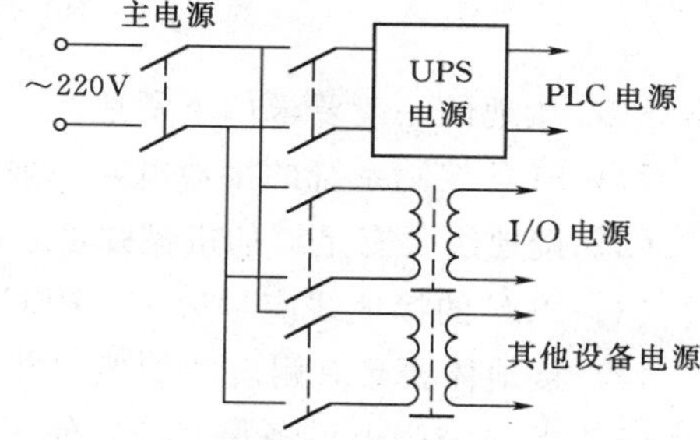

图 15－12　UPS 供电系统

3. 双路供电系统

为了提高供电系统的可靠性，交流供电最好采用双路，其电源应分别来自两个不同的变电站。当一路供电出现故障时，能自动切换到另一路供电。双路供电系统如图 15－13 所示。KV 为欠电压继电器，若先合 A 开关，KV－A 线圈得电，铁芯吸合，其常闭触点 KV－A 断开 B 路，这样完成 A 路供电控制，然后合上 B 开关，则 B 路此时处于备用状态。当 A 路电压降低到整定值时，KV－A 欠电压继电器铁芯释放，KV－A 的常闭触点闭合，则 B 路开始供电，与此同时 KV－B 线圈得电，铁芯吸合，其常闭触点 KV－B 断

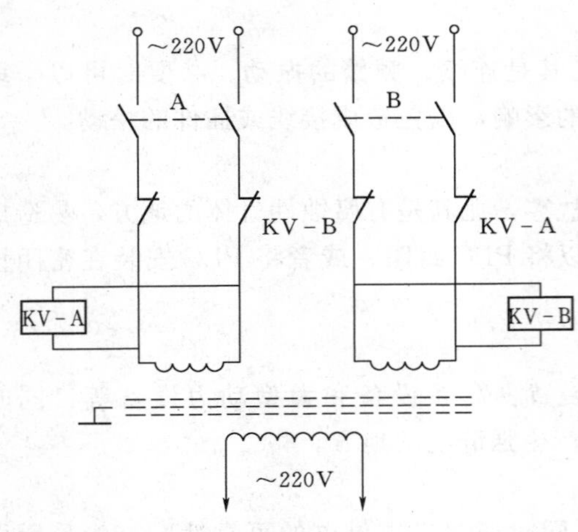

图 15-13 双路供电系统

开A路，完成A路到B路的切换。

15.4.3 接地设计

接地是抑制干扰、使系统可靠工作的主要方法。接地有两个目的：①消除各电流流经公共地线阻抗时所产生的噪声电压；②避免磁场与电位差的影响。为了抑制干扰，PLC一般应与其他设备分别采用各自独立的接地装置，如图15-14（a）所示；若有其他因素影响而无法做到，也可以采用公共接地方式，与其他设备共用一个接地装置，如图15-14（b）所示；但是，禁止使用串联接地的方式，如图15-14（c）所示。也不允许把接地端子接到一个建筑物的大型金属框架上，因为这种接地方式会在PLC与设备间产生电位差，会对PLC产生不利影响。在设计与施工中，如果把接地与屏蔽正确结合起来，可以解决大部分的干扰问题。

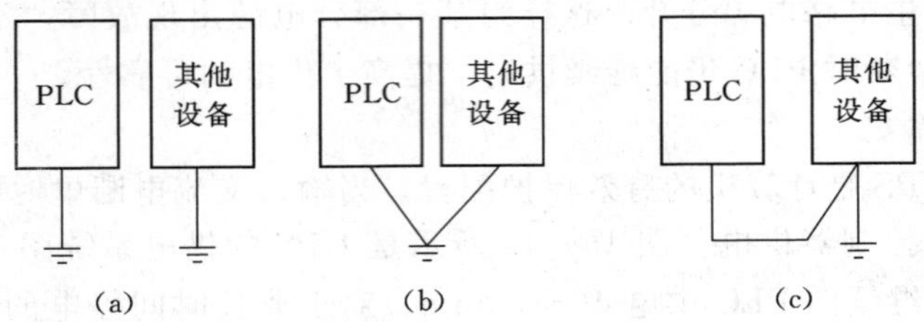

图 15-14 PLC接地

(a) 独立接地；(b) 公共接地；(c) 串联接地（禁止使用）

PLC接地的一般要求如下所述。

(1) PLC控制系统的接地电阻一般应小于4Ω。

(2) 接地线要有足够的机械强度，PLC接地导线的截面应大于$2mm^2$。

(3) PLC的接地线应尽量短，PLC与接地点的距离应小于50m。

(4) 接地体要具有耐腐蚀的能力并做防腐处理。

(5) PLC与强电设备最好分别使用不同的接地装置。

15.4.4 对感性负载的处理

在使用感性负载时，要加入抑制电路来限制输出关断时电压的升高。抑制电路可以保护输出点不至于因为高感抗开关电流而过早的损坏。另外，抑制电路还可以限制感性负载开关时产生的电子噪声。

1. 直流输出和控制直流负载的继电器输出

直流输出有内部保护，可以适应大多数场合。由于继电器型输出既可以连接直流负载，又可以连接交流负载，因而没有内部保护。

图15-15给出了直流负载抑制电路的一个实例。在大多数的应用中，用附加的二极

管 A 即可，但如果在应用中要求更快的关断速度，则推荐加上齐纳二极管 B，确保齐纳二极管能够满足输出电路的电流要求。

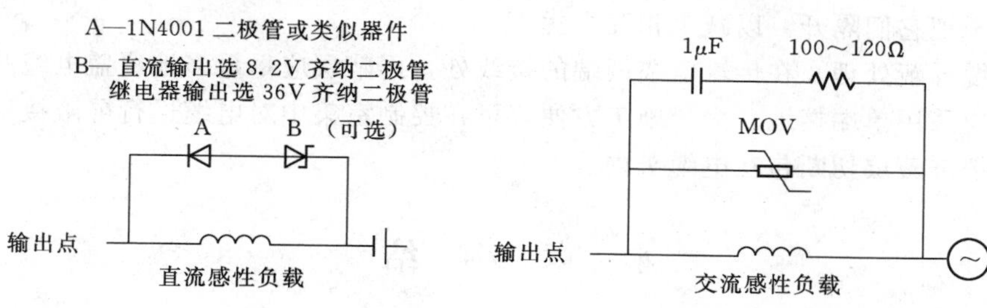

图 15－15 直流负载的抑制电路　　图 15－16 交流负载的抑制电路

2. 交流输出和控制交流负载的继电器输出

交流输出有内部保护，可以适应大多数场合。由于继电器型输出既可以连接直流负载，又可以连接交流负载，因而没有内部保护。

图 15－16 给出了交流负载抑制电路的一个实例。当采用继电器或交流输出来切换 115V/230V 交流负载时，交流负载电路中请采用如图所示的电阻/电容网络，也可以使用金属氧化物可变电阻器（MOV）来限制峰值电压，确保 MOV 的工作电压比正常的线电压至少高出 20%。

另外，灯负载会因高的接通浪涌电流而造成对继电器触点的损坏。对于一个钨丝灯，其浪涌电流实际上将是其稳态电流大小的 10～15 倍。对于使用期内高切换次数的灯负载，建议使用可替换的插入式继电器或加入浪涌限制器。

15.4.5 电缆布线的注意事项

电缆的敷设施工包括两部分，一部分是 PLC 本身控制柜内的电缆接线；一部分是控制柜与现场设备之间的电缆连接。

在 PLC 控制柜内的接线应注意以下几点。

(1) 控制柜内导线，即 PLC 模板端子到控制柜内端子之间的连线应选择软线，以便于柜内连接和布线。

(2) 模拟信号线与开关量信号线最好在不同的线槽内走线，模拟信号线要采用屏蔽线。

(3) 直流信号线、模拟信号线不能与交流电压信号线在同一线槽内走线。

(4) 系统供电电源线不能与信号线在同一线槽内走线。

(5) 控制柜内引入或引出的屏蔽电缆必须接地。

(6) 控制柜内端子应按开关量信号线、模拟量信号线、通信线和电源线分开设计。若必须采用一个接线端子排时，则要用备用点和接地端子将它们相互隔开。

在控制柜与现场设备之间的电缆连接应注意以下几点。

(1) 电源电缆、动力电缆和信号电缆进入控制室后，最好分开成对角线的两个通道进入控制柜内，从而保证两种电缆既保持一点距离，又避免了平行敷设。

(2) 直流信号线、交流信号线和模拟信号线不能共用一根电缆。

(3) 信号电缆和电源电缆应避免平行敷设，必须平行敷设时，要保持一定的距离，最

小距离应保持 300mm。

(4) 不同的信号电缆不要用一个插接件转接。如必须用同一个插接件时，要用备用端子和地线端子把它们隔开，以减少相互干扰。

(5) 电缆屏蔽处理。在传输电缆两端的接线处，屏蔽层应尽量多地覆盖电缆芯线，同时电缆接地应采用单端接地。为了施工方便，可在控制室集中对电缆进行屏蔽接地，另一端不接地，把屏蔽层切断包在电缆头内。

本 章 小 结

1. 本章介绍了 PLC 控制系统设计的基本原则，以及 PLC 控制系统设计的具体步骤和方法。

2. 介绍了通过时分分组输入/输出触点的合并，将信号设置在可编程序控制器之外等减少 PLC 输入点数的方法，以及通过共用输出点、减少数字显示所需输出点数等减少 PLC 输出点数的方法。

3. 将 PLC 安装在适宜的工作环境、安全可靠的供电系统设计、合理的接地设计、对感性负载的处理、合理的电缆布线等措施提高 PLC 控制系统可靠性。

习 题

1. 在设计 PLC 控制系统时，应遵循哪几项基本原则？

2. 在 PLC 控制系统设计的步骤和方法中，设计任务书的主要包括哪几项内容？控制系统有哪几种结构类型？常用电气元件及典型传动设备所需的 I/O 点数是多少？如何选择 CPU 型号、存储容量、扩展模块，计算电源容量？正确绘制 I/O 接线图及 I/O 分配表。

3. 减少 PLC 输入和输出点数的方法有哪些？

4. 提高 PLC 控制系统可靠性的措施有哪些？

附　录

附录A　电气控制系统图中常用的图形符号、文字符号

电气控制系统图中常用的图形符号、文字符号如附表A-1所示。

附表A-1　电气控制系统图中常用的图形符号、文字符号

名称		新标准 图形符号	新标准 文字符号	旧标准 图形符号	旧标准 文字符号
一般三极电源开关			QS		K
低压断路器			QF		UZ
位置开关	常开触头		SQ		XK
位置开关	常闭触头		SQ		XK
位置开关	复合触头		SQ		XK
熔断器			FU		RD
按钮	启动		SB		QA
按钮	停止		SB		TA
按钮	复合		SB		AN

名称		新标准 图形符号	新标准 文字符号	旧标准 图形符号	旧标准 文字符号
接触器	线圈		KM		C
接触器	主触头		KM		C
接触器	常开辅助触头		KM		C
接触器	常闭辅助触头		KM		C
速度继电器	常开触头		KS		SDJ
速度继电器	常闭触头		KS		SDJ
时间继电器	线圈		KT		SJ
时间继电器	常开延时闭合触头		KT		SJ
时间继电器	常闭延时打开触头		KT		SJ
时间继电器	常闭延时闭合触头		KT		SJ

续表

名称		新标准 图形符号	新标准 文字符号	旧标准 图形符号	旧标准 文字符号
时间继电器	常开延时打开触头		KT		SJ
热继电器	热元件		FR		RJ
	常闭触头				
继电器	中间继电器线圈		KA		ZJ
	欠电压继电器线圈		KV		QYJ
	过电流继电器线圈		KA		GLJ
	常开触头		相应继电器符号		相应继电器符号
	常闭触头				
	欠电流继电器线圈		KA	与新标准相同	QLJ
万能转换开关			SA	与新标准相同	HK
制动电磁铁			YB		DT
电磁离合器			YC		CH
电位器			RP	与新标准相同	W

名称	新标准 图形符号	新标准 文字符号	旧标准 图形符号	旧标准 文字符号
桥式整流装置		VC		ZL
照明灯		EL		ZD
信号灯		HL		XD
电阻器		R		R
接插器		X		CZ
电磁铁		YA		DT
电磁吸盘		YH		DX
串励直流电动机		M		ZD
并励直流电动机				
他励直流电动机				
复励直流发电机				
直流发电机		G		ZF
三相鼠笼式异步电动机		M		D

附录B 特殊继电器的功能

特殊继电器提供了大量的系统状态和控制功能，用来在CPU和用户程序之间交换信息，实现一定的控制功能。特殊继电器用“SM”表示，特殊继电器根据功能和性质不同，具有位、字节、字和双字操作方式。

1. SMB0：状态位。各位的作用如附表B-1所示，在每个扫描周期结束时，由CPU更新这些位。

附表B-1 特殊继电器字节SMB0

SM位	功能描述
SM0.0	此位始终为1
SM0.1	首次扫描时为1，可以用于初始化子程序
SM0.2	如果断电保存的数据丢失，此位在一个扫描周期中为1。可用作错误存储器位，或用来调用特殊启动顺序功能
SM0.3	开机后进入RUN方式，该位将ON一个扫描周期。可以用于启动操作之前给设备提供预热时间
SM0.4	此位提供高低电平各30s，周期为1min的时钟脉冲
SM0.5	此位提供高低电平各0.5s，周期为1s的时钟脉冲
SM0.6	此位为扫描时钟，本次扫描时为1，下次扫描时为0，可以用作扫描计数器的输入
SM0.7	此位指示工作方式开关的位置，0为TERM位置，1为RUN位置。开关在RUN位置时，该位可以使自由端口通信模式有效，转换至TERM位置时，CPU可以与编程设备正常通信

2. SMB1：状态位。SMB1包含了各种潜在的错误提示，这些位因指令的执行被置位或复位，见附表B-2。

附表B-2 特殊继电器字节SMB1

SM位	功能描述
SM1.0	零标志，当执行某些指令的结果为0时，该位置1
SM1.1	错误标志，当执行某些指令的结果溢出或检测到非法数值时，该位置1
SM1.2	负数标志，数学运算的结果为负时，该位置1
SM1.3	试图除以0时，该位置1
SM1.4	执行ATT（Add to Table）指令时超出表的范围，该位置1
SM1.5	执行LIFO或FIFO指令时试图从空表读取数据，该位置1
SM1.6	试图将非BCD数值转换成二进制数值时，该位置1
SM1.7	ASCII数值无法被转换成有效的十六进制数值时，该位置1

3. SMB2：自由端口接收字符缓冲区，在自由端口模式下从端口0或端口1接收的每个字符被存于SMB2，便于梯形图程序存取。

4. SMB3：自由端口奇偶校验错误位。接收到的字符有奇偶校验错误时，SM3.0被置1，根据该位来丢弃错误的信息。SM3.1～SM3.7位保留。

5. SMB4：队列溢出。SMB4 包含中断队列溢出位、中断溢出标志位和发送空闲位，见附表 B-3。队列溢出表示中断发生的速率高于 CPU 处理的速率，或中断已经被全局中断禁止指令关闭。只能在中断程序中使用状态位 SM4.0、SM4.1 和 SM4.2，队列为空并且返回主程序时，这些状态位被复位。

附表 B-3　　特殊继电器字节 SMB4

SM 位	功 能 描 述	SM 位	功 能 描 述
SM4.0	通信中断队列溢出时，该位置 1	SM4.4	全局中断允许位，允许中断时该位置 1
SM4.1	输入中断队列溢出时，该位置 1	SM4.5	端口 0 发送器空闲时，该位置 1
SM4.2	定时中断队列溢出时，该位置 1	SM4.6	端口 1 发送器空闲时，该位置 1
SM4.3	在运行时发现编程有问题时，该位置 1	SM4.7	发生强制时，该位置 1

6. SMB5：I/O 错误状态。SMB5 包含 I/O 系统里检测到的错误状态位，见附表B-4。

附表 B-4　　特殊继电器字节 SMB5

SM 位	功 能 描 述
SM5.0	有 I/O 错误时，该位置 1
SM5.1	I/O 总线上连接了过多的数字量 I/O 点时，该位置 1
SM5.2	I/O 总线上连接了过多的模拟量 I/O 点时，该位置 1
SM5.3	I/O 总线上连接了过多的智能 I/O 模块时，该位置 1
SM5.4～SM5.6	保留
SM5.7	DP 标准总线出现错误时，该位置 1

7. SMB6：CPU 标识（ID）寄存器。SM6.4～SM6.7 用于识别 CPU 的类型，详细信息见系统手册。

8. SMB7：系统保留。

9. SMB8～SMB21：I/O 模块标识与错误寄存器，以字节对的形式用于 0 至 6 号扩展模块。偶数字节是模块标识寄存器，用于标记模块的类型、I/O 类型、输入和输出的点数。奇数字节是模块错误寄存器，提供该模块 I/O 的错误，详细信息见系统手册。

10. SMW22～SMW26：分别是以 ms 为单位的上一次扫描时间、进入 RUN 方式后的最短扫描时间和最长扫描时间。

11. SMB28 和 SMB29：模拟电位器。它们中的数字分别对应于模拟电位器 0 和模拟电位器 1 动触点的位置（只读）。在 STOP/RUN 方式下，每次扫描时更新该值。

12. SMB30 和 SMB130：自由端口控制寄存器，分别控制自由端口 0 和自由端口 1 的通信方式，用于设置通信波特率和奇偶校验等，并提供选择自由端口方式或使用系统支持的 PPI 通信协议。详细信息见系统手册。

13. SMB31 和 SMB32：EEPROM 写控制。在用户程序的控制下，将 V 存储器中的数据写入 EEPROM，可以永久保存。先将要保存的数据的地址存入 SMW32，然后将写入命令存入 SMB31 中。

14. SMB34 和 SMB35：定时中断的时间间隔寄存器，分别用来定义定时中断 0 与定时中断 1 的时间间隔（1～255ms）。若为定时中断事件分配了中断程序，CPU 将在设定时间间隔执行中断程序。

15. SMB36～SMB65：HSC0、HSC1 和 HSC2 寄存器，用于监视和控制高速计数器 HSC0～HSC2。详细信息见系统手册。

16. SMB66～SMB85：PTO/PWM 寄存器，用于控制和监视脉冲输出（PTO）和脉宽调制（PWM）功能。详细信息见系统手册。

17. SMB86～SMB94：端口 0 接收信息控制。详细信息见系统手册。

18. SMW98：扩展总线错误计数器，当扩展总线出现校验错误时加 1，系统得电或用户写入零时清零。

19. SMB136～SMB165：高速计数器寄存器，用于监视和控制高速计数器 HSC3～HSC5 的操作（读/写）。详细信息见系统手册。

20. SMB166～SMB185：PTO0 和 PTO1 包络定义表，详细信息见系统手册。

21. SMB186～SMB194：端口 1 接收信息控制，详细信息见系统手册。

22. SMB200～SMB549：智能模块状态，预留给智能扩展模块（例如 EM277 PROFIBUS－DP 模块）的状态信息。SMB200～SMB249 预留给系统的第一个扩展模块（离 CPU 最近的模块）；从 SMB250 开始，给每个智能模块预留 50 字节。

附录 C　S7－200CPU 存储器有效地址范围及特性

S7－200CPU 存储器有效地址范围及特性见附表 C－1。

附表 C－1　　S7－200CPU 存储器有效地址范围及特性

中断描述	CPU221	CPU222	CPU224	CPU224XP	CPU226
用户程序大小 带运行模式下编辑 不带运行模式下编辑	 4096 字节 4096 字节	 4096 字节 4096 字节	 8192 字节 12288 字节	 12288 字节 16384 字节	 16384 字节 24576 字节
用户数据大小	2048 字节	2048 字节	8192 字节	10240 字节	10240 字节
输入映像寄存器	I0.0－I15.7	I0.0－I15.7	I0.0－I15.7	I0.0－I15.7	I0.0－I15.7
输出映像寄存器	Q0.0－Q15.7	Q0.0－Q15.7	Q0.0－Q15.7	Q0.0－Q15.7	Q0.0－Q15.7
模拟量输入（只读）	AIW0－AIW30	AIW0－AIW30	AIW0－AIW62	AIW0－AIW62	AIW0－AIW62
模拟量输出（只写）	AQW0－AQW30	AQW0－AQW30	AQW0－AQW62	AQW0－AQW62	AQW0－AQW62
变量存储器（V）	VB0－VB2047	VB0－VB2047	VB0－VB8191	VB0－VB10239	VB0－VB10239
局部存储器（L）[1]	LB0－LB63	LB0－LB63	LB0－LB63	LB0－LB63	LB0－LB63
位存储器（M）	M0.0－M31.7	M0.0－M31.7	M0.0－M31.7	M0.0－M31.7	M0.0－M31.7
特殊存储器（SM） 只读	SM0.0－SM179.7 SM0.0－SM29.7	SM0.0－SM299.7 SM0.0－SM29.7	SM0.0－SM549.7 SM0.0－SM29.7	SM0.0－SM549.7 SM0.0－SM29.7	SM0.0－SM549.7 SM0.0－SM29.7

续表

中断描述	CPU221	CPU222	CPU224	CPU224XP	CPU226
定时器 有记忆接通延时1ms 10ms 100ms 接通/关断延时 1ms 10ms 100ms	256（T0－T255） T0，T64 T1－T4， T65－T68 T5－T31， T69－T95 T32，T96 T33－T36， T97－T100 T37－T63， T101－T255	256（T0－T255） T0，T64 T1－T4， T65－T68 T5－T31， T69－T95 T32，T96 T33－T36， T97－T100 T37－T63， T101－T255	256（T0－T255） T0，T64 T1－T4， T65－T68 T5－T31， T69－T95 T32，T96 T33－T36， T97－T100 T37－T63， T101－T255	256（T0－T255） T0，T64 T1－T4， T65－T68 T5－T31， T69－T95 T32，T96 T33－T36， T97－T100 T37－T63， T101－T255	256（T0－T255） T0，T64 T1－T4， T65－T68 T5－T31， T69－T95 T32，T96 T33－T36， T97－T100 T37－T63， T101－T255
计数器	C0－C255	C0－C255	C0－C255	C0－C255	C0－C255
高速计数器	HC0－HC5	HC0－HC5	HC0－HC5	HC0－HC5	HC0－HC5
顺序控制继电器（S）	S0.0－S31.7	S0.0－S31.7	S0.0－S31.7	S0.0－S31.7	S0.0－S31.7
累加寄存器	AC0－AC3	AC0－AC3	AC0－AC3	AC0－AC3	AC0－AC3
跳转/标号	0－255	0－255	0－255	0－255	0－255
调用/子程序	0－63	0－63	0－63	0－63	0－127
中断程序	0－127	0－127	0－127	0－127	0－127
正/负跳变	256	256	256	256	256
PID 回路	0－7	0－7	0－7	0－7	0－7
端口	端口 0	端口 0	端口 0	端口 0，1	端口 0，1

注　LB60－LB63 为 STEP 7－Micro/WIN32 的 3.0 版本或以后的版本软件保留。

附录 D　S7－200CPU 按位、字节、字、双字存取数据的编址范围

S7－200CPU 按位、字节、字、双字存取数据的编址范围见附表 D－1。

附表 D－1　　S7－200CPU 按位、字节、字、双字存取数据的编址范围

存取方式		CPU221	CPU222	CPU224	CPU224XP	CPU226
位存取（字节．位）	I	0.0－15.7	0.0－15.7	0.0－15.7	0.0－15.7	0.0－15.7
	Q	0.0－15.7	0.0－15.7	0.0－15.7	0.0－15.7	0.0－15.7
	V	0.0－2047.7	0.0－2047.7	0.0－8191.7	0.0－10239.7	0.0－10239.7
	M	0.0－31.7	0.0－31.7	0.0－31.7	0.0－31.7	0.0－31.7
	SM	0.0－165.7	0.0－299.7	0.0－549.7	0.0－549.7	0.0－549.7
	S	0.0－31.7	0.0－31.7	0.0－31.7	0.0－31.7	0.0－31.7
	T	0－255	0－255	0－255	0－255	0－255
	C	0－255	0－255	0－255	0－255	0－255
	L	0.0－63.7	0.0－63.7	0.0－63.7	0.0－63.7	0.0－63.7

续表

存取方式		CPU221	CPU222	CPU224	CPU224XP	CPU226
字节存取	IB	0－15	0－15	0－15	0－15	0－15
	QB	0－15	0－15	0－15	0－15	0－15
	VB	0－2047	0－2047	0－8191	0－10239	0－10239
	MB	0－31	0－31	0－31	0－31	0－31
	SMB	0－165	0－299	0－549	0－549	0－549
	SB	0－31	0－31	0－31	0－31	0－31
	LB	0－63	0－63	0－63	0－63	0－63
	AC	0－3	0－3	0－3	0－255	0－255
	KB（常数）	KB（常数）	KB（常数）	KB（常数）	KB（常数）	KB（常数）
字存取	IW	0－14	0－14	0－14	0－14	0－14
	QW	0－14	0－14	0－14	0－14	0－14
	VW	0－2046	0－2046	0－8190	0－10238	0－10238
	MW	0－30	0－30	0－30	0－30	0－30
	SMW	0－164	0－298	0－548	0－548	0－548
	SW	0－30	0－30	0－30	0－30	0－30
	T	0－255	0－255	0－255	0－255	0－255
	C	0－255	0－255	0－255	0－255	0－255
	LW	0－62	0－62	0－62	0－62	0－62
	AC	0－3	0－3	0－3	0－3	0－3
	AIW	0－30	0－30	0－62	0－62	0－62
	AQW	0－30	0－30	0－62	0－62	0－62
	KB（常数）	KB（常数）	KB（常数）	KB（常数）	KB（常数）	KB（常数）
双字存取	ID	0－12	0－12	0－12	0－12	0－12
	QD	0－12	0－12	0－12	0－12	0－12
	VD	0－2044	0－2044	0－8188	0－10236	0－10236
	MD	0－28	0－28	0－28	0－28	0－28
	SMD	0－162	0－296	0－546	0－546	0－546
	SD	0－28	0－28	0－28	0－28	0－28
	LD	0－60	0－60	0－60	0－60	0－60
	AC	0－3	0－3	0－3	0－3	0－3
	HC	0－5	0－5	0－5	0－5	0－5
	KD（常数）	KD（常数）	KD（常数）	KD（常数）	KD（常数）	KD（常数）

参 考 文 献

[1] 胡学林．可编程控制器教程［M］．北京：电子工业出版社，2006.
[2] 廖常初．S7－200PLC基础教程［M］．北京：机械工业出版社，2013.
[3] 李道霖．电气控制与PLC原理及应用（西门子系列）［M］．2版．北京：电子工业出版社，2011.
[4] 徐国林．PLC应用技术［M］．北京：机械工业出版社，2007.
[5] 李长久．PLC原理及应用［M］．北京：机械工业出版社，2012.
[6] 鲁远栋．PLC机电控制系统应用设计技术［M］．北京：电子工业出版社，2006.
[7] 田效伍．电气控制与PLC应用技术［M］．北京：机械工业出版社，2006.
[8] 田淑珍．S7－200PLC原理及应用［M］．北京：机械工业出版社，2011.
[9] 林庭双．电气控制与PLC［M］．郑州：黄河水利出版社，2008.